北大社普通高等教育“十三五”数字化建设规划教材

大学信息技术基础教程

主　编　林　海　陈其嶙　王小金
副主编　钟　毅　庞妙珍　余铁青
主　审　刘　军

本书资源使用说明

内容简介

本书是根据《高等职业教育专科信息技术课程标准(2021年版)》提出的信息技术基础课程的教学要求，结合新一代信息技术运用和高等学校的教学实践而编写的。本书主要内容包括计算机基础知识、操作系统Windows 10、文字处理Word 2016、电子表格Excel 2016、演示文稿PowerPoint 2016、计算机网络及信息检索、新一代信息技术概述、信息素养与社会责任等八个模块的内容。

本书在内容编排上侧重于项目任务驱动的应用，以培养学生的信息技术应用能力为目的，既有理论知识讲解，又有大量的应用实例，每个实例均列出了详细步骤，便于读者对照练习。

本书可作为高等专科学校非计算机专业学生的学习教材，也可作为普通读者学习信息技术基础知识的入门参考书。为了教学方便，本书配有《大学信息技术基础实训教程》一书。

图书在版编目(CIP)数据

大学信息技术基础教程/林海，陈其嶙，王小金主编. —北京：北京大学出版社，2022.8
ISBN 978-7-301-33238-2

Ⅰ. ①大… Ⅱ. ①林… ②陈… ③王… Ⅲ. ①电子计算机—高等学校—教材 Ⅳ. ①TP3

中国版本图书馆CIP数据核字(2022)第142726号

书　　名　大学信息技术基础教程
DAXUE XINXI JISHU JICHU JIAOCHENG
著作责任者　林　海　陈其嶙　王小金　主编
责任编辑　张　敏
标准书号　ISBN 978-7-301-33238-2
出版发行　北京大学出版社
地　　址　北京市海淀区成府路205号　100871
网　　址　http://www.pup.cn
新浪微博　@北京大学出版社
电子邮箱　zpup@pup.cn
电　　话　邮购部 010-62752015　发行部 010-62750672　编辑部 010-62765014
印 刷 者　湖南汇龙印务有限公司
经 销 者　新华书店
787毫米×1092毫米　16开本　19印张　483千字
2022年8月第1版　2024年12月第4次印刷
定　　价　49.80元

前　言

信息技术涵盖信息的获取、表示、传输、存储、加工、应用等各种技术。信息技术已成为经济社会转型发展的主要驱动力，是建设创新型国家、制造强国、网络强国、数字中国、智慧社会的基础支撑。提升国民信息素养，增强个体在信息社会的适应力与创造力，对个人的生活、学习和工作，对全面建设社会主义现代化国家具有重大意义。

二十大报告中提到构建新一代信息技术、人工智能、生物技术等一批新的增长引擎，同时强调卓越工程师、大国工匠、高技能人才的培养。“高等职业教育专科信息技术”是高等专科学校各专业学生必修或限定选修的公共基础课程。学生通过学习本课程，能够增强信息意识、提升计算思维、促进数字化创新与发展能力、树立正确的信息社会价值观和责任感，为其职业发展、终身学习和服务社会奠定基础。我们根据《高等职业教育专科信息技术课程标准(2021 年版)》，组织具有多年信息技术基础教学经验的一线教师，在总结教学经验并结合教学实际情况的基础上，编写了本书。

本书以项目任务驱动作为编写模式，力求语言精练易懂、内容丰富实用、结构清晰、操作步骤详细，主要内容包括计算机基础知识、操作系统 Windows 10、文字处理 Word 2016、电子表格 Excel 2016、演示文稿 PowerPoint 2016、计算机网络及信息检索、新一代信息技术概述、信息素养与社会责任等八个模块的内容。

本书由湛江幼儿师范专科学校的林海、陈其嶙、王小金担任主编，钟毅、庞妙珍、余铁青担任副主编，刘军担任主审。在本书的编写过程中，得到了湛江幼儿师范专科学校信息科学系全体教师的鼎力支持。另外，王骥教授和肖来胜教授对全书的编写工作提出了许多宝贵的指导意见，谷任盟、苏梓涵参与了教学资源的信息化实现，吴友成、龚维安提供了版式和装帧设计方案，本书的编写还参考了大量文献资料，在此一并表示衷心的感谢。

本书可作为高等专科学校非计算机专业学生的学习教材，也可作为普通读者学习信息技术基础知识的入门参考书。为了教学方便，本书配有《大学信息技术基础实训教程》一书。

由于时间仓促以及水平有限，书中错误和不当之处在所难免，恳请读者批评指正。

编　者

目　录

模块导读

计算机是20世纪人类社会最伟大的科技成果之一。现代社会几乎无处不在、无所不能的计算机，历经不足百年，却已彻底改变我们的生活。人类发明这种机器的初衷应该是计算工具。英语里“calculus”一词来源于拉丁语，既有“算法”的含义，也有肾脏或胆囊里的“结石”的意思。远古的人们用石头来计算捕获的猎物，石头就是他们的计算工具。著名科普作家阿西莫夫(Asimov)认为，人类最早的计算工具是手指，英语单词“digit”既表示“手指”又表示“整数数字”；而中国古人常用“结绳”来帮助记事。石头、手指、结绳……都是古人用过的“计算机”，算筹、算盘、计算尺、手摇机器计算机、电动机器计算机等，在不同的历史期间发挥了巨大的作用，同时也孕育了电子计算机的雏形。

任务简报

(1) 掌握计算机的发展历程和发展趋势。

(2) 掌握计算机的特点、应用及分类。

(3) 掌握计算机中的数制和编码。

(4) 掌握计算机系统的基本结构和工作原理。

(5) 掌握微型计算机的硬件系统和软件系统。

(6) 了解计算机系统的主要技术指标。

1.1 计算机基础概述

计算机的发明开启了人类科学技术的新纪元。计算机能自动、高速、精确地对信息进行存储、传送与加工处理。计算机的广泛应用，极大地推动了社会的发展与进步，对人类社会生产、生活及各行各业产生了极其深刻的影响。毫不夸张地说，当今世界是一个丰富多彩的计算机世界，计算机知识已融入人类文化之中，成为人类文化不可缺少的一部分。现今，学习计算机基础知识，掌握和使用计算机的基本技能已成为人们的迫切需求。

1.1.1 计算机的诞生

计算机是一种能接收和存储信息，并按照人们事先编写的程序对输入的信息进行加工、处理，然后把处理结果输出的高度自动化的电子设备。随着计算机技术和应用的发展，电子计算机已经成为人们进行信息处理的一种必不可少的工具。

计算机是从古老的计算工具发展而来的。在现代计算机问世之前，计算机的发展经历了机械计算机、机电计算机和萌芽期的电子计算机三个阶段。

1946 年 2 月 14 日，世界上第一台通用计算机“埃尼阿克”(electronic numerical integrator and computer，ENIAC)在美国宾夕法尼亚大学诞生，如图 1-1 所示。

图 1-1 ENIAC

图 1-2 冯·诺依曼

几乎在同一时期，著名数学家冯·诺依曼(von Neumann)(见图 1-2)提出了“存储程序”和“程序控制”的思想，其主要内容如下：

(1) 采用二进制形式表示数据和指令；

(2) 计算机应包括运算器、控制器、存储器、输入设备和输出设备五大基本部件；

(3) 采用存储程序和程序控制的工作方式。

所谓存储程序，就是把程序和处理问题所需的数据均以二进制形式预先按一定顺序存放到计算机的存储器里。

冯·诺依曼提出的“存储程序”和“程序控制”的思想奠定了现代计算机设计的基础，所以后来人们将采用这种设计思想的计算机称为冯·诺依曼型计算机。从 1946 年第一台通用计算机诞生至今，虽然计算机的设计和制造技术都有了极大的发展，但目前绝大多数计算机的工作原理和基本结构仍然遵循着冯·诺依曼的思想。

1.1.2 计算机的发展

随着计算机所使用的逻辑元件的迅速发展，计算机经历了五个发展阶段，如表 1-1 所示。

表 1-1　计算机的发展阶段

发展阶段	日期	逻辑元件	主存储器	外存储器	运算速度/（次/秒）	处理方式	代表产品
第Ⅰ代	1946—1957 年	电子管	水银延迟线磁鼓	磁带	几千～几万	机器语言、汇编语言	UNIVAC
第Ⅱ代	1958—1964 年	晶体管	磁芯	磁带、磁盘	几十万～几百万	高级语言、管理程序	IBM 7000，UNIVACⅡ
第Ⅲ代	1965—1970 年	中小规模集成电路	半导体存储器	磁盘	几百万～几千万	操作系统诊断程序	IBM System/360
第Ⅳ代	1971—2016 年	大规模和超大规模集成电路	半导体存储器	磁盘、光盘	上亿	固件、网络、数据库	AppleⅡ，IBM PC
第Ⅴ代	2017 年至今	能模拟、延伸、扩展人类智能的一种新型计算机，称为智能计算机					

第Ⅰ代称为电子管计算机时代。第Ⅰ代计算机如图 1-3 所示，其逻辑元件采用电子管，主存储器采用磁鼓，外存储器采用磁带、纸带、卡片等。存储容量只有几千字节、运算速度为几千至几万次/秒，主要使用机器语言编写程序。由于一台计算机需要几千个电子管，每个电子管都会散发大量的热量，因此电子管的损耗率相当高。第Ⅰ代计算机主要用于科学研究和工程计算。

图 1-3　第Ⅰ代计算机（电子管）

第Ⅱ代称为晶体管计算机时代。第Ⅱ代计算机如图 1-4 所示，其逻辑元件采用比电子管更先进的晶体管，主存储器采用磁芯，外存储器采用磁带、磁盘。晶体管比电子管小得多，能量消耗较少，处理更迅速、更可靠。存储容量有较大提高，运算速度为几十万至几百万次/秒，开始使用高级语言编写程序。随着第Ⅱ代计算机的体积和价格的下降，使用计算机的人逐渐增多，计算机工业得到迅速发展。第Ⅱ代计算机不但用于军事研究和科学研究，还用于数据处理、事务处理和工业控制等方面。

图 1-4　第Ⅱ代计算机（晶体管）

图 1-5　第Ⅲ代计算机（中小规模集成电路）

第Ⅲ代称为中小规模集成电路计算机时代。第Ⅲ代计算机如图 1-5 所示，其逻辑元件采用中小规模集成电路，主存储器开始逐步采用半导体元件。存储容量可达几兆字节，运算速度可达几百万至几千万次/秒。集成电路是做在芯片上的一个完整的电子电路，这个芯片比手指甲还小，却包含了几千个晶体管元件。第Ⅲ代计算机广泛应用于数据处理、过程控制、教育等各个方面。

第Ⅳ代称为大规模和超大规模集成电路计算机时代。第Ⅳ代计算机采用的逻辑元件依然是集成电路，但这种集成电路已经大为改善，包含了几十万至上百万个晶体管，称为大规模和超大规模集成电路。第Ⅳ代计算机开始进入办公室、学校和家庭。

第Ⅴ代称为智能计算机时代。新一代计算机是把信息采集、存储处理、通信和人工智能结合在一起的计算机系统。也就是说，新一代计算机由以处理数据信息为主，转向以处理知识信息（如获取、表达、存储及应用知识）为主，并有推理、联想和学习（如理解能力、适应能力、思维能力）等人工智能方面的能力，能帮助人类开拓未知的领域和获取新的知识。

与计算机应用领域的不断拓宽相适应，当前计算机的应用发展趋势也从单一化向多元化转变。计算机的应用能力极大地推动了经济发展和科学技术的进步，以大规模和超大规模集成电路为基础，未来的计算机将向巨型化、微型化、网络化与智能化四个方向发展。

1. 巨型化

巨型计算机是指能够高速运算、存储容量大、功能强的超大型计算机。巨型计算机主要用于天文、气象、原子、大气物理等复杂的科学计算。巨型计算机的研制和应用反映了一个国家科学技术的发展水平。

我国的巨型计算机主要有如下三个系列。

(1) 银河、天河系列：1983 年 12 月，国防科技大学计算机研究所成功研制“银河-Ⅰ”亿次巨型计算机，至此，中国成为继美国、日本之后，第三个能独立设计和制造巨型机的国家。随着科技的发展，之后相继成功推出“银河-Ⅱ”“银河-Ⅲ”巨型计算机，性能得到大幅提升。2009 年 9 月，中国首台千万亿次超级计算机“天河一号”诞生，并于次年首次在第 36 届世界超级计算机 500 强排行榜上名列榜首。2013 年 5 月，峰值速度达 5.49 亿亿次/秒的“天河二号”（见图 1-6）惊艳亮相，并连续六次站在世界超级计算机 500 强榜首。

图 1-6 “天河二号”

图 1-7 “神威·太湖之光”

(2) 神威系列：1999 年 9 月，由国家并行计算机工程技术研究中心牵头研制成功的“神威”计算机系统投入运行。2000 年 7 月，“神威 I”面向社会开放使用。2016 年 6 月，中国已经研发出当时世界上最快的超级计算机“神威·太湖之光”，是世界上首台运算速度超 10 亿亿次/秒的巨型计算机，其峰值速度达 12.5 亿亿次/秒、浮点运算速度为 9.3 亿亿次/秒，居世界第一，被称为“国之重器”，如图 1－7 所示。

(3) 曙光系列：2003 年 12 月，曙光信息产业(北京)有限公司宣布，在全球运算速度名列前茅的商品化高性能计算机——运算速度达 10 万亿次/秒“曙光 4000A”落户上海超算中心，承担网格计算的海量信息服务及数据交互等一系列工作，成为中国国家网络最大的主节点机，如图 1－8 所示。

图 1－8 “曙光 4000A”

2. 微型化

微型化是指计算机技术向超小型的方向发展。为了使计算机应用更加普及，让各行各业和家庭都能使用计算机，就要使计算机的体积更小、重量更轻、价格更低。目前，市场上多数品牌的微型计算机(简称微机)正朝着这一方向发展，如图 1－9 所示。

图 1－9 微型计算机

3. 网络化

网络化是指利用现代通信技术和计算机技术，把分布在不同地点的计算机互联起来，按照网络协议规则相互通信，以共享软件、硬件资源。

4. 智能化

智能化就是要求计算机具有模拟人类的感觉和思维的能力，综合人类的智力才能，辅助或代替人类从事高难度或危险的活动。智能化的主要研究领域包括：自然语言的生成与理解、模式识别、推理演绎、自动定理证明、自动程序设计、专家系统、学习系统、智能机器人等。

5. 未来新型计算机

迄今为止，无论计算机怎样更新换代，几乎都是冯・诺依曼型的。按照摩尔(Moore)定律，每过 18 个月，微处理器硅芯片上晶体管的数量就会增加一倍。随着大规模集成电路工艺的发展，芯片的集成度越来越高，其制造工艺也越来越接近物理极限。人们认识到，在传统计算机的基础上大幅度提高计算机的性能必将遇到难以逾越的障碍，因此从基本原理上寻找计算机发展的突破口才是正确的道路。从物理原理上看，科学家们认为以光子、生物和量子计算机为代表的新技术将推动新一轮计算机技术革命。

1.1.3 计算机的分类

计算机的分类方法有很多种，可以从计算机所处理信息的表示方式、计算机的用途、计算机的主要构成元件、计算机的运算速度和应用环境等多个方面划分。

按结构原理划分，计算机可以分为数字电子计算机、模拟电子计算机和数模混合电子计算机。按设计目的划分，计算机可以分为通用电子计算机和专用电子计算机。按大小和用途划分，计算机可以分为巨型计算机、中大型计算机、小型计算机、个人计算机和工作站。

1.1.4 计算机的主要特点

1. 运算速度快

当今超级计算机的运算速度已达到亿亿次/秒量级，而普及广泛的微型计算机运算速度也可达亿次/秒量级，这使得大量复杂的科学计算问题得以解决。

2. 计算精度高

科学技术的发展特别是尖端科学技术的发展，需要高度精确的计算。例如，由计算机控制的导弹之所以能准确地击中预定的目标，是与计算机的精确计算分不开的。

3. 存储容量大

计算机不仅能进行计算，而且能把参加运算的数据、程序以及中间结果和最后结果保存起来，以供用户随时调用。计算机的存储器可以存储大量数据，这使计算机具有了“记忆”功能。

4. 具有逻辑判断能力

计算机的运算器除能完成基本的算术运算外，还具有对各种信息进行比较、判断等逻辑运算的功能。这种能力是计算机处理逻辑推理问题的前提。

5. 自动化程度高

计算机内部操作是根据人们事先编好的程序自动控制进行的。用户根据解题需要，事先设计好运行步骤与程序，计算机十分严格地按程序规定的步骤操作，整个过程不需人工干预，自动化程度高。这一特点是一般计算工具所不具备的。

1.1.5 计算机的主要用途

1. 科学计算

科学计算是计算机最早的应用功能。科学计算是指应用计算机完成科学研究和工程技术中所提出的数学问题(数值计算)。在现代科学技术工作中，科学计算问题是大量且复杂的，利用计算机的高速运算、大存储容量和连续运算的能力，可以实现人工无法解决的各种科学计算问题。

2. 数据处理

数据处理主要是指非数值形式的数据处理，包括对数据资料的收集、存储、加工、分类、排序、检索和发布等一系列工作。数据处理包括办公自动化、企业管理、情报检索、报刊编排处理等。

3. 实时控制

实时控制是利用计算机及时采集检测数据，按最优值迅速地对控制对象进行自动调节或自动控制。采用计算机进行实时控制，不仅可以大大提高控制的自动化水平，而且可以提高控制的及时性和准确性，从而改善劳动条件、提高产品质量及合格率。

4. 辅助系统

计算机辅助系统包括如下几个方面。

(1) 计算机辅助设计(computer-aided design,CAD):CAD是利用计算机系统辅助设计人员进行工程或产品设计,以实现最佳设计效果的一种技术。它已广泛地应用于飞机、汽车、机械、电子、建筑和轻工等领域。例如,在建筑设计过程中,可以利用CAD技术进行力学计算、结构计算、绘制建筑图纸等,如图1-10所示。

图1-10　CAD技术制图

(2) 计算机辅助制造(computer-aided manufacturing,CAM):CAM是利用计算机系统进行生产设备的管理、控制和操作的过程。例如,在产品的制造过程中,用计算机控制机器的运行,处理生产过程中所需的数据,控制材料的流动以及对产品进行检测等。使用CAM技术可以提高产品质量,降低成本,缩短生产周期,提高生产率和改善劳动条件。

将CAD和CAM技术集成,实现设计生产自动化,这种技术称为计算机集成制造系统(computer-integrated manufacturing system,CIMS)。它的发展和进步极大地促进了制造技术的研究,如图1-11所示。

图1-11　CIMS技术制图

(3) 计算机辅助教学(computer-aided instruction,CAI):CAI是利用计算机系统使用课件来进行教学。课件可以用专业软件或高级语言来开发制作,它能引导学生循序渐进地学习,使学生轻松自如地从课件中学到所需要的知识。CAI的主要特色是交互教育、个别指导和因人施教,如图1-12所示。

图1-12　CAI技术

5. 企业管理

计算机管理信息系统的建立，使各企业的生产管理水平登上了新的台阶。从低层的生产业务处理，到中层的作业管理控制，进而到更高层的企业规划、市场预测都有一套全新的标准和机制。

6. 电子商务

计算机网络的建成，使金融业务率先实现自动化。电子货币的出现使传统的货币交易方式逐渐转变为“电子贸易”，它可用来进行购物、投资、股票和房地产交易，还可用来对职工工资、失业者的社会保障、保险业务等进行电子支付，对贷款、抵押、合同的履行等也赋予了新的形式。

7. 文化教育和娱乐

计算机利用高速信息公路网实现远距离双向交互式教学，为教育带动经济发展创造了良好的条件。它改变了传统的以教师课堂传授为主，学生被动学习的方式，使学习的内容和形式更加丰富灵活。

8. 物联网

物联网(internet of things，IoT)有两层意思：其一，物联网的核心和基础仍然是互联网，是在互联网基础上的延伸和扩展的网络；其二，物联网的用户端延伸和扩展到了任何物品与物品之间，进行信息交换和通信，也就是物物相息。因此，物联网的出现被称为继计算机、互联网之后世界信息产业发展的第三次浪潮。物联网的应用如表 1－2 和图 1－13 所示。

表 1－2　物联网的应用

行业	应用场景举例
交通运输	智能停车、道路收费、车队管理、物流管理、货物跟踪、自动导航
环境保护	环境监测、动物监测、野生动物跟踪、有害废物跟踪
公共设施	智能抄表、智能电/水/气网、井盖监控、智能路灯、监控摄像头
医疗	医疗设备跟踪、远程医疗诊断、远程监护
制造业	工业自动化、流程监控、供应链监控、货品管理
商业金融	自动售卖机、POS(point of sale)机、ATM(自动取款机)、电子标牌、广告灯箱
家庭	智能家居、可穿戴设备、宠物跟踪、儿童/老人监护跟踪、安防监控、智能影音

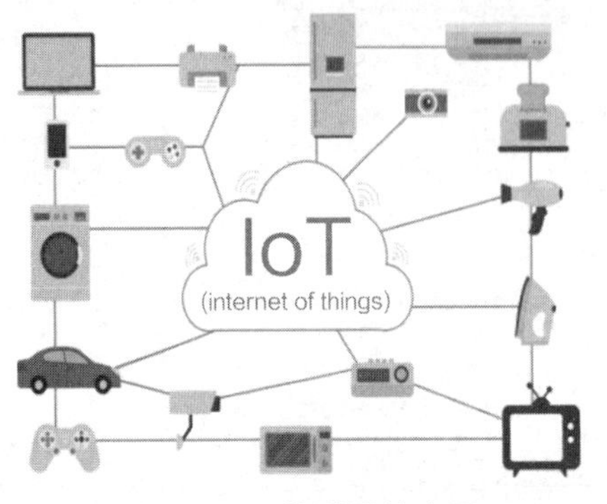

图 1－13　物联网的应用

图 1－14　大数据

9. 大数据

大数据是指无法在一定时间范围内用常规软件工具进行捕捉、管理和处理的数据集合，是需要通过新处理模式才能具有更强的决策力、洞察发现力和流程优化能力的海量、高增长率和多样化的信息资产，如图 1－14 所示。

大数据能解决很多实际问题，既方便了我们生活，也使得企业能更好地了解消费者需求。有人把大数据形容成未来世界的"石油"，有人认为掌握大数据的人可以随时"俯瞰"整个世界，美国政府甚至已经把对大数据的研究上升为国家战略。

10. 3D 打印

3D(三维)打印是快速成型技术的一种，它是一种以数字模型文件为基础，运用粉末状金属或塑料等可黏合材料，通过逐层打印的方式来构造物体的技术。3D 打印通常是采用数字技术材料打印机来实现的，3D 打印机则出现在 20 世纪 90 年代中期，是一种利用光固化和纸层叠等技术的快速成型装置。近年来，3D 打印技术的发展可谓如火如荼，3D 打印的部分实例如图 1－15 所示。

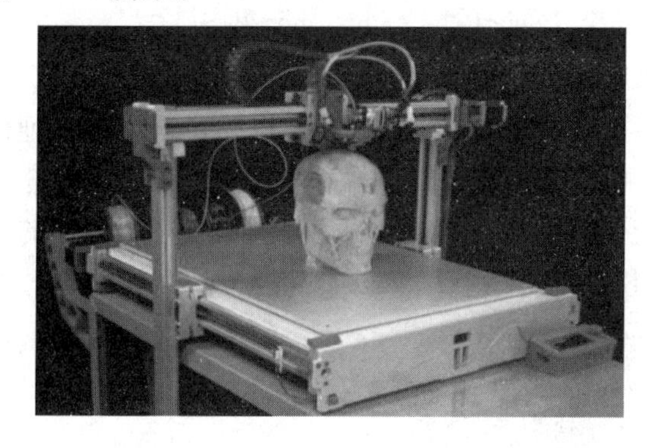

图 1－15 3D 打印实例

11. 人工智能

人工智能(artificial intelligence，AI)是研究、开发用于模拟、延伸和扩展人的智能的理论、方法、技术及应用系统的一门新的技术科学，该领域的研究包括机器人、语言识别、图像识别、自然语言处理和专家系统等，如图 1－16 所示。

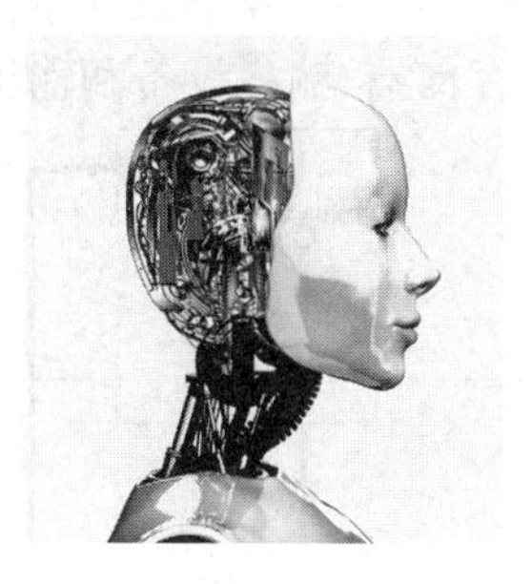

图 1－16 人工智能

1.2 计算机系统的组成

完整的计算机系统包括硬件系统和软件系统。硬件系统是计算机的“躯干”,软件系统是计算机建立在“躯干”上的“灵魂”。计算机系统的组成结构如图 1－17 所示。

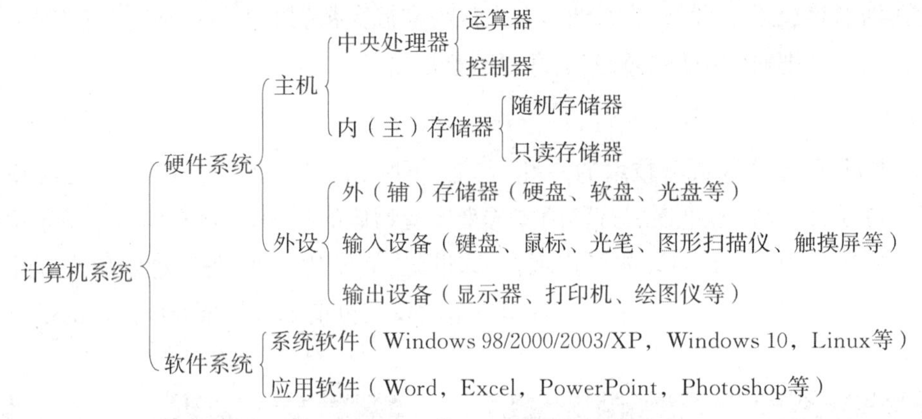

图 1－17　计算机系统的组成结构

在计算机系统中,硬件系统是软件系统赖以工作的物质基础,软件系统的正常工作是硬件系统发挥作用的唯一途径。计算机系统必须要配备完善的软件系统才能正常工作,才能充分发挥其硬件系统的各种功能。因此,软件系统与硬件系统一样,都是计算机工作必不可少的组成部分。计算机由用户来使用,用户、硬件系统和软件系统的层次关系如图 1－18 所示。

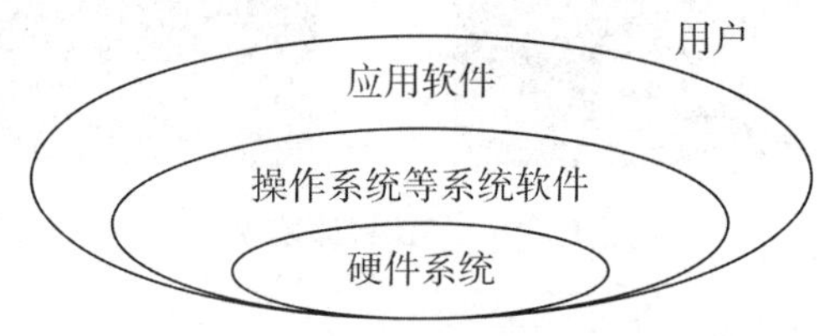

图 1－18　用户、硬件系统和软件系统的层次关系

1.2.1　计算机的硬件系统

电子计算机从诞生至今,其体系结构基本没有发生变化,仍旧沿用冯·诺依曼体系结构,即计算机硬件系统是由运算器、控制器、存储器、输入设备和输出设备组成的,如图 1－19 所示。

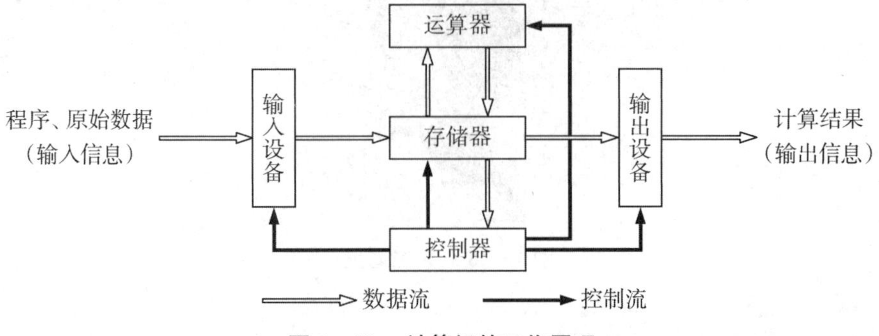

图 1－19　计算机的工作原理

(1) 运算器。

运算器由算术逻辑部件(arithmetic and logic unit,ALU)、累加器、状态寄存器、通用寄存器等组成。ALU 的基本功能为加、减、乘、除四则运算,与、或、非、异或等逻辑操作以及移位、求补等操作。

(2) 控制器。

控制器主要由指令寄存器、译码器、程序计数器和操作器等组成,它控制计算机各部件协调工作,并使整个处理过程有条不紊地进行。它的基本功能就是从内存储器中取出指令和执行指令,即控制器按程序计数器指出的指令地址从内存储器中取出该指令进行译码操作。

(3) 存储器。

存储器是计算机系统中的记忆设备,用来存放程序和数据。目前随着技术的发展,中央处理器(central processing unit,CPU)的运算速度非常快,但是存储器的取数和存数的速度很难与 CPU 适配,这使得计算机系统的运算速度在很大程度上受到存储器速度的制约。

存储器主要分为内存储器、外存储器和缓存。内存储器的主要特点是它可以和 CPU 直接交换信息。外存储器是内存储器的后援存储器,用来存放当前暂时不用的程序和数据,它不能与 CPU 直接交换信息。

(4) 输入/输出设备。

输入/输出(input/output,I/O)设备是数据处理系统的关键外部设备之一,可以和计算机本体进行交互使用,如键盘、写字板、麦克风、音响、显示器等。输入/输出设备具有促进人与机器之间进行联系的作用。

① 输入设备是向计算机输入数据和信息的设备,是计算机与用户或其他设备通信的桥梁,是用户和计算机系统之间进行信息交换的主要装置之一。

② 输出设备是把计算或处理的结果或中间结果以人能识别的各种形式(如数字、符号、字母等)表示出来。常见的输出设备有显示器、打印机、绘图仪等。

下面对微机硬件系统进行介绍。

1. 主板

主板也称为系统板(安装在主机箱内),是微机硬件系统集中管理的核心载体,其性能的优劣直接影响到微机各个部件之间的相互配合。主板充分体现了整个微机系统发展的精粹。它几乎集中了全部系统的功能,控制着各部分之间的控制流和数据流,能够根据系统的进程和线程的需要,有机地调度微机各个子系统,并为实现微机系统的科学管理,为微机从芯片到整机甚至到网络进行连接提供充分的硬件保证。主板的主要结构如图 1-20 所示。

图 1-20　主板的主要结构

主板由以下部件构成。

(1) CPU 插座。

用于固定连接 CPU 芯片。由于集成化程度和制造工艺的不断提高,越来越多的功能被集成到 CPU 中,使其管脚数不断增加。经过多年的发展,CPU 采用的接口方式有引脚式、卡式、触点式、针脚式等,应用广泛的 CPU 接口一般为针脚式接口,如图 1-21 所示。

图 1-21 CPU 插座

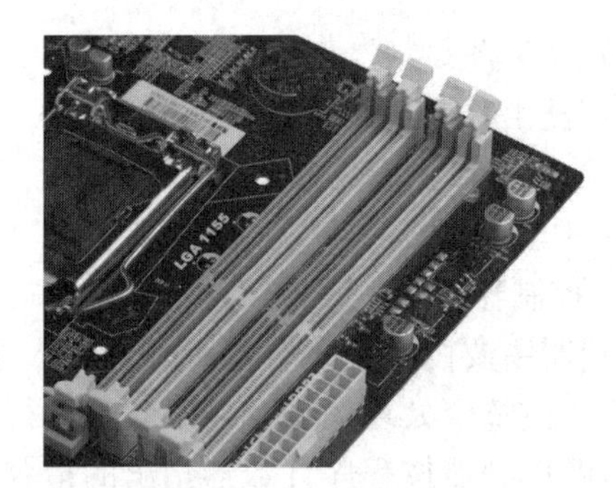

图 1-22 内存插槽

(2) 内存条与插槽。

随着内存扩展板的标准化，主板给内存预留了专用的内存插槽，只要购买所需数量并与内存插槽匹配的内存条，就可实现扩充内存和即插即用。内存插槽的线数通常有 30 线、72 线和 168 线，如图 1-22 所示。

(3) 芯片集。

芯片集是主板的关键部件，由一组超大规模集成电路芯片构成。它控制和协调整个计算机系统的有效运转和各个部件的选型。它被固定在主板上，不能像 CPU、内存那样进行简单的升级换代。

(4) 总线结构。

总线是连接微机各部件的一组公共信号线，分为数据总线、控制总线和地址总线。奔腾系列的总线结构基本采用外设部件互连标准(peripheral component interconnect，PCI)结构及双重独立总线结构，大大提高了总线带宽和传输速率。

(5) 功能插卡和扩展槽。

主板上有一系列的扩展槽，用来连接各种插卡(接口板)。用户可以根据自己的需求在扩展槽上插入各种用途的插卡(如显卡、声卡、防病毒卡、网卡等)，以扩展微机的各种功能，处理多媒体信息，并减少软件占用的内存空间。下面介绍几种典型的插卡。

① 显卡。显卡又称为显示器适配卡，是体现计算机显示效果的关键设备。早期的显卡只具有把显示器同主机连接起来的作用，而如今它还具有处理图形数据、加速图形显示等作用，故有时也称其为图形适配器或图形加速器。

② 声卡。声卡是一种处理声音信息的设备，它具有把声音变成相应数字信号，以及将数字信号转换成相应声音的模数转换(analog-to-digital conversion，A/D)和数模转换(digital-to-analog conversion，D/A)功能，并可以把数字信号记录到硬盘上以及从硬盘上读取重放。声卡还具有用来增加播放复合音乐的合成器和外接电子乐器的乐器数字接口(music instrument digital interface，MIDI)，这样就使得多媒体个人计算机(multimedia personal computer，MPC)不仅能播放来自光盘的音乐，而且还有编辑乐曲及混响的功能，并能提供优质的数字音响。

③ 视频卡。视频卡的主要功能是将各种制式的模拟视频信号数字化，并将这种信号压缩和解压缩后与视频图形阵列(video graphic array，VGA)信号叠加显示；也可以把电视、摄像机等外界的动态图像以数字形式捕获到计算机的存储设备上，对其进行编辑或与其他多媒体信号合成后，再转换成模拟信号播放出来。

(6) 输入/输出接口。

I/O 接口有时也称为设备控制器或适配器，通常人们把外存储器和 I/O 设备称为微机的外部设备。I/O 接口是 CPU 与外部设备之间交换信息的连接电路，它们也是通过总线与 CPU 相连的。

(7) 基本输入/输出系统和互补金属氧化物半导体。

基本输入/输出系统(basic input/output system，BIOS)实际上是一组存储在可擦可编程只读存储器(erasable programmable read-only memory，EPROM)中的软件，它被固化在芯片中，并安装在主板上，负责对基本 I/O 系统进行控制和管理。而互补金属氧化物半导体(complementary metal-oxide-semiconductor，CMOS)是一种存储 BIOS 所使用的系统配置的存储器，它分为两部分：一部分存储口令，另一部分存储启动信息。当计算机断电时，其内容由一个电池供电予以保存。用户利用 CMOS 可以对微机的基本参数进行设置。

2. CPU

20 世纪 70 年代后，人们把计算机的主要部件运算器、控制器以及寄存器集成在一块芯片上，从而产生了 CPU，如图 1－23 所示。CPU 发展到今天已使计算机在整体性能、处理功能、运算速度、多媒体处理及网络通信等方面都达到了极高的水平。

图 1－23　CPU

CPU 是计算机的心脏，它决定了计算机的档次和主要性能指标。

随着 CPU 设计、制造技术的发展，计算机的集成度与性能也越来越高。芯片中还集成了大量的微电路，通过类似神经网络的总线连接其他部件，形成微机的控制中枢，分别用来传送 CPU 的控制信号，按地址读取存储器中的指令和数据。CPU 按内部结构可分为整数运算单元、浮点运算单元、多媒体扩展单元、一级缓存存储单元和寄存器等。

CPU 中决定计算机性能的主要指标有以下几点。

(1) 主频。

主频即 CPU 内部时钟晶体振荡频率，用 MHz(兆赫兹)表示。它是协调同步各部件行动的基准，主频率越高，CPU 运算速度越快，也即一个周期内能完成的指令条数越多。

(2) 总线性能。

如果把 CPU 比作人体的“心脏”，总线则是“心脏”连接到各部分的“动脉”。在计算机中，CPU 发出的控制信号和处理的数据通过总线传送到系统的各个部分，而系统各部件的协调与联系也是通过总线来实现的。在总线上，通常传送数据、地址和控制三种信号。

(3) 寻址能力。

寻址能力反映了 CPU 一次可访问内存中数据的总量，由地址总线宽度来确定。显然，地址总线越宽，CPU 向内存储器一次调用的数据越多，计算机的运算速度也会越快。

寻址能力的计算方法是：设地址总线共有 n 条，即地址总线宽度为 n 位，则其寻址能力为 2^n B。例如，某机器的地址总线宽度为 32 位，那么其寻址能力计算如下：

寻址能力$=2^{32}$ B$=2^{22}$ kB$=2^{12}$ MB$=2^{2}$ GB$=4$ GB。

(4) 多媒体扩展技术。

多媒体扩展是适应用户对通信和音频、视频、3D 图形、动画及虚拟现实等多媒体功能需求而研制的一种新技术，现已被嵌入奔腾Ⅱ以上的 CPU 中。其特点是可以将多条信息由一个单一指令即时处理，并且增加了几十条用于增强多媒体处理功能的指令。

(5) 缓存技术。

① 一级缓存(L1 cache)。它集成在 CPU 内部，用于 CPU 在处理数据过程中数据的暂时保存。由于缓存指令和数据与 CPU 同频工作，L1 cache 的容量越大，存储信息越多，CPU 与内存储器之间的数据交换次数就越少，从而提高了 CPU 的运算速度。

② 二级缓存(L2 cache)。由于 L1 cache 容量的限制，为了再次提高 CPU 的运算速度，在 CPU 外部放置一个高速存储器，即二级缓存。其工作主频比较灵活，可与 CPU 同频，也可不同。

3. 内存储器

内存储器简称内存，也称为主存，是 CPU 直接访问的存储器。随着计算机系统软件及应用软件的不断更新，系统对内存的要求也越来越高，内存的大小将直接影响计算机的整体性能和程序的运行。常见的内存条如图 1-24 所示。

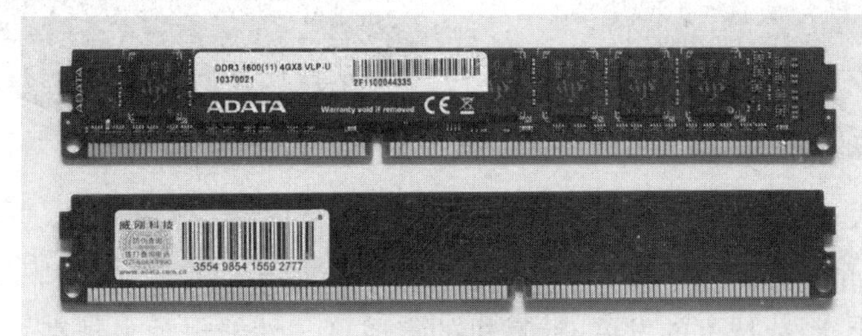

图 1-24　内存条

存储器含有许多存储单元，每个存储单元被赋予一个地址编号(通常用十六进制来表示)，可存放一个字节的二进制数据，CPU 是通过地址到存储器中存取数据的。内存中所有存储单元可存放的数据总量称为内存容量。

因为内存是采用价格较高的半导体器件制成的，所以存取速度比外存要快得多，但容量不如外存大。内存可分为随机存储器(random access memory，RAM)、只读存储器(read-only memory，ROM)和高速缓存(cache)。

(1) RAM 是内存的主要部分，是仅次于 CPU 的宝贵系统资源。它是程序和数据的临时存放地和中转站，即外设(键盘、鼠标、显示器和外存等)的信息都要通过它与 CPU 交换。

(2) ROM 是一种只能读取数据而不能写入数据的存储器，但断电后，ROM 中的内容仍存在。ROM 的容量很小，通常用于存放固定不变、无须修改而且经常使用的程序。

(3) cache 在逻辑上位于 CPU 与内存之间，其作用是加快 CPU 与 RAM 之间的数据交换速率。cache 技术的机理是：将当前急需执行及使用频繁的程序段和要处理的数据从内存复制到更接近于 CPU 的 cache 中，当 CPU 读写时，首先访问 cache。因此，cache 就像是内存与 CPU 之间的“转接站”。

4. 外存储器

外存储器简称外存，也称为辅存。它需要经过内存与 CPU 及输入/输出设备交换信息，可以长久保存大量的程序和数据，因此它既可以作为输入设备也可以作为输出设备。以下介绍几种常见的外存。

(1) 硬盘存储器。

硬盘存储器简称硬盘，是最主要的外存。它是由若干个同样大小的、涂有磁性材料的铝合金圆盘片环绕一个共同的轴心组成。每个盘片上下两面各有一个读写磁头，磁头转动装置将磁头快速而准确地移到指定的磁道。硬盘驱动器采用温切斯特(Winchester)技术(简称温盘)，即把磁头、盘片及执行机构都密封在一个容器内，与外界环境隔绝。其内部结构如图 1-25 所示。

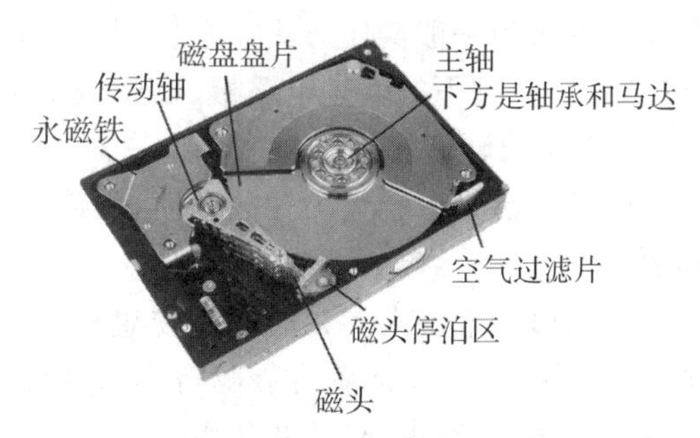

图 1-25　硬盘内部结构

硬盘的优点是：磁盘容量大(目前的主流硬盘容量为 500 GB～2 TB)、存取速度快、可靠性高、存储成本低等。大多数微机上的硬盘是 3.5 英寸(1 英寸≈2.54 厘米)的，也有 2.5 英寸和 1.8 英寸的。硬盘片的每个面上有若干个磁道，每个磁道分成若干个扇区，每个扇区可存储 512 字节，每个存储表面的同一磁道形成一个圆柱面，称为柱面。

(2) 光盘存储器。

随着多媒体技术及应用软件向大型化方向发展，人们需要一种高容量、高速度、工作稳定可靠、耐用性强的存储介质来取代软盘，从而光盘存储器应运而生。

光盘存储器简称光盘，是利用激光照射来记录信息的，再通过光盘驱动器将盘片上的光学信号读取出来。目前计算机上使用的光盘主要有三种类型：只读光盘(CD/DVD-read only memory，CD/DVD-ROM)、一次写入光盘(write once read many disc，WORM disc)和可擦重写光盘(rewrite erasable disc)。

① 只读光盘由制作者直接把信息一次性写入盘中，用户只能从中读取信息。与一般音乐 CD 不同，CD/DVD-ROM 是数字式的，其中可存放各种文字、声音、图形、图像和动画等多媒体数字信息。一般一张 CD/DVD-ROM 的容量为 650 MB 或 680 MB。其主要优点是价格便宜、制作容易、体积小、容量大、易长期存放等。只读光盘发展很快，已被普遍使用，如图 1-26 所示。

图 1-26　光盘

② 一次写入光盘可由用户写入信息，写入后可以多次读取，但只能写一次，信息写入后不能修改。该类型光盘主要用于保存不允许随意修改的重要档案、历史性资料和文献等。

③ 可擦重写光盘类似于磁盘，可以重复读写信息，是很有发展前途的外存，主要使用的是磁光盘。第一代光盘驱动器的数据传输速率只有 150 kB/s，以后陆续推出了 2 倍速、4 倍速、6 倍速的光盘驱动器，目前 50 倍速的 CD/DVD-ROM 驱动器已广泛使用。

(3) 闪盘。

闪盘又称为U盘,如图1-27所示,是一种小体积的移动存储装置,它以闪存为存储核心,通过USB接口与计算机相连。

U盘原理在于将数据存储于内建的闪存中,以普及的USB接口作为与计算机沟通的桥梁,便于不同计算机间的数据交换。即插即用的功能使得计算机可以自动侦测到U盘,使用者只需要将它插入计算机USB接口就可以使用,就像一般抽取式的存储设备,读写、复制及删除文件的方法与一般操作方式完全相同。U盘的结构很简单,主要部件就是一枚闪存芯片和一枚控制芯片,剩下的就是电路板、USB接口和外壳。

图1-27　U盘

(4) 移动硬盘。

移动硬盘是以硬盘为存储介质,强调便携性的存储产品,如图1-28所示。

图1-28　移动硬盘

目前市场上绝大多数的移动硬盘都是以标准硬盘为基础的,而很少使用微型硬盘(如1.8英寸硬盘等),这主要是由价格因素决定的。移动硬盘以高速、大容量、轻巧便捷等优点赢得许多用户的青睐,而其最突出的优点还在于存储数据的安全可靠性。这类硬盘与笔记本电脑硬盘的结构类似,多采用硅氧盘片。这是一种比铝更为坚固耐用的盘片材料,而且具有更大存储容量和更好的可靠性,提高了数据的完整性。

(5) 闪存卡。

图1-29　闪存卡

闪存卡(flash card)是利用闪存技术达到存储信息的存储器,一般应用在数码相机、掌上电脑、MP3和MP4等小型数码产品中作为存储介质。它样子小巧,犹如一张小卡片,所以称为闪存卡,如图1-29所示。

(6) 网盘。

网盘采用先进的海量存储技术,用户可以方便地将文档、照片、音乐、软件等各种资料保存在网盘上,使得这些资料的存取不受时间、地点的限制。无论何时何地,只要登录网络地址或邮箱,就可以十分方便地存取和管理网盘中的文件和资料。

5. 输入设备

输入设备是向计算机输入程序、数据和命令的设备,常见的输入设备有键盘、鼠标、触摸板、扫描仪等。

(1) 键盘。

键盘是最常用也是最主要的输入设备,如图1-30所示,通过键盘可以将英文字母、数字、标点符号等输入计算机,从而向计算机发出命令、输入数据等。

图1-30　键盘

目前，101 键和 104 键键盘占据市场的主流地位。104 键键盘是新兴多媒体键盘，它在传统的键盘基础上增加了不少常用组合键或音量调节装置，使操作进一步简化。例如，对于收发电子邮件、打开浏览器软件、启动多媒体播放器等操作都只需要按一个特殊按键即可，同时在外形上也做了重大改善，着重体现了键盘的个性化。

(2) 鼠标。

鼠标也是常用的输入设备，如图 1－31 所示，鼠标的使用是为了使计算机的操作更加简便，来代替键盘上某些烦琐的指令。尤其随着 Windows 操作系统的流行，鼠标已和键盘一样成为一种标准的输入设备，主要用于图形用户界面(graphical user interface，GUI)操作。

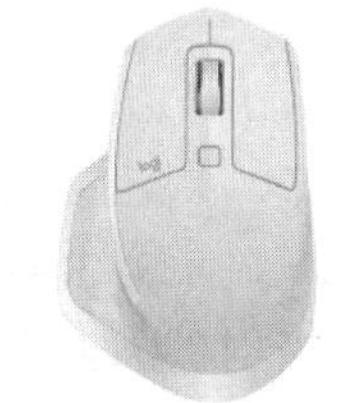

图 1－31 鼠标

鼠标按其工作原理可以分为机械鼠标和光电鼠标，按其键数可以分为两键鼠标、三键鼠标和多键鼠标。

(3) 触摸板。

触摸板是一种在平滑的触控板上，利用手指的滑动操作来移动指针的输入装置，是一种广泛应用于笔记本电脑的输入设备，如图 1－32 所示。当使用者的手指接近触摸板时会使电容量改变，触摸板自身会检测出电容改变量，转换成坐标。触摸板可以视作鼠标的替代物。

图 1－32 触摸板

(4) 扫描仪。

扫描仪是一种能够捕获图像并将之转换成计算机可以显示、编辑、存储和输出的数字化文档的输入设备。照片、文本页面、图纸、美术图画、照相底片、菲林软片，甚至纺织品、标牌面板、印制板样品等三维对象都可作为扫描对象。

扫描仪由扫描头、主板、机械结构和附件四个部分组成。扫描仪按其处理的颜色可以分为黑白扫描仪和彩色扫描仪；按其扫描方式可以分为手持式、台式、平板式和滚筒式。如图 1－33 所示给出了手持式和平板式两种类型的扫描仪。

(a) 手持式扫描仪

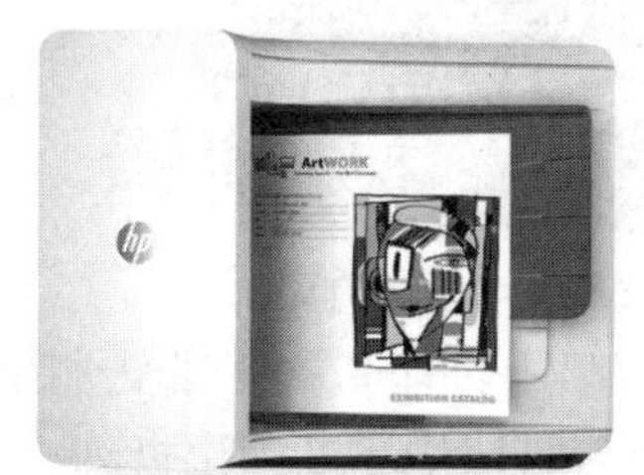

(b) 平板式扫描仪

图 1－33 扫描仪

扫描仪的性能指标主要有分辨率、扫描区域、灰度级、图像处理能力、精确度、扫描速度等。

6. 输出设备

输出设备是将计算机运算或处理后所得的结果，以字符、数据、图形等人们能够识别的形式进行输出。常见输出设备有显示器、打印机、投影仪、绘图仪、声音输出设备等。

(1) 显示器。

显示器是计算机的标准输出设备，如图 1－34 所示，用户通过显示器能及时了解到计算机工作的状态，看到信息处理的过程和结果，及时纠正错误，指挥计算机正常工作。

图 1-34　显示器

显示器由监视器和显卡组成。按其颜色可分为单色和彩色显示器;按其生产技术可分为阴极射线管(cathode-ray tube,CRT)、液晶显示(liquid crystal display,LCD)、发光二极管(light emitting diode,LED)、等离子体显示(plasma display,PD)显示器;按其规格和性能可分为 VGA、增强彩色图形适配器(enhanced graphics adapter,EGA)等显示器。

显示器的主要技术指标有屏幕尺寸、点距、分辨率、颜色深度及刷新频率。

(2) 打印机。

打印机是计算机目前最常用的输出设备,也是品种、型号最多的输出设备之一。一般微机使用的打印机有点阵打印机、喷墨打印机和激光打印机三种。

① 点阵打印机。点阵打印机主要由打印头、运载打印头的小车机构、色带机构、输纸机构和控制电路等几部分组成,如图 1-35 所示,打印头是点阵打印机的核心部分。点阵打印机有 9 针、24 针之分。24 针打印机可以打印出质量较高的汉字,是目前使用较多的点阵打印机。点阵打印机的最大优点是耗材(包括色带和打印纸)便宜;缺点是打印速度慢、噪声大、打印质量差。

图 1-35　点阵打印机

图 1-36　喷墨打印机

② 喷墨打印机。喷墨打印机属于非击打式打印机,无机械击打动作,如图 1-36 所示。其工作原理是喷嘴朝着打印纸不断喷出极细小的带电的墨水雾点,当它们穿过两个带电的偏转板时受到控制,然后落在打印纸的指定位置上,形成正确的字符。

③ 激光打印机。激光打印机也属于非击打式打印机,如图 1-37 所示。其工作原理与复印机相似,涉及光学、电磁学、化学等。简单说来,激光打印机将来自计算机的数据转换成光,射向一个充有正电的旋转的感光鼓上,感光鼓上被照射的部分便带上负电,并能吸引带色粉末。感光鼓与纸接触后把粉末印在纸上,接着在一定的压力和温度的作用下粉末熔解在纸的表面。激光打印机的优点是无噪声、打印速度快、打印质量最好,常用来打印正式文件及图表;缺点是设备价格高、耗材贵,打印成本是以上三种打印机中最高的。

图 1－37　激光打印机

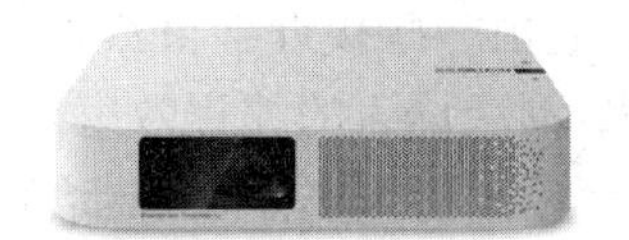

图 1－38　投影仪

(3) 投影仪。

投影仪(见图 1－38)主要用于电化教学、培训、会议等公众场合,它通过与计算机连接,可以把计算机屏幕显示的内容全部投影到银幕上。随着技术的进步,高清晰、高亮度的液晶投影仪的价格迅速下降,正在不断进入办公场所和学校等。目前,常用的有 CRT 投影仪和使用 LCD 投影技术的液晶投影仪。液晶投影仪具有体积小、重量轻、价格低且色彩丰富的优点。

(4) 其他输出设备。

在微机上使用的其他输出设备有绘图仪、声音输出设备(音箱或耳机)等。绘图仪有平板绘图仪和滚动绘图仪两类,通常采用增量法在 x 和 y 方向产生位移来绘制图形。

1.2.2　计算机的软件系统

计算机软件是各种程序和文档的总称。程序是人们为使计算机完成某个特定的任务而编写的按一定次序排列和执行的命令和数据的集合,文档则是应用各种编辑系统编写的文本。计算机的软件系统包括系统软件和应用软件。

1. 系统软件

系统软件是指控制、管理和协调计算机及其外部设备,支持应用软件的开发和运行的软件的总称。系统软件包括操作系统、语言处理程序和服务程序。

(1) 操作系统。

操作系统是控制、管理和监督计算机软、硬件资源协调运行的程序系统,由一系列具有不同控制和管理功能的程序组成。它是直接运行在计算机硬件上的、最基本的系统软件,是系统软件的核心。操作系统是计算机发展中的产物,其主要目的有两个:一是方便用户使用计算机,是用户和计算机的接口;二是统一管理计算机系统的全部资源,合理组织计算机工作流程,以便充分、合理地发挥计算机的效率。

(2) 语言处理程序。

计算机语言是人们根据描述实际问题的需要而设计的,用于书写计算机程序的语言。程序设计语言就是人们设计出来的能让计算机读懂并且能完成某个特定任务的语言,它可分为低级语言和高级语言,其中低级语言包括机器语言和汇编语言。

① 机器语言(machine language)。机器语言是以二进制形式表示的机器基本指令的集合。它的特点是运算速度快,每条指令都是 0 和 1 的组合,但不同计算机的机器语言不同,难阅读,难修改,难移植。

② 汇编语言(assembly language)。汇编语言是为了解决机器语言难于理解和记忆的问题,用易于理解和记忆的名称和符号表示的机器指令。例如,加法指令 ADD,传送指令 MOV。

汇编语言虽比机器语言直观，但基本上还是一条指令对应一种基本操作，对同一问题编写的程序在不同类型的机器上仍然是互不通用的。

③ 高级语言(high level language)。高级语言是人们为了解决低级语言的不足而设计的程序设计语言。它由一些接近于自然语言和数学语言的语句组成，具有易学、易用、易维护的优点。一般说来，高级语言的编程效率高，但执行速度没有低级语言快。高级语言必须经过语言处理程序(编译程序等)翻译成机器语言才能被计算机识别。目前最常用的高级语言有 C，C++，Java，Delphi 等。

除机器语言外，采用其他程序设计语言编写的程序，计算机都不能直接识别，这种程序称为源程序。计算机必须把源程序翻译成等价的机器语言程序，即计算机能识别的 0 与 1 的组合，承担翻译工作的即为语言处理程序。语言处理程序又分为编译程序和解释程序。编译和解释过程如图 1－39 所示。

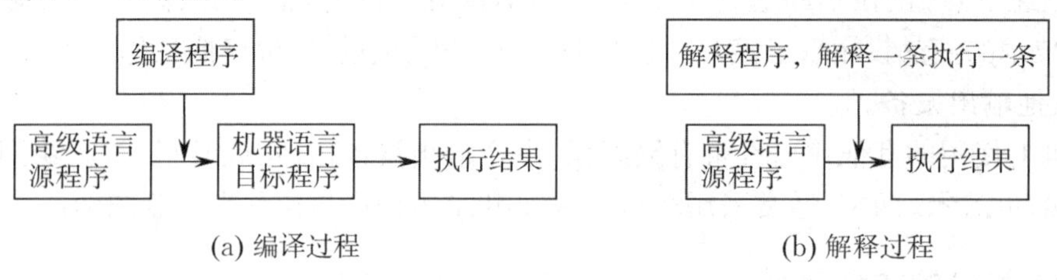

图 1－39　编译和解释过程

(3) 服务程序。

服务程序是指为了帮助用户使用与维护电脑，提供服务性手段并支持其他软件开发而编制的一类程序。服务程序是一类辅助性的程序，它提供各种运行所需的服务，可以在操作系统的控制下运行，也可以在没有操作系统的情况下独立运行。随着技术的不断进步，应用领域的不断扩大，大量的服务程序不断更新和涌现，有的还集成为组件或套件，主要有工具软件、编辑程序、软件调试程序及诊断程序等几种。

2. 应用软件

应用软件是为计算机在特定领域中的应用而开发的专用软件。应用软件具体可分为两类：① 面向问题的应用程序，如企业管理系统、财务软件、订票系统、电话查询系统、仓库管理系统等；② 为用户使用而开发的各种工具软件，如诊断程序、调试程序、编辑程序、链接程序、字处理软件等。

应用软件包括的范围是极其广泛的，基本上所有计算机的应用都离不开应用软件，如办公应用软件 Microsoft Office，WPS；平面设计应用软件 Adobe Photoshop，Adobe Illustrator，CorelDRAW 等。

1.3　计算机中的信息与编码

在计算机科学中，数据是指所有能输入计算机并被计算机程序处理的符号和介质的总称，是用于输入计算机进行处理，具有一定意义的数字、字母、符号和模拟量等的通称。现今，计算机存储和处理的对象十分广泛，意味着这些对象的数据随之也变得越来越复杂。

1.3.1 计算机的数据和单位

1. 计算机的数据

数据是指对客观事件进行记录并可以鉴别的抽象符号，是对客观事物的性质、状态以及相互关系等进行记载的物理符号或物理符号的组合。它不仅是指狭义上的数字，还可以是指具有一定意义的文字、字母、数字符号的组合、图形、图像、视频、音频等，也是客观事物的属性、数量、位置及其相互关系的抽象表示。

2. 计算机的单位

在计算机内存存储和运输数据时，通常要涉及的数据单位有以下三种。

(1) 位(bit，简写为 b)。

位又称为比特，是计算机表示信息的数据编码中最小的数据单位，即 1 位二进制数。1 位二进制数用“0”或“1”来表示。

(2) 字节(Byte，简写为 B)。

字节是计算机存储信息的基本单位，1 字节用 8 位二进制数表示。通常计算机以字节为单位来计算其存储容量，如计算机内存容量和磁盘的存储容量等都是以字节为单位表示的。

存储容量的单位除用字节表示外，还可以用千字节(kB)、兆字节(MB)、吉字节(GB)和太字节(TB)等来表示。它们之间的换算关系如下：

$$1\ \text{kB}=2^{10}\ \text{B}=1024\ \text{B},\quad 1\ \text{MB}=2^{10}\ \text{kB}=2^{20}\ \text{B},$$

$$1\ \text{GB}=2^{10}\ \text{MB}=2^{30}\ \text{B},\quad 1\ \text{TB}=2^{10}\ \text{GB}=2^{40}\ \text{B}。$$

(3) 字(word)。

字由若干个字节组成(一般为字节的整数倍)。它是计算机进行数据处理和运算的单位，它包含的位数称为字长。不同档次的计算机有不同的字长，例如，286 微机的字由 2 个字节组成，其字长为 16 位；486 微机的字由 4 个字节组成，其字长为 32 位。字长是计算机的一个重要性能指标。

1.3.2 计算机的数制及其转换

1. 数制的概念

数制的种类很多，但在日常生活中，人们习惯使用十进制，所谓十进制，就是逢十进一。除十进制外，有时人们还使用十二进制、六十进制等，例如一打袜子为十二双，一年等于十二个月，即逢十二进一；一小时等于六十分钟，一分钟等于六十秒，即逢六十进一。

在计算机中则采用二进制存储数据，指令、数据、图形、声音等信息，都必须转换成二进制形式，才能存入计算机中。有时为书写方便，也常用八进制和十六进制。

为了更好地理解数制，引入基数和位权两个概念。

基数：一组固定不变的不重复数字的个数。例如，二进制数基数为 2，十进制数基数为 10。

位权：某个位置上的数代表的数量大小，表示此数在整个数中所占的权重。

二进制：具有 2 个不同的数码符号 0 和 1；其基数为 2，特点是逢二进一。

十进制：具有 10 个不同的数码符号 0，1，2，3，4，5，6，7，8，9；其基数为 10，特点是逢十进一。

八进制:具有 8 个不同的数码符号 0,1,2,3,4,5,6,7;其基数为 8,特点是逢八进一。

十六进制:具有 16 个不同的数码符号 0,1,2,3,4,5,6,7,8,9,A,B,C,D,E,F(用 A,B,C,D,E,F 分别表示 10,11,12,13,14,15);其基数为 16,特点是逢十六进一。

对任一 r 进制,其基本数码符号有 r 个,计算规则是逢 r 进一,相应位 i 的权为 r^i。例如,二进制有数码符号 2 个,即 0 和 1,计算规则是逢二进一,相应位 i 的权为 2^i。计算机中常用的四种数制如表 1-3 所示。

表 1-3　计算机中常用的四种数制

数制	计算规则	基数	数码	权值	表示形式
十进制	逢十进一	$r=10$	0,1,2,…,9	10^i	D
二进制	逢二进一	$r=2$	0,1	2^i	B
八进制	逢八进一	$r=8$	0,1,2,…,7	8^i	O 或 Q
十六进制	逢十六进一	$r=16$	0,1,2,…,9,A,B,…,F	16^i	H

为区分不同数制的数,一般用(　)带下标或加上字母 D(十进制)、B(二进制)、O 或 Q(八进制)、H(十六进制)来表示数制。例如 15H,表示十六进制数 15。另外,不特别标明数制的数,一般默认为十进制数。例如 10,表示十进制数 10。

2. 计算机数制之间的转换

(1) 二进制数与十进制数之间的转换。

① 二进制数转换为十进制数。

将二进制数按权展开后求和即可。

例如,将 $(1101.011)_2$ 转换为十进制数,方法如下:

$(1101.011)_2=1\times2^3+1\times2^2+0\times2^1+1\times2^0+0\times2^{-1}+1\times2^{-2}+1\times2^{-3}=(13.375)_{10}$。

② 十进制数转换为二进制数。

整数部分:采用除以 2 取余法,且除到商为 0 为止;按从下往上顺序排列余数即可得到结果。

小数部分:采用乘以 2 取整法,直到小数部分为 0 或达到所要求精度为止(小数部分可能永远不会得到 0),最先得到的整数排在最高位。

例如,将 $(241.43)_{10}$ 转换为二进制数,小数取 4 位,方法如下:

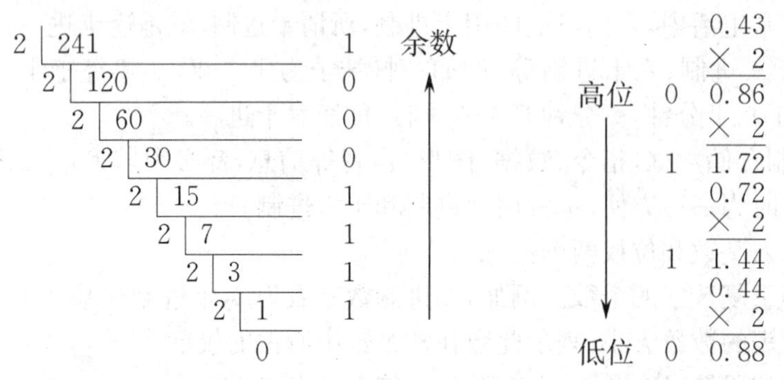

于是,$(241.43)_{10}=(11110001.0110)_2$。

(2) 二进制数与八进制数之间的转换。

① 二进制数转换为八进制数。

由于二进制数的每 3 位对应八进制数的 1 位，即 $8^1=2^3$，因此转换方法比较容易。具体转换方法是，将二进制数从小数点开始，整数部分从右向左每 3 位一组，小数部分从左向右每 3 位一组，不足 3 位用 0 补足即可，即整数部分在左边补 0，小数部分在右边补 0。

例如，将 $(10110101110.11011)_2$ 转换为八进制数，方法如下：

010 110 101 110 . 110 110

↓ ↓ ↓ ↓ ↓ ↓

2 6 5 6 . 6 6

于是，$(10110101110.11011)_2=(2656.66)_8$。

② 八进制数转换为二进制数。

具体转换方法是，以小数点为界，向左或向右每 1 位八进制数用相应的 3 位二进制数取代，然后将其连在一起即可。

例如，将 $(6237.431)_8$ 转换为二进制数，方法如下：

6 2 3 7 . 4 3 1

↓ ↓ ↓ ↓ ↓ ↓ ↓

110 010 011 111 . 100 011 001

于是，$(6237.431)_8=(110010011111.100011001)_2$。

(3) 二进制数与十六进制数之间的转换。

① 二进制数转换为十六进制数。

二进制数的每 4 位对应十六进制数的 1 位，即 $16^1=2^4$。具体转换方法是，将二进制数从小数点开始，整数部分从右向左每 4 位一组，小数部分从左向右每 4 位一组，不足 4 位用 0 补足即可。

例如，将 $(101001010111.110110101)_2$ 转换为十六进制数，方法如下：

1010 0101 0111 . 1101 1010 1000

↓ ↓ ↓ ↓ ↓ ↓

A 5 7 . D A 8

于是，$(101001010111.110110101)_2=(A57.DA8)_{16}$。

又如，将 $(100101101011111)_2$ 转换为十六进制数，方法如下：

0100 1011 0101 1111

↓ ↓ ↓ ↓

4 B 5 F

于是，$(100101101011111)_2=(4B5F)_{16}$。

② 十六进制数转换成二进制数。

具体转换方法是，以小数点为界，向左或向右每 1 位十六进制数用相应的 4 位二进制数取代，然后将其连在一起即可。

例如，将 $(3AB.11)_{16}$ 转换成二进制数，方法如下：

3　　A　　B　.　1　　1

↓　　↓　　↓　　↓　　↓

0011　1010　1011　.　0001　0001

于是，$(3AB.11)_{16}=(1110101011.00010001)_2$。

十进制与二进制、八进制、十六进制数之间的转换关系如表 1-4 所示。

表 1-4　常用数制的转换关系

十进制	0	1	2	3	4	5	6	7	8	9	10	11	12	13	14	15
二进制	0000	0001	0010	0011	0100	0101	0110	0111	1000	1001	1010	1011	1100	1101	1110	1111
八进制	0	1	2	3	4	5	6	7	10	11	12	13	14	15	16	17
十六进制	0	1	2	3	4	5	6	7	8	9	A	B	C	D	E	F

1.3.3　计算机的编码规则

编码是信息从一种形式转换为另一种形式的过程，也称为计算机编程语言的代码。编码即是用预先规定的方法将文字、数字或其他对象编成数码，或将信息、数据转换成规定的电脉冲信号。解码是编码的逆过程。

1. 数值型数据的编码

数值型数据是指日常生活中所说的数和数据，它有正负、大小之分，还有整数和实数之分。数值型数据在计算机中是用二进制形式表示的。通常把一个数在计算机内部表示成的二进制数形式，称为机器数；原来的数称为这个机器数的真值。机器数有不同的表示方法，常用的有原码、反码和补码。

2. 非数值型数据的编码

非数值型数据是指除数值型数据外的字符，如各种符号、字母和汉字等。同样，它们也是用二进制形式来表示的。

(1) ASCII 码。

字符是用来组织、控制或表示数据的字母、数字以及计算机能识别的其他符号，使用最广泛的是 ASCII 码，即美国信息交换标准码(American Standard Code for Information Interchange)。ASCII 码如表 1-5 所示。

表 1-5　ASCII 码

$b_3b_2b_1b_0$	$b_6b_5b_4$							
	000(0)	001(1)	010(2)	011(3)	100(4)	101(5)	110(6)	111(7)
0000(0)	NUL	DLE	SP	0	@	P	`	p
0001(1)	SOH	DC1	!	1	A	Q	a	q
0010(2)	STX	DC2	"	2	B	R	b	r
0011(3)	ETX	DC3	#	3	C	S	c	s
0100(4)	EOT	DC4	$	4	D	T	d	t

续表

$b_3b_2b_1b_0$	$b_6b_5b_4$							
	000(0)	001(1)	010(2)	011(3)	100(4)	101(5)	110(6)	111(7)
0101(5)	ENQ	NAK	%	5	E	U	e	u
0110(6)	ACK	SYN	&	6	F	V	f	v
0111(7)	BEL	ETB	'	7	G	W	g	w
1000(8)	BS	CAN	(	8	H	X	h	x
1001(9)	HT	EM	)	9	I	Y	i	y
1010(A)	LF	SUB	*	:	J	Z	j	z
1011(B)	VT	ESC	+	;	K	[	k	{
1100(C)	FF	FS	,	<	L	\	l	|
1101(D)	CR	GS	-	=	M	]	m	}
1110(E)	SO	RS	.	>	N	^	n	~
1111(F)	SI	US	/	?	O	_	o	DEL

ASCII码用7位二进制数表示1个字符，排列顺序为 $b_6b_5b_4b_3b_2b_1b_0$，并且规定用一个字节的低7位表示字符编码，最高位恒为0。7位二进制数共可以表示 $2^7=128$ 个字符。

例如，“CR”的ASCII码的十六进制形式为“0DH”，“LF”的ASCII码的十六进制形式为“0AH”，“SP”的ASCII码的十六进制形式为“20H”，“9”的ASCII码的十六进制形式为“39H”，“W”的ASCII码的十六进制形式为“57H”。

(2) 汉字信息的处理。

① 国标码和区位码。汉字相对于西方字符而言，其数量较大，我国在1980年发布，1981年实施了《信息交换用汉字编码字符集 基本集》(GB/T 2312 — 1980)，也称为国标码。它共收集6 763个汉字和682个非汉字字符，其中汉字分为两级：第一级3 755个汉字，属于常用汉字，按汉语拼音字母顺序排列；第二级3 008个汉字，属于次常用汉字，按偏旁部首排列。

由于国标码表示的汉字比较有限，因此全国信息技术标准化技术委员会就对原标准进行了扩充，得到扩充后的汉字编码方案，即汉字内码扩展规范(GBK)。在2006年，我国又实施了《信息技术 中文编码字符集》(GB 18030 — 2005)，共收录了70 244个汉字。

国标码规定：1个汉字用2个字节表示，每个字节只用低7位，最高位为0。与ASCII码的对照如图1-40所示。

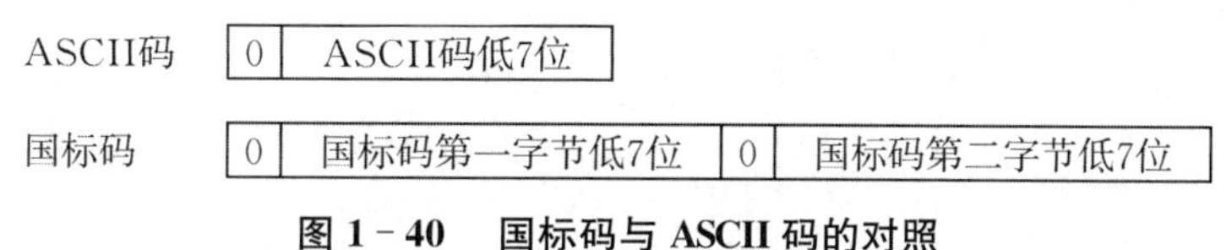

图1-40 国标码与ASCII码的对照

一个字节只能有94种状态用于汉字编码(不包含34种控制字符)，两个字节可以表示94×94=8 836种状态。在国标码中汉字按规则排列成94行94列的矩阵，从而形成汉字编码表，其行号称为区号，列号称为位号，第一个字节表示汉字在国标码中的区号，第二个字节表示汉字在国标码中的位号。每一个汉字在该矩阵中都有一个固定的区号和位号，即区位码(这个码是唯一的，不会有重码字)，把换算成十六进制的区位码加上2020H，就得到国标码。国标码是以十六进制形式编码的，编码范围是从2121H(21H即为十进制的33)到7F7FH(7FH即为十进制的127)。因此，国标码＝区位码(十六进制数)＋2020H。

例如，汉字“大”的区号为20，位号为83，即“大”的区位码为2083(1453H)；“大”的国标码为1453H＋2020H＝3473H。

② 汉字外部码。汉字外部码又称为汉字输入码，是指从键盘上输入汉字时采用的编码。目前广泛使用的汉字外部码有很多种。

a. 以汉字读音为基础的拼音码，如全拼输入法、双拼输入法、词汇输入法等；

b. 以汉字字形为基础的字形码，如五笔字型输入法等；

c. 音形码，综合拼音码和字形码的特点，如自然码等；

d. 数字码，如区位码、电报码、机内码等。

不同的汉字输入方法有不同的外部码，但机内码只能有一个。好的输入方法应具备规则简单、操作方便、容易记忆、重码率低、速度快等特点。

③ 汉字字形码。汉字字形码又称为汉字字模，用于汉字的输出。汉字字形码通常用点阵表示，有16×16点阵、32×32点阵、64×64点阵等。点阵不同，汉字字形码的长度也不同。点阵数越大，字形质量越高，字形码占用的字节数越多。

模块二　操作系统 Windows 10

模 块 导 读

操作系统(operating system,OS)是管理计算机硬件与软件资源的计算机程序,同时也是计算机系统的内核与基石。操作系统的类型非常多样,不同机器安装的操作系统可从简单到复杂,可从移动电话的嵌入式系统到超级计算机的大型操作系统。大多数操作系统制造者对它涵盖范畴的定义也不尽一致,例如,有些操作系统集成了图形用户界面,而有些操作系统仅使用命令行界面,而将图形用户界面视为一种非必要的应用程序。

任务简报

(1) 掌握 Windows 10 操作系统常用术语和系统配置要求。

(2) 掌握“开始”菜单的使用方法。

(3) 掌握文件和文件夹的基本操作。

(4) 掌握文件与文件夹属性及文件夹选项的设置方法。

(5) 了解桌面图标、桌面背景的设置方法。

(6) 了解日期和时间的修改方法。

(7) 了解 Windows 10 操作系统的系统工具和常用工具。

2.1　操作系统概述

2.1.1　操作系统的概念

操作系统提供用户和底层硬件之间的接口,是两者通信的桥梁。用户通过操作系统的用户界面来使用计算机系统的各类资源,实现管理计算机的操作,提高整个系统的处理效率。

计算机系统由硬件系统和软件系统两大部分所构成,而如果按其功能再细分,可分为七层,如图 2-1 所示。把计算机系统按功能分为多级层次结构,有利于正确理解计算机系统的工作过程,明确软件系统和硬件系统在计算机系统中的地位和作用。

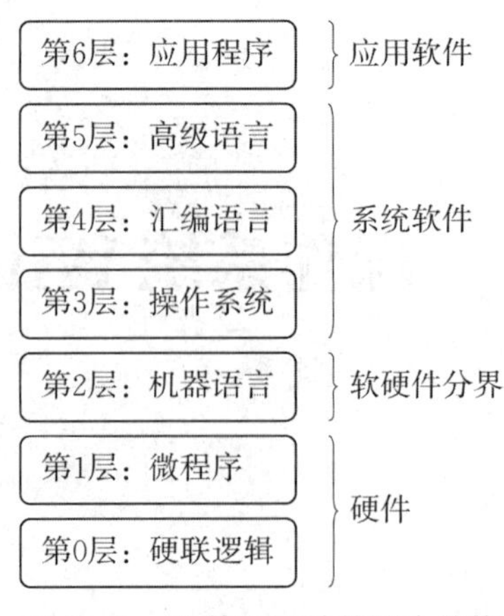

图 2-1　计算机系统的层次结构

2.1.2　操作系统的分类

对操作系统进行严格的分类是困难的。早期的操作系统，按用户使用的操作环境和功能特征的不同，可分为批处理操作系统、分时操作系统和实时操作系统。随着计算机体系结构的发展，又出现了嵌入式操作系统、分布式操作系统和网络操作系统。

1. 批处理操作系统

批处理操作系统(batch processing operating system)是一种早期用在大型计算机上的操作系统，其特点就是用户能够脱机使用计算机、作业成批处理和多道程序运行。批处理操作系统要求用户事先把需上机的作业准备好，包括程序、数据以及作业说明书，然后直接交给系统操作员，并按指定的时间收取运行结果，用户不直接与计算机打交道。

2. 分时操作系统

分时操作系统(time-sharing operating system)允许多个用户共享同一台计算机的资源，即在一台计算机上连接几台甚至几十台终端机。终端机可以没有 CPU 与内存，只有键盘与显示器，每个用户都通过各自的终端机使用这台计算机的资源，计算机系统按固定的时间片轮流为各个终端机服务。由于计算机的处理速度很快，用户几乎感觉不到等待时间，似乎这台计算机专为自己服务一样。分时操作系统的主要目的是对联机用户的服务响应，具有同时性、独立性、及时性和交互性等特点。

3. 实时操作系统

随着工业过程控制和对信息进行实时处理的需要，产生了实时操作系统(real-time operating system)。"实时"是"立即"的意思，指对随机发生的外部事件做出及时的响应并对其进行处理。实时操作系统指系统能及时响应外部事件的请求，在规定的时间内完成对该事件的处理，并控制所有实时任务协调一致地运行。实时操作系统是较少有人为干预的监督和控制系统，其软件依赖于应用的性质和实际使用的计算机的类型。这类操作系统通常用在大、中、小型计算机或工作站中。

4. 嵌入式操作系统

嵌入式操作系统(embedded operating system)是指运行于计算和存储能力受限的计算机

系统或硬件设备上的专用系统。嵌入式操作系统是一种用途广泛的系统软件，通常包括与硬件相关的底层驱动软件、系统内核、设备驱动接口、通信协议、图形界面、标准化浏览器等。目前，在嵌入式领域广泛使用的操作系统有嵌入式实时操作系统 μC/OS-Ⅱ，嵌入式 Linux，Windows Embedded，VxWorks 以及应用在智能手机和平板电脑上的 Android，iOS 等。

5. 分布式操作系统

分布式操作系统（distributed operating system）是由多台计算机经网络连接在一起而组成的系统。系统中任意两台计算机可以通过远程过程调用（remote procedure call，RPC）交换信息，系统中的计算机无主次之分，系统中的资源供所有用户共享，一个程序可以分布在几台计算机上并行地运行，互相协作完成一个共同的任务。

6. 网络操作系统

网络操作系统（network operating system）用于对多台计算机的硬件和软件资源进行管理和控制，提供网络通信和网络资源的共享功能。它是负责管理整个网络资源和方便网络用户的程序的集合，要保证网络中信息传输的准确性、安全性和保密性，提高系统资源的利用率和可靠性。最有代表性的几种网络操作系统有 Windows 2003 Server/Advance Server，UNIX 和 Linux 等。

2.1.3　操作系统的主要功能

1. 资源管理

系统的设备资源和信息资源都是操作系统根据用户需求按一定的策略来进行分配和调度的。操作系统的存储管理负责把内存单元分配给需要内存的程序以便让它执行，在程序执行结束后将它占用的内存单元回收以便再使用。对于提供虚拟存储的计算机系统，操作系统还要与硬件配合做好页面调度工作，根据执行程序的要求分配页面，在执行中将页面调入和调出内存及回收页面等。

处理器管理或称为处理器调度，是操作系统资源管理功能的另一个重要内容。在一个允许多道程序同时执行的系统里，操作系统会根据一定的策略将 CPU 交替地分配给系统内等待执行的程序（等待执行的程序只有在获得了 CPU 后才能执行）。程序在执行过程中遇到某个事件（如启动外部设备而暂时不能继续执行下去或一个外部事件的发生）时，操作系统就要来处理相应的事件，然后将 CPU 重新分配。

设备管理功能主要是分配和回收外部设备以及控制外部设备按用户程序的要求进行操作等。对于非存储型外部设备，如打印机、显示器等，它们可以直接作为一个设备分配给一个用户程序，在使用完毕后回收，以便给另一有需求的用户程序使用。对于存储型外部设备，如磁盘、磁带等，它们可以提供存储空间给用户，用来存放文件和数据。

信息管理功能主要是向用户提供一个文件系统。一般来说，一个文件系统向用户提供创建文件、撤消文件、读/写文件、打开和关闭文件等功能。有了文件系统后，用户可按文件名存取数据而无须知道这些数据存放在哪里。这种做法不仅便于用户使用，而且还有利于用户共享公共数据。此外，文件建立时允许创建者规定使用权限，这就可以保证数据的安全性。

2. 程序控制

一个用户程序的执行自始至终是在操作系统控制下进行的。一个用户将要解决的问题用某种程序设计语言编写一个程序后，将该程序连同对它执行的要求输入计算机内，操作系统就会根据要求控制这个用户程序的执行直到结束。操作系统控制用户的执行主要有以下内容：

(1) 调入相应的编译程序，将用某种程序设计语言编写的源程序编译成计算机可执行的目标程序；

(2) 分配内存等资源将程序调入内存并启动；

(3) 按用户指定的要求处理执行中出现的各种事件；

(4) 与操作员联系请示有关意外事件的处理。

3. 人机交互

操作系统的人机交互功能是决定计算机系统“友善性”的一个重要因素。人机交互功能主要靠输入/输出的外部设备和相应的软件来完成。可供人机交互使用的设备主要有键盘、显示器、鼠标、各种模式识别设备等，与这些设备相对应的软件就是操作系统提供人机交互功能的部分。人机交互功能的主要作用是控制有关设备的运行和理解，并执行通过人机交互设备传来的有关的各种命令和要求。

4. 虚拟内存

虚拟内存是计算机系统内存管理的一种技术。它使得应用程序认为它拥有连续可用的内存(一个连续完整的地址空间)，而实际上，它通常被分隔成多个物理内存碎片，还有部分暂时存储在外部磁盘存储器上，在需要时进行数据交换。

5. 用户接口

用户接口包括作业一级接口和程序一级接口。

作业一级接口是为了便于用户直接或间接地控制自己的作业而设置的，通常包括联机用户接口与脱机用户接口。

程序一级接口是为用户程序在执行中访问系统资源而设置的，通常由一组系统调用组成。

6. 用户界面

用户界面也称使用者界面，是系统和用户之间进行交互和信息交换的媒介，它用于实现信息的内部形式与人类可以接受的形式之间的转换。

用户界面功能是设计介于用户与硬件之间交互沟通的相关软件，目的是使用户能够方便有效地去操作硬件以达成双方交互，完成希望借助硬件完成的工作。用户界面定义广泛，包含了人机交互与图形用户接口，参与人与机器的信息交流的领域都存在用户界面。

2.2 常见的操作系统

2.2.1 Windows 操作系统

Windows 操作系统是由美国微软公司研发的操作系统。第 1 个版本的 Windows，即 Windows 1.0 问世于 1985 年，起初是 MS-DOS 之下的桌面环境，其后续版本逐渐发展成为主要为个人计算机和服务器用户设计的操作系统，并最终获得了世界个人计算机操作系统的几乎垄断的地位。

随着计算机硬件和软件系统的不断升级，Windows 也在不断升级，从架构的 16 位、32 位再到 64 位，系统版本从最初的 Windows 1.0 到大家熟知的 Windows 7，Windows 10 以及最新发布的 Windows 11(见图 2-2)，微软一直在致力于 Windows 操作系统的开发和完善。

图 2-2　Windows 操作系统

2.2.2　macOS 操作系统

macOS 是基于 XNU 混合内核的图形化操作系统(2011 年，Mac OS X 改名为 OS X，2016 年，OS X 改名为 macOS)，是苹果公司推出的图形用户界面操作系统，为麦金塔(Mac)计算机专用，如图 2-3 所示。自 2002 年起在所有的 Mac 计算机上预装。

另外，计算机病毒几乎都是针对 Windows 的，由于 macOS 的架构与 Windows 不同，所以很少受到计算机病毒的袭击。

图 2-3　macOS 操作系统

2.2.3　UNIX 操作系统

UNIX 操作系统是一个多用户、多任务的操作系统，支持多种处理器架构，属于分时操作系统，最早由肯·汤普森(Ken Thompson)、丹尼斯·里奇(Dennis Ritchie)和道格拉斯·麦克罗伊(Douglas Mcllroy)于 1969 年在美国电话电报公司(American Telephone & Telegraph Company，AT&T)的贝尔实验室开发。目前，它的商标权由国际开放标准组织(The Open Group)拥有，只有匹配单一 UNIX 规范的 UNIX 操作系统才能使用 UNIX 这个名称，否则只能称为类 UNIX(UNIX-like)。其中，最为著名的两个版本为 AIX 与 Solaris，如图 2-4 所示。

图 2-4　UNIX 操作系统的两个版本

2.2.4　Linux 操作系统

Linux 是一种自由和开放源代码的类 UNIX 操作系统。该操作系统的内核由芬兰科学家林纳斯·托瓦兹(Linux Torvalds)在 1991 年 10 月 5 日首次发布，然后将其放在因特网(Internet)上允许用户自由下载。Linux 的优点在于其开放性，众多志愿者为其提供代码支持，这使得 Linux 操作系统的漏洞缺陷能够很快被发现并提供相应的解决措施。而且 Linux 是基于 UNIX 概念开发出来的操作系统，继承了 UNIX 稳定高效的优良传统，所以 Linux 经常被作为服务器系统使用，如图 2-5 所示。

图 2-5　Linux 操作系统

2.2.5 智能手机操作系统

智能手机操作系统主要应用在智能手机上。主流的智能手机操作系统有华为鸿蒙(HUAWEI HarmonyOS)、苹果 iOS(Apple iOS)和谷歌安卓(Google Android)等。智能手机与非智能手机都支持 Java,两者的区别主要在于能否基于系统平台的功能进行扩展。

1. 鸿蒙系统

鸿蒙系统是华为公司开发的一款基于微内核、面向 5G 物联网、面向全场景的分布式操作系统,如图 2-6 所示。鸿蒙系统的英文名是 HarmonyOS,意为和谐,在性能上不弱于 Android 系统,而且华为还为基于 Android 生态开发的应用能够平稳迁移到鸿蒙系统上做好了衔接。这个新的操作系统将手机、计算机、平板、电视、工业自动化控制、无人驾驶、车机设备、智能穿戴统一成一个操作系统,并且该系统是面向下一代技术而设计的,能兼容全部 Android应用的所有 Web 应用。若 Android 应用重新编译,在鸿蒙系统上,运行性能会提升超过 60%。同时,由于鸿蒙系统微内核的代码量只有 Linux 宏内核的千分之一,其受攻击的概率也大幅度降低。

图 2-6 鸿蒙系统

2. iOS

iOS 是由苹果公司为 iPhone,iPod touch 以及 iPad 开发的闭源操作系统。它与 macOS 操作系统一样,属于类 UNIX 的商业操作系统。原本这个系统名为 iPhone OS,直到 2010 年 6 月 7 日苹果全球开发者大会(Worldwide Developers Conference,WWDC)大会上宣布改名为 iOS。

iOS 的系统结构分为四个层次:核心操作系统层、核心服务层、媒体层和触摸框架层。目前,最新版本是 iOS 15,如图 2-7 所示。

图 2-7 iOS

图 2-8 Android 系统

3. Android 系统

Android 系统是谷歌公司于 2007 年 11 月 5 日发布的基于 Linux 平台的开源手机操作系统,该平台由操作系统、中间件、用户界面和应用软件组成,基于 Android 深度定制的手机系统有小米 MIUI、魅族 Flyme 等,如图 2-8 所示。

4. Windows Phone 系统

Windows Phone 系统是微软公司开发的一款手机操作系统,如图 2-9 所示,于 2010 年 10 月正式发布。2012 年 3 月,Windows Phone 7.5 正式登陆中国。2012 年 6 月,微软正式发布最新手机操作系统 Windows Phone 8,它采用和 Windows 8 系统相同的针对移动平台的精简优化 NT 内核并内置诺基亚地图。Windows Phone 的后续系统是 Windows 10 Mobile。

图 2-9　Windows Phone 系统

微软宣布,从 2018 年 10 月 31 日开始,Windows 8. x 和 Windows Phone 8. x 的软件商店将不再接受新软件的提交。

5. Symbian 系统

Symbian 系统是塞班公司为手机而设计的操作系统,如图 2-10 所示。它包含了联合的数据库、使用者界面架构和公共工具的参考实现,其前身是 Psion 的 EPOC 系统。Symbian 系统曾经是移动市场使用率最高的操作系统,占有大部分市场份额。但随着 Android 系统和 iOS 火速占据手机系统市场,Symbian 系统很快失去了手机系统霸主的地位。Symbian 系统的分支很多,主要有 Symbian S80,Symbian S90,Symbian UIQ,Symbian S60 3rd,Symbian S60 5th,Symbian^3,Symbian Anna 和 Symbian Belle。Symbian 系统已于 2013 年 1 月 24 日正式谢幕,告别历史舞台。最后一款搭载 Symbian 系统的手机是诺基亚 808 PureView。

图 2-10　Symbian 系统

BlackBerry

图 2-11　BlackBerry 系统

6. BlackBerry 系统

BlackBerry 系统是 Research In Motion 为其智能手机产品 BlackBerry 开发的专用操作系统,如图 2-11 所示。该系统具有多任务处理能力,并支持特定输入装置,如滚轮、轨迹球、触摸板及触摸屏等。

2.3　Windows 10 操作系统及其应用

2.3.1　简述 Windows 10

Windows 操作系统是微软公司开发的一个具有图形用户界面的多任务操作系统。所谓多任务是指操作系统环境下可以同时运行多个程序,如在 Word 软件中编辑稿件的同时可以让计算机播放音乐,这时两个程序都已被调入内存,处于工作状态中。

Windows 10 是微软公司继 Windows 8. 1 之后推出的操作系统,在 Windows 8. 1 操作系统中微软更改了传统的开始菜单,使其以碎瓷片程序图标的形式提供给用户操作,并相比于之前的操作系统引入了许多新特性。

2.3.2 Windows 10 的基本操作

1. 启动和退出

(1) 启动 Windows 10。

以台式计算机为例，按下主机箱上的电源按钮，计算机将自动进行硬件测试，然后启动 Windows 10。如果正常启动，则启动完成后用户将看到登录界面，键入安装时设立的账号密码即可进入操作系统，接着用户就可以看到如图 2-12 所示的 Windows 10 桌面了。

图 2-12　Windows 10 桌面

在 Windows 10 之前，很多用户使用的操作系统是 Windows 7，与 Windows 7 相比，Windows 10 的任务栏左侧，语音助手的位置非常明显，用户可以通过语音输入进行一定的人机交互(需要语音输入设备的支持)，也可以在文本框中输入要搜索的内容。

图 2-13　退出 Windows 10

(2) 退出 Windows 10。

当用户不再需要使用计算机时，需要进行关机操作。具体操作过程如下：单击桌面任务栏上的“开始”按钮或者按键盘上的[ ]键，在弹出的“开始”菜单中，单击左下角的“电源”图标即可，如图 2-13 所示。

2. 认识桌面

进入 Windows 10 后，用户首先看到的是桌面。桌面是计算机用语，是指打开计算机并登录操作系统之后看到的主屏幕区域。就像实质桌面一样，它是用户工作的平台。打开程序或者文件(夹)时，它们便会以窗口的形式出现在桌面上，还可以新建一些项目(如文件或者文件夹)，并且可以随意对它们排序。桌面的组成元素主要包括桌面背景、桌面图标和任务栏等。

(1) 桌面背景。

桌面背景可以是个人收集的数字图片、Windows 提供的图片、纯色或者带有颜色框架的图片，也可以显示幻灯片图片。

Windows 10 自带了很多漂亮的背景图片，用户可以从中选择自己喜欢的图片作为桌面背景。除此之外，用户还可以把自己收藏的精美图片设置为桌面背景。

(2) 桌面图标。

Windows 10 中，所有文件、文件夹和应用程序等都由相应的图标表示。桌面图标一般由文字和图片组成，文字说明图标的名称或者功能，图片是它的标识符。新安装的系统桌面中只有一个“回收站”图标。

用户双击桌面上的图标，可以快速打开相应的文件、文件夹或应用程序，如双击桌面的“回收站”图标，即可打开“回收站”窗口，如图 2－14 所示。

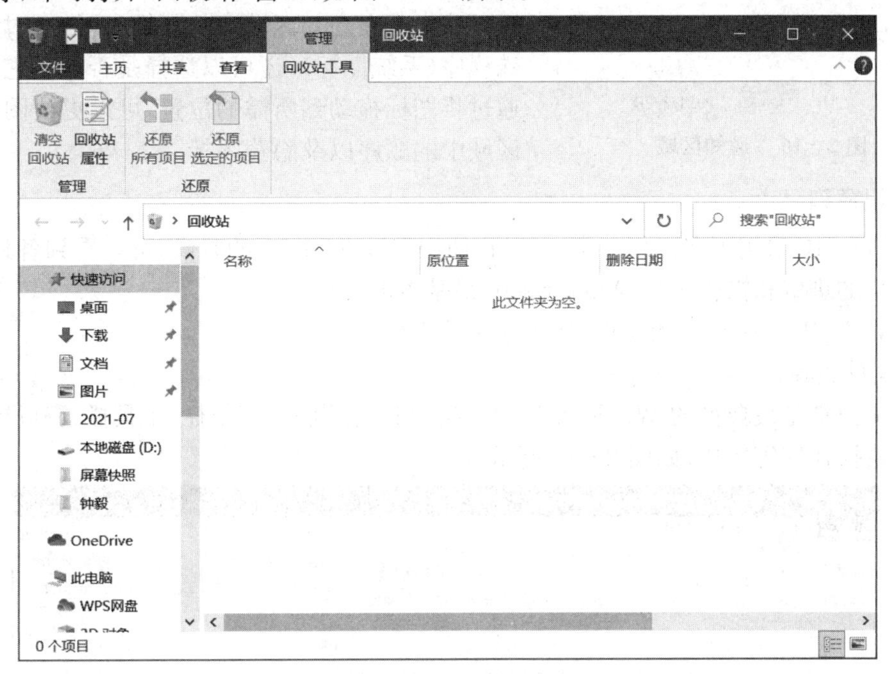

图 2－14　“回收站”窗口

(3) 任务栏。

任务栏是位于桌面最底部的长条，如图 2－15 所示，显示系统正在运行的程序、当前时间等，主要由“开始”按钮、“搜索”图标、“任务视图”按钮、快速启动区、应用程序区、通知区域和“显示桌面”按钮组成。和以前的操作系统相比，Windows 10 的任务栏设计得更人性化，使用更方便，功能和灵活性更强。用户按［Alt＋Tab］组合键可以在打开的窗口之间进行切换操作。

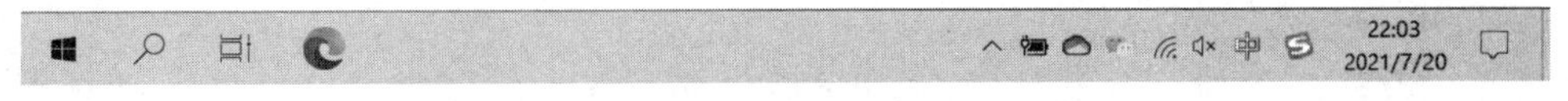

图 2－15　任务栏

①“开始”按钮。单击任务栏左侧的“开始”按钮，打开“开始”菜单，其中存放了常用程序列表、固定程序列表等。

②“搜索”图标。单击“搜索”图标，在搜索框中输入关键词，即可搜索相关的桌面程序、网页、资料等。

③ Cortana 语音助手。Cortana 语音助手(微软“小娜”)是 Windows 10 引入的新功能，语

音助手采用人工智能算法，可以和用户进行语音聊天，并具有咨询搜索、日程安排等功能。对于不习惯使用语音助手的用户，可以右击任务栏空白处，在弹出的快捷菜单中清除“显示Cortana按钮”的勾选，即可隐藏Cortana语音助手。

④ 通知区域。在默认情况下，通知区域位于任务栏的右侧，如图2－16所示。它包含一些程序图标，这些程序图标提供有关电子邮件、更新、网络连接等事项的状态和通知。安装新程序时，可以将此程序的图标添加到通知区域。新计算机在通知区域已有一些图标，而且某些安装程序在安装过程中会自动将图标添加到通知区域。用户可以更改出现在通知区域中的图标和通知，对于某些特殊程序（系统图标），还可以选择是否显示它们。用户通过将图标拖动到所需的位置，可以更改图标在通知区域中的顺序以及隐藏图标。

图 2－16　通知区域

3. 认识窗口

Windows 10 采用了多窗口技术，所以在使用 Windows 10 的时候，可以看到各种窗口，对于这些窗口的理解和操作也是 Windows 10 最基本的要求。

简单来说，Windows 10 中的窗口分为以下三类。

(1) 文件夹窗口。

文件夹窗口是最典型的 Windows 窗口，该窗口由标题栏、菜单栏、工具栏、窗口控制按钮、状态栏和主操作区等组成，如图2－17所示。

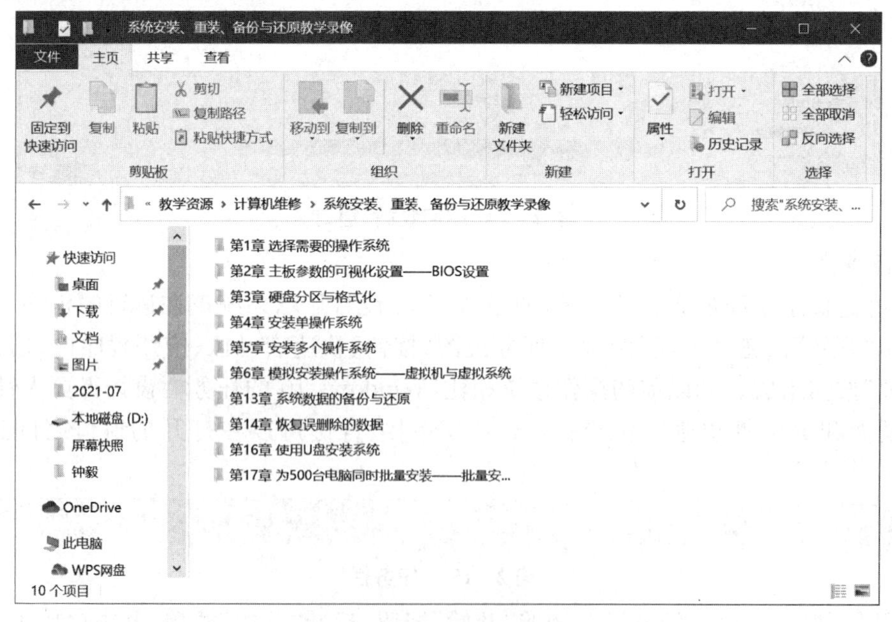

图 2－17　文件夹窗口

(2) 应用程序窗口。

应用程序窗口是应用程序运行时的工作界面。应用程序窗口与文件夹窗口类似，如 Word 2016 窗口中的菜单栏、工具栏换成了选项卡和功能区，如图2－18所示。

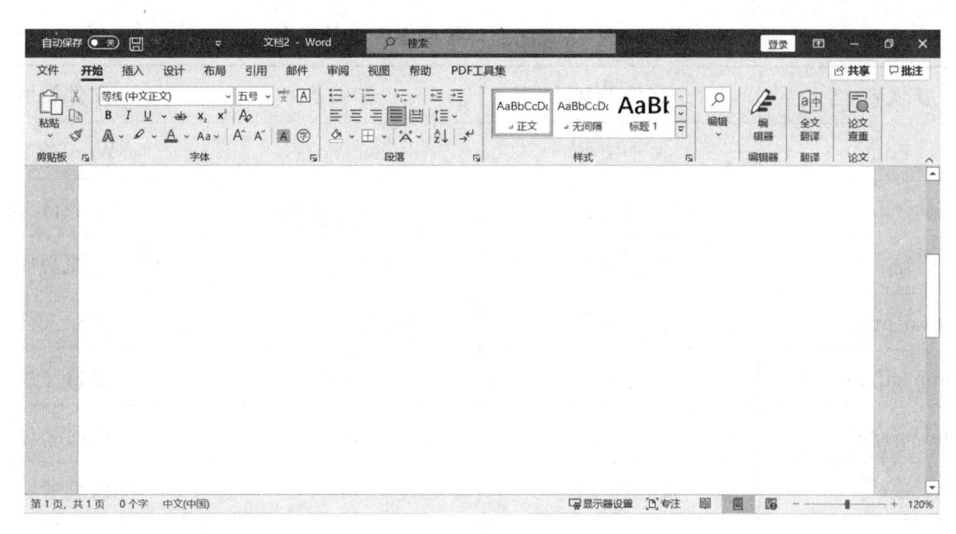

图 2 - 18　应用程序窗口

(3) 对话框窗口。

当操作系统需要与用户进一步沟通时，就会弹出对话框。对话框的作用是为了提问、解释或者警告。对话框窗口是系统和用户对话、交换信息的场所，其形态是各种各样的，随着对话框种类的不同而大幅度变化。如图 2 - 19 所示是关闭记事本程序时提醒保存文件的对话框。与常规窗口不同的是，绝大部分对话框无法最大化、最小化以及任意调整大小。

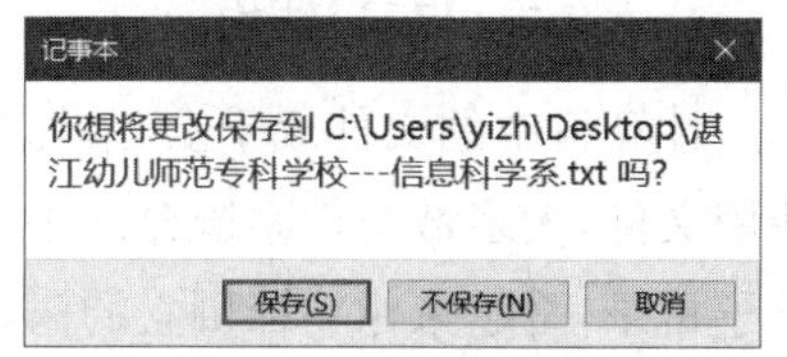

图 2 - 19　对话框窗口

2.3.3　管理文件资源

系统中的数据几乎全是由文件组成的，而文件通常是通过文件夹来分门别类进行管理的，所以文件和文件夹在操作系统中扮演着非常重要的角色。在 Windows 10 中，可以使用文件资源管理器来管理用户文件。

1. 文件概述

在计算机中，任何一个文件都有文件名，文件名是文件存取和执行的依据，由程序设计员或用户自己设定。

文件名通常由主名和扩展名两部分组成，中间以小圆点间隔，如“test. txt”。主名即文件的名称，可以由英文字符、中文字符、数字及一些符号组成，但不能使用字符(英文)“/”“<”“>”“:”“"”“|”“*”“?”“\”。扩展名表示文件的类型，通常由三个字母组成。

不同操作系统对文件命名的规则有所不同。例如，Windows 10 不区分文件名的大小写，所有文件名的字符在操作系统执行时，都会转换为大写字符，如“test. txt”“TEST. TXT”“Test. TxT”，在 Windows 10 中都视为同一个文件；而在 Linux 操作系统中，“test. txt”“TEST. TXT”“Test. TxT”被认成三个不同文件。

常见的文件扩展名和文件类型如表 2 - 1 所示。

表 2-1　常见的文件扩展名和文件类型

扩展名	文件类型	扩展名	文件类型
txt	文本文件	doc/docx	Word 文件
exe/com	可执行文件	xls/xlsx	电子表格文件
hlp	帮助文件	rar/zip	压缩文件
htm/html	网页文件	avi/mp4/rmvb	视频文件
bmp/gif/jpg	图片文件	bak	备份文件
int/sys/dll	系统文件	tmp	临时文件
bat	批处理文件	ini	系统配置文件
drv	设备驱动程序文件	ovl	程序覆盖文件
mp3/wav/mid	音频文件	obj	目标代码文件

2. 文件夹(目录)结构

计算机中的文件成千上万,如果把所有文件存放在一起会有许多不便,为了有效地管理和使用文件,大多数文件系统允许用户在根目录下建立子目录(也称为文件夹),在子目录下再建立子目录,看起来像一棵倒立的树,因此称这种结构为树形目录结构,如图 2-20 所示。用户可以将文件分门别类地存放在不同的目录中。

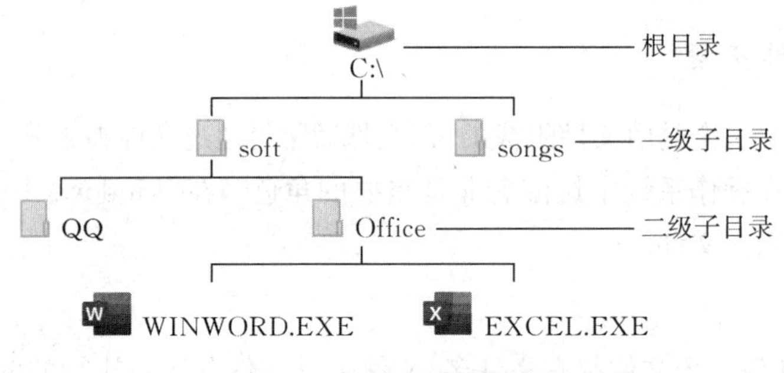

图 2-20　树形目录结构

3. 新建文件或文件夹

(1) 新建文件。

新建文件的方法如下:

① 可通过启动应用程序来新建文件。在应用程序的新文件中写入数据,然后保存到磁盘上。

② 也可以不启动应用程序,直接建立新文件。右击桌面空白处或者某个文件夹中空白处,在弹出的快捷菜单中选择“新建”命令,接着在出现的文件类型列表中,选择一种类型即可,如图 2-21 所示。每创建一个新文件,系统都会给它一个默认的名字。

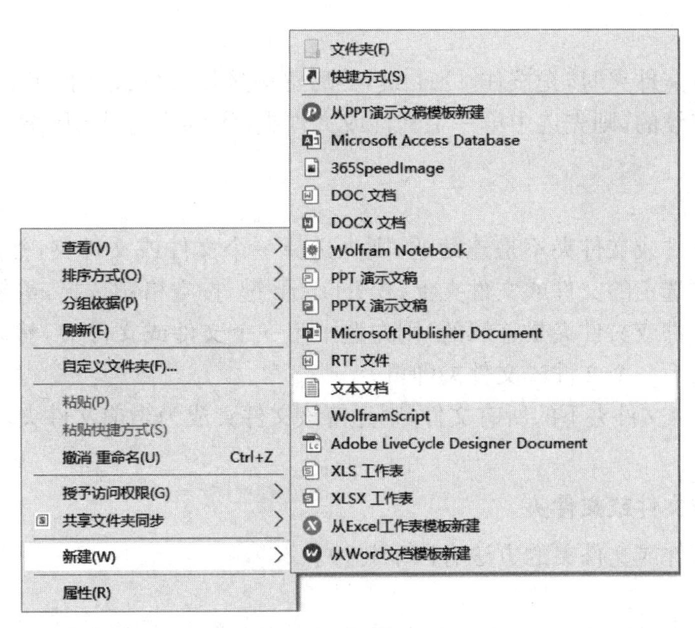

图 2－21　新建文件

(2) 新建文件夹。

新建文件夹的方法如下：

① 右击新建文件夹。在确定需要新建文件夹的位置后，右击弹出快捷菜单，在其中选择“新建”级联菜单下的“文件夹”命令，即可创建一个名为“新建文件夹”的文件夹，此时文件夹名称处于可编辑状态，用户可以重命名该文件夹。

② 工具栏工具新建文件夹。在需要新建文件夹的文件夹窗口中，单击菜单栏的“主页”命令，在其下方的工具栏中选择“新建文件夹”工具即可，如图 2－22 所示。

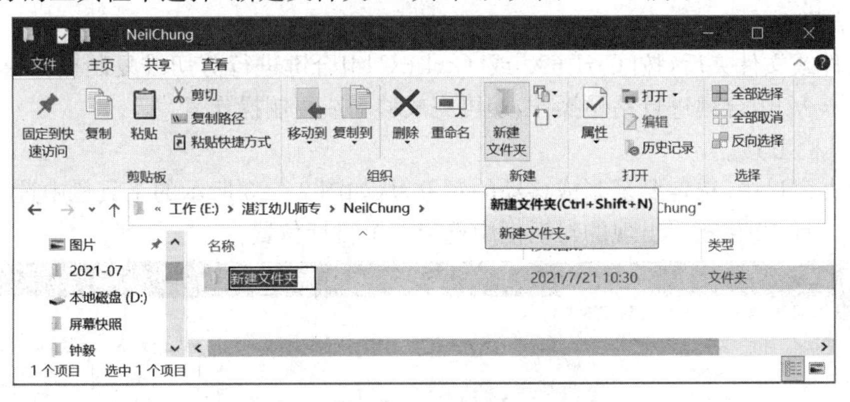

图 2－22　工具栏工具新建文件夹

③ 组合键新建文件夹。

a. 按[Ctrl＋Shift＋N]组合键；

b. 按[Shift＋F10]组合键再依次按下[W]和[F]。

4. 选择文件或文件夹

在对文件或文件夹进行操作之前，必须先选择它们，可以单击一个文件或文件夹实现选择。如果要选择多个文件或文件夹，可以采取下面的任一方法。

(1) 鼠标选择。

在选择文件或文件夹时,先按住[Ctrl]键,然后逐一选择文件或文件夹。如果所要选择的文件或文件夹是连续的,则先选中第一个文件或文件夹,然后按住[Shift]键,再单击最后一个文件或文件夹。

(2) 键盘选择。

如果选择的文件或文件夹不是连续的,则先选择一个文件或文件夹,然后按住[Ctrl]键,移动方向键到需要选定的文件或文件夹上,松开[Ctrl]键,按空格键选择,重复步骤即可。

如果选择的文件或文件夹是连续的,则先选中第一个文件或文件夹,然后按住[Shift]键,移动方向键选定最后一个文件或文件夹即可。

如果要选择某个文件夹下的所有文件,则先使该文件夹成为当前文件夹,然后按[Ctrl+A]组合键。

5. 移动和复制文件或文件夹

移动和复制文件或文件夹的方法有以下几种。

(1) 鼠标拖动。

在同一驱动器内进行移动操作时,可直接将文件或文件夹拖动到目标位置;进行复制操作时,则在拖动过程中按住[Ctrl]键。

在不同驱动器间进行移动操作时,拖动过程中需按住[Shift]键;进行复制操作时,则可直接将文件或文件夹拖动到目标位置。

(2) 快捷菜单。

右击需要移动的文件或文件夹,在弹出的快捷菜单中选择"剪切"或"复制"命令(执行"剪切"命令后,对象图标将变暗),然后在目标位置处右击,从快捷菜单中选择"粘贴"命令,即可完成移动或复制操作。

(3) 组合键。

选定文件或文件夹后,按[Ctrl+X]或[Ctrl+C]组合键进行剪切或复制操作,接着在目标位置按[Ctrl+V]组合键进行粘贴操作,即可完成移动或复制操作。

(4) 工具栏工具。

在文件夹窗口中,选定要复制或移动的对象,从如图 2-23 所示的工具栏中选择"移动到"或"复制到"工具,并在随后出现的对话框中选定一个目标位置。

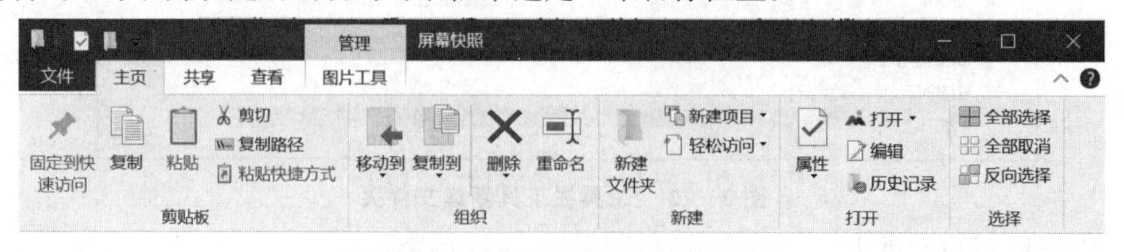

图 2-23　移动和复制文件或文件夹

6. 重命名文件或文件夹

文件或文件夹的名称应尽可能反映出其包含的内容,即应该做到"见名知意"。若对已经存在的文件或文件夹的名称感到不满意,可随时进行名称的修改。重命名文件或文件夹的方法如下:

(1) 右击选定的文件或文件夹，在弹出的快捷菜单中选择“重命名”命令，即可重新编辑文件或文件夹的名称。

(2) 单击选定的文件或文件夹，按[F2]键，文件或文件夹的名称进入可编辑状态，此时可输入新的名称。

7. 文件路径

操作系统对文件是“按名存取”的，磁盘采用树形目录结构。在树形目录结构中，用户创建一个文件时，仅仅指定文件名就显得很不够，还应该说明该文件是在哪一盘区的哪一目录之下，这样才能唯一确定一个文件，从而引入了“文件路径”的概念。文件路径，准确地说，就是从根目录(或当前目录)出发，到达目标文件所在目录的目录列表，即文件路径由一系列目录名组成，目录名和目录名之间用“\”隔开。文件路径分为绝对路径和相对路径。

8. 打开文件

对于一个文件，用户有多个应用程序可以选择。例如对于 Word 文件，可以用 Word 应用程序打开，也可以用 WPS Office 应用程序打开，这完全取决于用户自身的习惯。

用户可以使用更改文件属性的方式来选择默认的打开程序。右击要打开的文件，在弹出的快捷菜单中选择“打开方式”|“选择其他应用”命令，如图 2-24(a)所示，在打开的对话框中选择所需应用程序即可，如图 2-24(b)所示。

图 2-24　设置文件的默认打开方式

9. 搜索文件

随着用户使用计算机时间的增长，计算机中存储的文件也会越来越多，用户可能记不清所要找的文件究竟在什么位置，这时可以通过操作系统提供的文件搜索功能来快速找到需要的文件。文件的搜索可以通过以下两种方法实现。

(1) 通过文件夹窗口中的搜索栏实现。单击搜索栏或通过[Ctrl+F]组合键可以直接将光标切换至搜索栏,输入相关文字,在用户输入的同时操作系统就开始根据当前输入的内容在当前文件夹及其子文件夹中进行查找,并将匹配的结果显示在主操作区。若未找到,则显示"没有与搜索条件匹配的项。"。使用此方法查找时可以配合搜索框下方提供的"修改日期"和"大小"两个搜索项缩小搜索范围。

(2) 通过任务栏上的搜索框实现。与方法(1)不同的是通过任务栏上的搜索框搜索范围为整个计算机中所有的文件,而且通过任务栏上的搜索框搜索不仅可以搜索文件和文件夹,还能搜索当前计算机中的可执行程序。操作方法是在搜索框中输入要查找的文字,操作系统会将当前匹配的结果显示在搜索框上方。

文件的搜索操作经常和文件通配符配合使用以提高搜索的成功率。文件通配符主要包括"*"(代表任意多个字符)和"?"(代表单个字符)。例如:

(1) 搜索文件名以"a"开头的文件,则输入"a*"。

(2) 搜索文件名中含有"a"的文件,则输入"*a*"。

(3) 搜索所有的 MP3 文件,则输入"*.mp3"。

(4) 搜索文件名以 a 开头且是 2 个字(字母/汉字)的 MP3 文件,则输入"a?.mp3"。

10. 回收站

回收站用于临时保存用户从磁盘中删除的各类文件或文件夹。当有些文件或文件夹不再需要时,可将其删除,以便腾出存储空间,删除后的文件或文件夹将被移动到"回收站"中。之后,用户可以根据需要选择将回收站的文件或文件夹进行彻底删除或还原到原来的位置。

在选定文件或文件夹后,删除文件有如下方法:

(1) 直接按[Delete]键。

(2) 单击文件夹窗口工具栏中的"删除"工具。

(3) 右击文件或文件夹,在弹出的快捷菜单中选择"删除"命令。

(4) 直接将选定的文件或文件夹拖到桌面上的"回收站"。

11. 查看文件或文件夹的属性

文件或文件夹的属性包括文件或文件夹的名称、大小、创建时间、显示图标、共享设置以及文件加密等。用户可以根据需要来设置文件或文件夹的属性,或者进行安全性设置,以确保自己的文件不被其他人查看或者修改。

(1) 查看文件属性。

文件属性比文件夹属性多一个"详细信息",其中包含了多种个人信息。不同类型的文件,其属性信息也有所不同。下面以电影文件为例,介绍查看文件属性的方法。

选定文件,右击选择"属性"命令,查看文件"常规"属性,可以修改属性为"只读"或者"隐藏",也可以查看电影文件中包含的说明、视频、音频、媒体、来源、内容等属性信息,如图 2-25 所示。

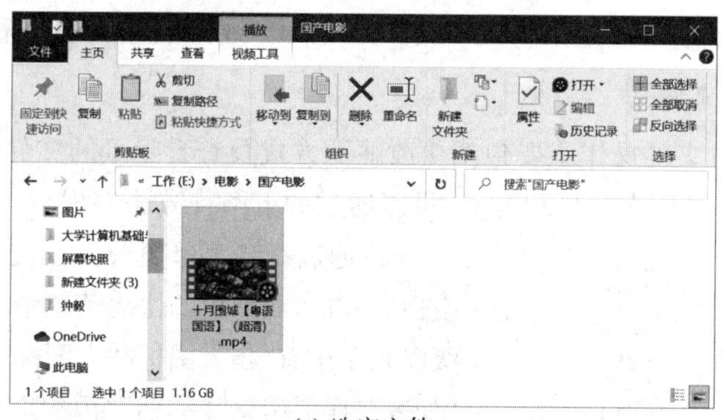

(a) 选定文件

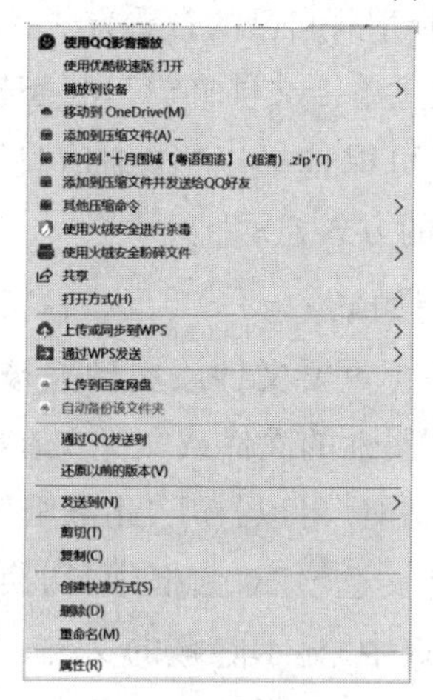

(b) 选择属性

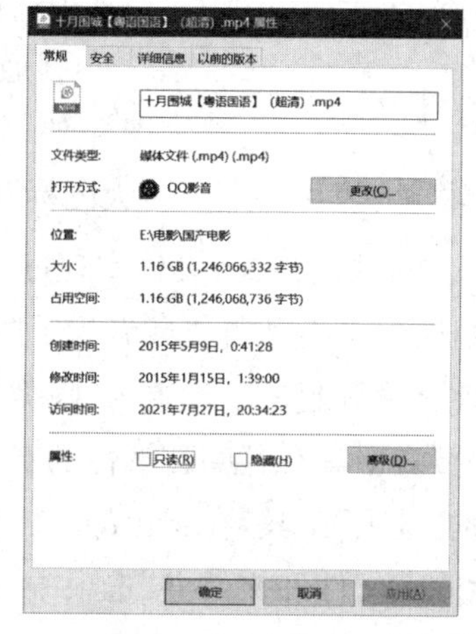

(c) 查看属性

图 2－25　查看文件属性

① 只读:表示该文件不能修改。

② 隐藏:表示该文件在系统中是隐藏的,在默认情况下用户不能看到该文件。

③ 存档:表示该文件在上次备份前已经修改过,一些备份软件在备份后系统会把该文件默认的设为“存档”属性。“存档”属性在一般文件管理中意义不大,但是对于频繁的文件批量管理很有帮助。

(2) 查看文件夹属性。

通过查看文件夹属性可以了解其中包含的文件个数。下面以查看文件夹属性为例介绍查看文件夹属性的通用方法。

① 通过右键菜单查看。右击文件夹,在弹出的快捷菜单中选择“属性”命令,弹出文件夹“属性”对话框,在“常规”选项卡下可以查看文件夹中包含的文件和文件夹个数、大小和创建时间等信息。

② 通过工具栏工具查看。选定文件夹,在文件夹窗口菜单栏中“主页”菜单下单击工具栏中的“属性”工具,即可查看文件夹属性。

③ 通过快速访问工具栏查看。选定文件夹,在文件夹窗口左上方的快速访问工具栏中单击“属性”按钮☑,即可查看文件夹属性。

④ 通过组合键查看。选定文件夹后按[Alt+Enter]组合键,即可查看文件夹属性。

12. 查看文件或文件夹

查看文件或文件夹的操作主要包括更改显示方式及查看隐藏的文件或文件夹等。

(1) 更改文件或文件夹的显示方式,可以通过如下两种方法实现。

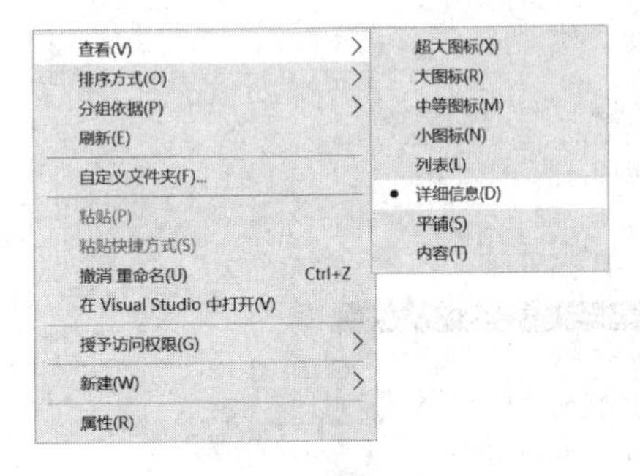

图 2-26 更改显示方式

① 通过右键菜单更改。在文件夹窗口主操作区的空白处右击,从弹出的快捷菜单中选择"查看"命令,在其级联菜单中有"超大图标""大图标""中等图标""小图标""列表""详细信息""平铺""内容"八种显示方式,用户可以从中选择适合自己的查看方式,如图 2-26 所示。

② 通过单击文件夹窗口状态栏右下角的显示切换图标,可以选择以"详细信息"的方式显示或者以"大图标"的方式显示。

(2) 查看隐藏的文件或文件夹,具体实现过程如下。

用户使用计算机时出于隐私需要或者为了防止重要文件或文件夹被误删或误操作,经常会将一些文件或文件夹隐藏起来。设置为"隐藏"属性的文件或文件夹在默认情况下不会在系统中显示,当用户需要查看具有"隐藏"属性的对象时,可以打开"此电脑",在菜单栏"查看"菜单中单击工具栏中的"选项"工具,在弹出的"文件夹选项"对话框中,切换至"查看"选项卡,在"高级设置"栏下的"隐藏文件和文件夹"选项中,选中"显示隐藏的文件、文件夹和驱动器",最后单击"确定"按钮即可实现。

需要隐藏这些文件或文件夹时按照同样的步骤,最后选中"不显示隐藏的文件、文件夹或驱动器"即可,如图 2-27 所示。

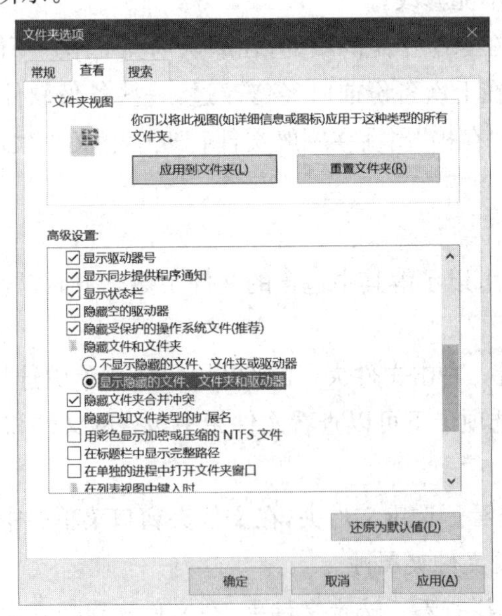

图 2-27 "文件夹选项"对话框

13. 快捷方式的建立与使用

所谓快捷方式，实际上是在某个文件夹中建立一个链接，该链接指向原来的对象文件，因此对某个程序的快捷方式的“运行”实际上是在运行原来的程序，而对快捷方式的删除不会影响到原来的对象。这样可以方便用户从不同的位置上运行同一个程序。

为了和一般的文件图标和应用程序图标有所区别，应用程序快捷方式图标在左下角用一个小箭头表示，如图 2-28 所示。

图 2-28　快捷方式图标

由于快捷方式图标仅对应一个链接，而不是应用程序或文件本身，因此相对于简单的文件复制，它有如下特点：

（1）快捷方式只占据最小单位的存储空间，可以节省大量存储空间。

（2）某个对象的所有快捷方式，无论有多少，都指向同一个对象文件，这样可以防止数据发生不完整性，即修改了某个文件而忘了修改其他备份文件所造成的数据不一致性。

（3）快捷方式并不直接对应原始对象，所以即使不小心删除了该快捷方式图标，也仅仅是删除了一个链接，原始对象仍然存在。因此对于重要文档，用快捷方式来打开可以防止程序或文档的误删。

要建立一个对象的快捷方式图标，最简单的方法是右击对象的图标，在弹出的快捷菜单中选择“创建快捷方式”命令，便可在当前文件夹中创建快捷方式。通常也会选择“发送到”命令将对象的快捷方式创建到桌面上。

2.3.4　Windows 10 系统环境设置

前面我们已经初步认识了桌面，下面详细介绍一下桌面图标与桌面背景，以及一些常用的系统环境设置。

1. 桌面图标

刚刚安装好 Windows 10，桌面上只有一个“回收站”图标，用户可以添加“此电脑”“用户的文件”和“网络”图标。

添加桌面图标的具体操作方法如下：在桌面空白处右击，在弹出的快捷菜单中选择“个性化”命令，如图 2-29 所示。弹出“设置”窗口，单击“主题”→“桌面图标设置”选项，如图 2-30 所示。弹出“桌面图标设置”对话框，如图 2-31 所示，勾选“桌面图标”栏中要显示的相关图标的复选框，单击“确定”按钮即可。

图 2-29　“个性化”菜单

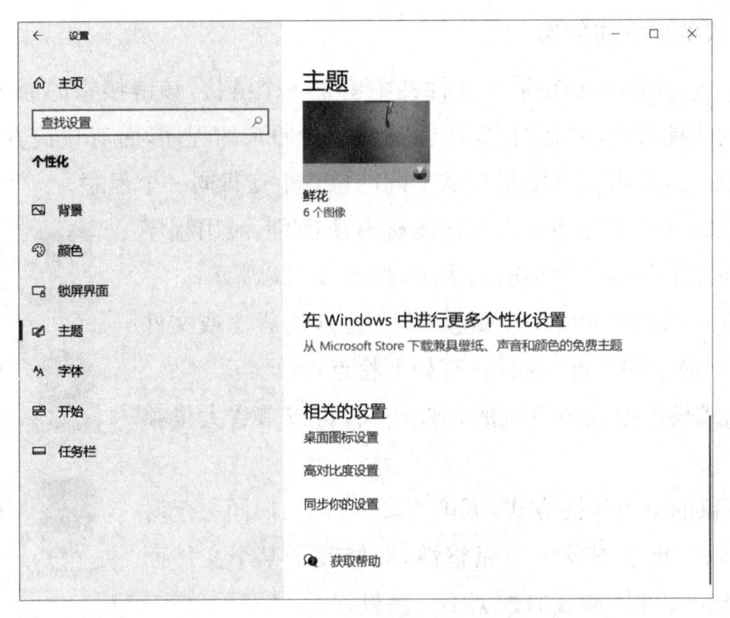

图 2 - 30 “设置”窗口

图 2 - 31 “桌面图标设置”对话框

2. 桌面背景

桌面背景是指 Windows 桌面上的壁纸。在第一次启动时，用户在桌面看到的背景是系统默认的，为了使桌面背景更具个性化，可以使用系统提供的多种方案选择自己喜欢的背景，也可以上网下载自己喜欢的壁纸作为桌面背景。

更改桌面背景的具体操作方法如下：右击桌面空白处，在弹出的快捷菜单中选择“个性化”命令，弹出“设置”窗口，单击“背景”→“选择图片”选项即可更改桌面背景，如图 2 - 32 所示。

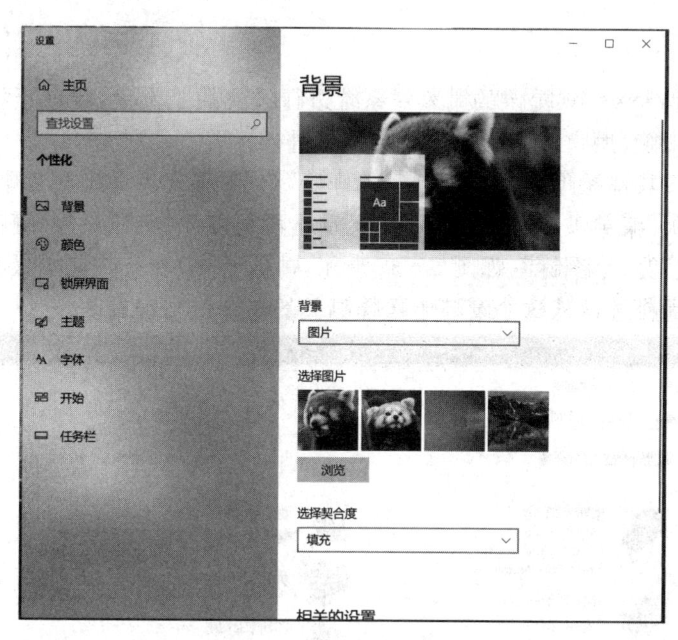

图 2-32　更改桌面背景

3. 屏幕分辨率

屏幕分辨率是指屏幕所支持的像素的多少，如 600×800 像素或 1024×768 像素。现在的监视器大多支持多种分辨率，使用户的选择更加方便。在屏幕大小不变的情况下，分辨率的大小将决定屏幕显示内容的多少，分辨率越大，则屏幕显示的内容越多。

调整屏幕分辨率的具体操作方法如下：右击桌面空白处，在弹出的快捷菜单中选择“显示设置”命令，在打开的“设置”窗口中选择“显示”命令设置显示器分辨率，选择“显示分辨率”选项，打开如图 2-33 所示的显示器分辨率下拉列表，在此下拉列表中选择所需的分辨率进行设置即可。

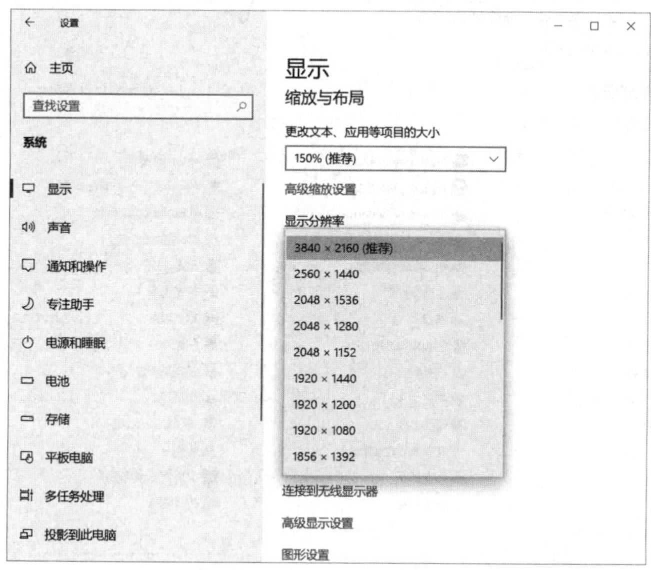

图 2-33　调整屏幕分辨率

4. 控制面板

控制面板是 Windows 10 提供的用来对系统进行设置的工具集，集成了设置计算机软、硬件环境的绝大部分功能，用户可以根据需要和爱好进行设置。

启动控制面板的具体操作方法如下：打开“开始”菜单，在所有程序列表中，找到“Windows 系统”下的“控制面板”菜单项，如图 2－34 所示，单击即可打开“控制面板”窗口。在此窗口下，通过修改“查看方式”为“小图标”，如图 2－35 所示，可以看到“所有控制面板项”窗口。用户对计算机系统环境设置都可以从这个窗口中选择相关的命令进行设置。

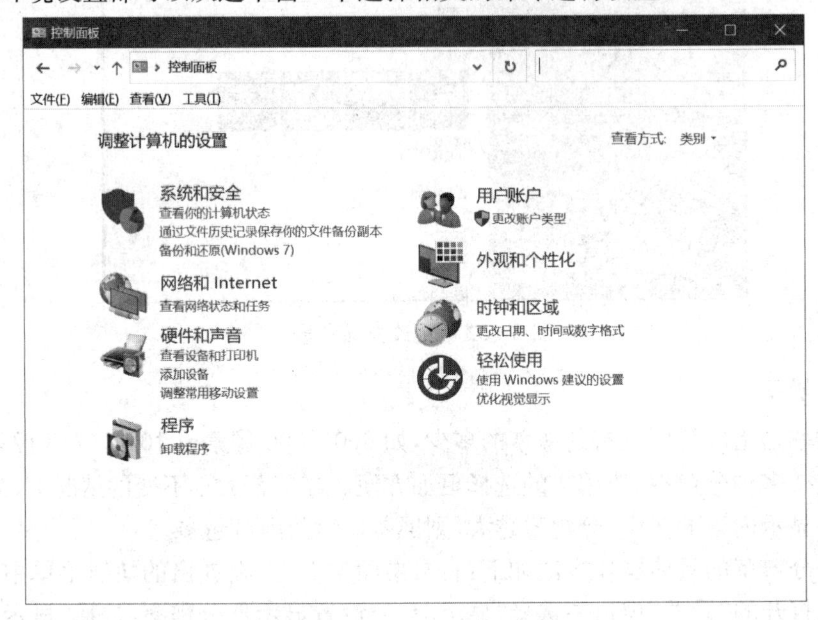

图 2－34　“控制面板”窗口

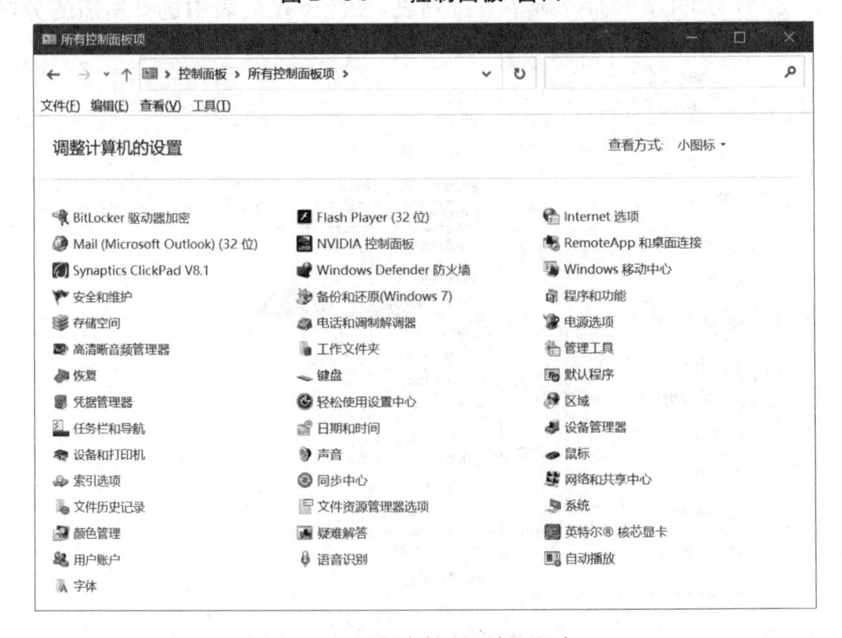

图 2－35　“所有控制面板项”窗口

5. 时间和日期

调整时间和日期的具体操作方法如下:在“控制面板”窗口中单击“时钟和区域”图标,弹出如图 2-36 所示“时钟和区域”窗口,单击“设置时间和日期”链接,可以打开“日期和时间”对话框,如图 2-37 所示。单击“更改日期和时间”按钮,在弹出的“日期和时间设置”对话框中可以调整系统的日期和时间。在“日期和时间”对话框中单击“更改时区”按钮,弹出“时区设置”对话框,可以设置选择某一地区的时区。

图 2-36　“时钟和区域”窗口

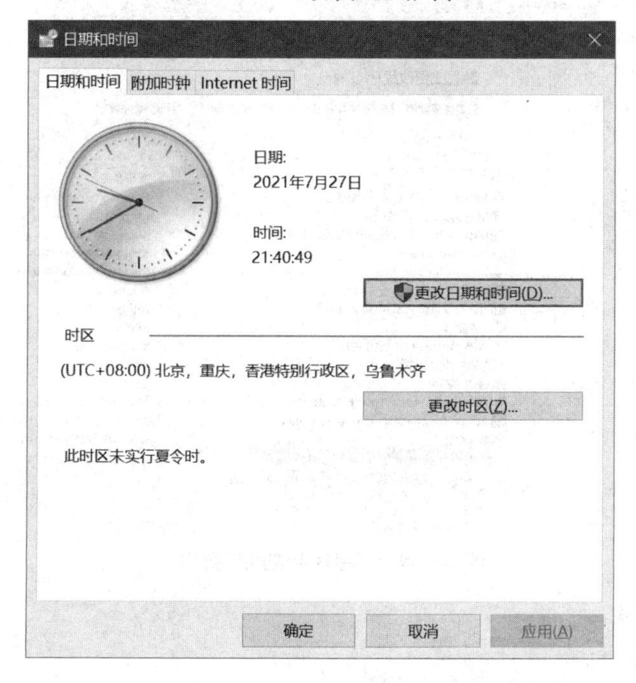

图 2-37　“日期和时间”对话框

6. 程序

卸载与更改程序的具体操作方法如下：在“控制面板”窗口中选择“程序”图标，如图 2 - 38 所示，在打开的“程序”窗口中可以选择“程序和功能”下的“卸载程序”“查看已安装的更新”等链接。例如，单击“卸载程序”，就会打开“程序和功能”窗口，在此窗口中可以“卸载”“更改”或“修复”程序，如图 2 - 39 所示。

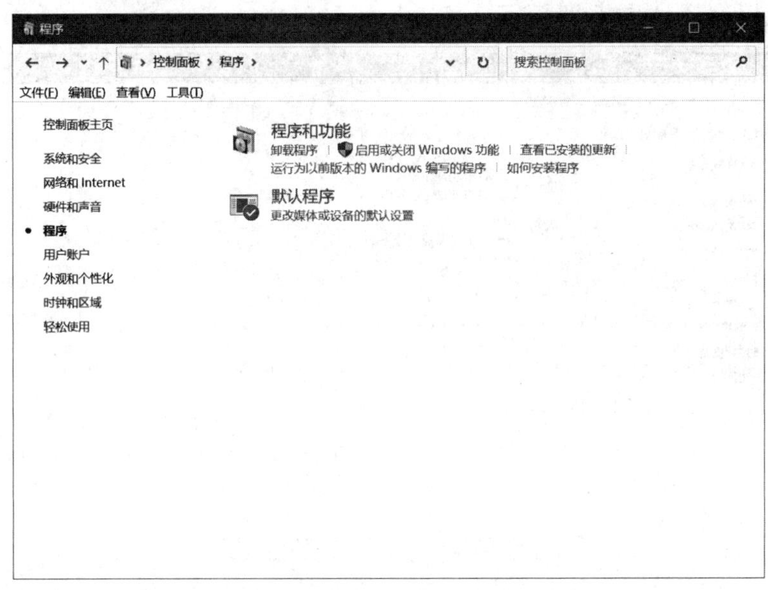

图 2 - 38　“程序”窗口

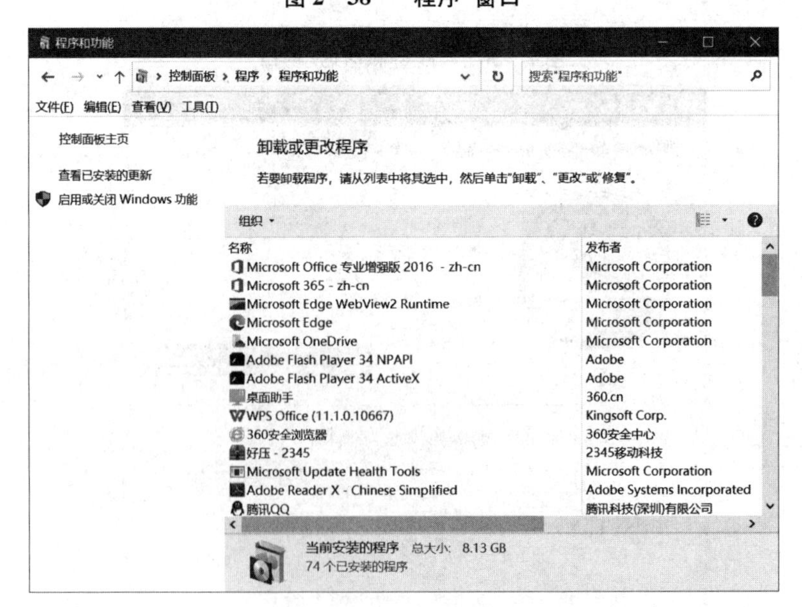

图 2 - 39　“程序和功能”窗口

7. 打印机和输入法

(1) 打印机的设置。

在“控制面板”窗口中选择“硬件和声音”图标，在打开的“硬件和声音”窗口中单击“设备和打印机”链接，打开“设备和打印机”窗口，如图 2－40 所示，在此窗口中单击“添加打印机”按钮，然后按向导指示一步步执行。打印机安装之后，此打印机对应的图标会显示在“设备和打印机”窗口中，选择安装好的打印机图标，右击，在弹出的快捷菜单中可以设置是否将此台打印机设为默认打印机，也可以选择“打印机属性”命令，进一步设置“共享”等打印机属性。

图 2－40　“设备和打印机”窗口

(2) 输入法的设置。

右击任务栏中的输入法标识，在弹出的快捷菜单中选择“设置”命令，直接打开“时间和语言”设置窗口。为了方便平板电脑用户的使用，Windows 10 在“开始”菜单左下角固定区域中增加了“设置”按钮，单击此按钮可以打开“设置”窗口，常用的计算机系统环境设置也可以在此窗口中完成。例如，要设置默认输入法，单击“时间和语言”图标，切换至“语言”窗口，单击右侧的“键盘”命令，在打开的窗口中即可设置默认的输入语言，如图 2－41 所示。

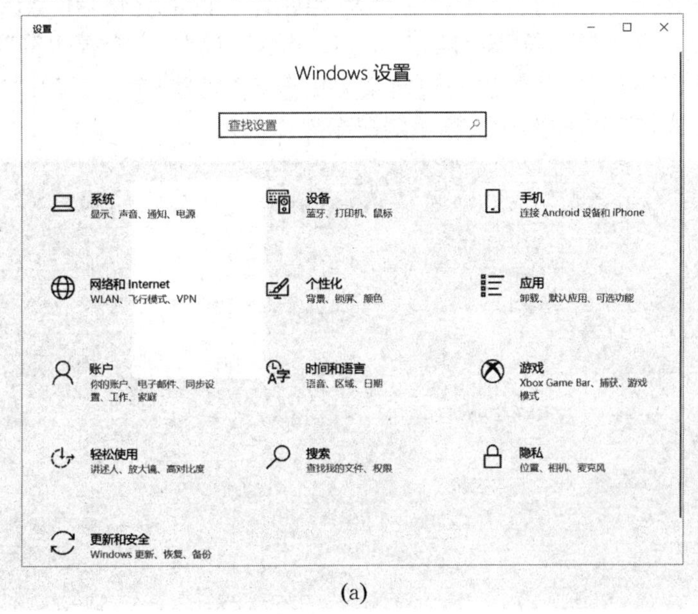

(a)

图 2－41　设置输入法

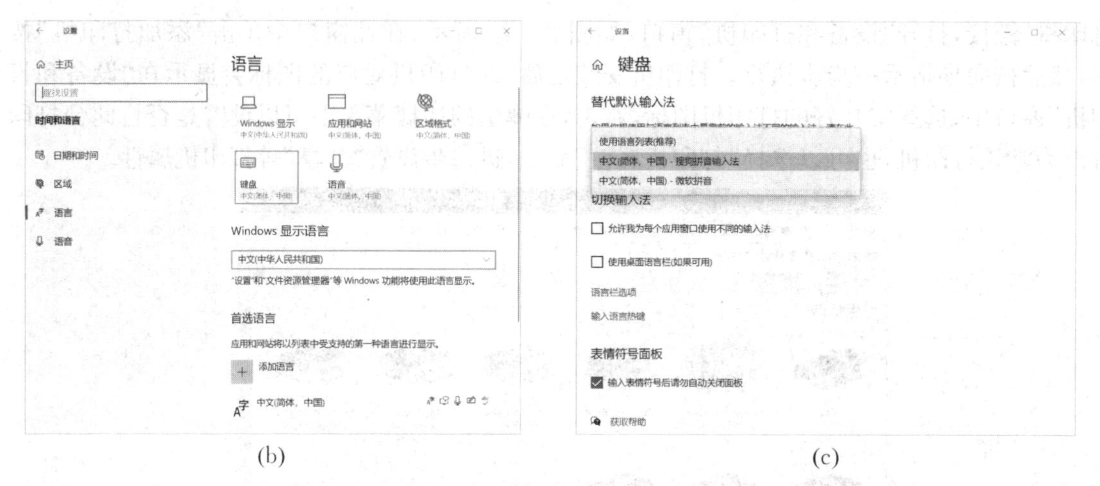

(b)　　　　　　　　(c)

图 2-41　设置输入法(续)

2.4　Windows 10 系统工具和常用工具

2.4.1　系统工具

1. 命令提示符

Windows 10 的命令提示符程序又称为 MS DOS 方式。MS DOS 是 Microsoft disk operating system 的缩写，MS DOS 方式是在 32 位以上系统(如 Windows XP，Windows NT 和 Windows 2000 等)中仿真 MS DOS 环境的一种外壳。

Windows 10 中的命令提示符提高了与 DOS 操作命令的兼容性，在 Windows 10 下可以直接运行 DOS 程序，“命令提示符”窗口如图 2-42 所示。设置“命令提示符”窗口属性的方法是在窗口模式下，右击标题栏，在弹出的快捷菜单中选择“属性”命令，打开“‘命令提示符’属性”对话框，如图 2-43 所示，按照对话框中的提示操作即可。

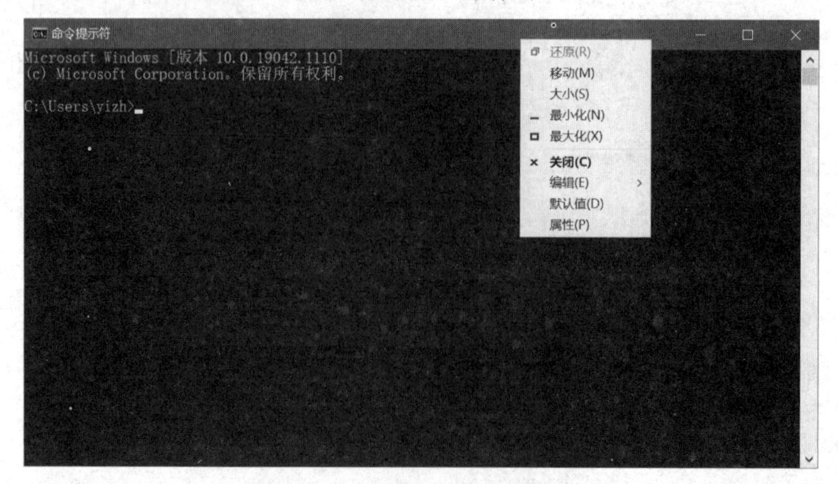

图 2-42　“命令提示符”窗口

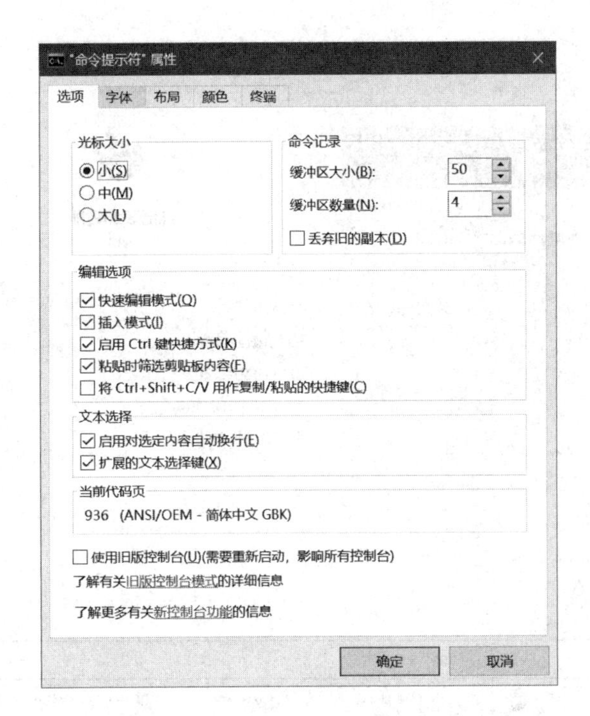

图 2－43　“‘命令提示符’属性”对话框

2. 注册表

（1）注册表概述。

Windows 操作系统注册表实际上是一个庞大的数据库，它存储着以下内容：用户计算机软、硬件的有关配置和状态信息，应用程序和资源管理器外壳的初始化条件、首选项和卸载数据；计算机整个系统的设置和各种许可，文件扩展名与应用程序的关联，硬件设备的描述、状态和属性；计算机性能记录和底层的系统状态信息以及各类其他数据。注册表对操作系统及应用程序的正常运行至关重要。操作系统和应用程序频繁访问注册表，用以保存和获取必要的数据。

（2）注册表编辑器。

打开注册表编辑器的方法是单击任务栏的“搜索”图标，在搜索框中键入“regedit”，按[Enter]键或者单击搜索到的程序，即可打开“注册表编辑器”窗口，如图 2－44 所示。“注册表编辑器”的窗口界面类似于“文件资源管理器”窗口，如图 2－45 所示。

注册表编辑器左栏是树形目录结构，共有五个根目录，称为子树，各子树以字符串“HKEY_”为前缀（分别为“HKEY_CLASSES_ROOT”“HKEY_CURRENT_USER”“HKEY_LOCAL_MACHINE”“HKEY_USERS”“HKEY_CURRENT_CONFIG”）；子树下依次为项、子项和活动子项，活动子项对应右栏中的值项，值项包括三部分：名称、类型和数据。当需要修改注册表的时候，一定要导出注册表进行备份。若想取消更改，导入备份的注册表副本，即可恢复原样。

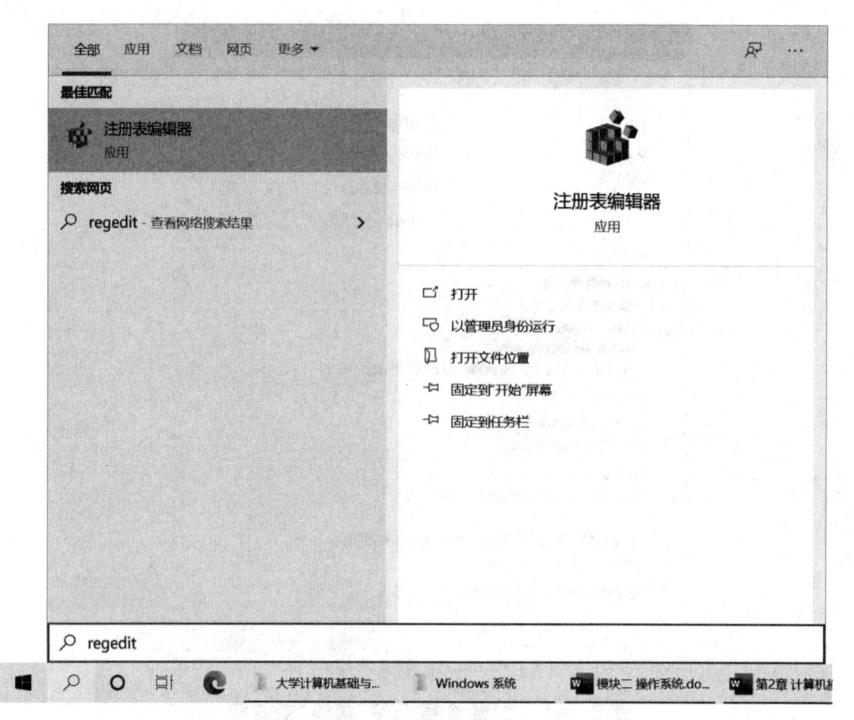

图 2-44　任务栏搜索

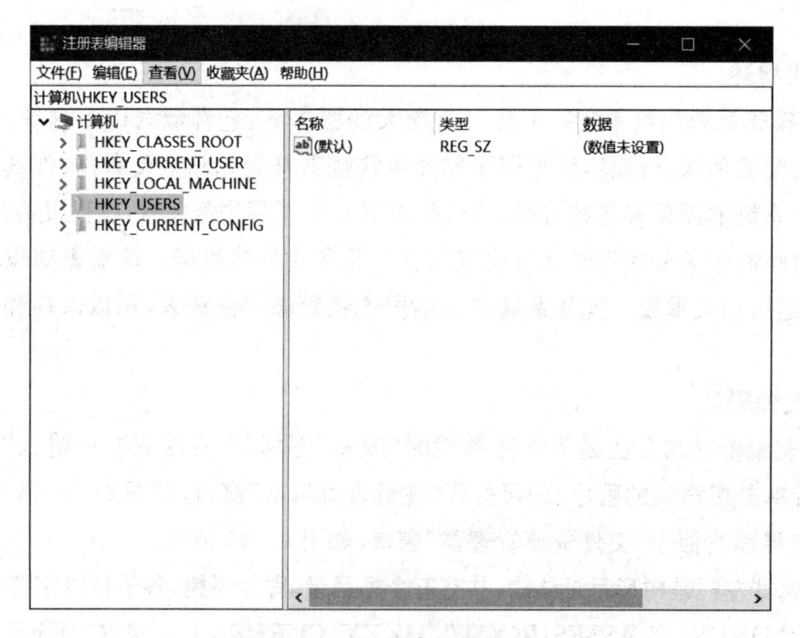

图 2-45　"注册表编辑器"窗口

2.4.2　常用工具

1. 记事本

记事本是 Windows 10 自带的一款文本编辑工具,用于在计算机中输入与记录各种文本内容,如图 2-46 所示。

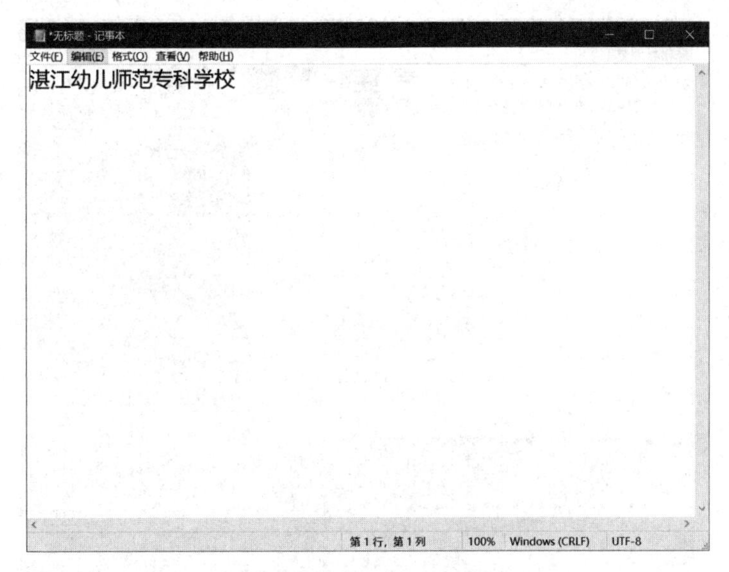

图 2-46　“记事本”窗口

2. 写字板

写字板是 Windows 10 自带的一款文字处理软件，除具有记事本的功能外，还可以对文档的格式、页面排列进行调整，从而编排出更加规范的文档，如图 2-47 所示。

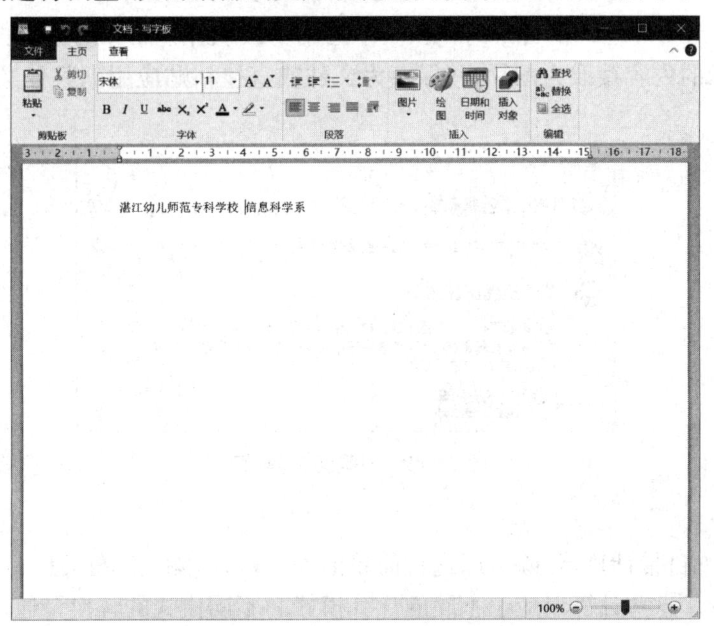

图 2-47　“写字板”窗口

3. 画图

画图是 Windows 10 自带的一款简单的图形绘制工具。使用画图，用户可以编制各种简单的图形，或者对计算机中的照片进行简单的处理，包括裁剪图片、旋转图片以及在图片中添加文字等。另外，通过画图还可以方便地转换图片格式，例如打开 BMP 格式的图片，然后另存为 JPG 格式，如图 2-48 所示。

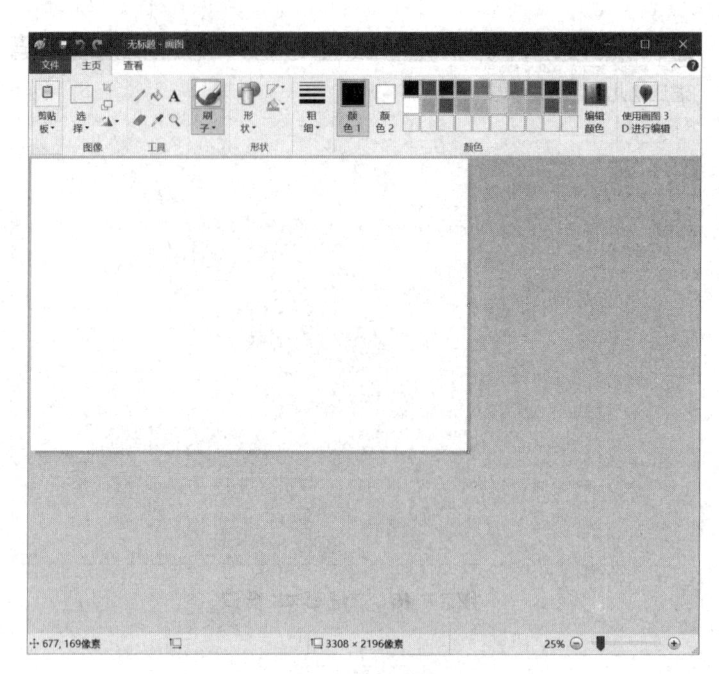

图 2-48 “画图”窗口

4. 截图工具

截图工具是 Windows 10 自带的一款简单的用于截取屏幕图像的工具。使用截图工具能够将屏幕中显示的内容截取为图片，并保存为文件或直接粘贴应用到其他文件中，如图 2-49 所示。

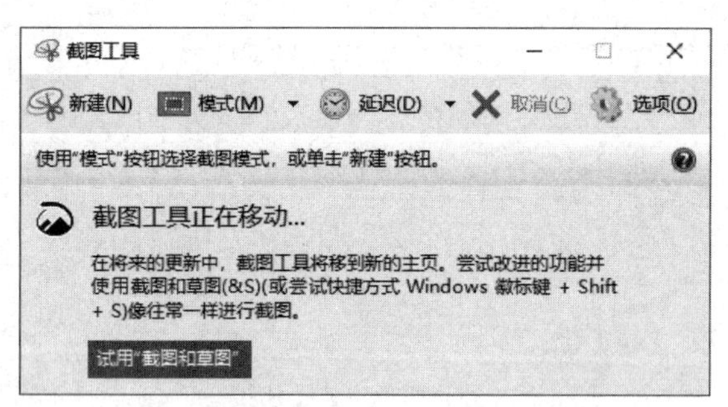

图 2-49 “截图工具”窗口

5. 计算器

Windows 10 自带计算器，除可以进行简单的加、减、乘、除运算外，还可以进行各种复杂的函数与科学计算。这些计算对应于不同的计算模式。不同模式的转换是通过“计算器”窗口的“导航”菜单进行的，以下介绍几个计算器的常用模式。

(1) 标准模式。标准模式与现实中的计算器使用方法相同，如图 2-50 所示。

(2) 科学模式。科学模式提供了各种方程、函数与几何计算功能，用于日常进行各种较为复杂的公式计算。在科学模式下，计算器会精确到 32 位小数，如图 2-51 所示。

(3) 程序员模式。程序员模式提供了程序代码的转换与计算功能，以及不同进制数字的快速计算功能。程序员模式只是整数模式，小数部分将被舍弃，如图 2-52 所示。

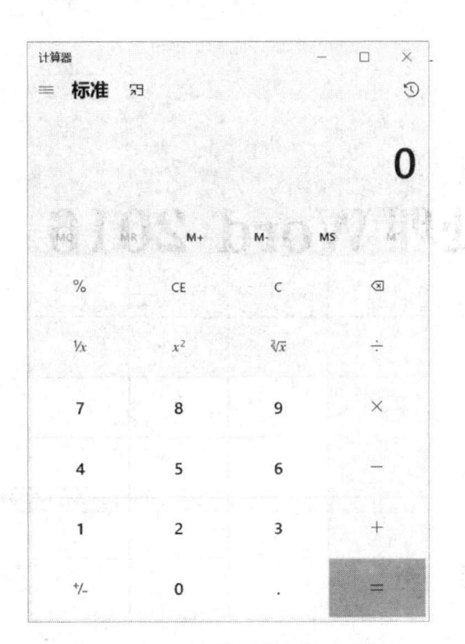

图 2-50　计算器的标准模式

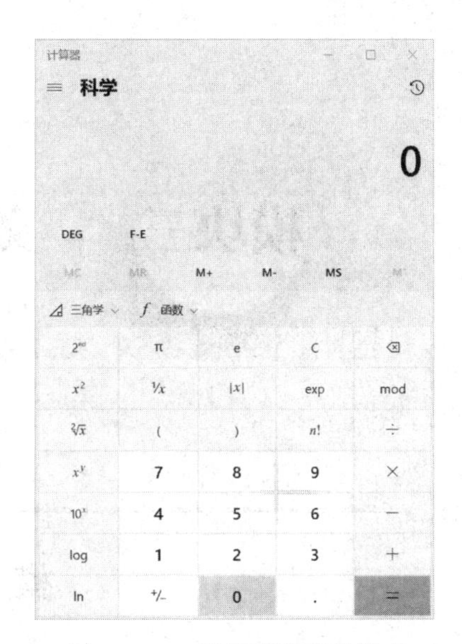

图 2-51　计算器的科学模式

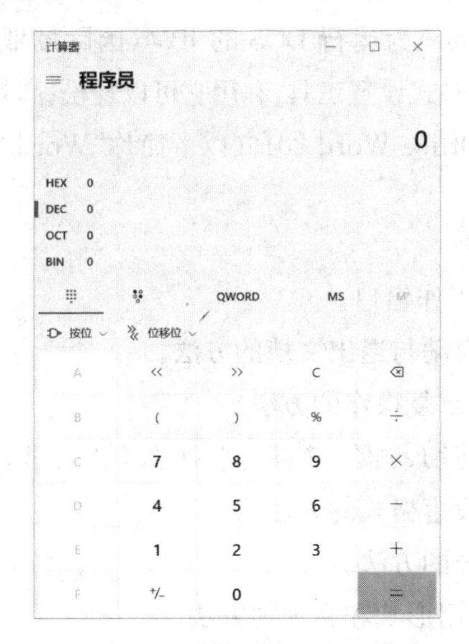

图 2-52　计算器的程序员模式

6. 放大镜

Windows 10 提供的放大镜工具，用于将计算机屏幕显示的内容放大若干倍，从而能让用户更清晰地查看。单击“开始”菜单中的“Windows 轻松使用”下的“放大镜”程序，打开“放大镜”窗口，如图 2-53 所示，同时当前屏幕内容会按放大镜的默认设置倍率(200%)显示。在“放大镜”窗口可以对放大镜的放大分辨率和放大区域进行设置。

图 2-53　“放大镜”窗口

模块三 文字处理Word 2016

模 块 导 读

Microsoft Office Word是微软公司推出的一个文字处理应用程序，最初在1983年由理查德·布罗迪(Richard Brodie)为运行DOS的IBM(国际商业机器公司)计算机而编写。Word提供功能齐全的文档格式设置工具，利用它可以轻松、高效地组织和编写文档。

本模块以Microsoft Office Word 2016(以下简称“Word 2016”)为例对其进行介绍。

任务简报

(1) 熟悉Word 2016工作窗口。

(2) 掌握新建、保存、启动与退出文档的方法。

(3) 掌握撤消、恢复与重复操作的方法。

(4) 掌握选择、复制、剪切、删除、查找与替换文本的方法。

(5) 掌握设置文本和段落格式的方法。

(6) 了解添加项目符号的方法。

(7) 掌握插入图片、使用形状和文本的方法。

任务一 输入文字与编辑文字

任务描述

使用三种方法新建Word文档，并学会启动、保存和退出Word文档，输入文字与编辑文字，熟悉文档的命名、字号设置、字体设置、段落应用、查找与替换等操作。

任务分析

熟悉 Word 2016 的基本操作，包括新建、保存、启动和退出等，了解 Word 2016 工作窗口，熟练掌握选择、复制、剪切、删除、撤消、恢复、查找和替换文本的方法，掌握设置文本和段落格式的方法。

任务演示

3.1.1　Word 2016 的启动与退出

1. Word 2016 的启动

Word 2016 的启动方法常见的有以下三种。

(1) 安装完 Microsoft Office 2016 之后，在任务栏中会自动生成 Word 2016 图标，单击该图标即可启动 Word 2016，如图 3－1 所示。

图 3－1　任务栏中快速启动 Word 2016

(2) 安装完 Microsoft Office 2016 之后，在桌面上会自动生成 Word 2016 快捷方式，双击该快捷方式即可启动 Word 2016，如图 3－2 所示。

图 3－2　桌面上启动 Word 2016

(3) 单击“开始”菜单，在程序列表栏字母排序“W”中选择“Word”选项，或者在磁贴(Tile)中单击 Word，均可以启动 Word 2016，如图 3－3 所示。

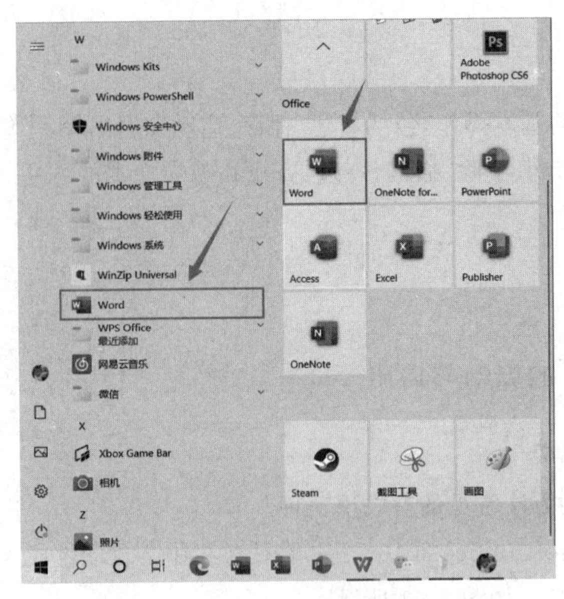

图 3-3 “开始”菜单中启动 Word 2016

2. Word 2016 的退出

Word 2016 的退出方法常见的有以下三种。

(1) 单击 Word 2016 工作窗口右上角的“关闭”按钮。

(2) 选择“文件”菜单中的“关闭”命令。

(3) 按[Alt+F4]组合键,即可快速退出 Word 2016。

3.1.2 Word 2016 工作窗口的基本构成

启动 Word 2016 后,屏幕上会显示 Word 2016 的工作窗口,如图 3-4 所示,主要由标题栏与窗口控制按钮、快速访问工具栏、选项卡与功能区、编辑区、标尺、滚动条、状态栏、视图区等部分组成。

图 3-4 Word 2016 的工作窗口

1. 标题栏与窗口控制按钮

标题栏位于 Word 2016 工作窗口的最上方，用于显示文档和程序的名称。窗口控制按钮由“功能区显示选项”按钮、“最小化”按钮、“最大化”/“向下还原”按钮、“关闭”按钮组成，如图 3－5 所示，可以对功能区的显示与隐藏和工作窗口的大小进行相应的操作。

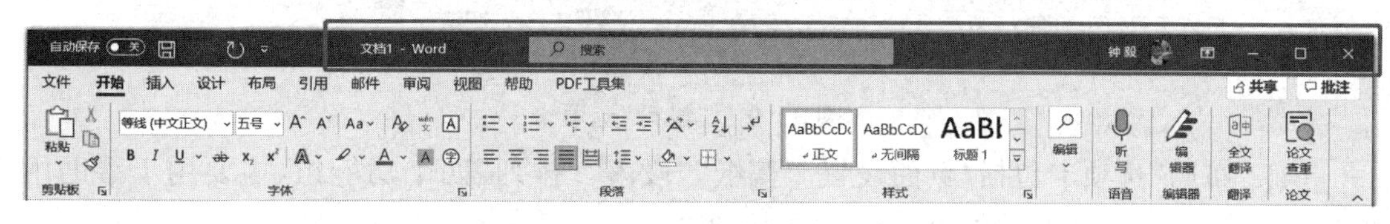

图 3－5　标题栏

2. 快速访问工具栏

在 Word 2016 中，快速访问工具栏位于工作窗口左上角，包括“保存”“撤消”“重做”“自定义快速访问工具栏”等常用命令按钮。单击快速访问工具栏中的某个按钮，可以执行相应操作，用户还可以自定义快速访问工具栏中的按钮和排列顺序，如图 3－6 所示。

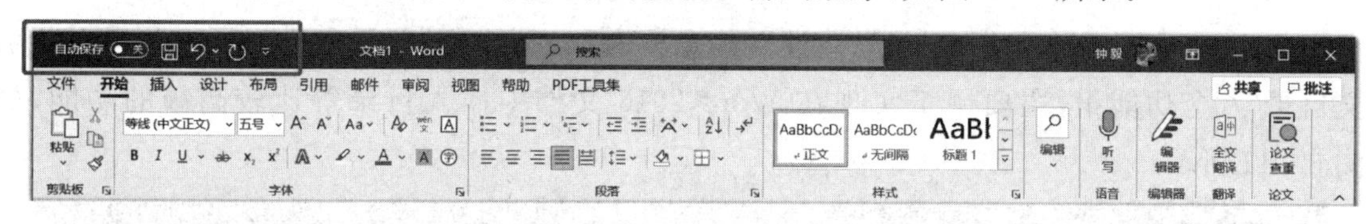

图 3－6　快速访问工具栏

3. 功能区

功能区包含多个选项卡，默认情况下包括“开始”“插入”“设计”“布局”“引用”“邮件”“审阅”“视图”“帮助”“PDF 工具集”等主选项卡，在针对具体对象进行操作时会出现其他工具选项卡。功能区用于放置编辑文档时所需要的功能，用户可以自由地对功能区进行定制。以下对主选项卡进行简单介绍。

(1)“开始”选项卡下包括“剪贴板”“字体”“段落”“样式”“编辑”“语音”“编辑器”“翻译”“论文”九个功能组，主要用于帮助用户对 Word 2016 文档进行文字编辑和格式设置，是用户最常用的选项卡，如图 3－7 所示。

图 3－7　“开始”选项卡

(2)“插入”选项卡包括“页面”“表格”“插图”“加载项”“媒体”“链接”“批注”“页眉和页脚”“文本”“符号”十个功能组，主要用于在 Word 2016 文档中插入各种元素，如图 3－8 所示。

图 3－8　“插入”选项卡

(3)“设计”选项卡包括“文档格式”“页面背景”两个功能组，主要用于 Word 2016 文档主题的选择以及水印、页面颜色、页面边框的设置等，如图 3-9 所示。

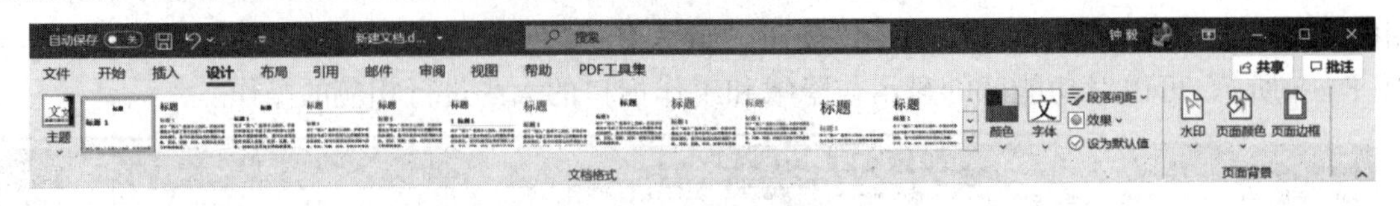

图 3-9　“设计”选项卡

(4)“布局”选项卡包括“页面设置”“稿纸”“段落”“排列”四个功能组，主要用于帮助用户设置 Word 2016 文档页面样式，如图 3-10 所示。

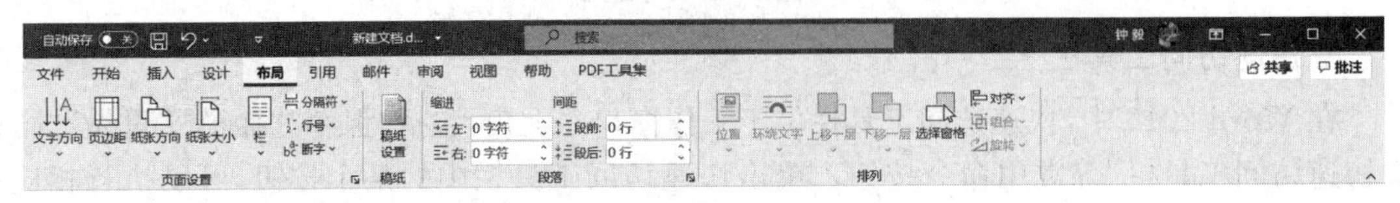

图 3-10　“布局”选项卡

(5)“引用”选项卡包括“目录”“脚注”“信息检索”“论文”“引文与书目”“题注”“索引”“引文目录”八个功能组，主要用于实现在 Word 2016 文档中插入目录等比较高级的功能，如图 3-11 所示。

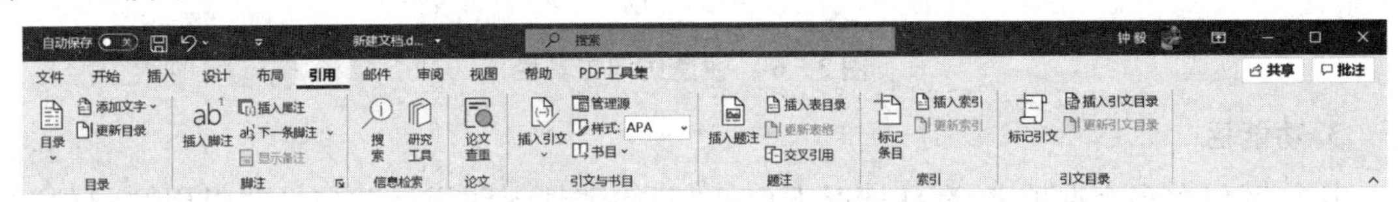

图 3-11　“引用”选项卡

(6)“邮件”选项卡包括“创建”“开始邮件合并”“编写和插入域”“预览结果”“完成”五个功能组，主要用于在 Word 2016 文档中进行邮件合并方面的操作，如图 3-12 所示。

图 3-12　“邮件”选项卡

(7)“审阅”选项卡包括“校对”“语音”“辅助功能”“语言”“翻译”“中文简繁转换”“批注”“修订”“更改”“比较”“保护”“墨迹”十二个功能组，主要用于对 Word 2016 文档进行校对和修订等操作，如图 3-13 所示。

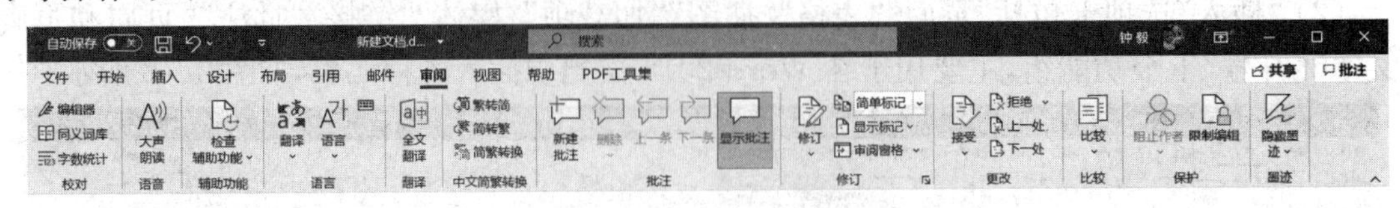

图 3-13　“审阅”选项卡

(8)“视图”选项卡包括“视图”“沉浸式”“页面移动”“显示”“缩放”“窗口”“宏”“SharePoint”八个功能组，主要用于帮助用户设置 Word 2016 工作窗口的视图类型，以便操作，如图 3-14 所示。

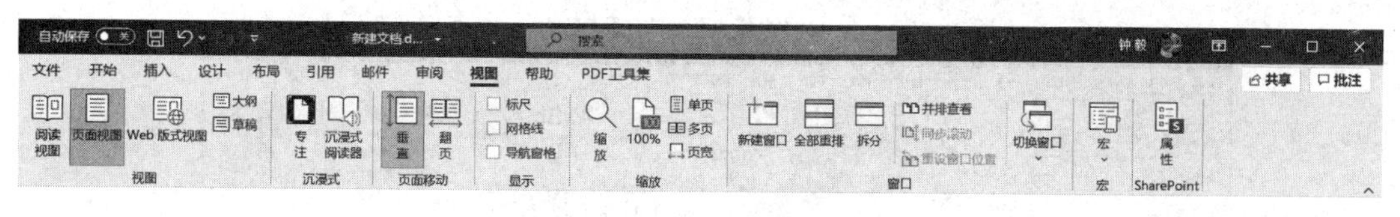

图 3－14　“视图”选项卡

(9)“帮助”选项卡只有“帮助”功能组，主要用于帮助用户对 Word 2016 进行简单的了解，以及向 Microsoft 反馈建议，其中“显示培训内容”命令里有“快速入门”“写作和编辑”“设置文本格式”“页面布局”等专业视频教程，方便用户快速入门，如图 3－15 所示。

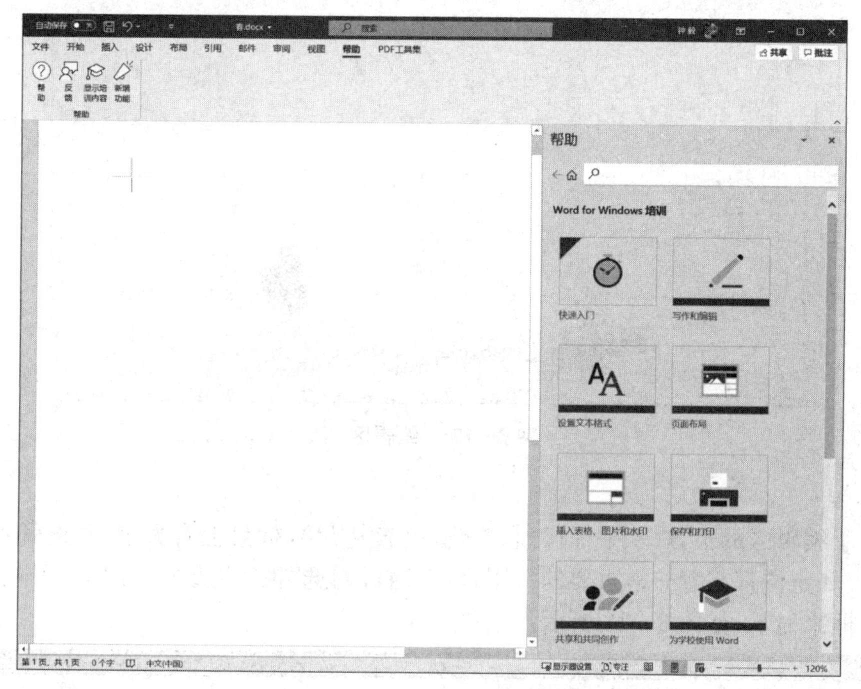

图 3－15　“帮助”选项卡

(10)“PDF 工具集”选项卡包括“导出为 PDF”“设置”“PDF 转换”三个功能组，方便用户将 Word 文档导出为 PDF 文件，或者将 PDF 文件转换为 Word 文档，如图 3－16 所示。

图 3－16　“PDF 工具集”选项卡

4. 编辑区

编辑区也称为工作区，位于窗口中央，如图 3－17 所示，是用于进行文字输入、文本和图片编辑的工作区域。通过选择不同的视图方式，可以改变基本编辑区对各项编辑显示的方式，系统默认显示的是页面视图。

图 3－17　编辑区

5. 标尺

标尺位于编辑区的上方(水平标尺)和左侧(垂直标尺),标尺上有数字、刻度和各种标记,对排版、制表和定位都起着非常重要的作用,可以通过勾选“视图”选项卡下“显示”功能组中的“标尺”复选框来显示,如图 3－18 所示。

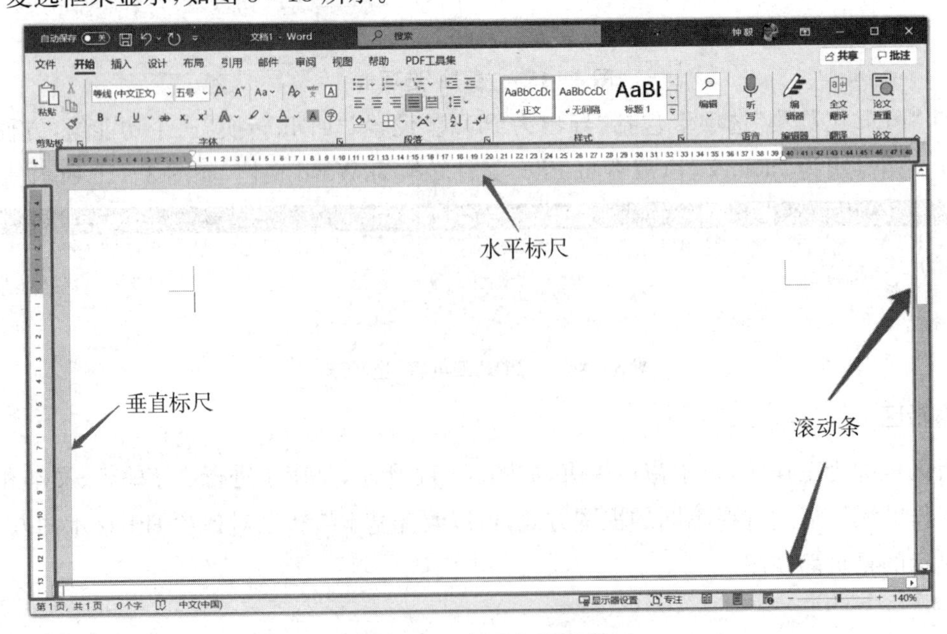

图 3－18　标尺和滚动条

6. 滚动条

滚动条是窗口右侧和下方用于移动窗口显示区域的长条，如图 3－18 所示，当页面内容较多或者太宽时，会自动显示滚动条。拖动滚动条中的滑块或单击滚动条上下(或左右)两端调节按钮，可以滚动显示文档中的内容。

7. 状态栏

状态栏位于窗口底部左下角，显示当前正在编辑的 Word 文档的有关信息，如当前页号、总页数和字数等，如图 3－19 所示。

图 3－19　状态栏和视图区

8. 视图区

视图区位于窗口底部右下角，其中包括视图切换按钮、调节页面显示比例滑块和当前显示比例按钮等，如图 3－19 所示。

3.1.3　Word 2016 文档操作和文本编辑

在计算机中，信息是以文件为单位存储在外存中的，使用 Word 编排的文章、报告、通知和信函等也都是以文件为单位存放的。通常情况下，将 Word 生成的文件称为 Word 文档，简称文档。

使用 Word 2016 处理文档的过程大致分为以下三个步骤。

① 将文档的内容输入计算机，即将一份书面文字转换为电子文档。在输入过程中，可以

使用插入文字、删除文字、改写文字等操作来保证输入内容的正确性，也可以使用这些操作对文档进行修改。除此以外，Word 2016 还提供特殊字符的输入、快速定位文字、查找与替换及快速单击页面定位、拼写检查等功能，这些功能有助于快速、准确地完成任务。

② 输入计算机中的文档，如果不改变任何格式，其文字大小和风格都是一样的，这样的文档缺乏层次感，重点不突出。为了使文档的内容清晰、层次分明、重点突出，要对输入的内容进行格式编排。文档中的格式编排是通过对相关文字用相应的格式命令来处理完成的，即所谓的排版。排版包括对文档中的文字、段落、页面等进行设置。只有充分了解 Word 应用程序提供的各种排版功能，才能在使用 Word 时得心应手，编排出美观大方的文档。

③ 文档的排版完成后，要将其保存在计算机中，以便今后查看。如果需要将文档通过打印机打印在纸张上作为文字资料保存或分发给其他部门，还需要进行打印设置，使打印机按照用户的要求进行打印。

1. 新建文档

启动 Word 2016 后，用户可以根据需要手动创建符合要求的模板文档。新建空白文档的具体操作方法如下：

(1) 双击 Word 快捷方式，启动 Word 2016；

(2) 在打开的窗口中选择“新建”命令，在切换的右侧面板中选择“空白文档”选项，即可新建一个空白文档，如图 3-20 所示。

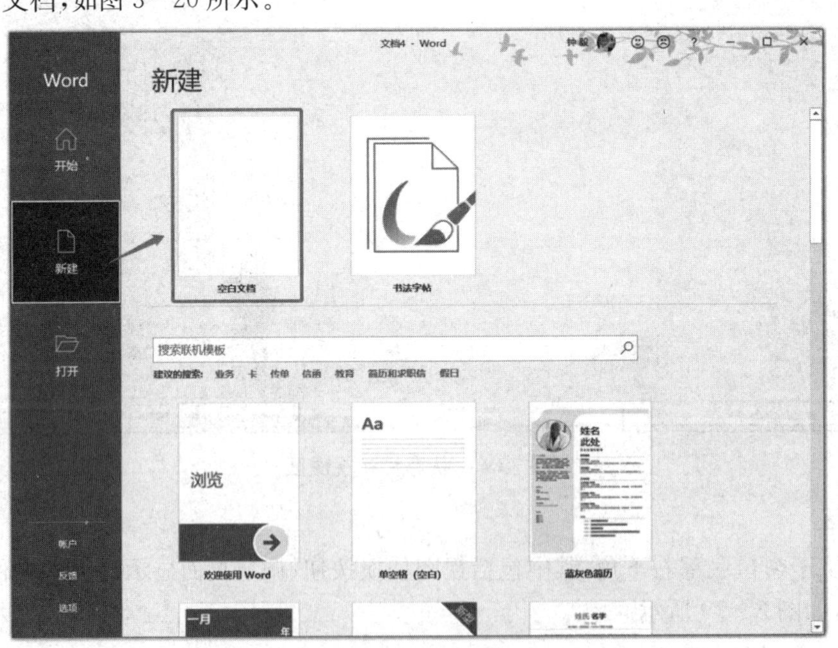

图 3-20 新建空白文档

技巧：在 Word 2016 工作窗口中，按[Ctrl+N]组合键，即可快速新建空白文档。

2. 输入文本

创建文档后就可以在编辑区内输入需要的文本，其具体操作方法如下：将鼠标指针移动到编辑区内，单击进行定位；切换输入法为中文状态，输入标题文字“春”，按[Enter]键进行换行；接着输入正文部分，完成素材包中“春”文本内容的输入，正文与标题之间空一行，如图 3－21 所示。

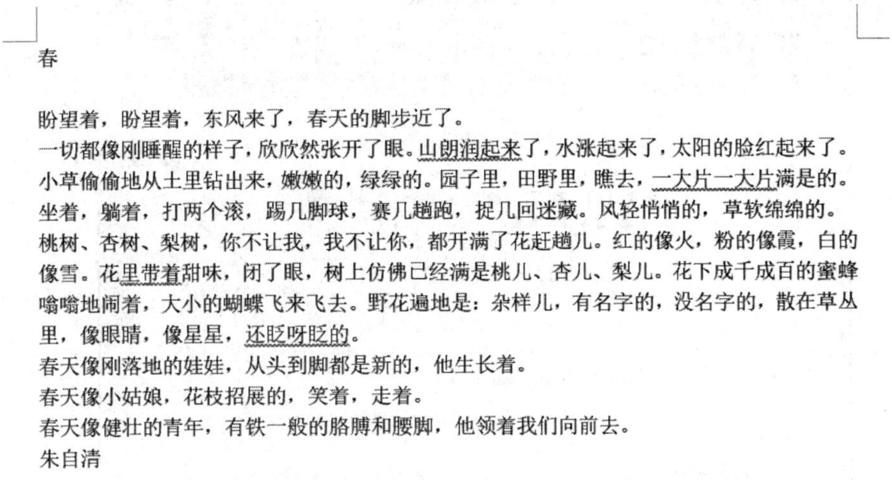

春

盼望着，盼望着，东风来了，春天的脚步近了。
一切都像刚睡醒的样子，欣欣然张开了眼。山朗润起来了，水涨起来了，太阳的脸红起来了。
小草偷偷地从土里钻出来，嫩嫩的，绿绿的。园子里，田野里，瞧去，一大片一大片满是的。
坐着，躺着，打两个滚，踢几脚球，赛几趟跑，捉几回迷藏。风轻悄悄的，草软绵绵的。
桃树、杏树、梨树，你不让我，我不让你，都开满了花赶趟儿。红的像火，粉的像霞，白的像雪。花里带着甜味，闭了眼，树上仿佛已经满是桃儿、杏儿、梨儿。花下成千成百的蜜蜂嗡嗡地闹着，大小的蝴蝶飞来飞去。野花遍地是：杂样儿，有名字的，没名字的，散在草丛里，像眼睛，像星星，还眨呀眨的。
春天像刚落地的娃娃，从头到脚都是新的，他生长着。
春天像小姑娘，花枝招展的，笑着，走着。
春天像健壮的青年，有铁一般的胳膊和腰脚，他领着我们向前去。
朱自清

图 3－21　输入文本

(1) 编辑定位。在文档中进行编辑时，可使用鼠标或键盘找到文本的需修改处。若文本较长，可以先使用滚动条将要编辑的区域显示出来，然后单击将插入点移动到指定位置。用键盘定位插入点有时候更方便，常用键盘定位组合键及其功能如表 3－1 所示。

表 3－1　键盘定位组合键

按键	功能	按键	功能
→	向右移动一个字符	Home	移动到当前行首
←	向左移动一个字符	End	移动到当前行尾
↑	向上移动一行	Page Up	移动到上一屏
↓	向下移动一行	Page Down	移动到下一屏
Ctrl+→	向右移动一个字或单词	Ctrl+Home	移动到文档开头
Ctrl+←	向左移动一个字或单词	Ctrl+End	移动到文档末尾
Ctrl+↑	向上移动一个段落	Ctrl+Page Up	移动到文档顶部
Ctrl+↓	向下移动一个段落	Ctrl+Page Down	移动到文档底部

(2) 插入符号或特殊符号。用户在处理文档时可能需要输入一些特殊字符，如拉丁语、希腊语、几何图形符、注音等，这些符号都不能直接在键盘输入，用户可以使用“插入”选项卡下“符号”功能组中的“符号”命令。

插入符号或特殊符号的具体操作方法如下：将插入点移动到指定位置，选择“插入”选项卡下“符号”功能组中的“符号”命令，在下拉列表中选择“其他符号…”，弹出“符号”对话框(如果所需符号已经出现在下拉列表中，可以直接选择而不需要之后的操作步骤)，如图 3－22 所示。在“符号”对话框中选择“符号”选项卡，将出现不同的符号集。选择需要的符号，再单击“插入”按钮，插入选中的符号，最后单击“关闭”按钮关闭对话框。

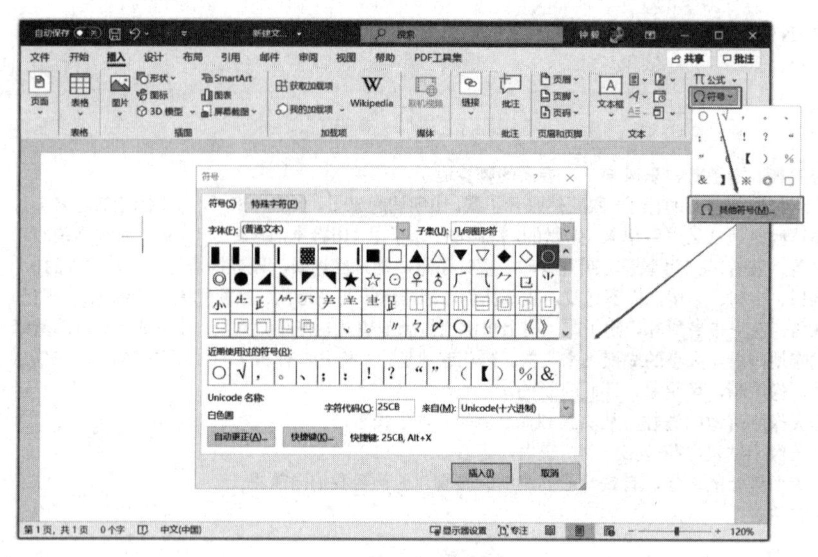

图 3-22　插入符号或特殊符号

(3) 插入文件。插入文件的具体操作方法如下:单击"插入"选项卡下"文本"功能组中"对象"命令右侧的下拉箭头,在下拉列表中选择"文件中的文字…",如图 3-23 所示。在弹出的"插入文件"对话框中选择要插入的文件,如图 3-24 所示,单击"插入"按钮即可。

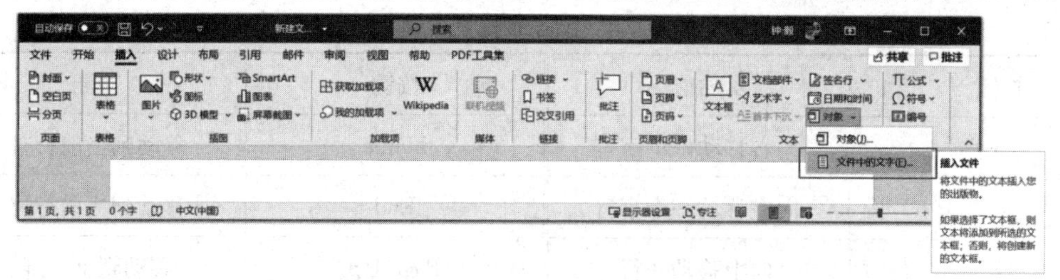

图 3-23　插入文件

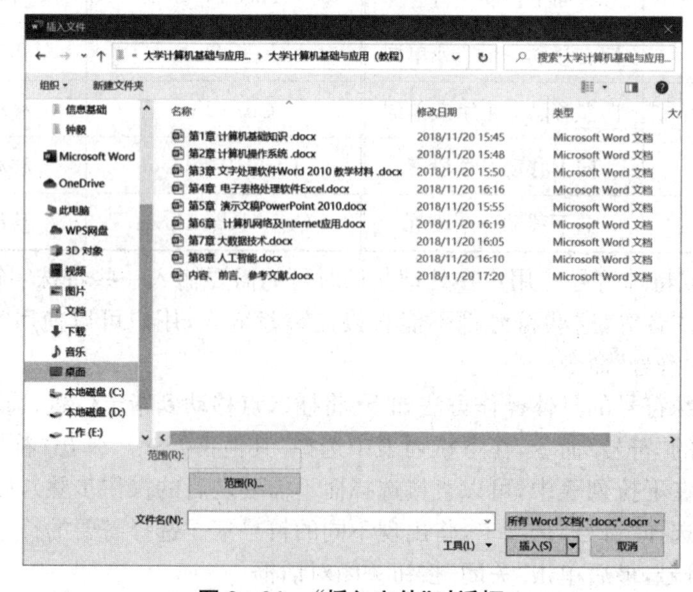

图 3-24　"插入文件"对话框

3. 修改和编辑文本

用户如果需要对某段文本进行复制、剪切(移动)、删除等操作,需要先选定文本内容,再进行相应的操作。当文本内容被选中后,所选文本内容呈反向显示。如果想取消选择,可以把鼠标指针移动到所选文本内容以外的任何区域单击即可。

(1) 鼠标选定文本。用鼠标完成文本的选定是最常用的方法,在需要选定的文本内容之前,单击并拖动鼠标到所需文本内容的末尾,然后释放鼠标左键即可。

(2) 键盘选定文本。先将插入点移动到要选定的文本内容之前,然后用组合键选定文本。常用键盘选定文本的组合键及其功能如表3-2所示。

表3-2　键盘选定文本组合键

按键	功能	按键	功能
Shift+→	右选择一个字符	Shift+Ctrl+→	右选择一个字或单词
Shift+←	左选择一个字符	Shift+Ctrl+←	左选择一个字或单词
Shift+↑	选择至上一行	Shift+Home	选择至当前行首
Shift+↓	选择至下一行	Shift+End	选择至当前行尾
Shift+Page Up	选择至上一屏	Shift+Ctrl+Home	选择至文档开头
Shift+Page Down	选择至下一屏	Shift+Ctrl+End	选择至文档末尾
Ctrl+A	选择整篇文档(全选)		

(3) 鼠标键盘结合选定文本。这种方法更加适合复杂的文本选择,可以大大提高操作的速度。

选定连续文本:把插入点定位到要选定的文本内容开始的位置,按住[Shift]键不放,单击所需文本内容结束的位置即可选定一段连续的文本内容。

选定不连续文本:先选择一部分文本内容,按住[Ctrl]键不放,再选择其他所需的文本内容,即可选定不连续的文本内容。

(4) 复制、剪切(移动)和删除文本。如果输入与文档中已有的内容相同的文本,可以通过复制的方法来操作;如果将所需内容从一个位置移动到另一个位置,可以通过剪切的方法来操作。

① 复制。在编辑过程中,当文档出现重复内容或者段落时,使用"复制"命令进行编辑是提高工作效率的有效方法。用户不仅可以在同一篇文档内复制内容,也可以在不同文档之间复制内容,甚至可以将内容复制到其他应用程序的文档中。复制文本后,原位置和目标位置都存在该文本。具体操作方法有以下两种。

方法1:选定要复制的文本后,在"开始"选项卡下"剪贴板"功能组中单击"复制"命令,利用鼠标或键盘将插入点定位到要粘贴的地方,然后在"开始"选项卡下"剪贴板"功能组中单击"粘贴"命令即可。

方法2:选定要复制的文本后,右击,在弹出的快捷菜单中选择"复制"命令,利用鼠标或键盘将插入点定位到要粘贴的地方,再右击,在弹出的快捷菜单中选择"粘贴"命令即可。

技巧：选定要复制的文本后，按[Ctrl+C]组合键，利用鼠标或键盘将插入点定位到要粘贴的地方，然后按[Ctrl+V]组合键即可。

例如，对如图 3-21 所示的文本内容进行复制操作，如图 3-25 所示。

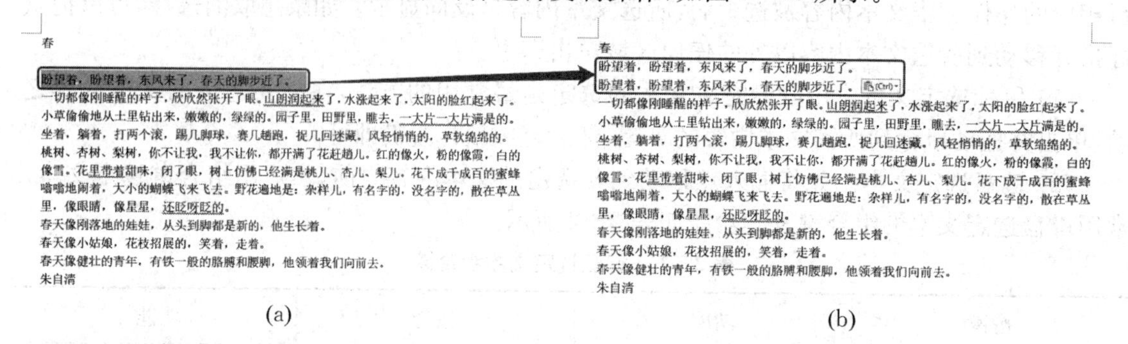

图 3-25　复制

② 剪切(移动)。剪切(移动)是将字符或对象从原来位置删除，插入到另一个新位置。具体的操作方法有以下三种。

方法 1：选定要移动的文本后，单击按住鼠标左键不放，直接拖动到目标位置后，松开鼠标左键即可。

方法 2：选定要移动的文本后，在"开始"选项卡下"剪贴板"功能组中单击"剪切"命令，利用鼠标或键盘将插入点定位到要粘贴的地方，然后在"开始"选项卡下"剪贴板"功能组中单击"粘贴"命令即可。

方法 3：选定要移动的文本后，右击，在弹出的快捷菜单中选择"剪切"命令，利用鼠标或键盘将插入点定位到要粘贴的地方，再右击，在弹出的快捷菜单中选择"粘贴"命令即可。

技巧：选定要移动的文本后，按[Ctrl+X]组合键，利用鼠标或键盘将插入点定位到要粘贴的地方，然后按[Ctrl+V]组合键即可。

例如，在如图 3-25(b)所示的文本内容下方输入素材包中"春"文本的其余段落，然后进行剪切(移动)操作，如图 3-26 所示。

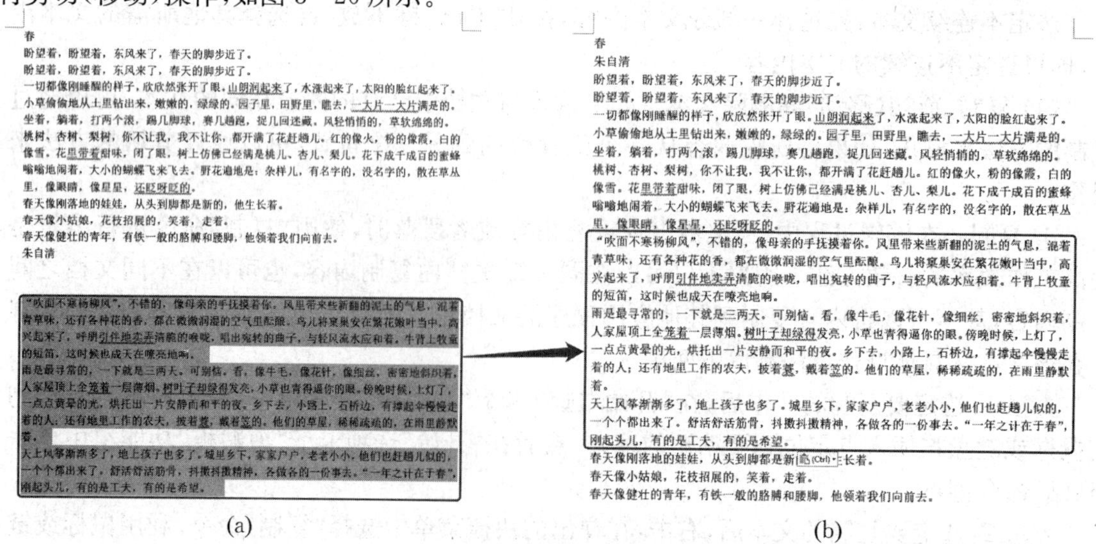

图 3-26　剪切

③ 删除。删除是将字符或对象从文档中去掉。删除插入点左侧的一个字符用[Backspace]键;删除插入点右侧的一个字符用[Delete]键。删除较多连续的字符或成段的文字,可以用如下两种方法。

方法 1:选定要删除的文本内容后,按[Backspace]或者[Delete]键即可。

方法 2:选定要删除的文本内容后,在“开始”选项卡下“剪贴板”功能组中单击“剪切”命令即可。

例如,对如图 3－26(b)所示的文本内容进行删除操作,如图 3－27 所示。

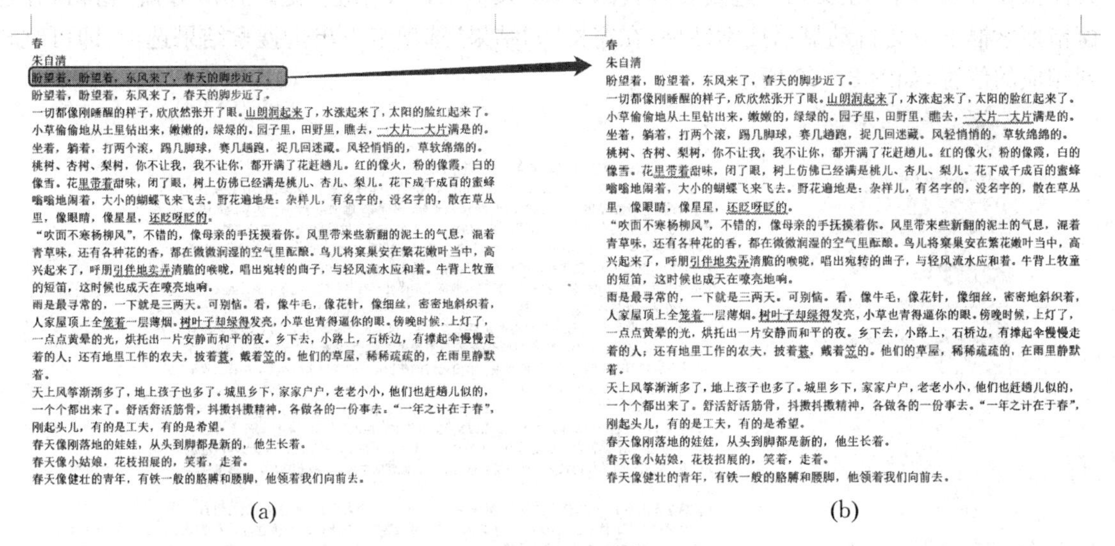

图 3－27　删除

删除和剪切操作都能将选定的文本从文档中去掉,但功能不完全相同。两者的区别是,进行剪切操作时,删除的内容会保存到剪贴板上;进行删除操作时,删除的内容则不会保存到剪贴板上。

(5) 撤消和恢复。在编辑的过程中难免会出现误操作,Word 2016 提供了撤消功能,用于取消最近对文本内容进行的误操作。撤消最近的一次误操作可以直接单击快速访问工具栏上的“撤消”按钮。撤消多次误操作的步骤如下:

① 单击快速访问工具栏上“撤消”按钮右侧的下拉箭头,如图 3－28 所示,查看最近进行的可撤消操作列表;

② 单击要撤消的操作。如果该操作不可见,可滚动列表。撤消某一操作的同时,也撤消了所有位于该操作之后的所有操作。

恢复功能用于恢复被撤消的操作,单击快速访问工具栏上的“恢复”按钮即可,如图 3－29 所示。

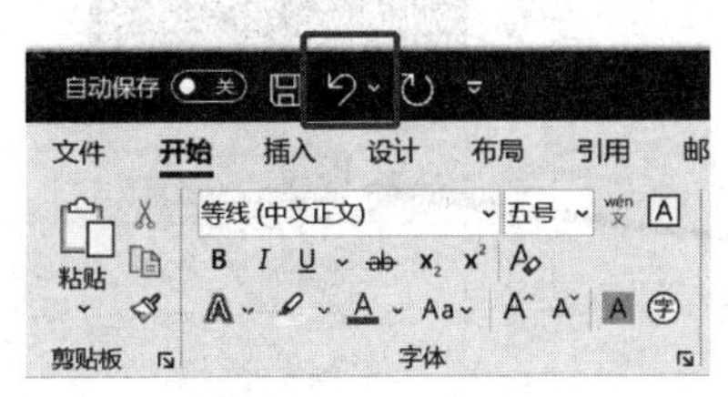

图 3－28　撤消

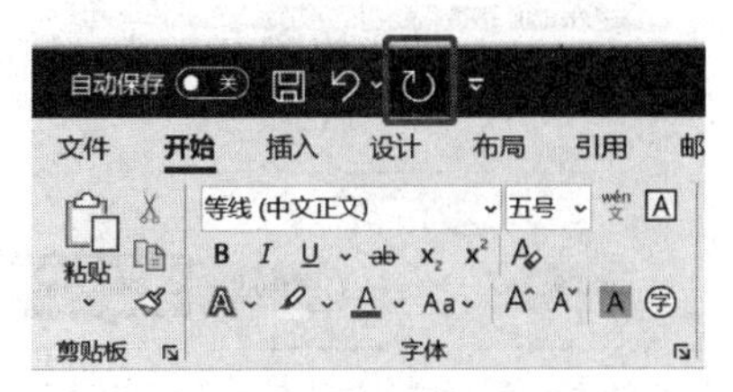

图 3－29　恢复

技巧：撤消组合键[Ctrl+Z]，恢复组合键[Ctrl+Y]。

4. 查找和替换文本

在文档编辑过程中，如果某个词语或者句子多次输入错误，就需要在整个文档中去修改这些内容。手动查找修改工作量会很大，且容易遗漏，此时使用查找和替换功能可以提高工作效率。

(1) 查找文本。

使用查找功能可以在文档中快速搜索需要的文本，还可以将搜索到的文本高亮显示出来。具体操作方法如下：在文档中选定要查找的文本，按[Ctrl+F]组合键，打开“导航”窗格，并在窗格搜索框下方会自动显示搜索结果，在窗格的“结果”选项卡下单击搜索结果选项，即可跳转到相应的位置，如图 3-30 所示。

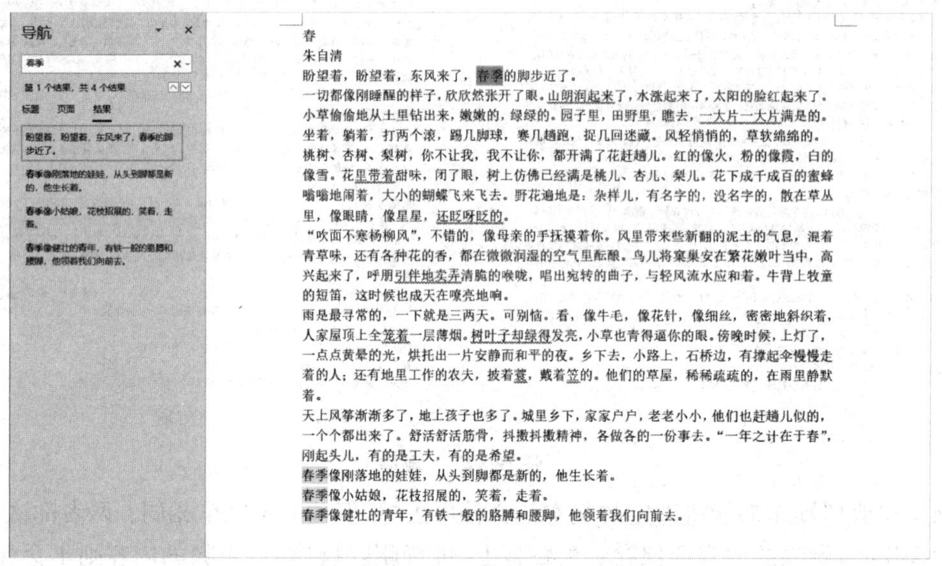

图 3-30　查找文本

另外，选择“导航”窗格中的“页面”选项卡，即可在窗格下方查看搜索结果所在的页面。

(2) 替换文本。

替换功能可以帮助用户将查找的文本进行更改，或批量修改相同的内容。具体操作方法如下：按[Ctrl+H]组合键，或者单击“开始”选项卡下“编辑”功能组中的“替换”命令，弹出“查找和替换”对话框，并自动切换至“替换”选项卡，在“查找内容”文本框中输入要查找的内容(如“春季”)，在“替换为”文本框中输入要替换的内容(如“春天”)，然后单击“全部替换”按钮，即可完成对查找区域的全部替换，如图 3-31 所示。

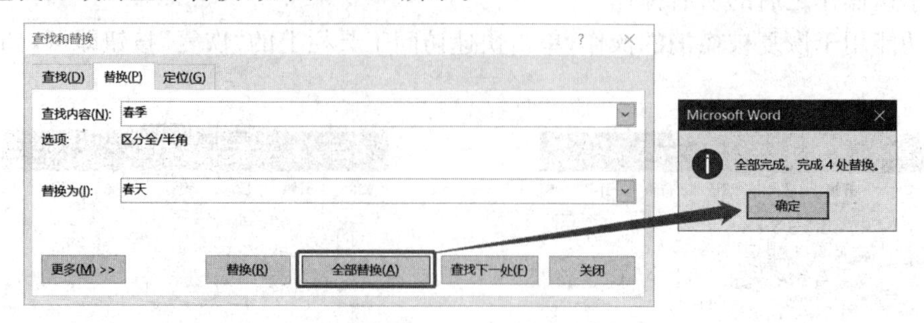

图 3-31　替换文本

如果要将查找或替换的文本设置为特殊的格式，或者查找或替换某些特殊的字符，则在“查找和替换”对话框中单击“更多”按钮，如图 3－32 所示，单击“格式”按钮，在弹出的下拉列表中选择“字体”或“段落”等命令，即可在弹出的对话框中对文本的格式进行设置。

图 3－32　查找和替换更多设置

5. 文本格式

设置文本格式是格式化文档最基本的操作。

(1) 设置字体格式。

文字的字体格式设置包括文字的字体、字号、增大字号、减小字号、字形、上标、下标、颜色等，在 Word 2016 中，文本格式可以通过“字体”功能组、浮动工具栏和“字体”对话框三种方式进行设置。

① 通过“字体”功能组设置文本格式。按[Ctrl＋A]组合键进行全选，在“开始”选项卡下“字体”功能组中的“字体”下拉选项中，设置“字体”为“华文仿宋”，如图 3－33 所示；在“开始”选项卡下“字体”功能组中的“字号”下拉选项中，设置“字号”为“四号”，如图 3－34 所示。

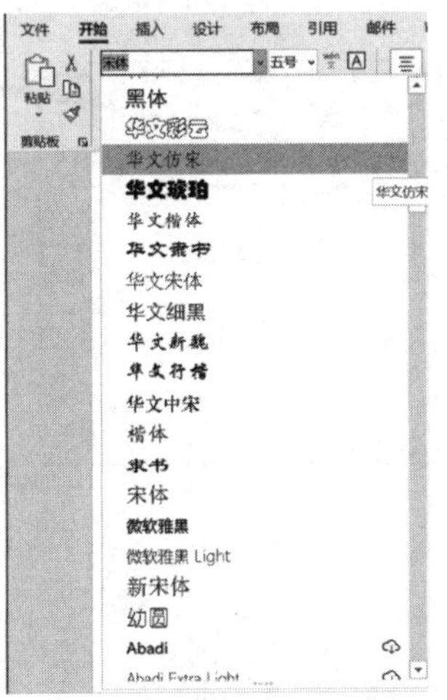

图 3－33　“字体”功能组中设置字体

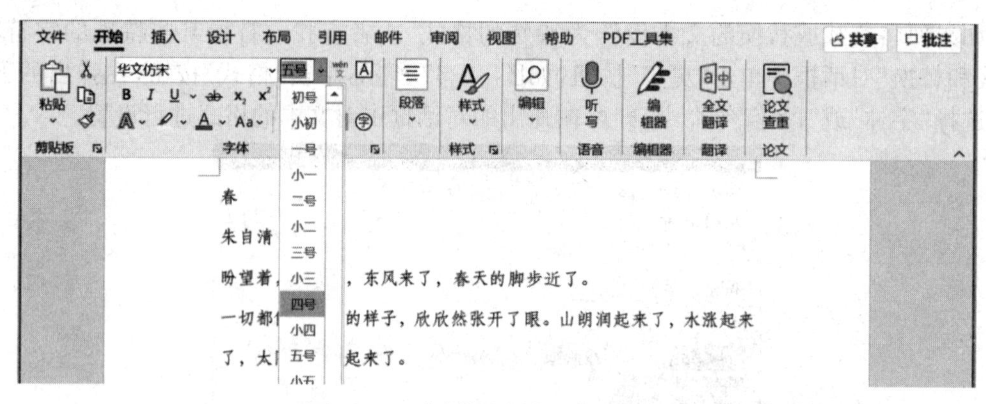

图 3-34 “字体”功能组中设置字号

② 通过浮动工具栏设置文本格式。选中标题文本“春”，松开鼠标后会自动显示浮动工具栏，从中设置“字体”为“华文行楷”，“字号”为“50”，如图 3-35 所示。

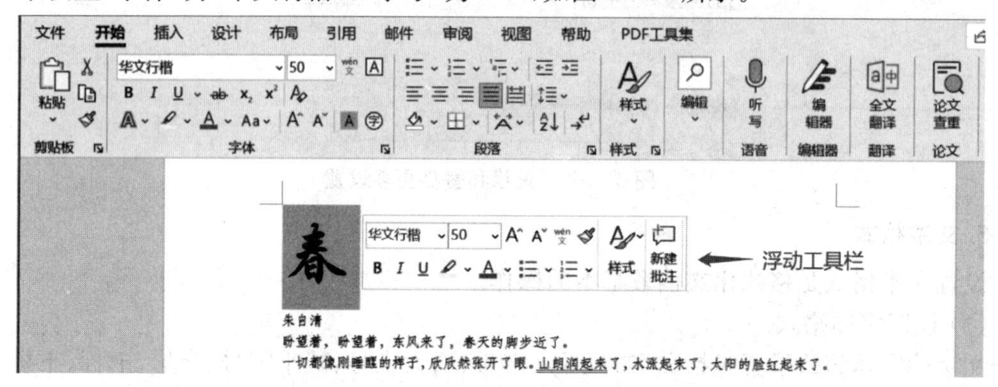

图 3-35 浮动工具栏中设置字体和字号

③ 通过“字体”对话框设置文本格式。如果要对文本字体格式进行更加详细的设置，需要在“字体”对话框中进行设置。选中文本“朱自清”，单击“字体”功能组右下角扩展按钮，弹出“字体”对话框，选择“高级”选项卡，在“字符间距”选项区中设置“间距”为“加宽”，“磅值”为“2磅”，单击“确定”按钮即可，如图 3-36 所示。

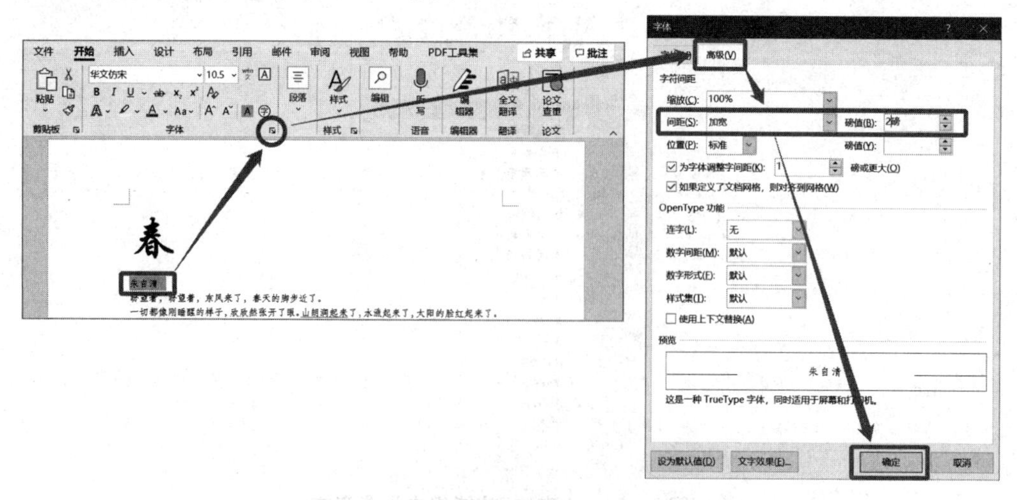

图 3-36 “字体”对话框中设置字符间距效果

按[Ctrl＋A]组合键全选文本，打开“字体”对话框，选择“字体”选项卡，设置“西文字体”为“微软雅黑 Light”，然后单击“确定”按钮即可，如图 3－37 所示。

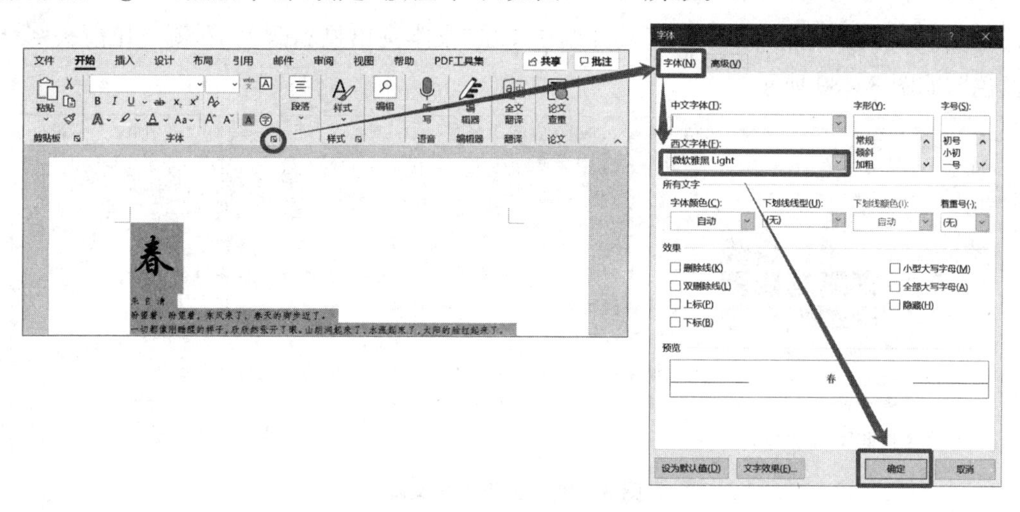

图 3－37　“字体”对话框中设置西文字体格式

(2) 设置文本效果。

在 Word 2016 中可以为文本添加边框、阴影、映像或发光效果，还可以通过更改填充或轮廓来改变文本的外观。选中标题文本“春”，在“字体”功能组中单击“文本效果和版式”右侧下拉箭头 A ⌄，选择“发光”→“发光选项”，在窗口右侧会打开“设置文本效果格式”窗格，在此窗格中可以设置发光效果和颜色、大小、透明度等参数，如图 3－38 所示。

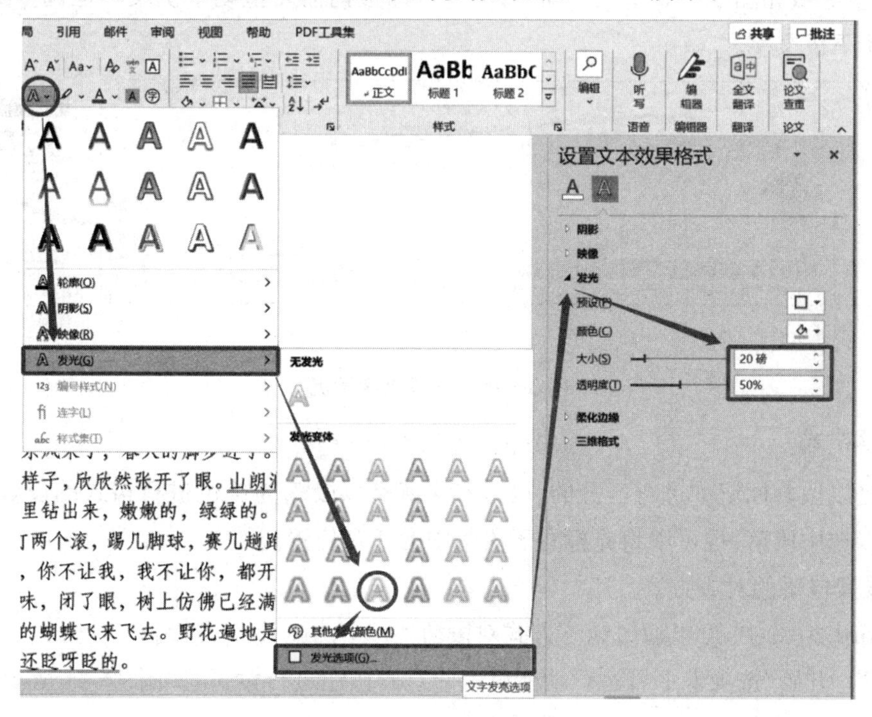

图 3－38　设置发光选项

(3) 突出显示文本。

对于文档中一些需要用户重点关注的文字，可以使用不同的亮色进行突出显示。选中文本“一年之计在于春”，然后在“字体”功能组中单击“文本突出显示颜色”右侧下拉箭头，选择“黄色”，如图 3－39 所示。

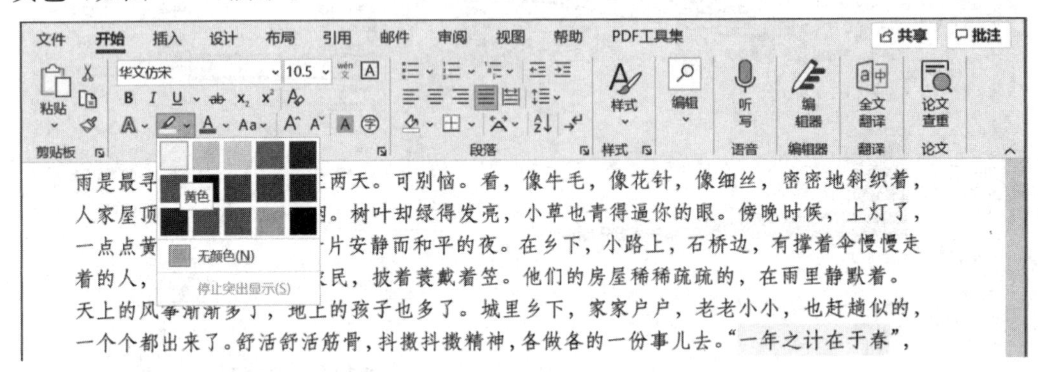

图 3－39　突出显示文本

(4) 设置首字下沉。

首字下沉是一种段落装饰效果，是指段落的第一个字符下沉几行或悬挂。设置首字下沉可以达到醒目美观的目的，通常应用在图书、杂志或报纸的排版中。

选择文本“盼望着，盼望着，东风来了，春天的脚步近了。”，然后单击“插入”选项卡下“文本”功能组中“首字下沉”右侧下拉箭头，在下拉列表中选择“首字下沉选项”，打开“首字下沉”对话框，设置参数如图 3－40 所示。同时，用户可以根据需要拖动下沉文本框调整其位置，或者输入多个下沉文字。

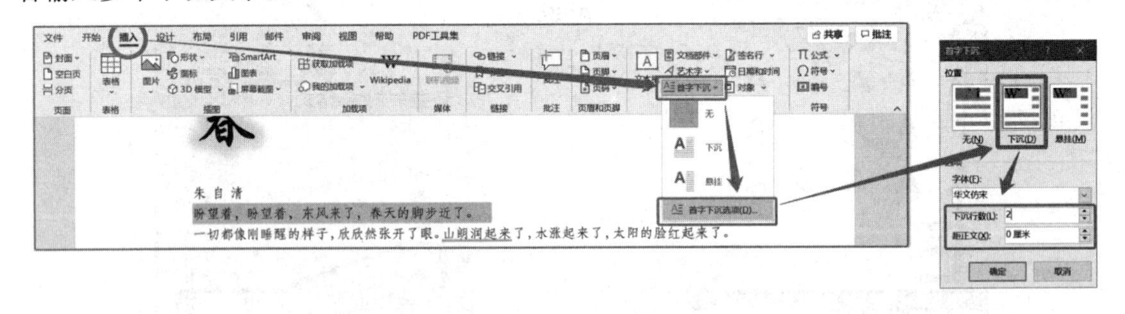

图 3－40　设置首字下沉

6. 段落格式

段落是以段落标记↵进行区分的，段落格式就是以段落为单位进行格式的设置。设置段落格式可以选中段落，也可以将光标置于段落中的任意位置。

(1) 设置段落的对齐方式。

在 Word 2016 中，可以通过以下方式对段落的对齐方式进行设置。

① 使用“开始”选项卡下“段落”功能组中的对齐按钮进行设置，如图 3－41 所示。

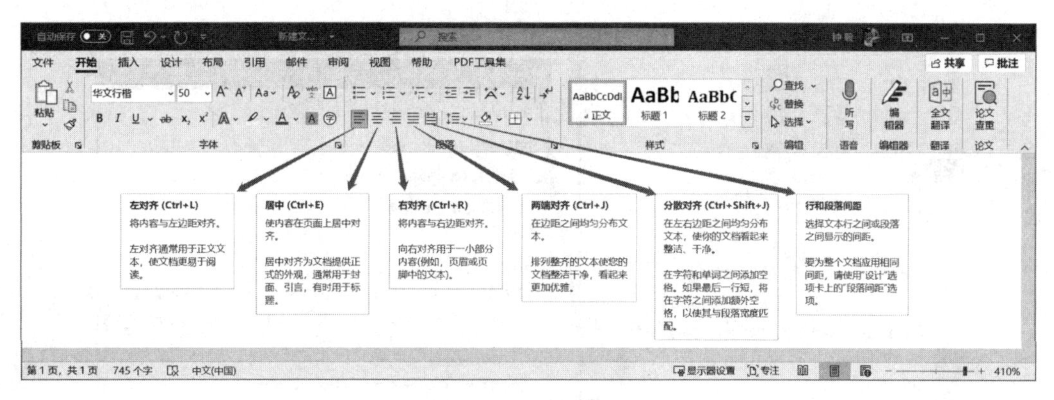

图 3-41　对齐按钮

选中文本第一段、第二段，单击“开始”选项卡下“段落”功能组中的“居中”按钮☰，如图 3-42 所示。

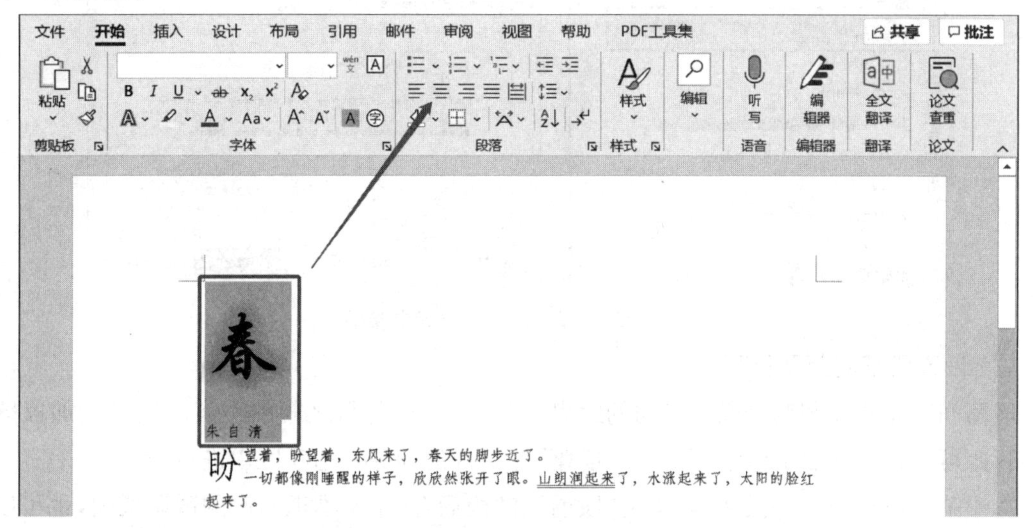

图 3-42　设置文本第一段和第二段居中

技巧：选中文本后，按[Ctrl＋E]组合键，即可快速设置文本居中。

② 选中第五段至第十一段文本，右击，在弹出的快捷菜单中选择“段落”命令，或在“开始”选项卡下“段落”功能组中单击右下角扩展按钮，打开“段落”对话框，设置“对齐方式”为“左对齐”，如图 3-43 所示。

技巧：选中文本后，按[Ctrl＋L]组合键，即可快速设置文本左对齐；选中文本后，按[Ctrl＋R]组合键，即可快速设置文本右对齐。

(2) 设置段落缩进。

段落缩进是指各段落的左缩进、右缩进、首行缩进及悬挂缩进，可以在“段落”对话框的“缩进”选项区中进行设置。

段落的左右缩进是指各段落的左右边界相对于左右页边距的距离；首行缩进是指段落的第一行相对于段落的左边界的缩进距离；悬挂缩进是指段落的首行文本不变，而除首行以外的其他各行缩进一定的距离。选中第五段至第十一段文本，设置文本内容左、右缩进 0.5 字符，首行缩进 2 字符，如图 3-43 所示。

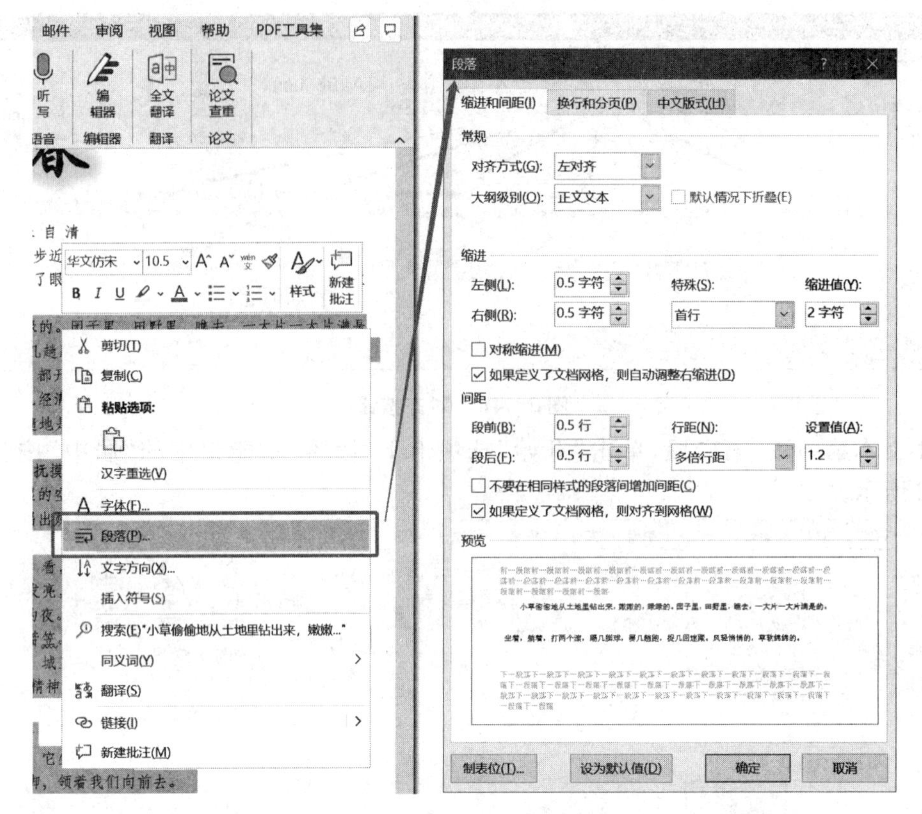

图 3-43 “段落”对话框设置参数

（3）设置段落间距及行距。

段落间距是指相邻两个段落之间的距离，行距是指行与行之间的距离。通过增加段落间距与行距可以使文本更加清晰，可以在“段落”对话框的“间距”选项区中进行设置。

选中第五段至第十一段文本，单击“段前”和“段后”两个文本框右侧的微调按钮，也可以在该文本框中直接输入相应的值，“段前”和“段后”均设置为“0.5 行”；“行距”选择“多倍行距”，设置为“1.2”，如图 3-43 所示。“单倍行距”“1.5 倍行距”“2 倍行距”“最小值”“固定值”的设置方法和“多倍行距”设置方法类似。

另外，选中第三段和第四段，左、右缩进 0.5 字符，无特殊格式，段前、段后间距 0.5 行，设 1.2 倍行距。

技巧：选中文本，按[Alt+O+P]组合键，可打开“段落”对话框。

7. 其他格式

（1）设置分栏。

利用分栏功能可以将文本的版面分成多栏显示，有时候便于阅读且更加生动，在报纸和杂志的排版中经常使用。选中文本第六段和第七段，在“布局”选项卡下“页面设置”功能组中单击“栏”右侧下拉箭头，在下拉列表中选择“更多栏”，打开“栏”对话框，选择“两栏”并勾选“分隔线”复选框，单击“确定”即可，如图 3-44 所示。

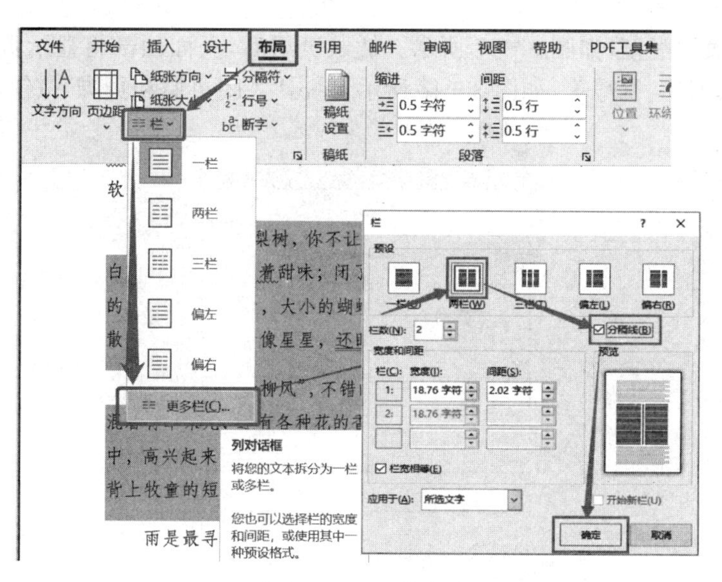

图 3-44 设置分栏

(2) 设置项目符号和编号。

使用项目符号和编号可以使文档条例清晰并突出重点。项目符号是一种平行排列标志;编号则能表示出先后顺序,在文档中经常被使用。

① 项目符号。选中文本倒数三段,在"开始"选项卡下"段落"功能组中单击"项目符号"右侧下拉箭头,在下拉列表中选择"●"即可,如图 3-45 所示。

图 3-45 设置项目符号

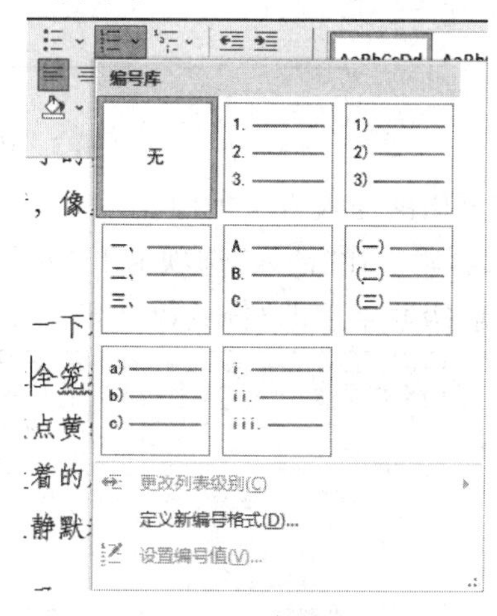

图 3-46 设置编号

② 编号。如果要对文本添加编号,在"开始"选项卡下"段落"功能组中单击"编号"右侧下拉箭头,在下拉列表中可以选择编号样式,如图 3-46 所示。选择下拉列表中的"定义新编号格式"命令,可以在弹出的对话框中对编号的字体、对齐方式等进行设置。

(3) 设置页眉、页脚。

通过页眉、页脚可以添加一些文档的提示信息。页眉一般位于文档的顶部,通常可以添加文档的注释信息,如公司名称、文档标题、文件名、作者名等信息;页脚一般位于文档的底部,通常可以添加日期、页码等信息。

① 插入页眉。在"插入"选项卡下"页眉和页脚"功能组中单击"页眉"按钮,可在下拉列表

中选择所需要的页眉类型，如图 3－47 所示。插入页眉后，页面顶部将显示页眉编辑区，可以在其中输入文字、图片、符号等，如图 3－48 所示，单击“关闭页眉和页脚”按钮可关闭页眉。

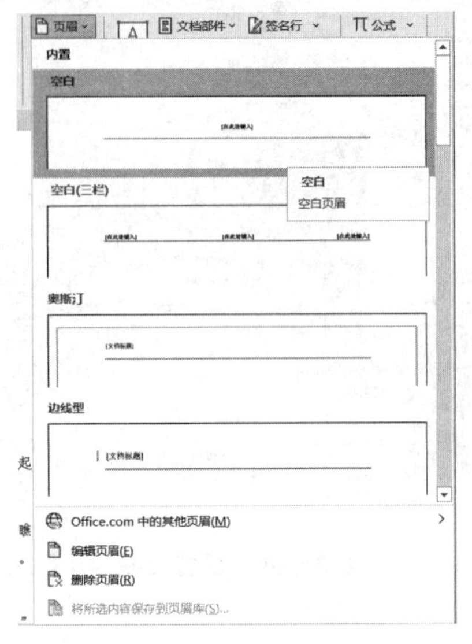

图 3－47　插入页眉

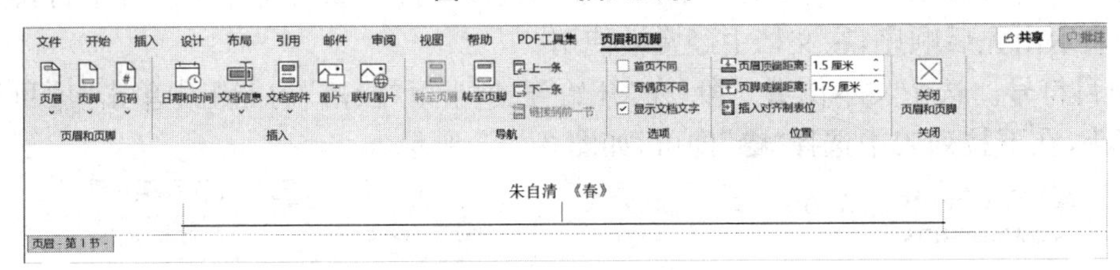

图 3－48　页眉编辑区

页脚和页眉的插入方法类似。

② 插入页码。在“插入”选项卡下“页眉和页脚”功能组中单击“页码”按钮，选择下拉列表中“页面底端”级联菜单的“普通数字 3”命令，如图 3－49 所示。

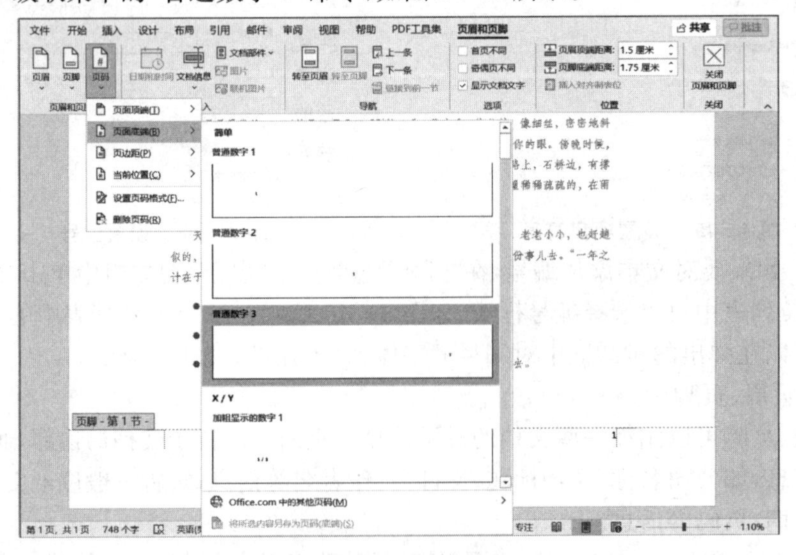

图 3－49　插入页码

8. 保存文档

完成文档编辑后，必须对文档进行保存。一般情况下，保存文档的方法有以下三种：

方法 1：选择“文件”→“保存”命令，这种方法一般用于现有文档。

方法 2：选择“文件”→“另存为”命令，这种方法可以将文档保存在计算机中的其他位置，即按照用户的意愿在指定的位置进行保存。

方法 3：单击快速访问工具栏中的“保存”按钮对文档进行保存。

保存文档名为“朱自清《春》”，最终文档效果如图 3－50 所示。

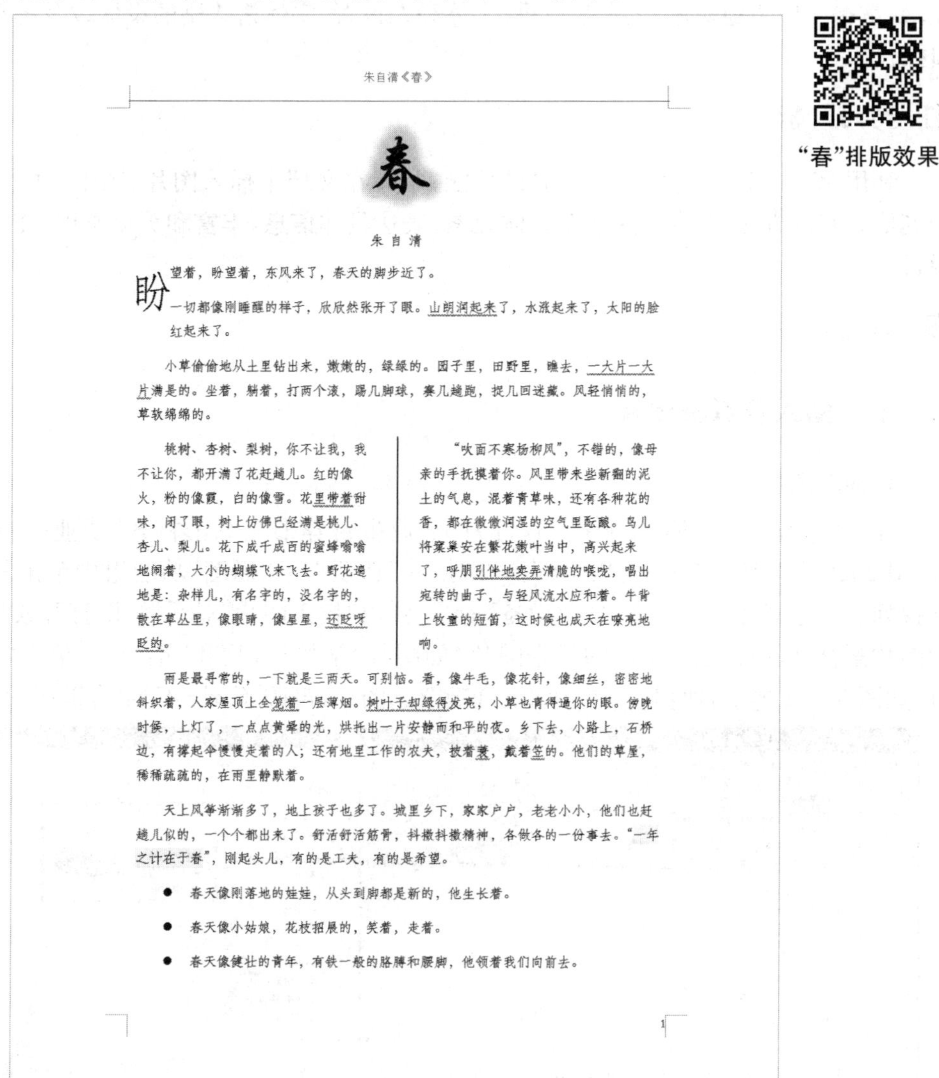

朱自清《春》

春

朱 自 清

盼望着，盼望着，东风来了，春天的脚步近了。

一切都像刚睡醒的样子，欣欣然张开了眼。山朗润起来了，水涨起来了，太阳的脸红起来了。

小草偷偷地从土里钻出来，嫩嫩的，绿绿的。园子里，田野里，瞧去，一大片一大片满是的。坐着，躺着，打两个滚，踢几脚球，赛几趟跑，捉几回迷藏。风轻悄悄的，草软绵绵的。

桃树、杏树、梨树，你不让我，我不让你，都开满了花赶趟儿。红的像火，粉的像霞，白的像雪。花里带着甜味，闭了眼，树上仿佛已经满是桃儿、杏儿、梨儿。花下成千成百的蜜蜂嗡嗡地闹着，大小的蝴蝶飞来飞去。野花遍地是：杂样儿，有名字的，没名字的，散在草丛里，像眼睛，像星星，还眨呀眨的。

“吹面不寒杨柳风”，不错的，像母亲的手抚摸着你。风里带来些新翻的泥土的气息，混着青草味，还有各种花的香，都在微微润湿的空气里酝酿。鸟儿将窠巢安在繁花嫩叶当中，高兴起来了，呼朋引伴地卖弄清脆的喉咙，唱出宛转的曲子，与轻风流水应和着。牛背上牧童的短笛，这时候也成天在嘹亮地响。

雨是最寻常的，一下就是三两天。可别恼。看，像牛毛，像花针，像细丝，密密地斜织着，人家屋顶上全笼着一层薄烟。树叶子却绿得发亮，小草也青得逼你的眼。傍晚时候，上灯了，一点点黄晕的光，烘托出一片安静而和平的夜。乡下去，小路上，石桥边，有撑起伞慢慢走着的人；还有地里工作的农夫，披着蓑，戴着笠的。他们的草屋，稀稀疏疏的，在雨里静默着。

天上风筝渐渐多了，地上孩子也多了。城里乡下，家家户户，老老小小，他们也赶趟儿似的，一个个都出来了。舒活舒活筋骨，抖擞抖擞精神，各做各的一份事去。“一年之计在于春”，刚起头儿，有的是工夫，有的是希望。

- 春天像刚落地的娃娃，从头到脚都是新的，他生长着。
- 春天像小姑娘，花枝招展的，笑着，走着。
- 春天像健壮的青年，有铁一般的胳膊和腰脚，他领着我们向前去。

1

“春”排版效果

图 3－50　最终排版效果

技巧：按[Ctrl＋S]组合键对文档进行直接保存。

任务二　制作毕业生自荐书封面

任务描述

编辑 Word 文档时，将图片直接插入文档中，让图片与文档内容完美结合，并对图片进行编辑，掌握字体主题颜色、艺术字效果、字体高级设置、字体格式刷的设置以及图形的插入和编辑操作。

任务分析

利用 Word 2016 提供的图文混排功能，掌握在文档中插入图片、图形、艺术字、Windows 中其他元素的方法，并利用这些多媒体元素，表达具体信息，丰富和美化文档，使文档更加赏心悦目。

任务演示

3.2.1　插入及编辑图片

1. 插入图片

在桌面新建一个 Word 文档，命名为“毕业生自荐书”，双击打开“毕业生自荐书”文档。Word 2016 支持插入多种格式的图片，在“插入”选项卡下“插图”功能组中单击“图片”按钮在下拉列表中选择插入图片来自“此设备”命令，弹出“插入图片”对话框，即打开素材包中自荐书的图片素材文件夹，选择里面的两张图片（如图片“学校标识”和“正门”），单击“插入”按钮即可，如图 3－51 所示，使用[Ctrl＋A]组合键全选图片，再按[Ctrl＋E]组合键居中图片。

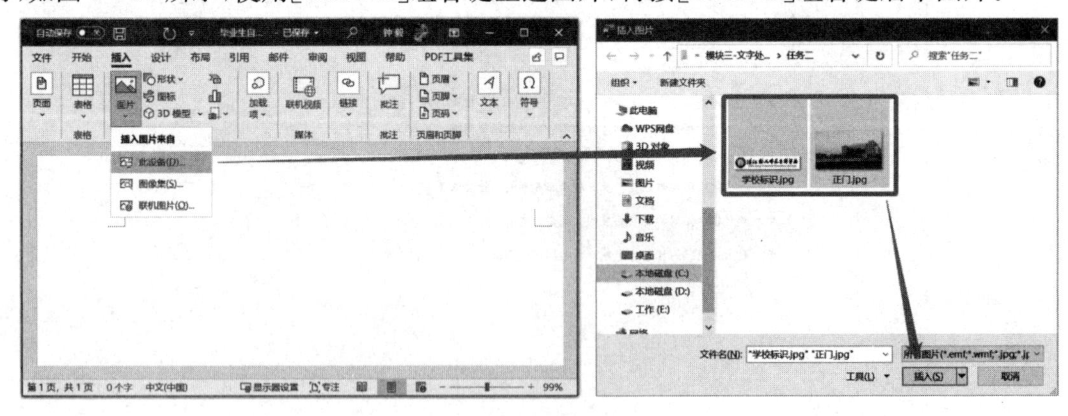

图 3－51　插入图片

2. 裁剪图片

双击第二张图片“正门”，切换至“图片格式”工具选项卡，选择“大小”功能组中的“裁剪”按钮，此时图片的周围会出现裁剪定界框，将鼠标指针移动到选中图片的控制点上，单击进行拖动即可完成图片的裁剪，如图 3 - 52 所示。

图 3 - 52　图片的裁剪

3. 调整图片大小

单击选中第二张图片“正门”，此时图片的周围出现 8 个控制点，将鼠标指针移动到控制点上，当鼠标指针变为双箭头时，单击进行拖动即可完成图片大小的调整，如图 3 - 53 所示。

图 3 - 53　调整图片大小

4. 调整图片环绕方式

双击第二张图片“正门”，切换至“图片格式”工具选项卡，在“排列”功能组中单击“环绕文字”按钮，在下拉列表中选择“四周型”命令。

5. 调整图片的布局

双击第二张图片“正门”，切换至“图片格式”工具选项卡，在“大小”功能组中单击右下角扩展按钮，打开“布局”对话框，在“位置”选项卡中，设置水平对齐方式为居中，垂直对齐方式为居中，单击“确定”按钮即可，如图 3－54 所示。

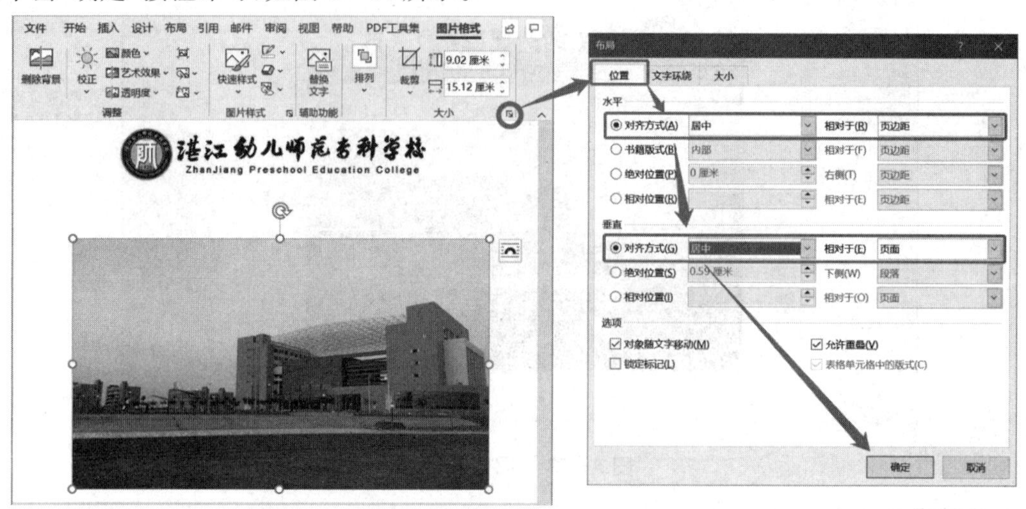

图 3－54 调整图片的布局

3.2.2 文字的输入及相关设置

在两张图片中间输入文本“自荐书”；在第二张图片下方输入文本“姓名：________”“专业：________”“联系电话：________”“电子邮件：________”，效果如图 3－55 所示。

图 3－55 输入文本后的效果

1. 字体颜色

选取文本“自荐书”，按[Ctrl＋B]组合键加粗文本，设置“字体”为“华文仿宋”，“字号”为“初号”，修改“字体颜色”为“蓝色，个性色 1，深色 50％”，如图 3－56 所示。

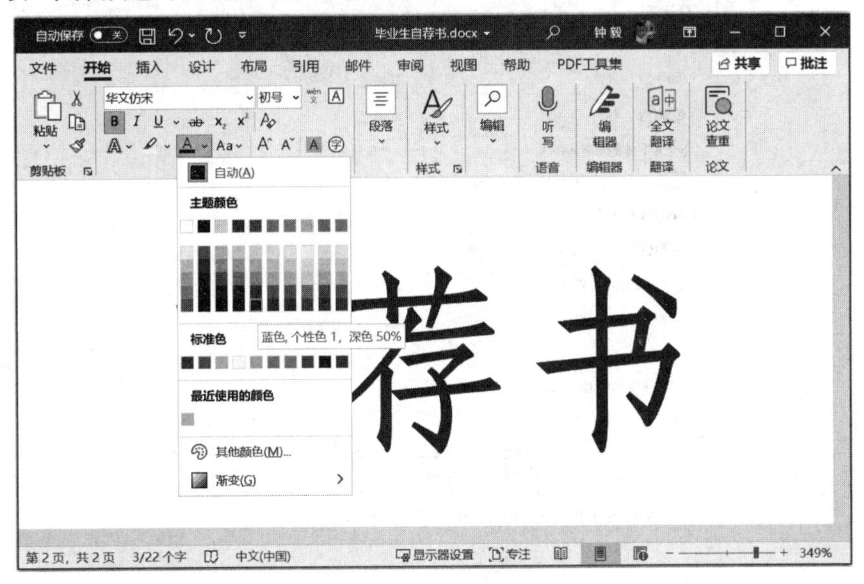

图 3－56　字体颜色

2. 艺术效果

单击“文本效果和版式”按钮，在下拉列表中选择“阴影”级联菜单“外部”栏中的“偏移：右上”，如图 3－57 所示。

图 3－57　文本的艺术效果设置

3. 高级设置

选中文本“自荐书”，打开“字体”对话框，单击“高级”选项卡，设置字符间距缩放为 120％，字符间距为加宽 2 磅，如图 3－58 所示。

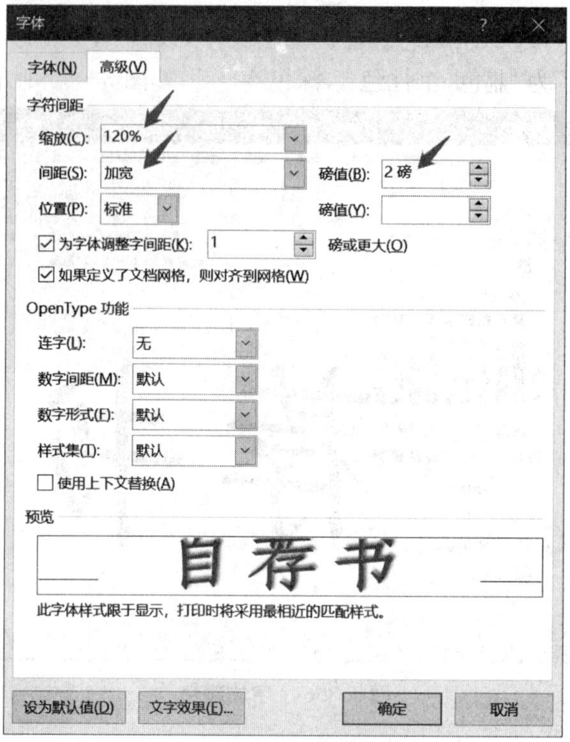

图 3－58　字体高级设置

4. 格式刷

Word 中的格式刷功能用于复制格式，在文档中，格式同文字一样是可以复制的。选中带格式的文字，单击"格式刷"按钮，鼠标指针就变成了一个小刷子的形状，用这把刷子"刷"过的文字的格式会变得和选中的文字格式一样。

也可以用格式刷直接复制整个段落的格式。把插入点定位在段落中，单击"格式刷"按钮，鼠标指针变成了一个小刷子的形状，然后选中另一段落，该段落的格式会变得和前者格式一样。

如果需设置几段或几处文字格式相同，可先设置好一个段落或一处文字的格式，然后双击"格式刷"按钮，这样就可以连续给其他段落或文字复制格式，最后单击"格式刷"按钮即可恢复正常的编辑状态。

对文档"毕业生自荐书"中的文本进行格式刷设置，步骤如下：

（1）选中文本"姓名：________"，设置"字体"为"华文仿宋"，"字号"为"20"，修改"字体颜色"为"蓝色，个性色 1，深色 50%"；

（2）选中文本"姓名：________"，双击"格式刷"按钮，用刷子"刷"文本"专业：________""联系电话：________""电子邮件：________"；

（3）选中文本"姓名：________""专业：________"，按[Ctrl+L]组合键设置左对齐；

（4）选中文本"联系电话：________""电子邮件：________"，按[Tab]键往右移，最终效果如图 3－59 所示。

图 3－59　自荐书效果图

技巧：格式刷复制组合键[Ctrl+Shift+C]，格式刷粘贴组合键[Ctrl+Shift+V]。

3.2.3　插入及编辑形状

1. 插入形状

单击“插入”选项卡下“插图”功能组中的“形状”按钮，在弹出的下拉列表中选择“基本形状”栏中的“直角三角形”，单击并拖动即可绘制出形状，也可以旋转图片，如图 3－60 所示。

图 3－60　插入形状

2. 编辑形状

选中刚刚绘制好的形状，切换至“形状格式”工具选项卡，在“形状样式”功能组中单击“其他”下拉箭头，在下拉选项中选择“预设”栏中的“彩色填充-蓝色，强调颜色 5，无轮廓”样式，如图 3-61 所示。

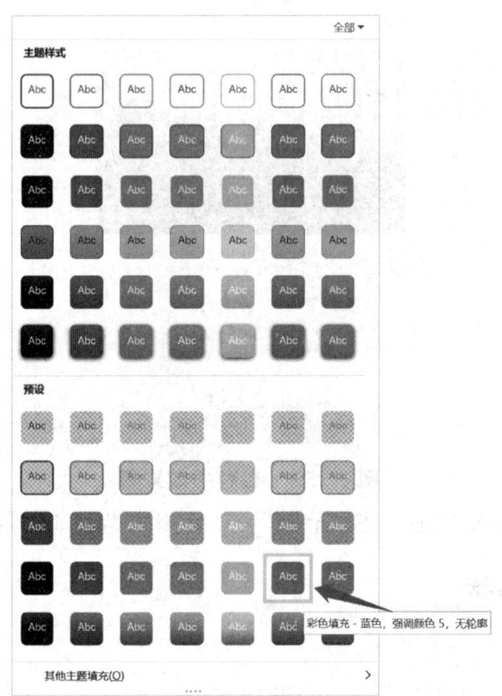

图 3-61　编辑形状(修改填充颜色)

采取同样的方法，在文档中设置另一个形状的样式，最终效果如图 3-62 所示。

自荐书最终效果

图 3-62　毕业生自荐书最终效果

任务三　制作班级成绩表

任务描述

制作班级成绩表，学会文档表格的创建设置、底纹的设置、边框线的设置，并熟悉利用公式求和、求平均值、排序等操作。

任务分析

掌握表格的创建、修改操作，了解表格的美化、表格中的数据处理和排序等操作。

任务演示

3.3.1　创建表格

1. 插入自动表格

插入自动表格的具体操作方法如下：在“插入”选项卡下“表格”功能组中单击“表格”按钮，在打开的下拉表格区域中按住鼠标左键不放拖动，直到满足所需的表格行、列数后，松开鼠标左键即可；或者不用按住鼠标，直接在下拉表格区域中移动鼠标指针，直到满足所需的表格行、列数后单击，同样也可以创建表格，如图 3－63 所示。

图 3－63　插入自动表格

2. 插入指定行列表格

插入指定行列表格的具体操作方法如下：在“插入”选项卡下“表格”功能组中单击“表格”按钮，在弹出的下拉列表中选择“插入表格”命令，打开“插入表格”对话框，在该对话框中设置所需的列数和行数，如图 3-64 所示，然后单击“确定”按钮即可创建表格。

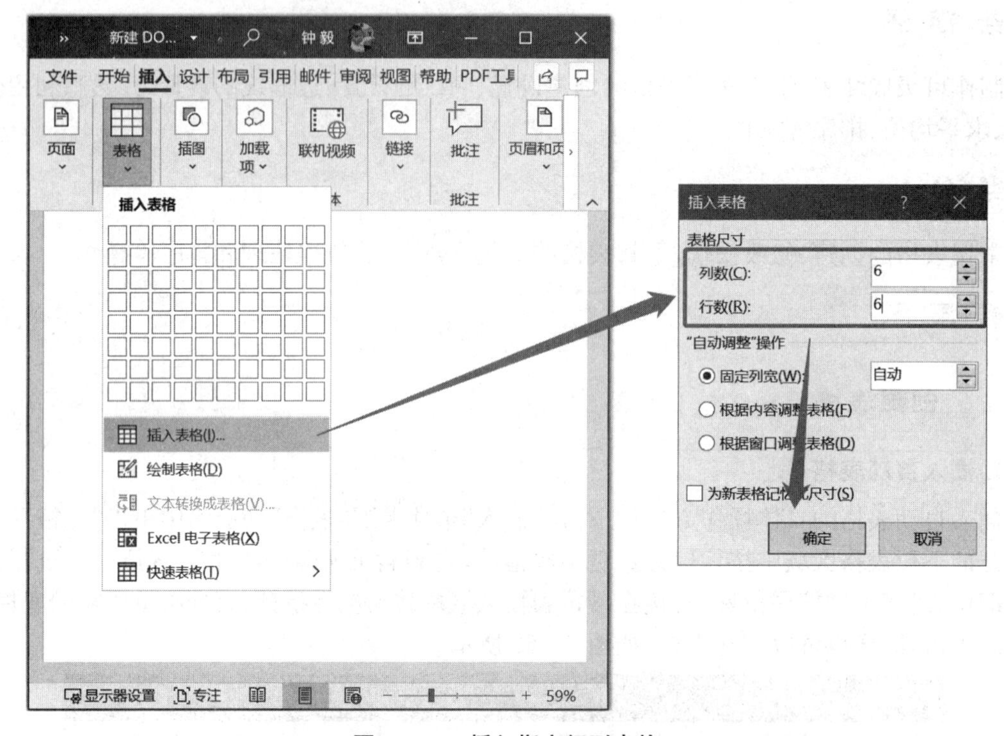

图 3-64　插入指定行列表格

3. 绘制表格

通过自动插入，只能插入比较规则的表格，而对于一些比较复杂的表格，可以手动绘制。具体操作方法如下：在“插入”选项卡下“表格”功能组中单击“表格”按钮，在弹出的下拉列表中选择“绘制表格”命令，此时鼠标指针变成了铅笔的形状，在需要插入表格处单击并进行拖动，会出现一个虚线框显示的表格，当这个虚线的位置正好符合所需时，松开鼠标，表格的边框就绘制出来了。

用这种方法制作表格比较灵活，绘制的形状可以是矩形框，也可以是一条直线。当绘制表格时，如果操作有误，可以用“橡皮擦”工具进行修改。

3.3.2　将文本转换成表格

将文本转换成表格的具体操作方法如下：打开素材包中“文本转换成表格”文档，选中需要转换的文本内容，在“插入”选项卡下“表格”功能组中单击“表格”按钮，在弹出的下拉列表中选择“文本转换成表格”命令，打开“将文字转换成表格”对话框。根据需求设置“表格尺寸”和“文字分隔位置”，设置完成后单击“确定”按钮，即可把文本转换成表格，如图 3-65 所示。

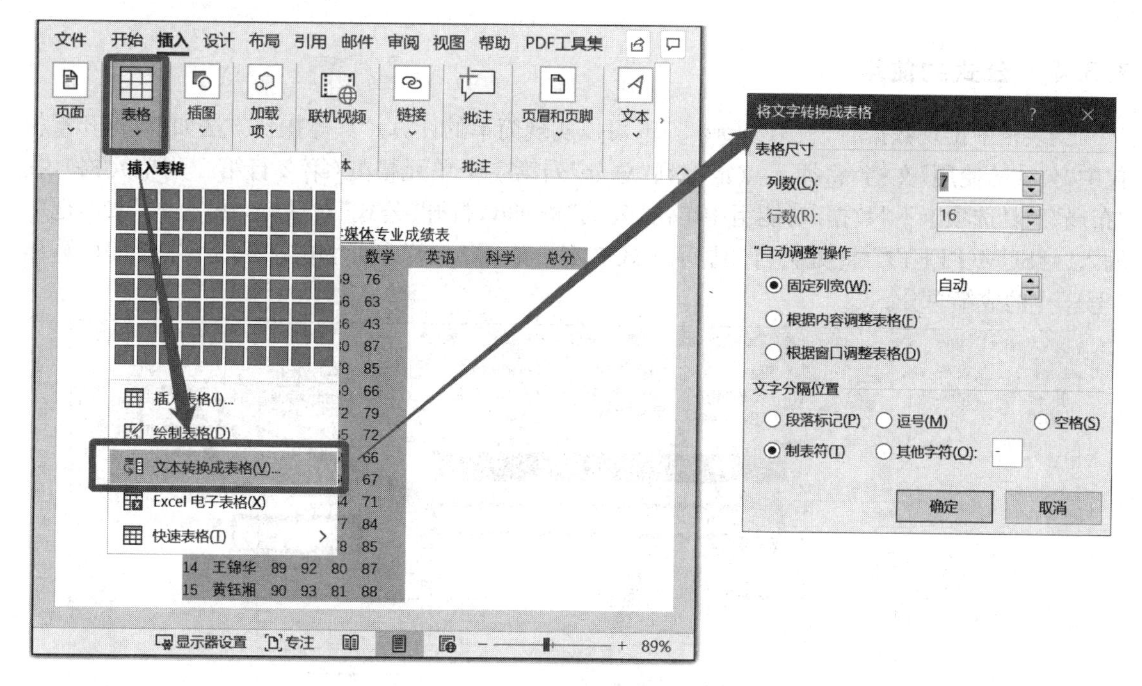

图 3－65　将文本转换成表格

3.3.3　将表格转换成文本

将表格转换成文本的具体操作方法如下：打开素材包中"表格转换成文本"文档，单击表格左上角的全选按钮，切换至"布局"工具选项卡，在"数据"功能组中单击"转换为文本"按钮，打开"表格转换成文本"对话框，如图 3－66 所示，选择合适的文字分隔符，单击"确定"按钮即可完成转换。

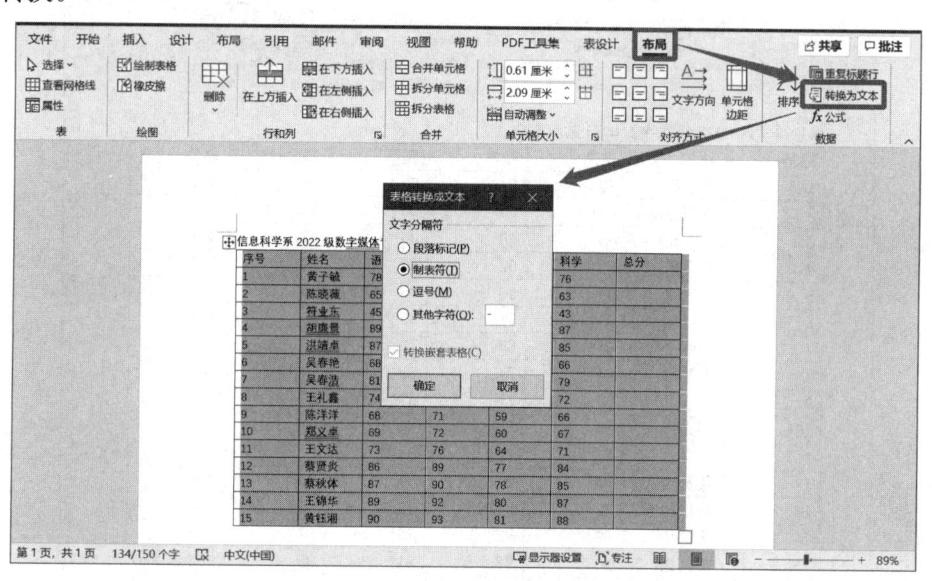

图 3－66　将表格转换成文本

3.3.4 公式的使用

当表格中出现数据时,利用 Word 2016 可以实现简单的计算。具体操作方法如下:打开素材包中“公式的使用”文档,将插入点定位到“总分”列第 1 个单元格处(第 2 行第 7 列单元格),在“布局”工具选项卡下“数据”功能组中单击“公式”按钮 *fx*,打开“公式”对话框,在“公式”文本框中输入“=SUM(LEFT)”(此处会自动显示公式文本),如图 3-67 所示,单击“确定”按钮即可算出 1 号学生的成绩总分。

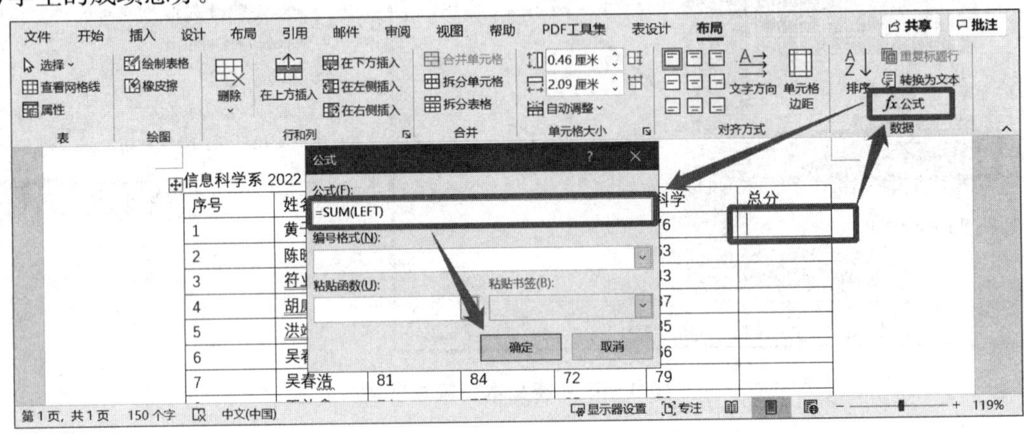

图 3-67　公式的使用

用更新域的方法计算“总分”列,具体操作方法如下:把“总分”列第 1 个单元格得到的结果“304”全部复制到“总分”列的其余单元格中。注意只能复制,不要在单元格中直接输入“304”,如图 3-68 所示。选中“总分”列的成绩,按[F9]键,其余学生的成绩结果均可计算出来,如图 3-69 所示。

信息科学系 2022 级数字媒体专业成绩表

序号	姓名	语文	数学	英语	科学	总分
1	黄子毓	78	81	69	76	304
2	陈晓薇	65	68	56	63	304
3	符业东	45	48	36	43	304
4	胡廉景	89	92	80	87	304
5	洪靖卓	87	90	78	85	304
6	吴春艳	68	71	59	66	304
7	吴春浩	81	84	72	79	304
8	王礼鑫	74	77	65	72	304
9	陈洋洋	68	71	59	66	304
10	郑义卓	69	72	60	67	304
11	王文达	73	76	64	71	304
12	蔡贤炎	86	89	77	84	304
13	蔡秋体	87	90	78	85	304
14	王锦华	89	92	80	87	304
15	黄钰湘	90	93	81	88	304

图 3-68　复制结果

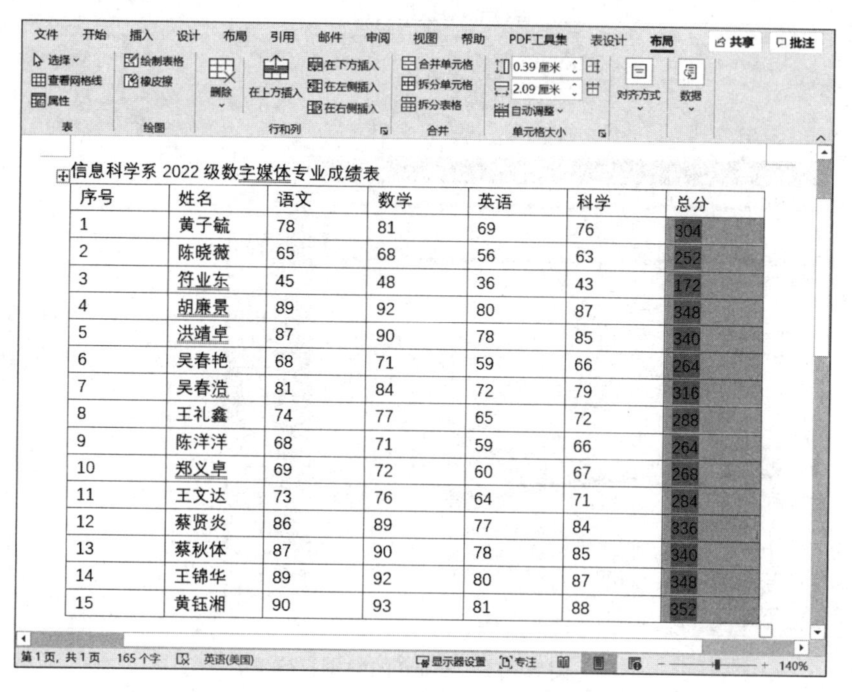
信息科学系 2022 级数字媒体专业成绩表

序号	姓名	语文	数学	英语	科学	总分
1	黄子毓	78	81	69	76	304
2	陈晓薇	65	68	56	63	252
3	符业东	45	48	36	43	172
4	胡廉景	89	92	80	87	348
5	洪靖卓	87	90	78	85	340
6	吴春艳	68	71	59	66	264
7	吴春浩	81	84	72	79	316
8	王礼鑫	74	77	65	72	288
9	陈洋洋	68	71	59	66	264
10	郑义卓	69	72	60	67	268
11	王文达	73	76	64	71	284
12	蔡贤炎	86	89	77	84	336
13	蔡秋体	87	90	78	85	340
14	王锦华	89	92	80	87	348
15	黄钰湘	90	93	81	88	352

图 3－69　按[F9]键计算得到的结果

3.3.5　新增行或列

新增行或列的具体操作方法如下：在表格的任意单元格中右击，弹出浮动工具栏，选择“插入”命令中的“在上方插入”或“在下方插入”则可新增行，选择“在左侧插入”或“在右侧插入”则可新增列，如图 3－70 所示。例如，在如图 3－69 所示的成绩表中新增一列“平均分”。

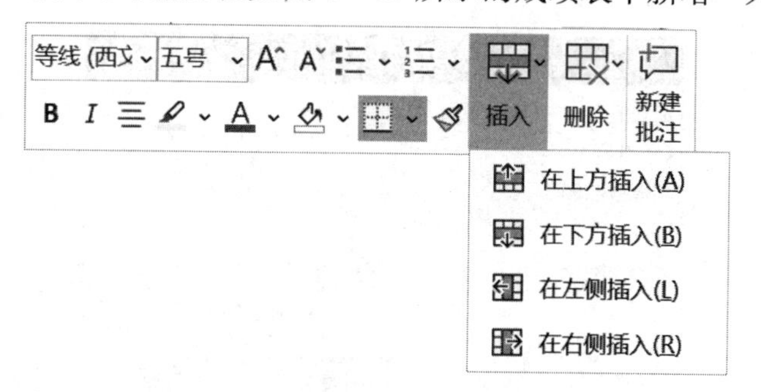

图 3－70　新增行或列

3.3.6　表格排序

选中表格里需要排序的数据，在“布局”工具选项卡下“数据”功能组中单击“排序”按钮，在弹出的“排序”对话框中设置“主要关键字”及排序的方式即可，如图 3－71 所示。

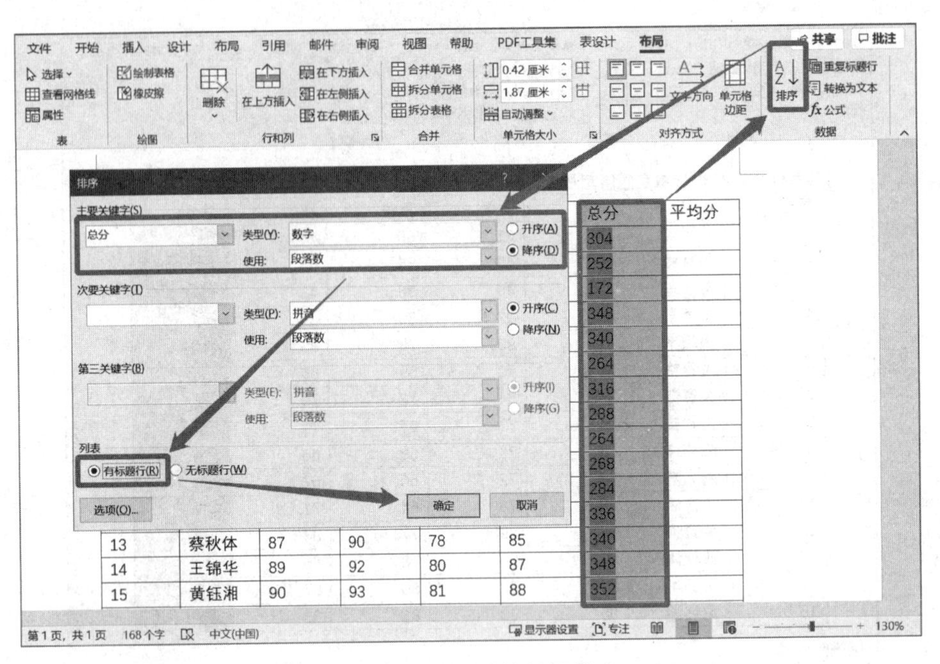

图 3-71 Word 的数据排序

3.3.7 求平均值

在文档表格中,对表格数据求平均值的具体操作方法如下:将插入点定位到"平均分"列,在"布局"工具选项卡下"数据"功能组中单击"公式"按钮,打开"公式"对话框,在"公式"文本框中输入"=AVERAGE(C2:F2)",然后单击"确定"按钮即可计算出第 1 个学生的成绩平均分,如图 3-72 所示。

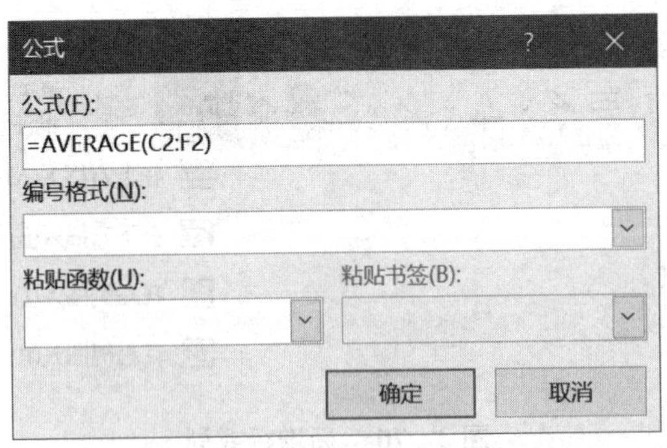

图 3-72 计算平均分

提示:Word 2016 的公式计算和 Excel 2016 类似,"行号"用英文字母 A,B,C,…来表示,"列号"用阿拉伯数字 1,2,3,…来表示。

利用相同的方法把其他学生的成绩平均分计算出来,结果如图 3-73 所示。

信息科学系 2022 级数字媒体专业成绩表

序号	姓名	语文	数学	英语	科学	总分	平均分
1	黄子毓	78	81	69	76	304	76
2	陈晓薇	65	68	56	63	252	63
3	符业东	45	48	36	43	172	43
4	胡康景	89	92	80	87	348	87
5	洪靖卓	87	90	78	85	340	85
6	吴春艳	68	71	59	66	264	66
7	吴春浩	81	84	72	79	316	79
8	王礼鑫	74	77	65	72	288	72
9	陈洋洋	68	71	59	66	264	66
10	郑义卓	69	72	60	67	268	67
11	王文达	73	76	64	71	284	71
12	蔡贤炎	86	89	77	84	336	84
13	蔡秋体	87	90	78	85	340	85
14	王锦华	89	92	80	87	348	87
15	黄钰湘	90	93	81	88	352	88

图 3－73　平均分的计算结果

3.3.8　美化表格

完成表格内容的输入和编辑后，还可以对表格的边框和单元格的底纹进行颜色的填充，以达到美化表格的目的，进入设置对话框的操作方法如下：单击表格左上角的全选按钮选中表格，右击，在弹出的快捷菜单中选择“表格属性”命令，打开“表格属性”对话框，单击“边框和底纹”按钮，打开“边框和底纹”对话框，如图 3－74 所示。

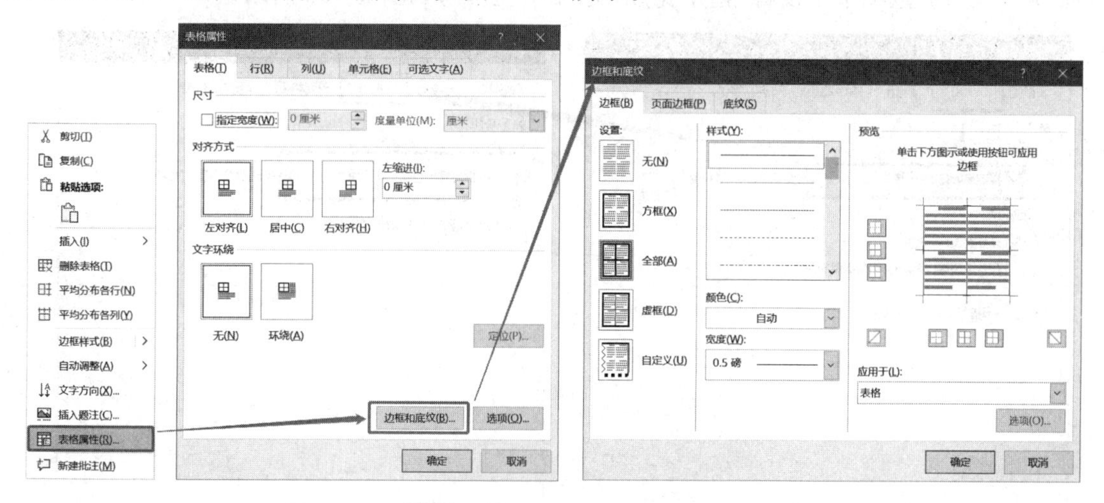

图 3－74　“表格属性”对话框及“边框和底纹”对话框

1. 设置表格底纹

选中表格第 1 行和第 1 列，单击“边框和底纹”对话框里的“底纹”选项卡，将“填充”设置为“蓝色，个性色 1，淡色 80%”，如图 3－75 所示。

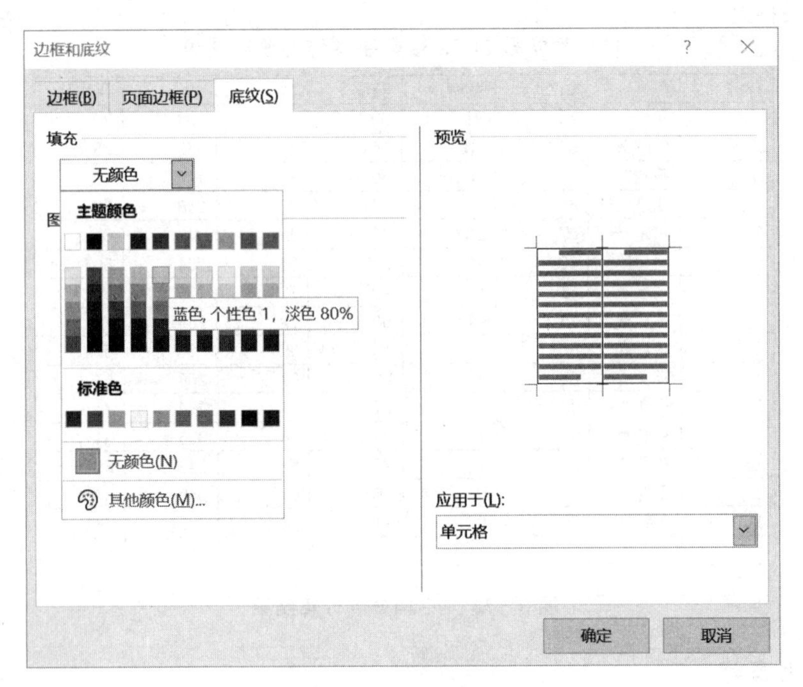

图 3-75　底纹设置

2. 设置表格尺寸

单击表格左上角的全选按钮选中表格，按[Ctrl+E]组合键居中表格，再右击，在弹出的快捷菜单中选择“表格属性”命令，打开“表格属性”对话框，在“行”选项卡中设置“指定高度”为“1 厘米”，在“列”选项卡中设置“指定宽度”为“1.7 厘米”，如图 3-76 所示。

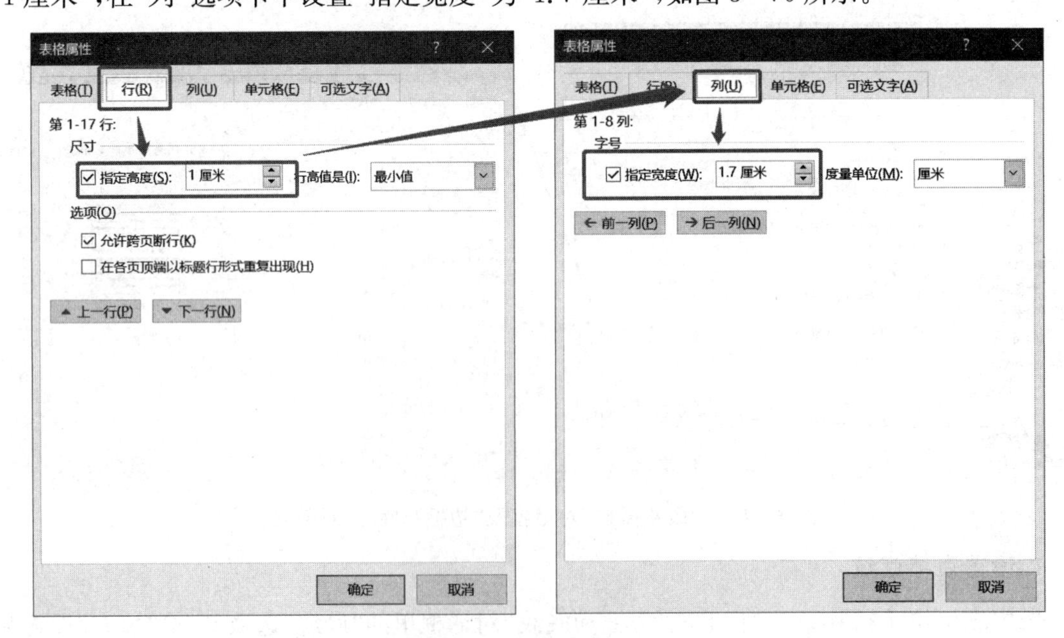

图 3-76　设置表格尺寸

在全选表格的状态下，单击“布局”工具选项卡下“对齐方式”功能组中的“水平居中”按钮，效果如图 3-77 所示。

信息科学系 2022 级数字媒体专业成绩表

序号	姓名	语文	数学	英语	科学	总分	平均分
1	黄子毓	78	81	69	76	304	76
2	陈晓薇	65	68	56	63	252	63
3	符业东	45	48	36	43	172	43
4	胡廉景	89	92	80	87	348	87
5	洪靖卓	87	90	78	85	340	85
6	吴春艳	68	71	59	66	264	66
7	吴春浩	81	84	72	79	316	79
8	王礼鑫	74	77	65	72	288	72
9	陈洋洋	68	71	59	66	264	66
10	郑义卓	69	72	60	67	268	67
11	王文达	73	76	64	71	284	71
12	蔡贤炎	86	89	77	84	336	84
13	蔡秋体	87	90	78	85	340	85
14	王锦华	89	92	80	87	348	87
15	黄钰湘	90	93	81	88	352	88

图 3－77　对齐效果

3. 表格边框设置

单击表格左上角的全选按钮选中表格，打开“边框和底纹”对话框，在“边框”选项卡下“预览”区先取消对外侧框线的选择，然后按照要求对外侧框线进行设置。

在“设置”区中选择“自定义”，“样式”区中选择“三实线”，“颜色”设置为“紫色”，“宽度”为“0.75 磅”，然后在“预览”区中单击表格外侧框线，如图 3－78 所示，最终效果如图 3－79 所示。

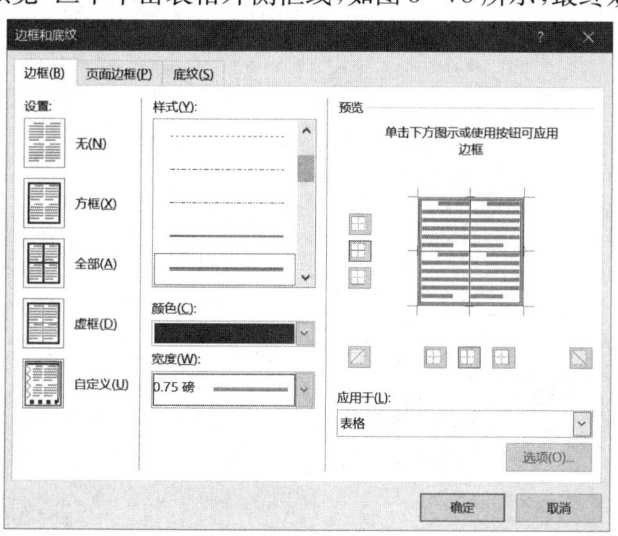

图 3－78　边框设置

美化表格最终效果

信息科学系 2022 级数字媒体专业成绩表

序号	姓名	语文	数学	英语	科学	总分	平均分
1	黄子毓	78	81	69	76	304	76
2	陈晓薇	65	68	56	63	252	63
3	符业东	45	48	36	43	172	43
4	胡廉景	89	92	80	87	348	87
5	洪靖卓	87	90	78	85	340	85
6	吴春艳	68	71	59	66	264	66
7	吴春浩	81	84	72	79	316	79
8	王礼鑫	74	77	65	72	288	72
9	陈洋洋	68	71	59	66	264	66
10	郑义卓	69	72	60	67	268	67
11	王文达	73	76	64	71	284	71
12	蔡贤炎	86	89	77	84	336	84
13	蔡秋体	87	90	78	85	340	85
14	王锦华	89	92	80	87	348	87
15	黄钰湘	90	93	81	88	352	88

图 3－79　美化表格最终效果

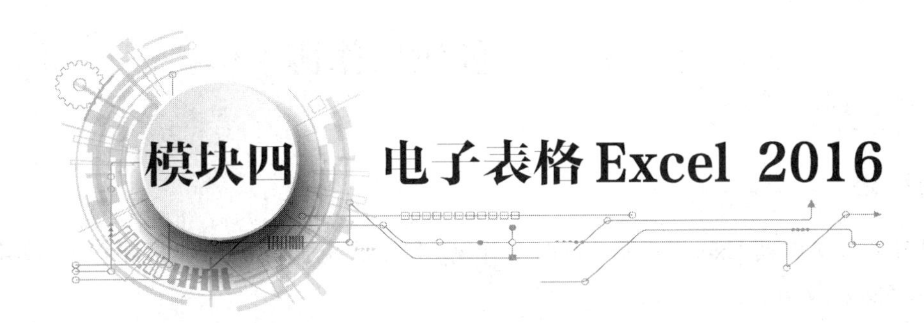

模 块 导 读

电子表格处理是信息化办公的重要组成部分，在数据分析和处理中发挥着重要的作用，广泛应用于财务、管理、统计、金融等领域。本模块主要包含对工作表和工作簿的基本操作、公式和函数的使用、图表分析展示数据、数据处理等内容。

Microsoft Office Excel 2016(以下简称“Excel 2016”)是微软公司推出的电子表格软件，同时也是Microsoft Office中重要的组件之一。Excel 2016主要用于对数据进行记录、组织、分析和统计，可以制作图表、折线图、条形图等，也可以对数据进行排序、筛选和分类汇总等操作。

任务简报

(1) 了解电子表格的应用场景，熟悉相关工具的功能和操作界面。

(2) 掌握新建、保存、启动和退出工作簿，切换、插入、删除、重命名、移动、复制、冻结、显示及隐藏工作表等操作。

(3) 掌握单元格、行和列的相关操作，以及使用控制句柄、设置单元格格式的方法。

(4) 掌握数据录入的技巧，以及格式刷、边框、对齐等常用格式设置的操作。

(5) 熟悉工作簿的保护与撤消保护，工作表的保护与撤消保护，工作表的背景、样式、主题设定的操作。

(6) 理解单元格绝对地址、相对地址的概念和区别，掌握相对引用、绝对引用、混合引用及工作表外单元格的引用方法。

(7) 熟悉公式的使用，掌握平均值、最大/最小值、求和、计数等常见函数以及数学与三角函数、日期与时间函数、逻辑函数、数据库函数等的使用。

(8) 了解常见的图表类型及电子表格处理工具提供的图表类型，掌握利用表格数据制作常用图表的方法。

(9) 掌握自动筛选、自定义筛选、高级筛选、排序和分类汇总等操作。

(10) 理解数据透视表的概念，掌握数据透视表的创建、更新数据、添加和删除字段、查看明细数据等操作，能利用数据透视表创建数据透视图。

(11) 掌握页面布局、打印预览和打印的相关设置操作。

任务一　创建工作簿

任务描述

使用多种方法启动 Excel 并新建空白工作簿，利用联机文档创建一张课程表，学会打开、保存、关闭 Excel 文件。

任务分析

认识 Excel 2016 工作窗口，掌握工作簿的基本操作，包括新建、保存、启动和退出等，新建操作包括新建空白工作簿和新建联机模板两种。

任务演示

4.1.1　Excel 2016 的启动和新建

1. 新建空白工作簿

新建空白工作簿的方法如下。

(1) 单击桌面左下角的“开始”菜单，在打开的磁贴中选择“Excel”，如图 4 - 1 所示。在打开的 Excel 开始界面选择“空白工作簿”选项，如图 4 - 2 所示，即可新建空白工作簿。

(2) 在计算机桌面或文件夹窗口的空白处右击，在弹出的快捷菜单中选择“新建”→“Microsoft Excel 工作表”命令，如图 4 - 3 所示，即可在计算机桌面或文件夹窗口中创建一个名为“新建 Microsoft Excel 工作表”的新工作簿，将其重命名为“工作簿 2”，如图 4 - 4 所示，双击即可打开 Excel 空白工作簿。

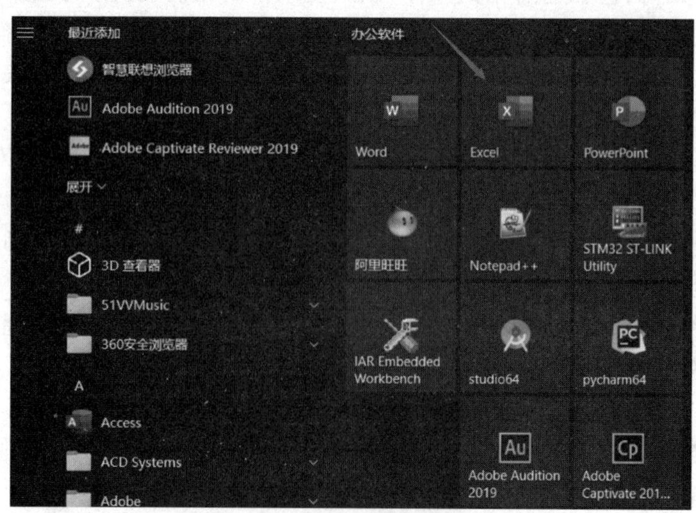

图 4 - 1　Excel 磁贴

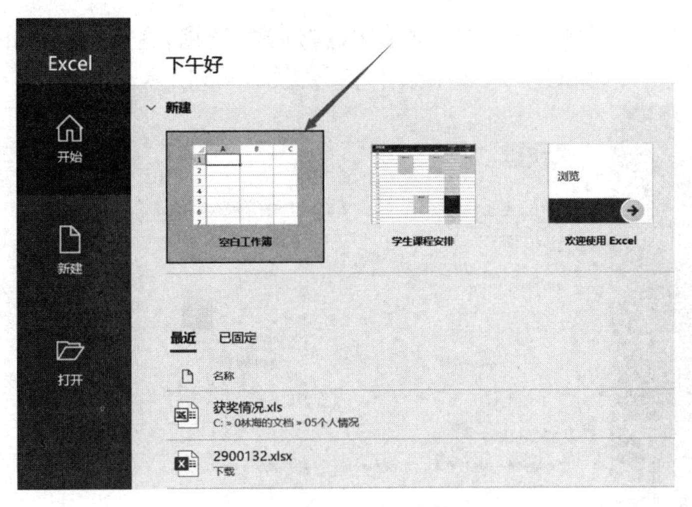

图 4－2　Excel 开始界面

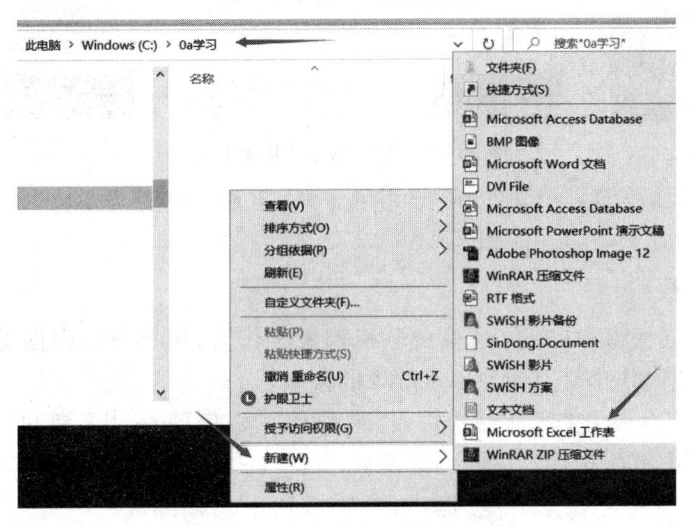

图 4－3　在文件夹中新建工作簿

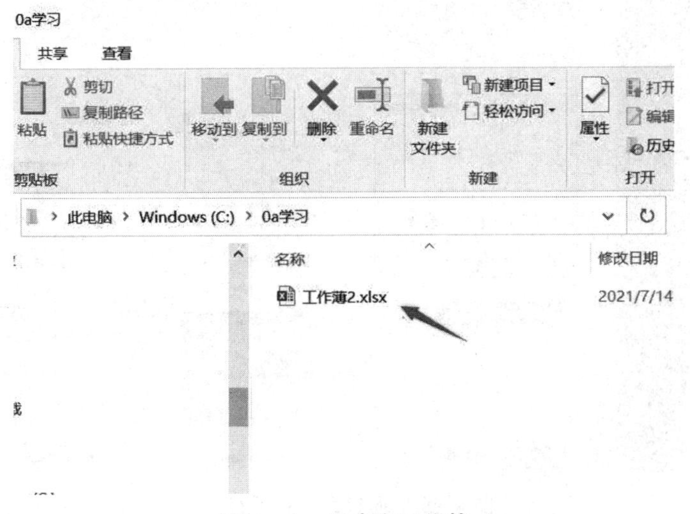

图 4－4　重命名工作簿

(3) 在打开的工作簿中单击“文件”菜单中的“新建”选项，在右侧打开的“新建”面板中选择“空白工作簿”选项，即可新建一个空白工作簿，如图 4-5 所示。

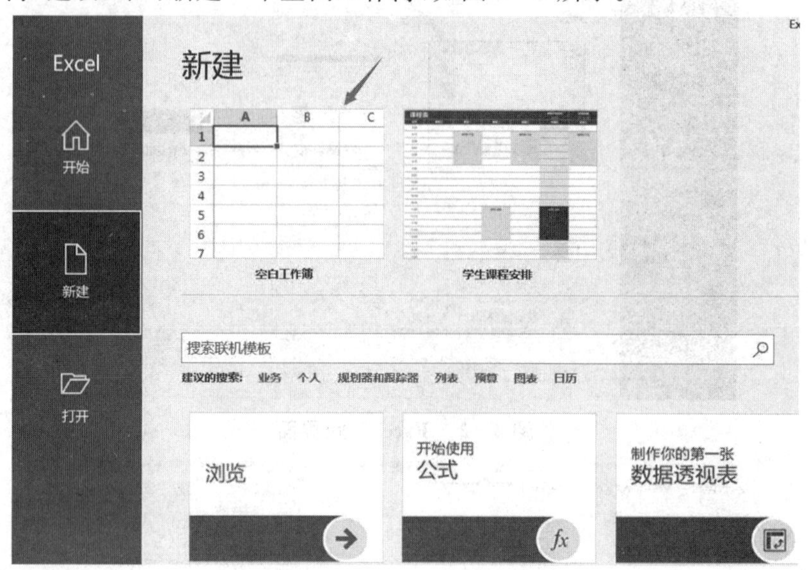

图 4-5　通过“文件”菜单新建

技巧：在 Excel 工作窗口中按[Ctrl+N]组合键，即可快速新建名为“工作簿 1”的空白工作簿。

2. 新建联机模板

Excel 2016 的模板库中提供了丰富的联机模板工作簿，用户可以根据需要在模板库中下载所需的模板，快速制作出具有专业外观效果的报表。

在 Excel“新建”面板中的搜索栏中输入“课程表”，按下[Enter]键，就可以查找出相关课程表的联机模板。根据喜好选择其中的一个模板，如图 4-6 所示。在弹出的对话框中，单击“创建”，如图 4-7 所示，完成课程表的创建，如图 4-8 所示。

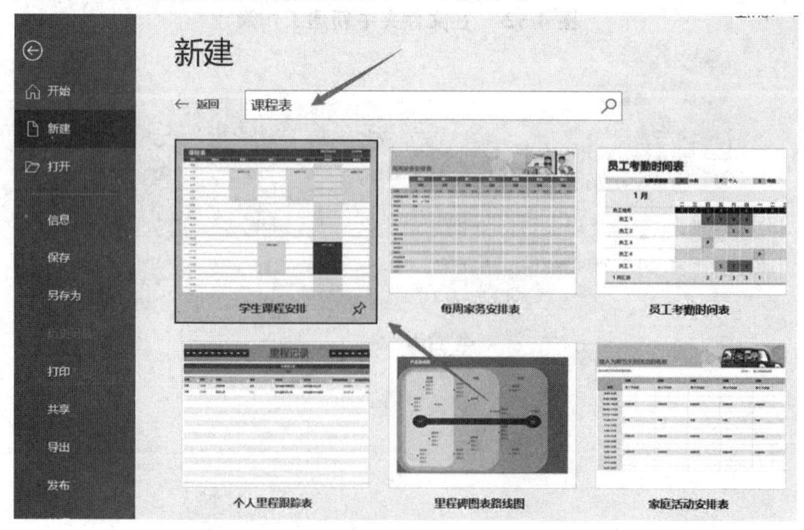

图 4-6　通过联机模板新建

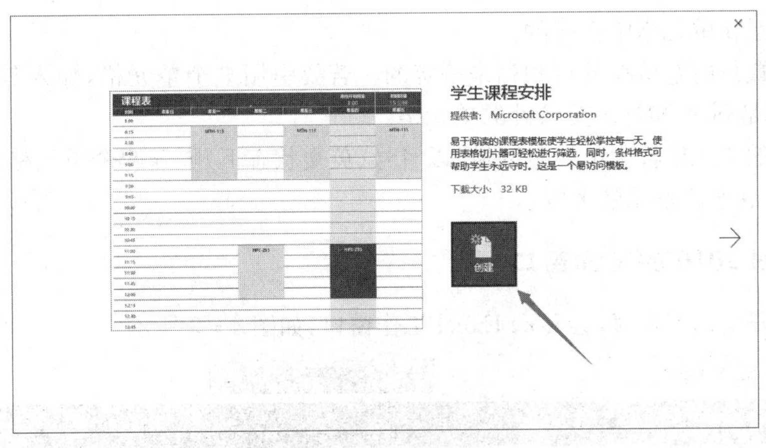

图 4－7　选择模板

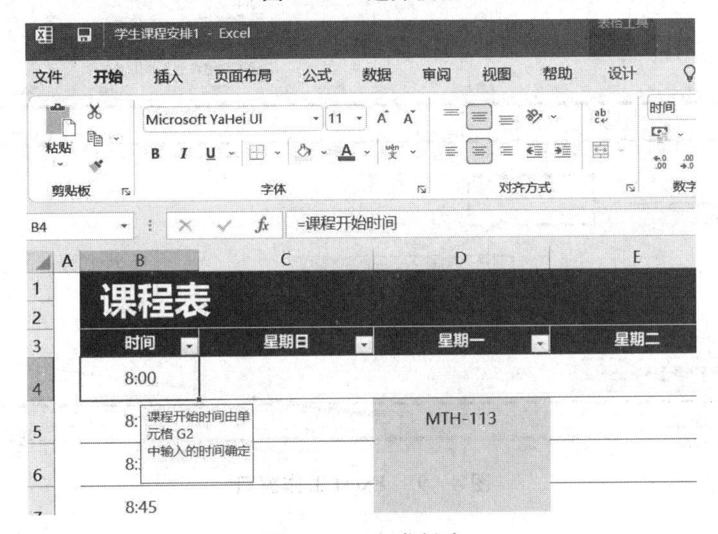

图 4－8　完成创建

4.1.2　Excel 的基本概念

1. 工作簿

工作簿是 Excel 环境中用来存储并处理工作数据的文件，即 Excel 文件就是工作簿。它是 Excel 工作区中一个或多个工作表的集合，其扩展名是“xlsx”或“xls”。一个工作簿默认包含 1 个工作表“Sheet1”。一个工作簿最多可建立 255 个工作表。

2. 工作表

工作表是显示在工作簿中的表格。一个工作表最多可有 1 048 576 行和 16 384 列，行号从 1 到 1 048 576，显示在工作表编辑区的左边，列标从左到右依次用字母 A，B，…，Z；AA，AB，…，AZ；BA，BB，…，BZ；…；ZA，ZB，…，ZZ；AAA，AAB，…，XFD 表示，显示在工作表编辑区的上边。每个工作表都有一个名字，工作表名会显示在工作表标签上。

3. 单元格

单元格是表格中行与列的交叉部分，是组成表格的最小单位，可拆分或合并。单个数据的输入和修改都是在单元格中进行的。

单元格位置是由它所在的行和列来确定的。若要引用某个单元格，输入其列标和行号即可，如 A1 指的是列 A 和行 1 交叉处的单元格。

引用连续的单元格称为单元格区域，以冒号(英文状态下)隔开两个单元格表示，如F3:G5表示 F3 至 G5 的连续单元格区域。

4.1.3 Excel 2016 的工作窗口

新建并打开空白工作簿，会显示 Excel 工作窗口，如图 4－9 所示。

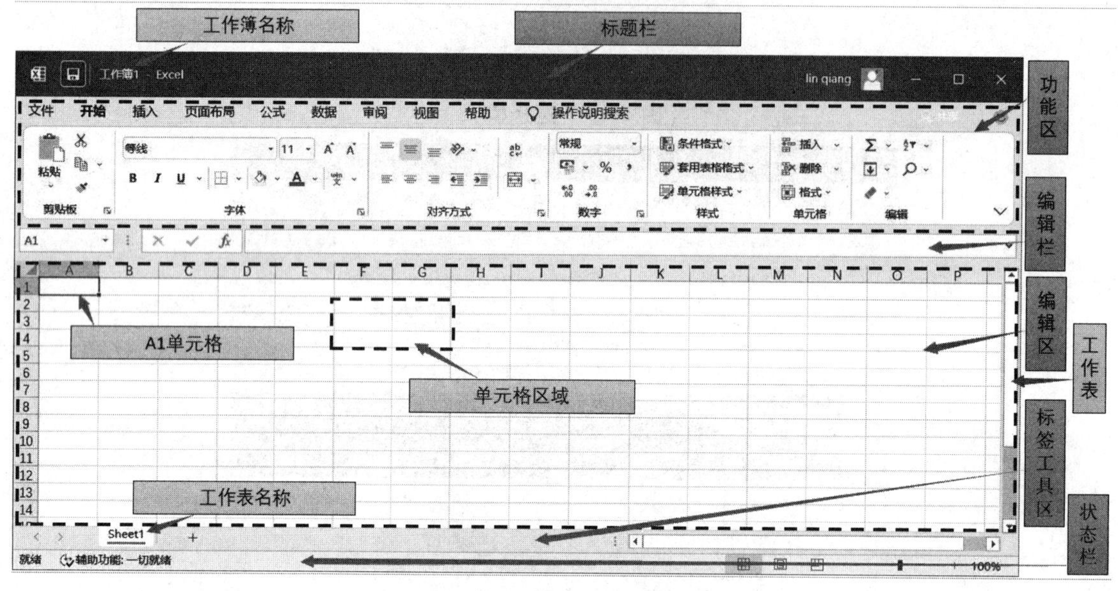

图 4－9　Excel 工作窗口

1. 标题栏

标题栏在整个工作窗口的最顶部，包含三个部分，左侧是“保存”按钮，中间部分显示了当前工作簿的名称“工作簿 1”，右侧是窗口控制按钮。

2. 功能区

功能区位于标题栏下方，包含多个选项卡，包括“开始”“插入”“页面布局”“公式”“数据”“审阅”“视图”等。当单击某个选项卡后，会在选项卡下方出现多种功能组，例如，单击“插入”选项卡，其下方有“表格”“插图”“图表”等功能组，用户可根据需要进行选择。

3. 编辑栏

编辑栏的左侧是名称框，往右依次是“取消”“输入”“插入函数”按钮及右侧的编辑框。名称框中主要显示当前单元格的地址，编辑框中则是显示当前单元格内所编辑的内容。

4. 编辑区

编辑区中包含行号、列标、单元格，用户可在此区域对任意单元格进行操作。

5. 标签工具区

默认情况下，在“Sheet1”工作表后面的是“新工作表”按钮＋，单击即可插入新的工作表，然后是水平滚动条,编辑区右侧是垂直滚动条。

6. 状态栏

状态栏用于显示当前的文件信息。

4.1.4　Excel 2016 的保存和退出

新建工作簿或对已有工作簿进行编辑后,只有对该工作簿进行保存,才能将对工作簿进行的编辑存储到计算机中。

1. 保存新建工作簿

在 Excel 2016 中,用户可以使用“保存”或“另存为”命令对工作簿进行保存。

对于新建的工作簿,这两个命令完全相同,具体操作方法如下:新建工作簿后,单击“文件”菜单,选择“保存”或“另存为”命令,都将打开“另存为”面板,然后单击“浏览”选项。弹出“另存为”对话框,找到目标文件夹,输入文件名如“课程表”,单击“保存”按钮即可,如图 4－10 所示。保存好后,在所选择的文件夹下就可以看到新建的 Excel 文件了,如图 4－11 所示。

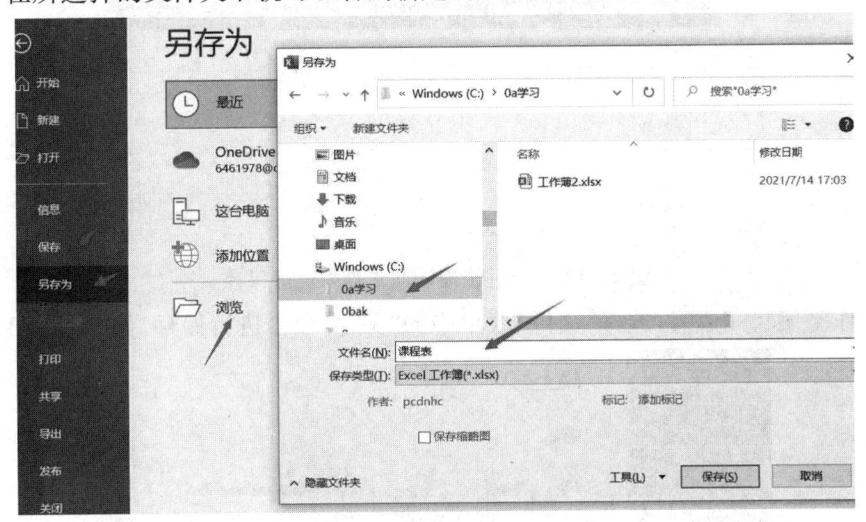

图 4－10　保存新建工作簿

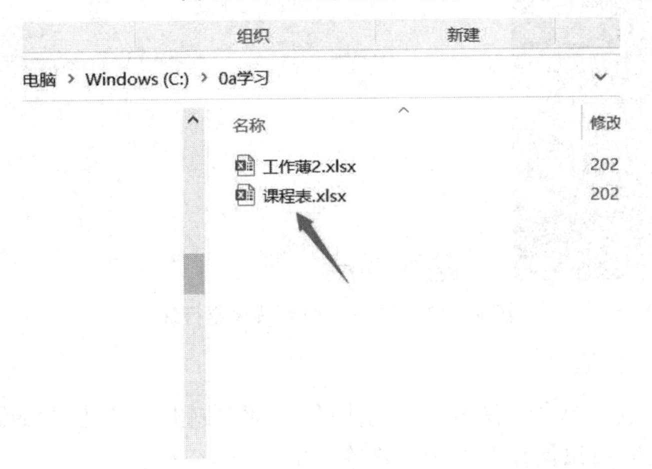

图 4－11　保存在文件夹中的工作簿

技巧：按[Ctrl+S]组合键，可以快速进行保存操作。在第一次保存文件时，会弹出“另存为”对话框。

2. 保存已有工作簿

对已有工作簿进行编辑后，进行保存的操作方法有以下几种。

(1) 工作簿编辑完成后，单击快速访问工具栏中的“保存”按钮进行保存，如图 4-12 所示。

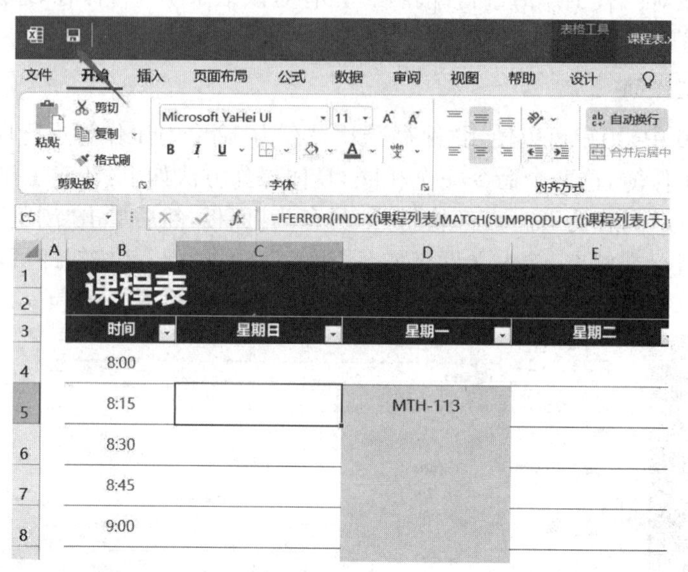

图 4-12　通过快速访问工具栏进行保存

(2) 工作簿编辑完成后，选择“文件”菜单中的“保存”命令进行保存，如图 4-13 所示。

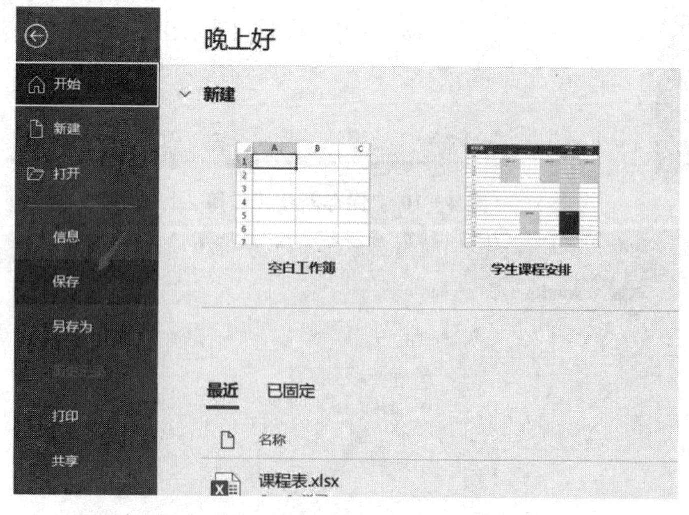

图 4-13　通过“文件”菜单进行保存

3. 保存并关闭工作簿

工作簿编辑完成后，单击工作窗口右上角的“关闭”按钮，在弹出的“Microsoft Excel”提示框中单击“保存”按钮，可以保存并关闭工作簿，如图 4-14 所示。

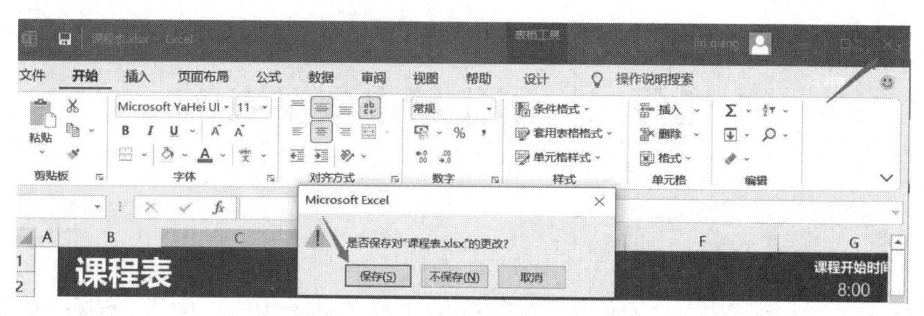

图 4-14　保存并关闭工作簿

4.1.5　打开工作簿

用户要想对计算机中保存的工作簿进行编辑或浏览，必须先将其打开，打开工作簿的操作方法如下。

1. 通过右键快捷菜单打开工作簿

打开包含目标工作簿的文件夹，右击目标工作簿图标，在弹出的快捷菜单中选择“打开”命令，即可打开该工作簿，如图 4-15 所示。

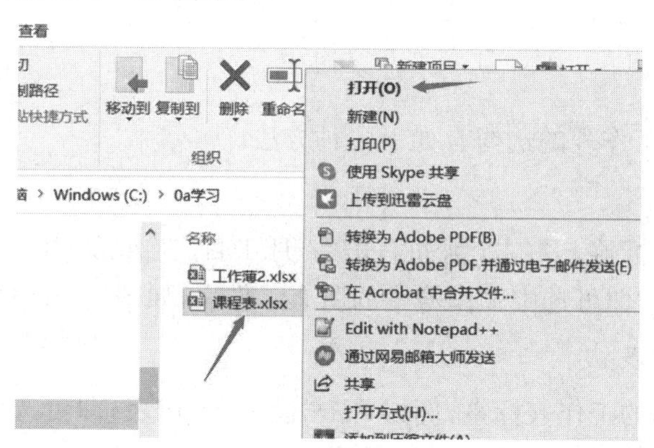

图 4-15　在文件夹中打开工作簿

2. 使用“打开”对话框打开工作簿

在已经打开的工作簿中，选择“文件”菜单中的“打开”选项，在“打开”面板中选择“浏览”命令，弹出“打开”对话框，选择目标工作簿，然后单击“打开”按钮即可，如图 4-16 所示。

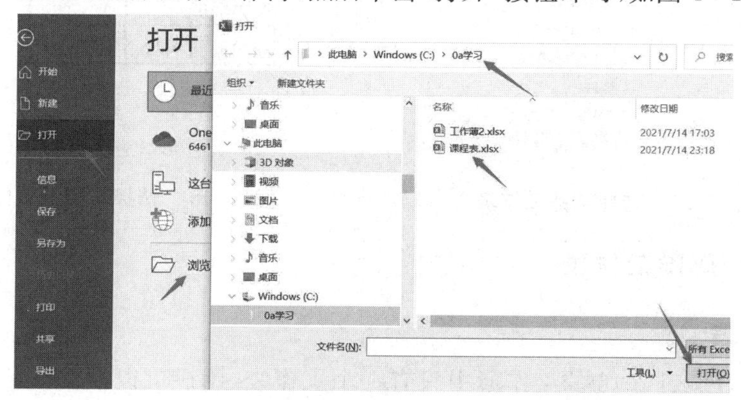

图 4-16　“打开”对话框

任务二　制作城市气温表

任务描述

打开素材包中“城市气温表”工作簿，对其中的工作表进行切换、插入、删除、复制、移动、重命名、冻结、隐藏与显示等操作。

任务分析

工作表包含在工作簿中，是管理和编辑数据的重要场所，是工作簿的必要组成部分。下面将介绍工作表的基本操作，包括工作表的插入与删除、移动或复制、重命名、隐藏与显示、拆分与冻结等。

任务演示

4.2.1　选择工作表

在 Excel 2016 中，工作表的选择有如下多种方法。

1. 选择全部工作表

在任意一个工作表标签上右击，例如右击“7 月 1 日”工作表，在弹出的快捷菜单中选择“选定全部工作表”命令，即可选中工作簿中的所有工作表，如图 4－17 所示。

2. 选择与切换工作表

直接单击需要选择的工作表标签，例如单击“模板”工作表，即可选中并切换至该工作表，如图 4－18 所示。

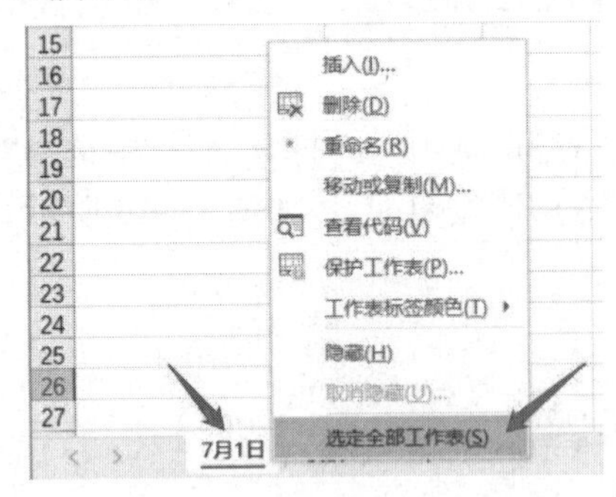

图 4－17　选择全部工作表

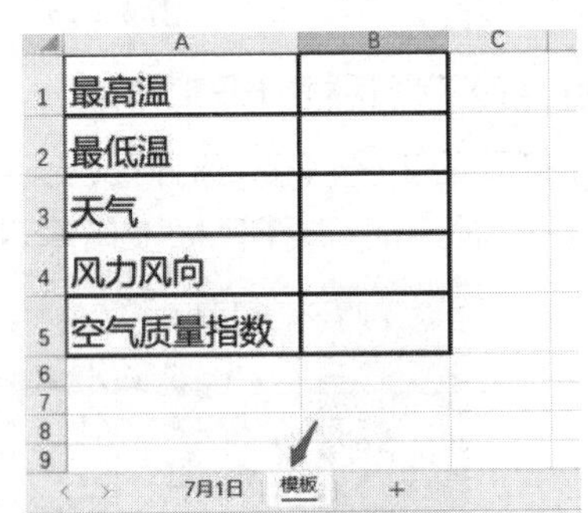

图 4－18　选择与切换工作表

4.2.2　插入与删除工作表

1. 插入工作表

默认情况下，Excel 2016 的工作簿中只有一个工作表，用户可以根据需要插入更多的工作表。

打开工作簿后，单击“模板”工作表右侧的“新工作表”按钮，即可快速插入一个新工作表，如图 4－19 所示。

2. 删除工作表

删除工作表的操作方法非常简单，只需选中要删除的工作表标签后右击，例如右击“Sheet2”工作表，在弹出的快捷菜单中选择“删除”命令，即可将其删除，如图 4－20 所示。

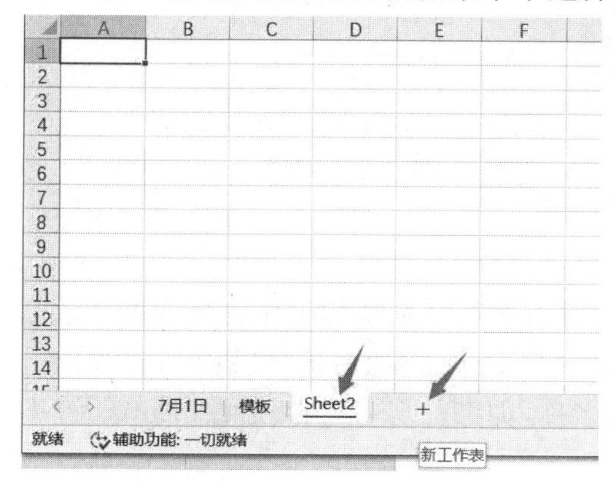

图 4－19　插入工作表

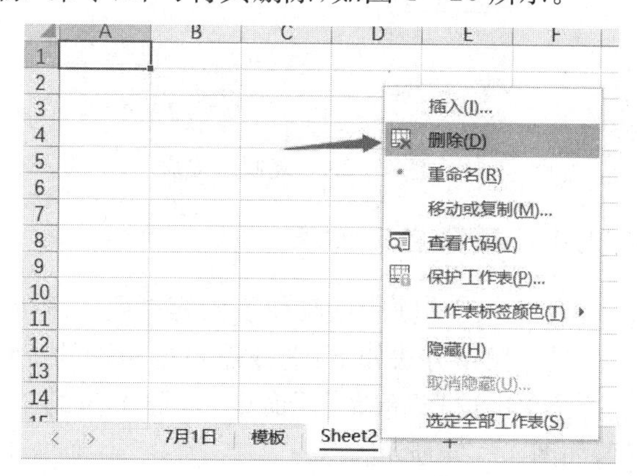

图 4－20　删除工作表

4.2.3　移动或复制工作表

用户可以根据需要在同一工作簿中移动或复制工作表，也可以将工作表移动或复制到其他工作簿中。

选中需要移动或复制的工作表并右击，例如右击“模板”工作表，在弹出的快捷菜单中选择“移动或复制”命令，如图 4－21 所示。打开“移动或复制工作表”对话框，若在同一工作簿中移动或复制工作表，则保持“工作簿”文本框中的默认设置不变；若需要将工作表移动到其他工作簿中，则单击“工作簿”文本框右侧下三角按钮，选择目标工作簿即可。此例保持不变，也可以选择一下“城市气温表”工作簿，如图 4－22 所示。

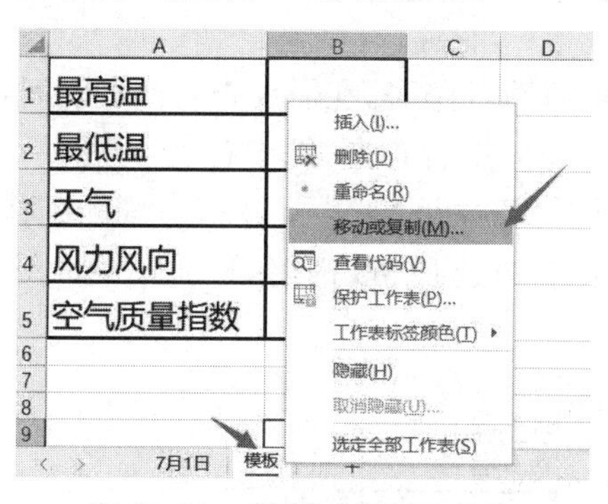

图 4－21　移动或复制工作表

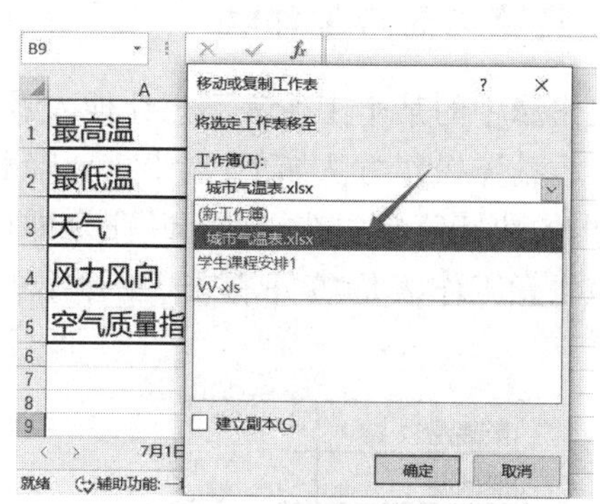

图 4－22　选择目标工作簿

在“下列选定工作表之前”列表中选择移动或复制后的工作表在工作簿中的位置，若不勾选“建立副本”复选框，则移动工作表；若勾选“建立副本”复选框，则复制工作表。例如，选择“模板”工作表，并勾选复选框，如图 4－23 所示，单击“确定”按钮，返回工作表中，可以看到“模板”工作表已经复制到它自身之前，复制的工作表名称为“模板 2”，如图 4－24 所示。

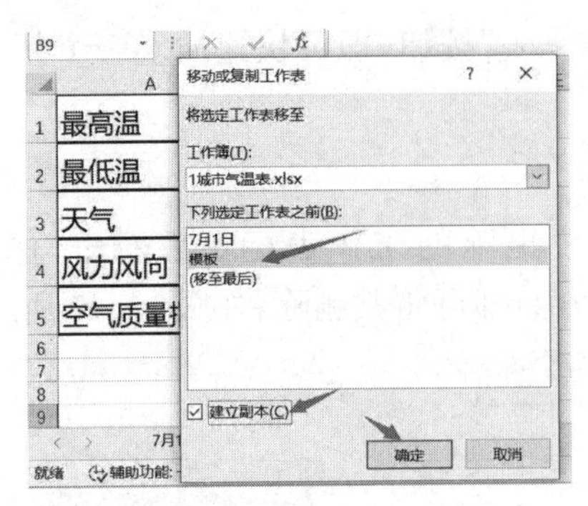

图 4-23　复制工作表

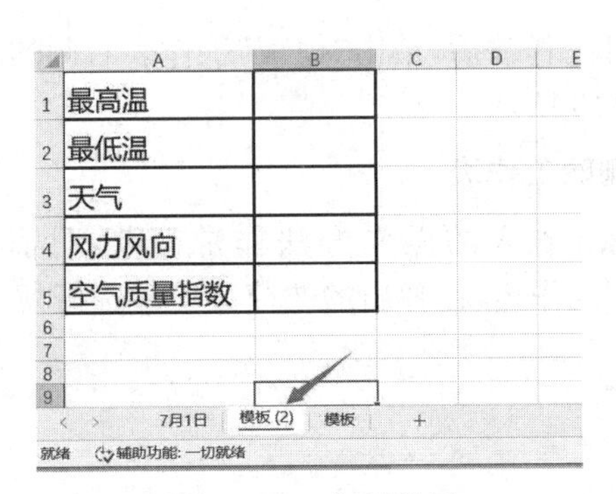

图 4-24　复制结果

4.2.4　重命名工作表

为了让工作簿中的工作表内容更便于区分，用户可以对系统默认的工作表名称进行重命名。具体操作方法如下：选择需要重命名的工作表标签后右击，例如右击“模板 2”，在弹出的快捷菜单中选择“重命名”命令，再输入新的工作表名称，如“7 月 2 日”，然后按[Enter]键即可，如图 4-25 所示。

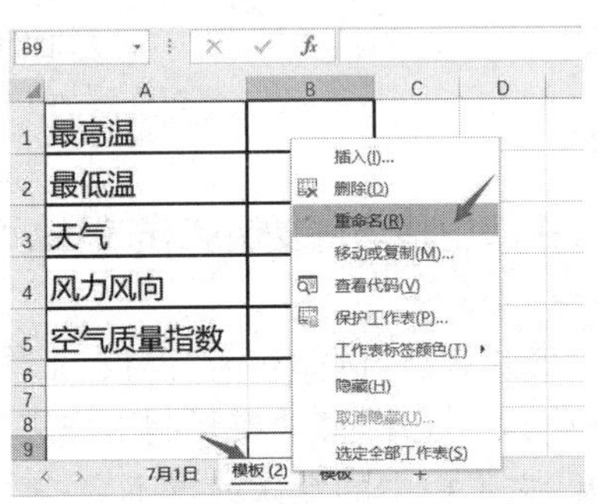

图 4-25　重命名工作表

4.2.5　隐藏与显示工作表

若工作簿中的某个工作表不想让他人看见，则可以将其隐藏，在需要查看或编辑时再将其显示出来。具体操作方法如下：选中需要隐藏的工作表标签后右击，例如右击“7 月 2 日”工作表，在弹出的快捷菜单中选择“隐藏”命令即可，如图 4-26 所示。若要显示隐藏的工作表，则选中其他任意工作表标签并右击，在弹出的快捷菜单中选择“取消隐藏”命令，如图 4-27 所示。

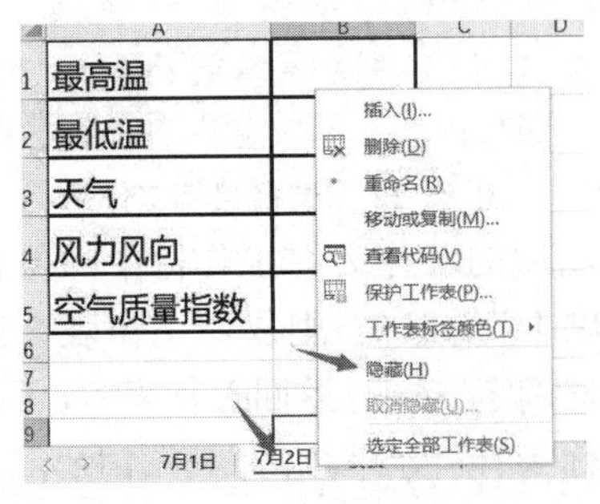

图 4-26　隐藏工作表

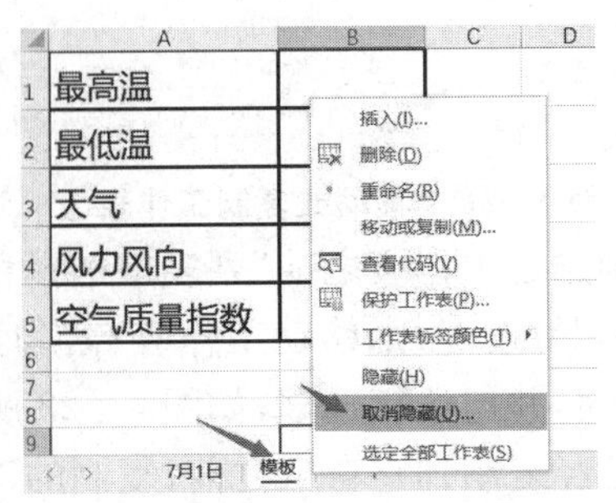

图 4-27　显示隐藏工作表

4.2.6　拆分与冻结工作表

用户在查看大型报表时，通常需要使用滚动条来查看全部内容。随着数据的移动，会造成标题等内容看不见，非常不方便。这时使用 Excel 2016 的拆分与冻结功能，可以有效地解决这一问题。

1. 拆分工作表

使用拆分功能，可以将现有窗口拆分为多个大小可调的工作表，并能同时查看相隔较远的工作表部分。具体操作方法如下：选择“食品销售”工作表，选中工作表中的任意单元格，单击“视图”选项卡下“窗口”功能组中的“拆分”按钮，如图 4－28 所示。将当前工作表区域沿着所选单元格左边框和上边框的方向拆分为 4 个窗格。将鼠标指针定位到拆分条上，单击并进行移动，即可上、下、左、右移动拆分条，改变窗格布局，如图 4－29 所示。

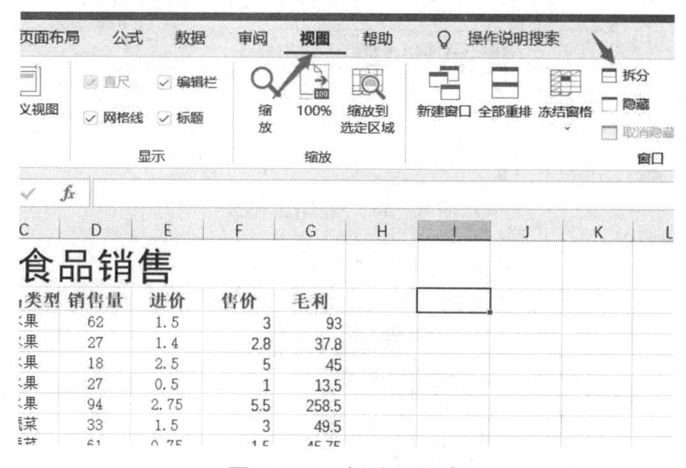

图 4－28　拆分工作表

	店面	食品名称	食品类型	销售量	进价	售价	毛利
8	天河店	马铃薯	蔬菜	33	1.5	3	49.5
9	天河店	红萝卜	蔬菜	61	0.75	1.5	45.75
10	天河店	洋葱	蔬菜	41	1.15	2.3	47.15
11	天河店	茄子	蔬菜	52	1.5	3	78
12	天河店	芹菜	蔬菜	15	1.75	3.5	26.25
13	天河店	包心菜	蔬菜	61	1.25	2.5	76.25
14	天河店	鸡腿	肉类	17	5	10	85
15	天河店	鸡翅膀	肉类	9	6	12	54
16	天河店	猪肉	肉类	25	5.5	11	137.5
17	天河店	猪脚	肉类	16	6	12	96
18	天河店	猪排骨	肉类	30	7	14	210

图 4－29　调整拆分条

若要取消拆分，则再次单击“窗口”功能组中的“拆分”按钮，即可恢复到工作表的初始状态。

2. 冻结工作表

使用冻结功能，可以冻结工作表的某一部分，在滚动浏览工作表时始终保持冻结部分可见。具体操作方法如下：选中工作表中的任意单元格，如 B3 单元格，单击“视图”选项卡下“窗口”功能组中的“冻结窗格”按钮，在下拉列表中选择要冻结的位置，这里选择“冻结窗格”命令，如图 4－30 所示。上下/左右拖动滚动条，可以看到被冻结单元格的上方/左方的内容一直保持可见，如图 4－31 所示。

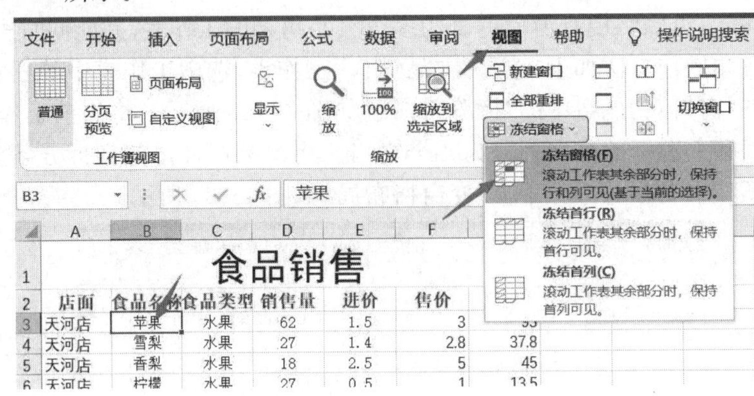

图 4－30　冻结工作表

B3　苹果

	A	B	C	D	E	F	G
1	食品销售						
2	店面	食品名称	食品类型	销售量	进价	售价	毛利
21	天河店	大米	主食	40	1	2	40
22	天河店	糙米	主食	11	1.1	2.2	12.1
23	天河店	糯米	主食	57	1.25	2.5	71.25
24	天河店	香米	主食	112	1.6	3.2	179.2
25	天河店	粳米	主食	28	1.75	3.5	49
26	天河店	红米	主食	13	3	6	39
27	天河店	黄米	主食	39	1.75	3.5	68.25
28	白云店	苹果	水果	62	1.5	3	93
29	白云店	雪梨	水果	29	1.4	2.8	40.6
30	白云店	香梨	水果	32	2.5	5	80
31	白云店	柠檬	水果	66	0.5	1	33
32	白云店	葡萄	水果	94	2.75	5.5	258.5

图 4－31　被冻结单元格上方/左方内容保持可见

如果要变换冻结位置，则需再次单击“冻结窗格”按钮，在下拉列表中选择“取消冻结窗格”命令后再进行冻结操作。

任务三　格式化职工信息表

在报表制作过程中，用户需要对单元格格式进行适当的设置，使数据的展示更加美观清晰。

任务描述

打开素材包中“职工信息表 1”工作簿，将 A1 到 I1 九个单元格合并，设置成黑体、24 号、加粗、蓝色字，并把 A1 行高拉大；设置 G2 单元格的列宽为 12；将 A2：I2 单元格区域填充为橙色；为 A2：I22 单元格区域添加框线；设置整个工作表的对齐方式为水平居中和垂直居中。

任务分析

工作表数据输入完成后，用户还可以根据需要对单元格格式进行相应的设置，格式化工作表包括设置工作表中文本的字体和字号、调整行高和列宽、添加边框和底纹，以及套用表格样式等。

任务演示

1. 合并单元格

在工作表编辑过程中，第一行一般为标题，需要对相连的单元格进行合并。具体操作方法如下：选中 A1：I1 单元格区域，在“开始”选项卡下单击“对齐方式”功能组中的“合并后居中”右侧下拉箭头，在下拉列表中选择“合并后居中”命令，如图 4－32 所示。

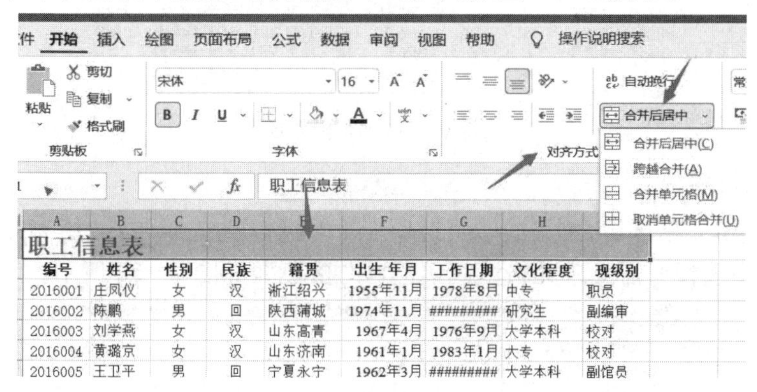

图 4－32　合并单元格

2. 设置字体样式

在工作表编辑过程中，为了突出显示某些单元格，用户可以对表中的字体和字号进行相应的设置。具体操作方法如下：选中合并后的 A1 单元格，单击“开始”选项卡下“字体”功能组中的相应按钮，选择所需字体样式，如“黑体”“24”“加粗”“蓝色”，如图 4－33 所示。

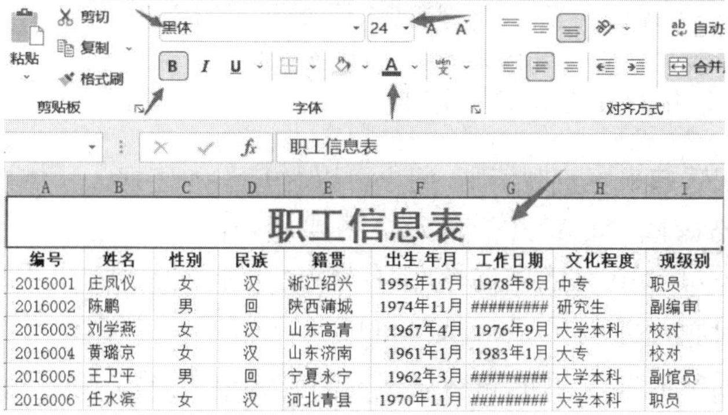

图 4－33　设置字体样式

3. 调整行高和列宽

将鼠标指针放在要调整行高的行号下方的分割线上，此时鼠标指针变成上下双向箭头，单击并向下拖动调整行高到合适的位置。

选择需要调整列宽的单元格，如 G2 单元格，单击“开始”选项卡下“单元格”功能组中的“格式”按钮，在下拉列表中选择“列宽”命令。打开“列宽”对话框，在“列宽”文本框中输入合适的列宽，如“12”，然后单击“确定”按钮，如图 4－34 所示。

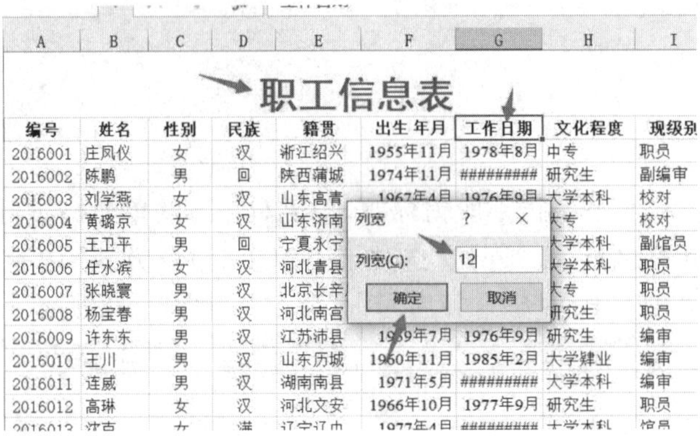

图 4－34　设置列宽

4. 填充单元格颜色

选中 A2:I2 单元格区域，单击“开始”选项卡下“字体”功能组中的“填充颜色”右侧下拉箭头，在下拉列表中选择所需的单元格填充颜色，如“橙色”，如图 4－35 所示。

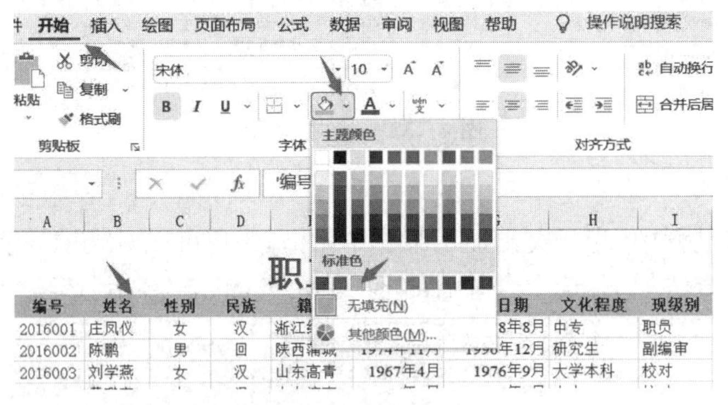

图 4－35　设置单元格颜色

5. 添加边框

为了使表中数据看起来更直观清晰，用户可以为其添加边框。具体操作方法如下：选择需要添加边框的单元格区域，如 A2:I22 单元格区域，单击“开始”选项卡下“字体”功能组中的“边框”右侧下拉箭头，在下拉列表中选择“所有框线”命令，如图 4－36 所示。

6. 设置单元格对齐方式

为了使表中数据更加整齐，用户可以对数据的对齐方式进行设置。具体操作方法如下：选择需要设置表格对齐方式的单元格区域，如 A1:I22 单元格区域，按[Ctrl＋1]组合键，打开“设置单元格格式”对话框，切换至“对齐”选项卡，在“文本对齐方式”选项区中设置文本的对齐方式，如水平居中，垂直居中，如图 4－37 所示。

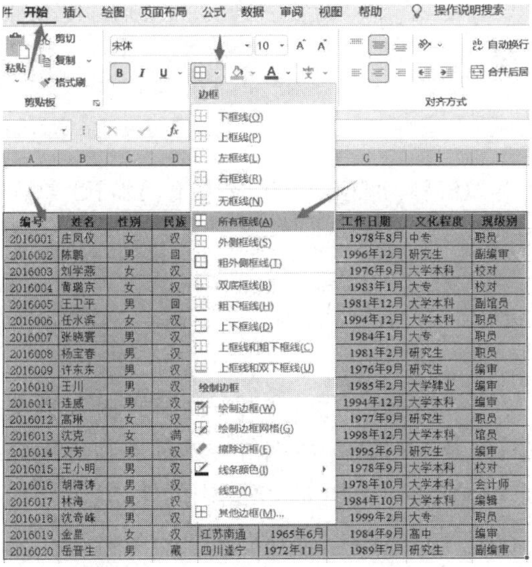

图 4－36　设置单元格框线

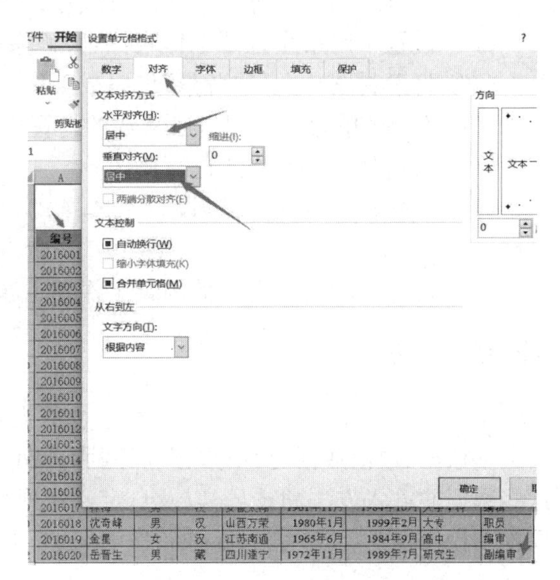

图 4－37　设置单元格对齐方式

任务四　制作配件表单

任务描述

打开素材包中“表单素材”文件夹下的“配件表单”工作簿，并完成以下操作：

(1) 在 A1 单元格中输入文本内容“配件表单”，此处 A1:F1 单元格区域是合并状态；

(2) 在 D4 单元格中输入带分数“2　1/2”；

(3) 在 D5 单元格中输入真分数“1/2”；

(4) 在 D6 单元格中输入以 0 开头的数字“01”；

(5) 在 B13 单元格中输入自己的身份证号；

(6) 在 F3 单元格中输入日期“2021/7/22”，并改成长日期格式；

(7) 在 B12 单元格中输入时间“9:00”，并更改时间格式；

(8) 在 D3 单元格中输入“49”，并改成人民币格式；

(9) 以 A3 单元格为样本，对 A4:A5 单元格区域使用填充柄进行填充，要求填充后数字加 1；

(10) 以 A7 单元格为样本，对 A8:A9 单元格区域使用填充柄进行填充，要求填充内容不变；

(11) 以 C3 单元格为样本，对 C4:C10 单元格区域使用对话框进行填充，要求填充后数字加 1；

(12) 以 F3 单元格为样本，对 F4:F10 单元格区域使用对话框进行填充，要求填充后日期加 1；

(13) 使用格式刷，将 D3 单元格的格式应用于 E3 单元格；

(14) 设置密码禁止打开工作簿,然后解除;

(15) 设置密码禁止打开工作表,然后解除;

(16) 将素材图片文件“背景”设置成工作表背景;

(17) 在 A1 单元格套用自己喜欢的内置样式;

(18) 对选择的内置样式进行修改;

(19) 新建样式“标题行”,设置字体样式为隶书、18 号、加粗字,并应用于 A2:F2 单元格区域;

(20) 设置一种自己喜欢的内置工作表主题。

任务分析

工作簿创建完成后,就可以开始进行数据输入了。在 Excel 2016 中,数据的输入类型包括文本数据、数值数据、货币数据、时间和日期数据,以及一些特殊数据等。本任务将详细介绍这些数据的输入方法和技巧,以及自定义序列填充单元格、快速填充、格式刷的使用,工作簿的保护和撤消保护,工作表的保护和撤消保护,工作表的背景、样式、主题设定等内容。

任务演示

4.4.1 输入文本内容

文本内容是指工作表中的文本文字,输入方法非常简单,具体操作方法如下:打开相关素材“配件表单”工作簿,选中需要输入文本内容的单元格,如 A1 单元格,输入所需内容,如“配件表单”。然后按[Enter]键,即可切换至下一个单元格。

4.4.2 输入数字

在进行数据输入时,数字是最常用的输入类型,下面介绍几种特殊数字的输入方法。

1. 输入带分数

选中需要输入带分数的单元格,如 D4 单元格,先输入“2”,按空格键,再输入“1/2”,然后按[Enter]键。再次选中输入带分数的 D4 单元格,可以看到编辑框中显示的是“2.5”,说明带分数输入正确。

2. 输入真/假分数

选中需要输入真/假分数的单元格,如 D5 单元格,先输入“0”,按空格键,再输入“1/2”(真分数)或“3/2”(假分数),然后按[Enter]键。

3. 输入以 0 开头的数字

在单元格中直接输入以 0 开头的数字时,通常只会显示后面的数字部分,而省略开头的 0。输入以 0 开头的数字(如 01)的具体操作方法如下:选中需要输入数字的单元格,如 D6 单元格,先输入“'01”,然后按[Enter]键。

4. 输入超过 11 位的数字

在创建员工信息表时,经常需要输入员工的 18 位身份证号码,但在单元格中输入超过 11 位数字时,Excel 会将该数字自动转换为科学记数法表示,无法正常显示。这时,用户可以根据以 0 开头的数字的输入方法，让数字正常显示，如在 B13 单元格中输入自己的身份证号。

4.4.3 输入日期

Excel 2016 中有多种日期格式可供选择，输入日期的具体操作方法如下：选中要输入日期的单元格，如 F3 单元格，输入日期“2021/7/22”，按[Enter]键。再次选中 F3 单元格，单击“开始”选项卡下“数字”功能组中的“数字格式”右侧下拉箭头，在下拉列表中选择“长日期”命令，如图 4－38 所示。也可以按下[Ctrl＋1]组合键，在打开的“设置单元格格式”对话框中选择更多的日期格式，如图 4－39 所示。

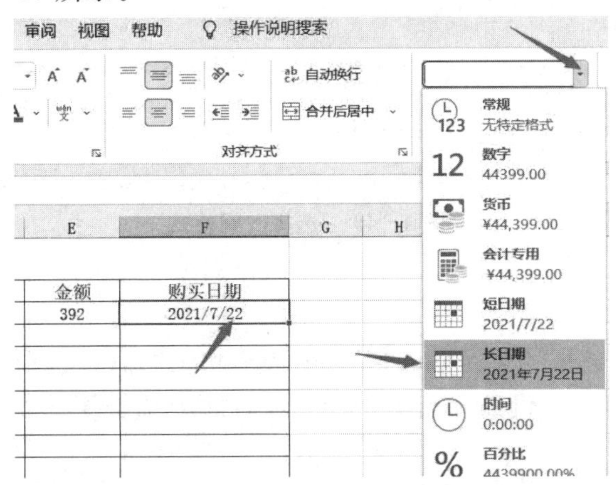

图 4－38 通过下拉列表设置长日期格式

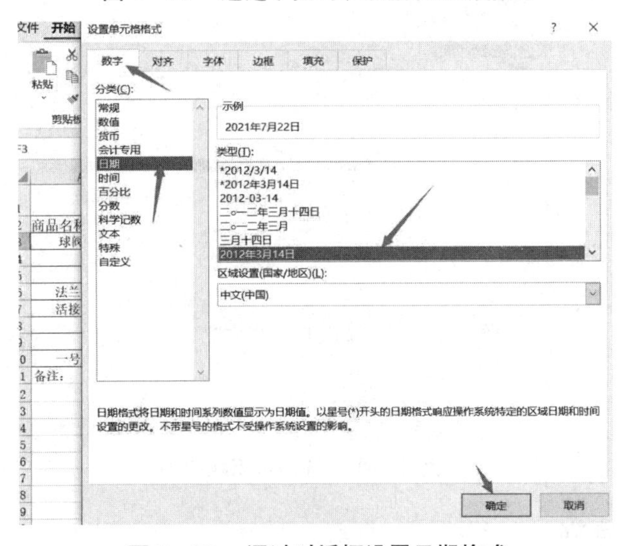

图 4－39 通过对话框设置日期格式

技巧：选中要输入当前日期的单元格，按[Ctrl＋;]组合键，即可快速输入当前日期。

4.4.4 输入时间

在工作表中输入时间的具体操作方法如下：选中要输入时间的单元格，如 B12 单元格，输入“9:00”，按[Enter]键。再次选中 B12 单元格，按[Ctrl＋1]组合键，在打开的“设置单元格格式”对话框中选择更多的时间格式，如图 4－40 所示。

图 4-40　选择时间格式

4.4.5　输入货币数据

选中需要输入货币数据的单元格，如 D3 单元格，单击“开始”选项卡下“数字”功能组中的右下角扩展按钮，在打开的“设置单元格格式”对话框中选择更多的货币格式，如图 4-41 所示。

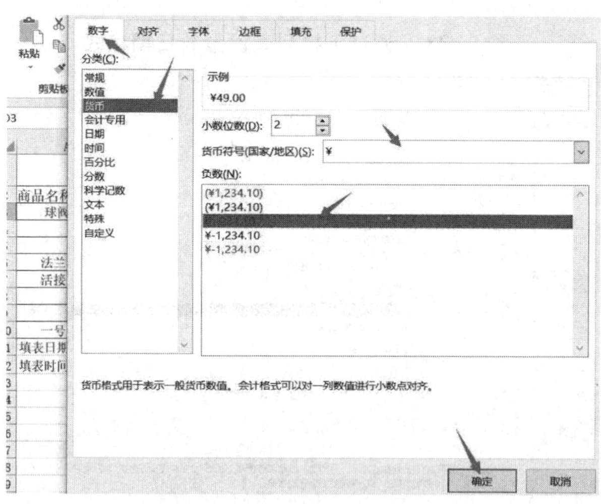

图 4-41　选择货币格式

4.4.6　填充数据序列

在工作表中填充数据序列时，用户可以使用以下方法进行快速填充。

1. 使用填充柄填充

选中要进行填充的首个单元格，如 A3 单元格，将鼠标指针放在该单元格的右下角，如图 4-42 所示，待指针变为十字形状后，单击并向下拖动至 A5 单元格，可以发现填充的结果数字会自动加 1；用同样的方法，选中 A7 单元格，填充至 A9 单元格，可以发现填充的内容和

A7 单元格的内容一致，如图 4－43 所示。

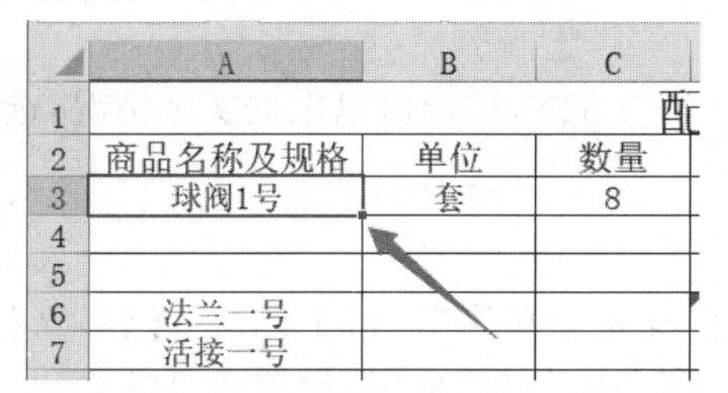

图 4－42　数字填充自动加 1

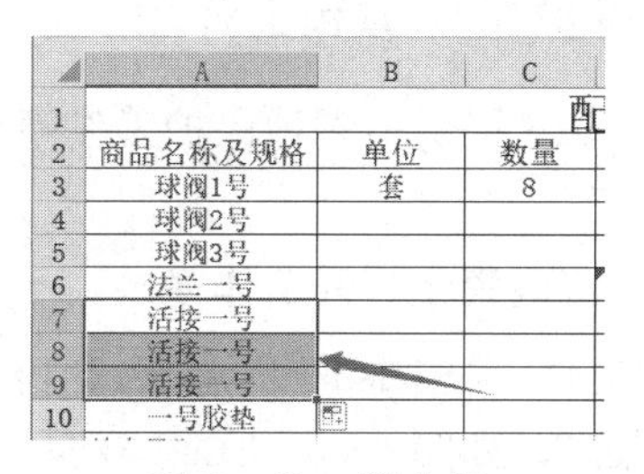

图 4－43　填充柄

技巧：如果选中有数字的单元格，按[Ctrl]键的同时向下或向右拖动填充柄，填充的内容数字就不会自动加 1。

2. 使用对话框填充

选中工作表需要填充的单元格，如 C3 单元格，单击“开始”选项卡下“编辑”功能组中的“填充”按钮，在下拉列表中选择“序列”命令，在弹出的“序列”对话框中，设置参数如图 4－44 所示。

如果觉得终止值不好计算，也可以选择单元格区域，如 F3:F10 单元格区域，在“序列”对话框中，设置参数如图 4－45 所示。

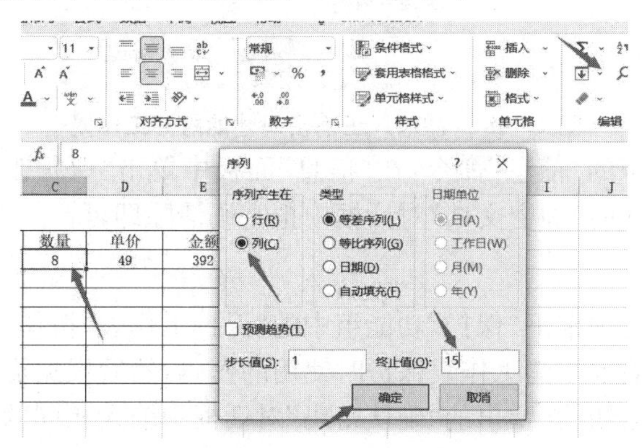

图 4－44　指定终止值填充

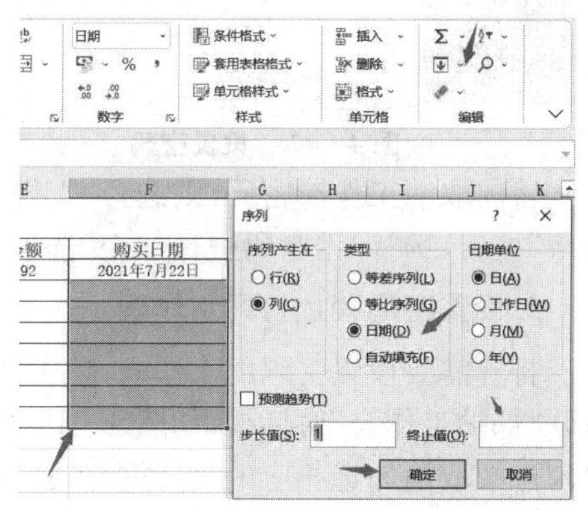

图 4－45　单元格区域填充

4.4.7　使用格式刷

通过格式刷可以将设置好的单元格格式应用到其他单元格上。选中已经设置好格式的单元格，如 D3 单元格，单击“开始”选项卡下“剪贴板”功能组中的“格式刷”按钮，然后单击需要应用格式的单元格，如 E3 单元格，即可将 D3 单元格的格式应用到 E3 单元格中，如图 4－46 所示。

	A	B	C	D	E	F
1	配件表单					
2	商品名称及规格	单位	数量	单价	金额	购买日期
3	球阀1号	套	8	¥49.00	¥392.00	2021年7月22日
4	球阀2号		9	3		2021年7月23日
5	球阀3号		10	2		2021年7月24日
6	法兰一号		11	01		2021年7月25日
7	活接一号		12			2021年7月26日
8	活接一号		13			2021年7月27日
9	活接一号		14			2021年7月28日

图 4－46　通过格式刷应用格式

4.4.8 保护工作簿和工作表

Excel 2016 提供了多种保护工作簿和工作表的方法，用户可以根据实际情况，选择最合适的方法。

1. 设置密码禁止打开工作簿

选择“文件”菜单中的“信息”命令，在“信息”面板中单击“保护工作簿”按钮，选择“用密码进行加密”选项，如图 4-47 所示，在打开的“加密文档”对话框中，设置自己的密码，接着再确认一次即可。保存工作簿后，再次打开该工作簿，可以看到需要输入正确的密码才能查看该工作簿，如图 4-48 所示。

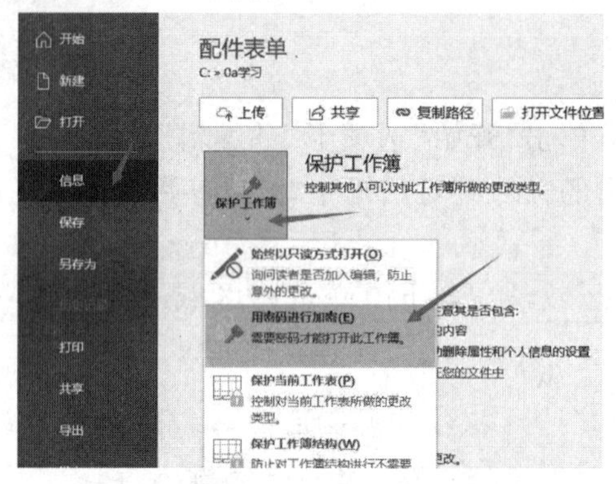

图 4-47 设置密码

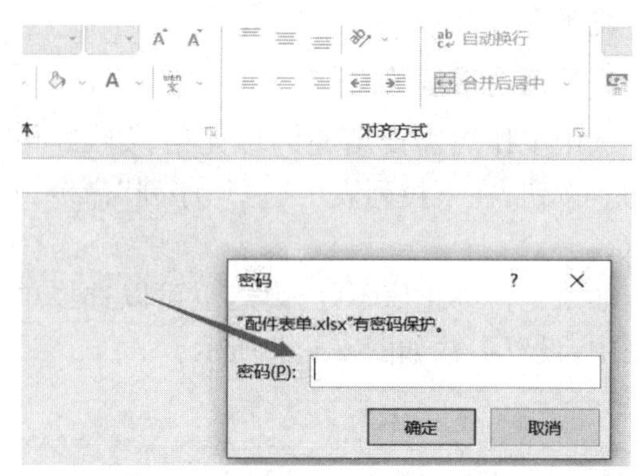

图 4-48 需输入正确密码才能打开工作簿

若需取消工作簿密码，则选择“文件”菜单中的“信息”命令，在“信息”面板中单击“保护工作簿”按钮，选择“用密码进行加密”选项，在打开的“加密文档”对话框中把密码清除即可。

2. 设置密码禁止打开工作表

打开需要设置密码的工作表，单击“审阅”选项卡下“保护”功能组中的“保护工作表”按钮，打开“保护工作表”对话框，如图 4-49 所示。输入取消工作表保护时使用的密码，然后根据需要勾选或取消勾选相应的复选框，单击“确定”按钮，在弹出的“确认密码”对话框中输入相同的密码，单击“确定”按钮。

若要取消密码保护，则单击“审阅”选项卡下“保护”功能组中的“撤消工作表保护”按钮，在打开的“撤消工作表保护”对话框中输入之前设置的密码即可，如图 4-50 所示。

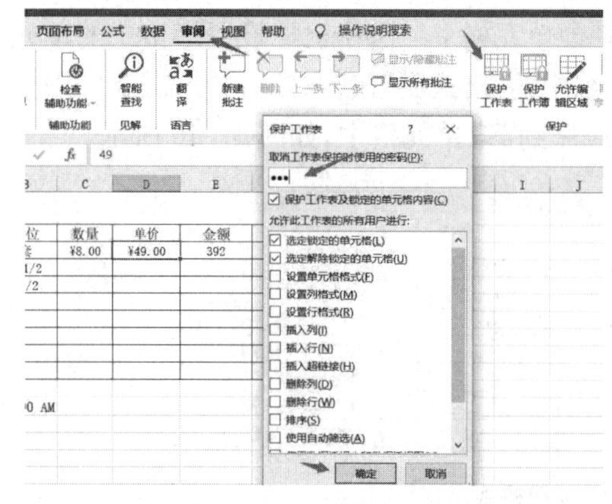

图 4-49 保护工作表

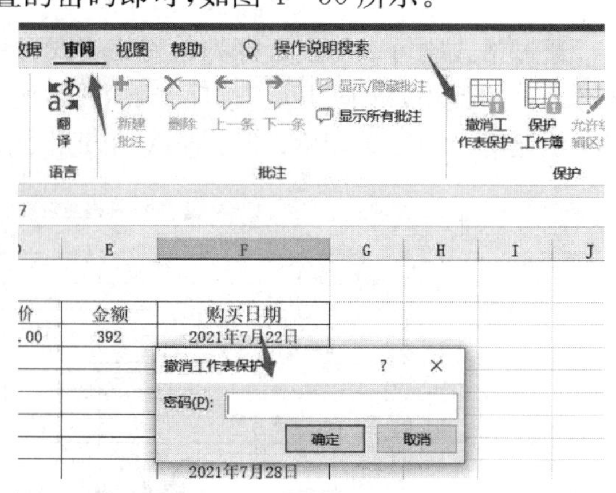

图 4-50 撤消工作表保护

4.4.9　设置工作表背景

在工作中，有时需要对工作表的背景进行设置，达到美观的效果。通常工作表的背景是系统默认的白色，单击“页面布局”选项卡下“页面设置”功能组中的“背景”按钮，打开“插入图片”对话框，如图 4－51 所示。单击“从文件”“浏览”，选择预先找好的背景图，如“背景”图片，单击“确定”按钮，就可以在工作表里看到背景图了，如图 4－52 所示。

图 4－51　设置工作表背景

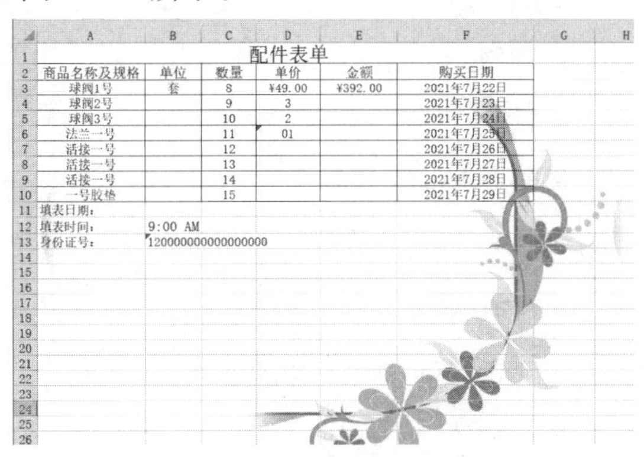

图 4－52　工作表背景效果

4.4.10　设置单元格样式

在工作表格式设置和美化过程中，为了让工作表中的某些单元格更加醒目，用户可以为单元格套用 Excel 2016 内置的单元格样式，以便快速设置单元格格式。

1. 套用内置的样式

使用 Excel 2016 内置的一些典型的单元格样式，具体操作方法如下：选中需要套用单元格样式的 A1 单元格，单击“开始”选项卡下“样式”功能组中的“单元格样式”按钮，在下拉列表中选择自己喜欢的样式即可，如图 4－53 所示。

图 4－53　套用内置单元格样式

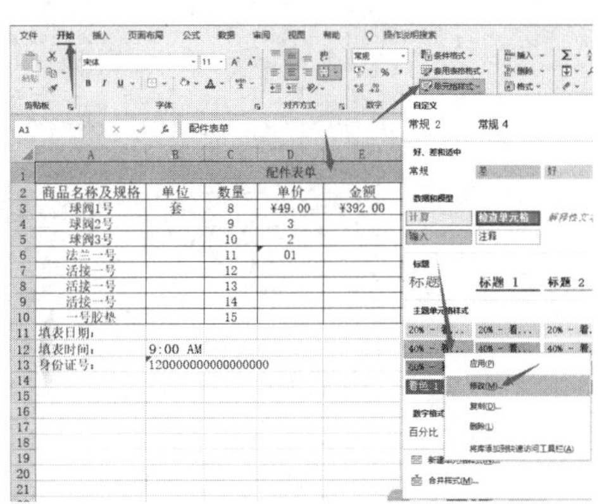

图 4－54　修改内置单元格样式

2. 修改内置的样式

对于 Excel 2016 内置的单元格样式，用户可以根据需要进行修改。具体操作方法如下：单击“开始”选项卡下“单元格样式”按钮，在下拉列表中右击所需的单元格样式，在弹出的快捷菜单中选择“修改”命令，如图 4－54 所示。在打开的“样式”对话框中查看该样式所包括的格式，然后单击“格式”按钮，如图 4－55 所示。在打开的“设置单元格格式”对话框中，根据需要对单元格的相关参数进行修改，如图 4－56 所示。

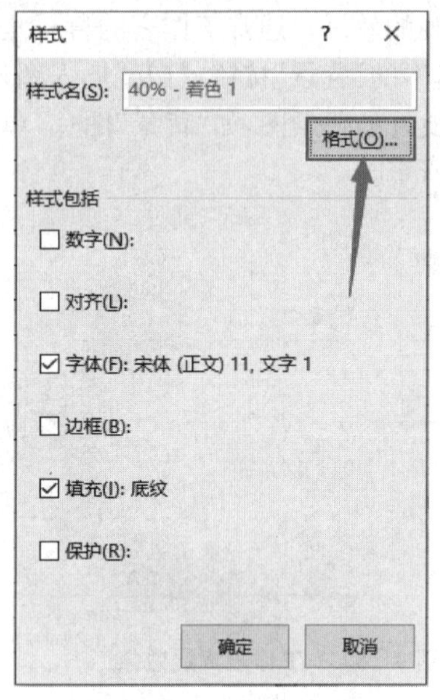

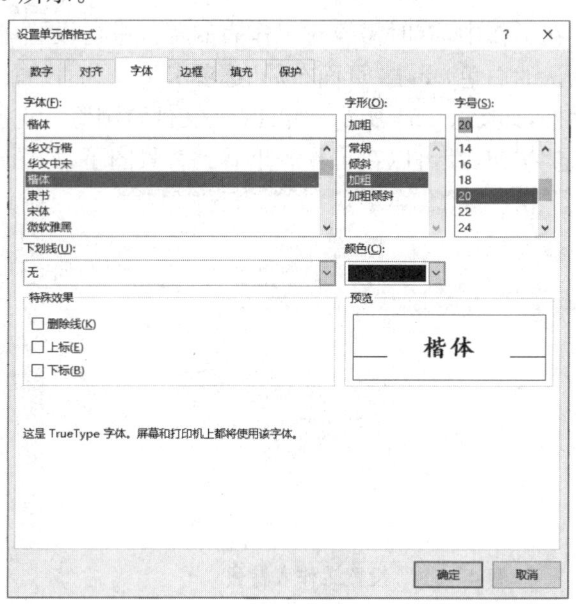

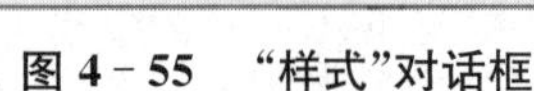
图 4－55　“样式”对话框

图 4－56　设置样式

3. 新建单元格样式

如果 Excel 2016 内置的单元格样式不能满足需要，用户还可以创建新的单元格样式。具体操作方法如下：单击“开始”选项卡下“单元格样式”按钮，在下拉列表中选择“新建单元格样式”命令，如图 4－57 所示。打开“样式”对话框，在“样式名”文本框中输入“标题行”，设置名称，然后单击“格式”按钮。在打开的“设置单元格格式”对话框中，切换至“字体”选项卡，设置相关参数，如图 4－58 所示。然后依次单击“确定”按钮，返回工作表中。

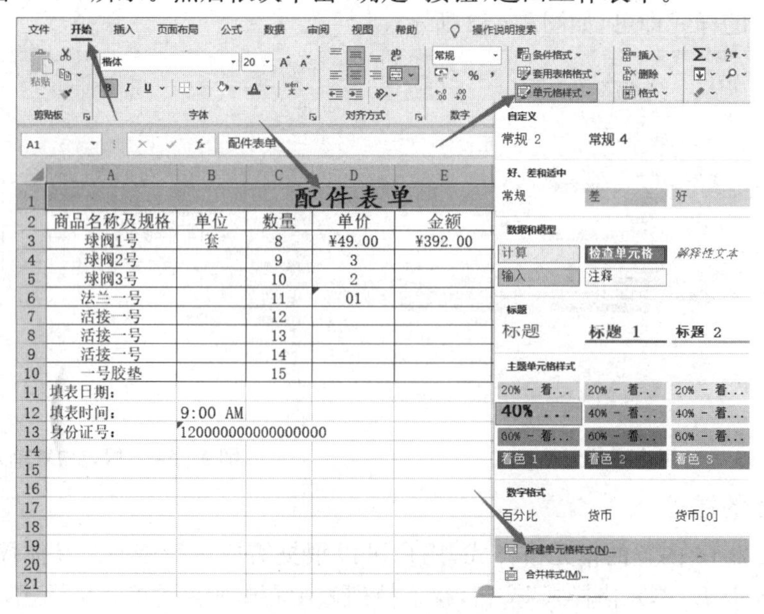

图 4－57　新建样式

图 4-58　设置新样式的格式

拖选标题行，如 A2:F2 单元格区域，再次单击"单元格样式"按钮，在"自定义"选项区中，单击新建的"标题行"样式，如图 4-59 所示。

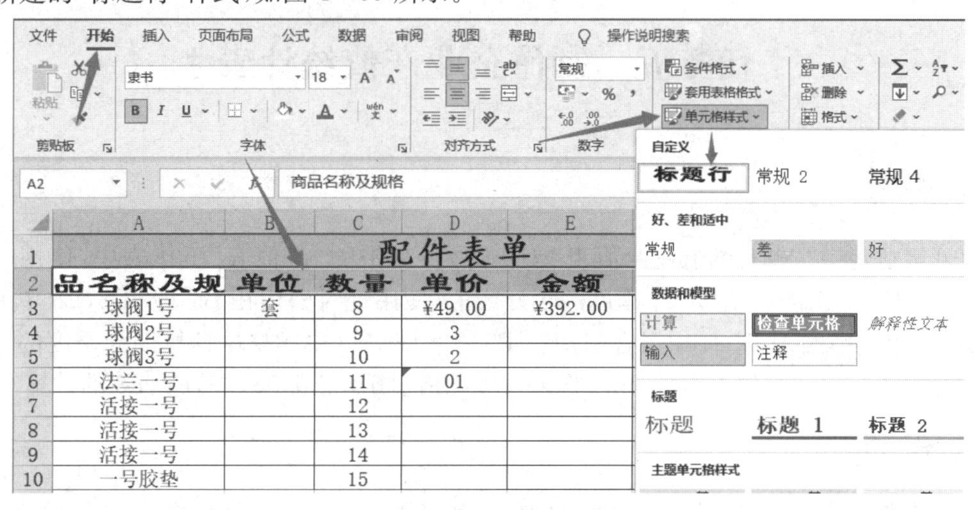

图 4-59　应用新建的样式

4.4.11　设置工作表主题

新建一个工作簿或者工作表，呈现的是 Excel 2016 默认的主题。当然 Excel 2016 也提供了修改主题的功能，可以用来选择自己喜欢或者需要进行规范的主题。

单击"页面布局"选项卡下"主题"功能组中的"主题"按钮，如图 4-60 所示，在下拉列表中选择自己喜欢的主题即可。

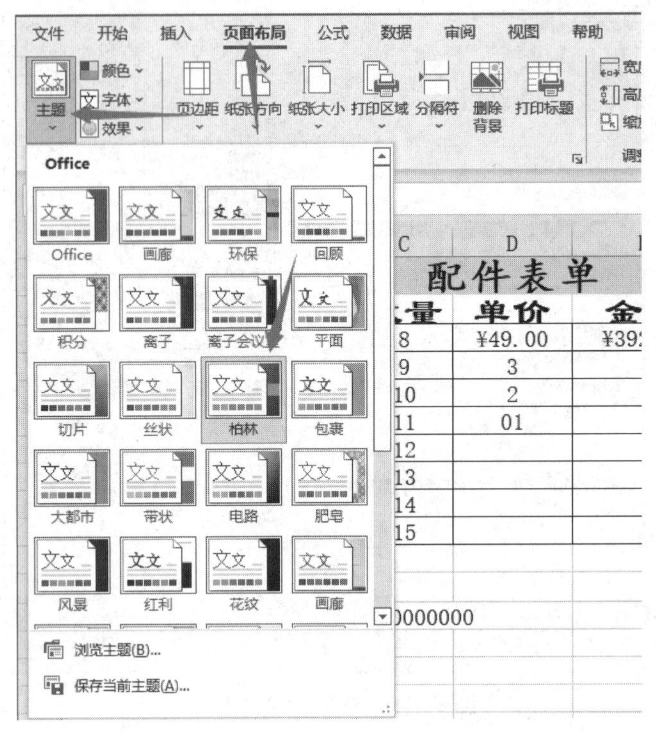

图 4-60 设置主题

任务五 制作企业产值统计表

任务描述

打开素材包中“2021 年企业产值表”工作簿，在其中的“产值表”工作表中，使用公式在 B7,C7,D7,E7 单元格中计算四个季度的合计产值；使用绝对引用在 B8,C8,D8,E8 单元格中计算四个季度的全年比例；使用混合引用在 B9,C9,D9,E9 单元格中计算四个季度的全年比例。在其中的“汇总”工作表中，使用工作表外单元格引用，完成 B3,C3,D3,E3 的计算。

任务分析

学习有关单元格绝对地址、相对地址的概念和区别，掌握相对引用、绝对引用、混合引用及工作表外单元格引用的方法，熟悉公式、运算符的使用。

任务演示

4.5.1 单元格的引用

单元格的引用在使用公式时起到非常重要的作用，Excel 2016 中单元格的引用方式有三种：相对引用、绝对引用和混合引用。

1. 相对引用

相对引用是基于包含公式和单元格引用的单元格的相对地址，即公式所在单元格的地址发生改变，所引用的单元格地址也随之改变。

打开素材包中“2021 年企业产值表”工作簿，选中“产值表”工作表，在 B7 单元格中输入公式“＝B3＋B4＋B5＋B6”，按[Enter]键，计算出第一季度的合计产值，如图 4－61 所示。将公式填充至 E7 单元格，计算出其余三个季度的合计产值，如图 4－62 所示。

B7　=B3+B4+B5+B6

	A	B	C	D
1	2021年企业产值表			
2	时间	第一季度	第二季度	第三季度
3	电冰箱	400	423	512
4	电风扇	300	322	413
5	微波炉	455	438	423
6	煤气灶	322	311	388
7	合计产值	1477		
8	全年比例			

图 4－61　用公式计算合计产值

=E3+E4+E5+E6

A	B	C	D	E
2021年企业产值表				
时间	第一季度	第二季度	第三季度	第四季度
电冰箱	400	423	512	532
电风扇	300	322	413	233
微波炉	455	438	423	322
煤气灶	322	311	388	315
合计产值	1477	1494	1736	1402
全年比例				

图 4－62　使用填充柄填充公式

随后选中 E7 单元格，在编辑框中查看公式为“＝E3＋E4＋E5＋E6”，可见引用的单元格地址发生了变化。

2. 绝对引用

绝对引用是指引用单元格的地址不会随着公式所在单元格地址的变化而变化。即使多行或多列地复制或填充公式时，绝对引用的单元格地址也不会改变。

选中 B8 单元格，输入公式“＝B7/(B7＋C7＋D7＋E7)”，计算第一季度占全年的产值比例，并在“开始”选项卡下“数字”功能组中单击“%”按钮，如图 4－63 所示。如果不对公式进行绝对引用修改，直接将公式填充至 E8 单元格，可以发现 E8 单元格数据为 100%，明显不对，如图 4－64 所示。选中 E8 单元格，可以看到编辑框中公式变成了“＝E7/(E7＋F7＋G7＋H7)”，分母发生了变化。

B8　=B7/(B7+C7+D7+E7)

	A	B	C	D	E
1	2021年企业产值表				
2	时间	第一季度	第二季度	第三季度	第四季度
3	电冰箱	400	423	512	532
4	电风扇	300	322	413	233
5	微波炉	455	438	423	322
6	煤气灶	322	311	388	315
7	合计产值	1477	1494	1736	1402
8	全年比例	24%			

图 4－63　计算第一季度全年比例

E8　=E7/(E7+F7+G7+H7)

	A	B	C	D	E
1	2021年企业产值表				
2	时间	第一季度	第二季度	第三季度	第四季度
3	电冰箱	400	423	512	532
4	电风扇	300	322	413	233
5	微波炉	455	438	423	322
6	煤气灶	322	311	388	315
7	合计产值	1477	1494	1736	1402
8	全年比例	24%	32%	55%	100%

图 4－64　直接填充明显不对

如果想保持分母不变，可以使用绝对引用地址，在单元格行号和列标前都加上“$”符号，B8 单元格公式改为“＝B7/($B$7＋$C$7＋$D$7＋$E$7)”，如图 4－65 所示，再次将公式向右填充至 E8 单元格，向下填充至 B13 单元格，观察填充后的分母都保持不变，如

图 4-66 所示。然后按[Ctrl+Z]组合键撤消向下的填充。

=B7/($B$7+$C$7+$D$7+$E$7)

A	B	C	D	E
2021年企业产值表				
时间	第一季度	第二季度	第三季度	第四季度
电冰箱	400	423	512	532
电风扇	300	322	413	233
微波炉	455	438	423	322
煤气灶	322	311	388	315
合计产值	1477	1494	1736	1402
全年比例	24%			

图 4-65　分母的绝对引用

=E7/($B$7+$C$7+$D$7+$E$7)

	A	B	C	D	E
1	2021年企业产值表				
2	时间	第一季度	第二季度	第三季度	第四季度
3	电冰箱	400	423	512	532
4	电风扇	300	322	413	233
5	微波炉	455	438	423	322
6	煤气灶	322	311	388	315
7	合计产值	1477	1494	1736	1402
8	全年比例	24%	24%	28%	23%
9		0%			
10		0%			
11		0%			
12		0%			
13		0%			

图 4-66　填充后分母保持不变

3. 混合引用

混合引用是既包含相对引用又包含绝对引用的混合形式，具有绝对列和相对行，或绝对行和相对列。

选中 B9 单元格，输入公式"=B7/($B7+$C7+$D7+$E7)"，如图 4-67 所示，再次将公式向右填充至 E9 单元格，观察填充后的分母都保持不变，如图 4-68 所示。

=B7/($B7+$C7+$D7+$E7)

A	B	C	D	E
2021年企业产值表				
时间	第一季度	第二季度	第三季度	第四季度
电冰箱	400	423	512	532
电风扇	300	322	413	233
微波炉	455	438	423	322
煤气灶	322	311	388	315
合计产值	1477	1494	1736	1402
绝对全年比例	24%	24%	28%	23%
混合全年比例	24%			

图 4-67　分母的混合引用

=E7/($B7+$C7+$D7+$E7)

	A	B	C	D	E
1	2021年企业产值表				
2	时间	第一季度	第二季度	第三季度	第四季度
3	电冰箱	400	423	512	532
4	电风扇	300	322	413	233
5	微波炉	455	438	423	322
6	煤气灶	322	311	388	315
7	合计产值	1477	1494	1736	1402
8	绝对全年比例	24%	24%	28%	23%
9	混合全年比例	24%	24%	28%	23%

图 4-68　填充后分母保持不变

对于混合引用，当列标前面加"$"符号时，无论复制到什么地方，列的引用保持不变，行的引用自动调整；当行号前面加"$"符号时，无论复制到什么地方，行的引用保持不变，列的引用自动调整。

4. 工作表外单元格的引用

公式也可以引用其他工作表中的单元格，要引用同一个工作簿中不同工作表中的单元格，可使用如下格式：

=工作表名称！单元格地址。

要引用一个不同工作簿中的单元格，可使用如下格式：

=[工作簿名称]工作表名称！单元格地址。

选中"汇总"工作表，在 B3 单元格中输入"="，如图 4-69 所示，然后选择"产值表"工作表，单击 B9 单元格，如图 4-70 所示，注意编辑框中的内容已经变成"=产值表！B9"，按[Enter]键，系统会自动切换回原来的"汇总"工作表。最后将公式填充至 E3 单元格即可。

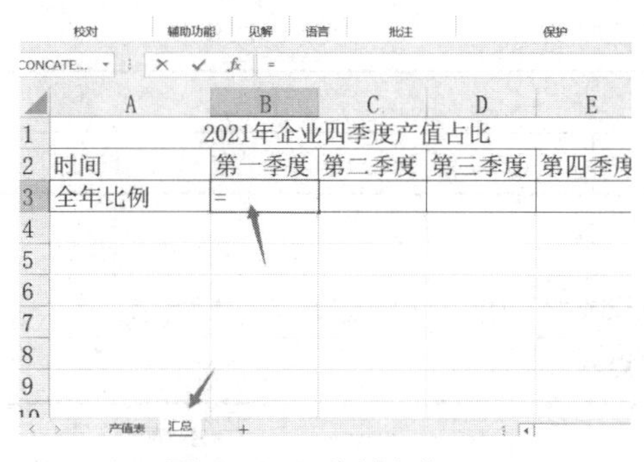

图 4-69　先输入“=”

CONCATE...　=产值表!B9

	A	B	C	D	E
1	2021年企业产值表				
2	时间	第一季度	第二季度	第三季度	第四季度
3	电冰箱	400	423	512	532
4	电风扇	300	322	413	233
5	微波炉	455	438	423	322
6	煤气灶	322	311	388	315
7	合计产值	1477	1494	1736	1402
8	绝对全年比例	24%	24%	28%	23%
9	混合全年比例	24%	24%	28%	23%

产值表　汇总

图 4-70　观察编辑框的变化

4.5.2　运算符

运算符是公式中各个运算对象的纽带，同时可以对公式中的数据进行特定类型的运算。Excel 2016 包含四类运算符，分别为算术运算符、比较运算符、文本运算符和引用运算符。

1. 算术运算符

算术运算符能完成基本的数学运算，包括加、减、乘、除、百分比和乘方，如表 4-1 所示。

表 4-1　算术运算符

算术运算符	含义	示例
+(加号)	加法	F1+G1
-(减号)	减法	F1-B1
*(乘号)	乘法	G1*H1
/(除号)	除法	A1/B1
%(百分号)	百分比	14%
^(脱字号)	乘方	2^3=8

2. 比较运算符

比较运算符用于比较两个值，结果返回逻辑值“TRUE”或者“FALSE”。若满足条件则返回逻辑值“TRUE”，若不满足条件则返回逻辑值“FALSE”，如表 4-2 所示。

表 4-2　比较运算符

比较运算符	含义	示例
=(等于号)	等于	A1=B1
>(大于号)	大于	A1>B1
<(小于号)	小于	A1<B1
>=(大于或等于号)	大于或等于	A1>=B1
<=(小于或等于号)	小于或等于	A1<=B1
<>(不等于号)	不等于	A1<>B1

3. 文本运算符

文本运算符表示使用“&”连接多个字符，产生一个文本，如表 4-3 所示。

表 4-3　文本运算符

文本运算符	含义	示例
&(和号)	将多个值连接为一个连续的文本值	"Excel"&"2016"结果是"Excel2016"

4. 引用运算符

引用运算符主要用于在工作表中进行单元格或区域之间的引用，如表 4-4 所示。

表 4-4　引用运算符

引用运算符	含义	示例
:(冒号)	区域运算符，生成对两个引用之间的单元格(包括这两个单元格)的引用	A1:G1
,(逗号)	联合运算符，将多个引用合并为一个引用	SUM(A1:G1,A4:G4)
(空格)	交叉运算符，生成对两个引用共同的单元格引用	A1:A10 C1:C10

4.5.3　公式的运算顺序

公式输入完成后，在执行计算时，公式的运算是遵循特定的运算顺序的。公式的运算顺序不同得到的结果也不同，因此用户熟悉公式的运算顺序以及更改顺序是非常重要的。

通常情况下，公式的运算顺序为从左向右，但是如果公式中包含多个运算符，则要按照一定的运算顺序进行计算。表 4-5 所示的运算符的优先级从上到下。

表 4-5　公式的运算符优先级

运算符	说明
:	区域运算符
(空格)	联合运算符
,	交叉运算符
-	负号
%	百分比
^	乘方
* 和/	乘号和除号
+和-	加号和减号
&	文本运算符
=,>,<,>=,<=,<>	比较运算符

如果公式中包含相同优先级的运算符，如包含乘和除，则运算顺序为从左向右。

如果需要更改运算顺序，可以通过添加括号的方法。例如，"6+3 * 8"计算结果为"30"，该运算的顺序为先乘法再加法。如果添加括号，即"(6+3) * 8"，则计算结果为"72"，该运算的顺序为先加法再乘法。

技巧：在公式中使用括号时，必须要成对出现，即有左括号就必须有右括号。括号内必须遵循运算顺序。当在公式中多组括号进行嵌套使用时，其运算顺序为从最内侧的括号逐级向外。

†任务六　制作学生期末成绩统计表†

任务描述

打开素材包中“期末成绩表”工作簿，并完成以下操作：

(1) 在 G3 到 G14 单元格中用函数求每位同学的总分；

(2) 在 H3 到 H14 单元格中用函数求每位同学的平均分；

(3) 在 C17 和 C18 单元格中分别用函数求总分的最高分和最低分；

(4) 在 G16 单元格中用函数求参加考试的人数；

(5) 在 G17 单元格中用函数求参加英语考试的人数。

任务分析

熟悉 SUM 函数以及常用统计函数的使用。统计函数用于对数据区域进行统计分析，必须掌握的常用统计函数有 AVERAGE，COUNT，MAX，MIN 函数等。

任务演示

4.6.1　函数的使用

1. 求和函数 SUM

打开相关素材“期末成绩表”工作簿，选中 G3 单元格，单击“插入函数”按钮 f_x，在打开的“插入函数”对话框中，选择“SUM”函数，单击“确定”按钮，如图 4-71 所示。弹出“函数参数”对话框，在“Number1”文本框中观察自动引用的单元格或单元格区域是否正确，单击“确定”按钮即可，如图 4-72 所示。使用填充柄将函数填充至 G14 单元格。

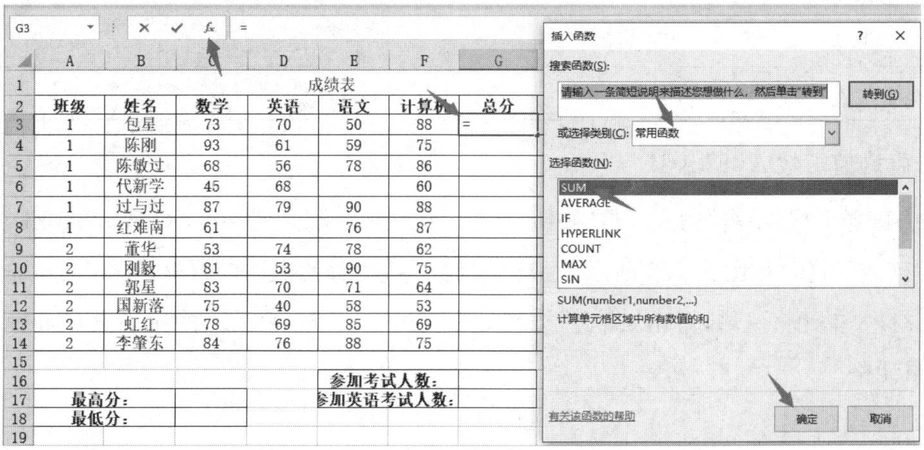

	A	B	C	D	E	F	G
1					成绩表		
2	班级	姓名	数学	英语	语文	计算机	总分
3	1	包星	73	70	50	88	=
4	1	陈刚	93	61	59	75	
5	1	陈敏过	68	56	78	86	
6	1	代新学	45	68		60	
7	1	过与过	87	79	90	88	
8	1	红难南	61		76	87	
9	2	董华	53	74	78	62	
10	2	刚毅	81	53	90	75	
11	2	郭星	83	70	71	64	
12	2	国新落	75	40	58	53	
13	2	虹红	78	69	85	69	
14	2	李肇东	84	76	88	75	
15							
16					参加考试人数：		
17	最高分：				参加英语考试人数：		
18	最低分：						
19							

插入函数
搜索函数(S)：
请输入一条简短说明来描述您想做什么，然后单击“转到”
转到(G)
或选择类别(C)：常用函数
选择函数(N)：
SUM
AVERAGE
IF
HYPERLINK
COUNT
MAX
SIN
SUM(number1,number2,...)
计算单元格区域中所有数值的和
有关该函数的帮助
确定　取消

图 4-71　插入 SUM 函数

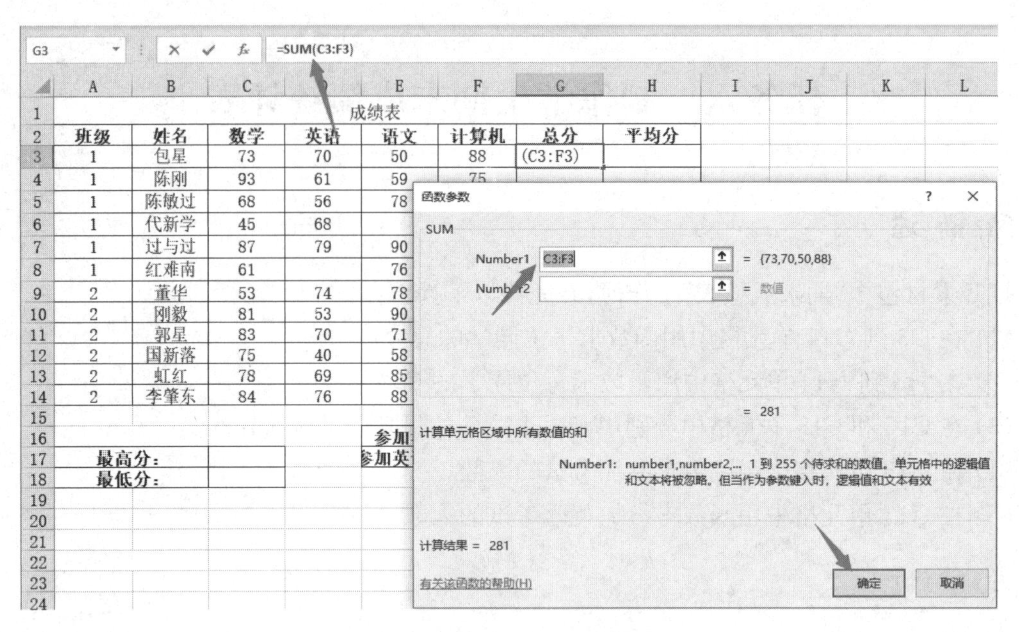

图 4-72　观察默认参数是否正确

技巧：直接在 G3 单元格中输入"＝SUM(C3：F3)"，再按[Enter]键也可以求和；或者输入"＝SUM("，然后用鼠标拖选 C3：F3 单元格区域也可以求和。此两种方法也适用其他函数的操作。

对 SUM 函数的介绍如表 4-6 所示。

表 4-6　SUM 函数

函数	SUM
功能	返回某一单元格区域中所有数值之和
语法	SUM(number1，number2，…) 其中 number1，number2，…为 1 到 255 个待求和的数值。直接键入参数列表中的数值、逻辑值及数值的文本表达式将被计算
示例	＝SUM(A1：A5)

2. 求平均值函数 AVERAGE

选中 H3 单元格，单击"插入函数"按钮，在打开的"插入函数"对话框中，选择"AVERAGE"函数，单击"确定"按钮，如图 4-73 所示。弹出"函数参数"对话框，在"Number1"文本框中用鼠标拖选 C3：F3 单元格区域，单击"确定"按钮即可，如图 4-74 所示。使用填充柄将函数填充至 H14 单元格。

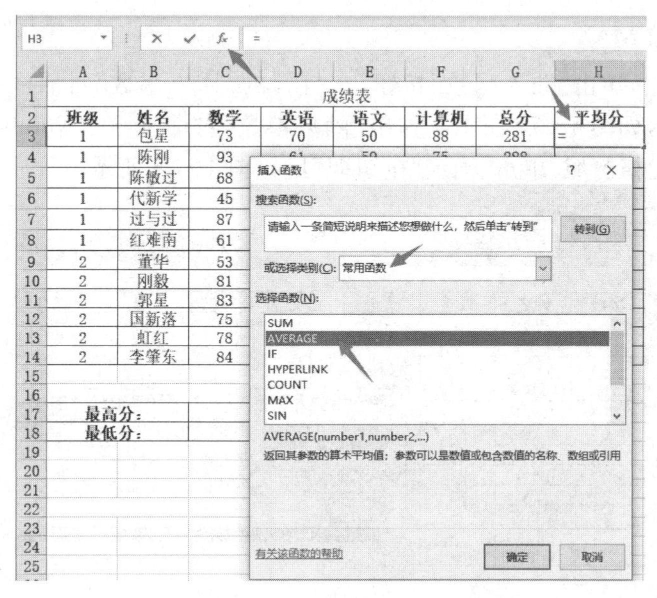

图 4-73　插入 AVERAGE 函数

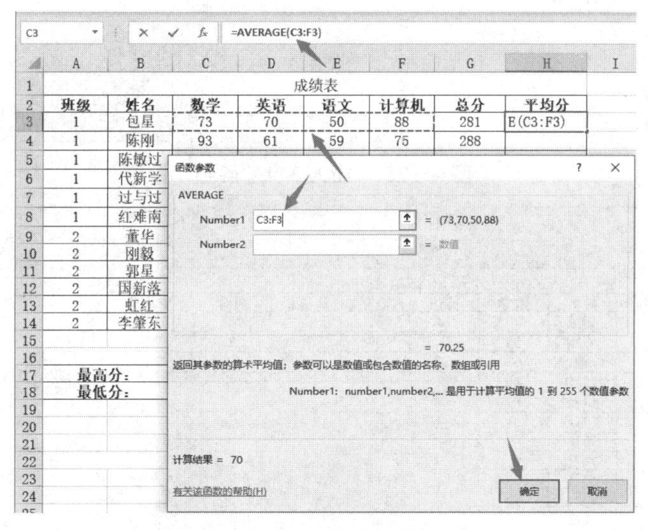

图 4-74　修改引用的单元格区域

对 AVERAGE 函数的介绍如表 4-7 所示。

表 4-7　AVERAGE 函数

函数	AVERAGE
功能	返回参数平均值(算术平均)
语法	AVERAGE(number1,number2,…) 其中 number1,number2,…是用于计算平均值的 1 到 255 个数值参数。参数可以是数值,或者是涉及数值的名称、数组或引用。如果数组或单元格引用参数中有文字、逻辑值或空单元格,则忽略其值。但是,如果单元格包含零值,则计算在内
示例	=AVERAGE(A1:A5)

3. 求最大值函数 MAX

选中 C17 单元格，单击“插入函数”按钮，在打开的“插入函数”对话框中，选择“MAX”函数，单击“确定”按钮，如图 4－75 所示。弹出“函数参数”对话框，在“Number1”文本框中用鼠标拖选 G3：G14 单元格区域，单击“确定”按钮即可，如图 4－76 所示。

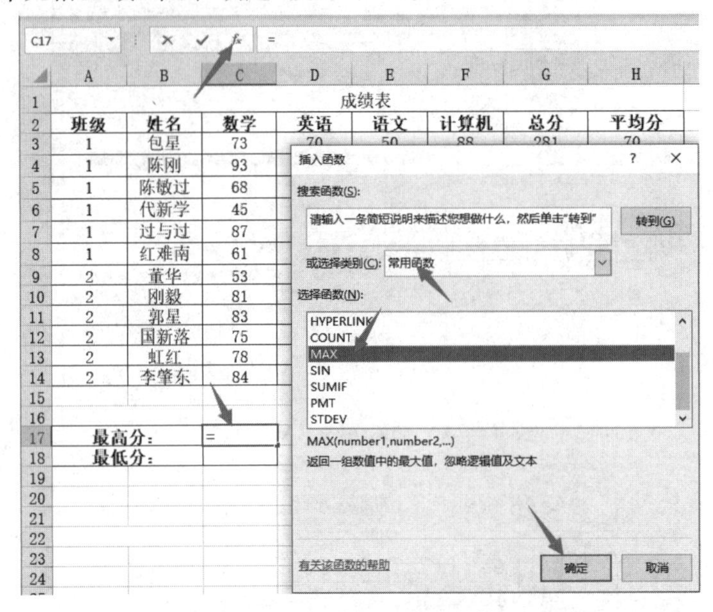

图 4－75　插入 MAX 函数

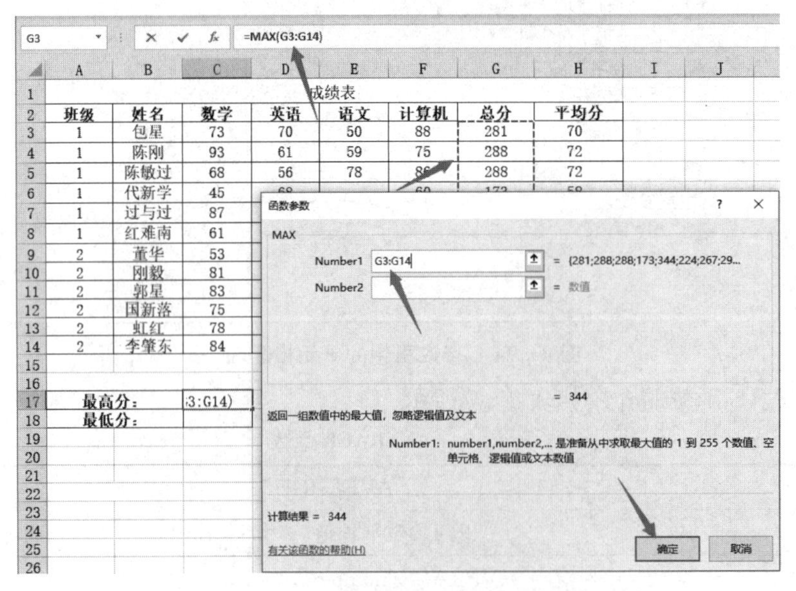

图 4－76　修改引用的单元格区域

4. 求最小值函数 MIN

选中 C18 单元格，单击“插入函数”按钮，在打开的“插入函数”对话框中，选择“MIN”函数，单击“确定”按钮，如图 4－77 所示。弹出“函数参数”对话框，在“Number1”文本框中用鼠标拖选 G3：G14 单元格区域，单击“确定”按钮即可，如图 4－78 所示。

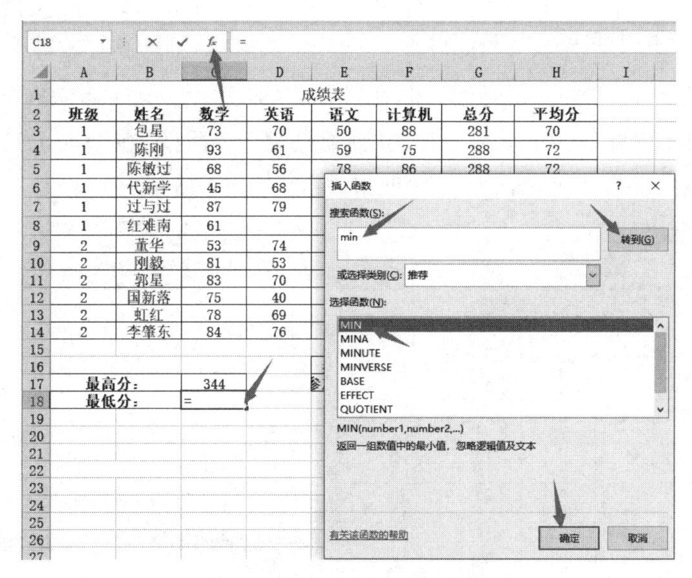

图 4－77　插入 MIN 函数

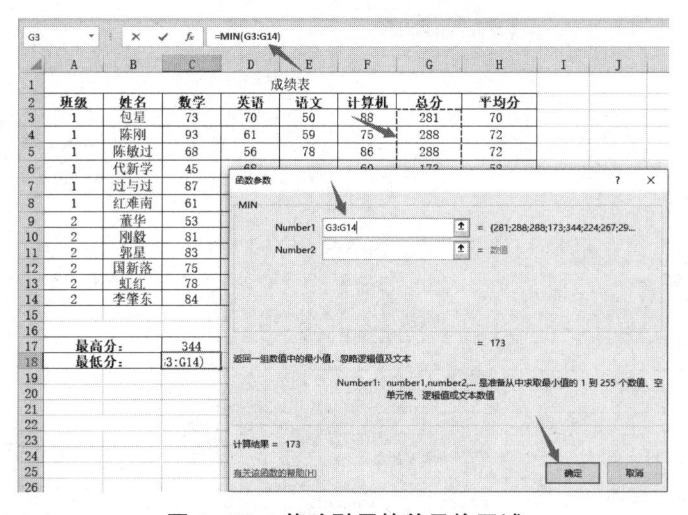

图 4－78　修改引用的单元格区域

对 MAX 和 MIN 函数的介绍如表 4－8 所示。

表 4－8　MAX/MIN 函数

函数	MAX/MIN
功能	返回数据集中的最大/最小数值
语法	MAX(number1,number2,…) MIN(number1,number2,…)
	其中 number1,number2,…是需要找出最大/最小数值的 1 到 255 个数值。可以将参数指定为数值、空单元格、逻辑值或数值的文本表达式。如果参数为错误值或为不能转换成数值的文本,将产生错误
示例	＝MAX(A1:A5)/＝MIN(A1:A5)

5. 统计非空单元格个数函数 COUNTA

选中 G16 单元格，单击“插入函数”按钮，在打开的“插入函数”对话框中，选择“COUNTA”函数，单击“确定”按钮，如图 4－79 所示。弹出“函数参数”对话框，在“Value1”文本框中用鼠标拖选 B3:B14 单元格区域，单击“确定”按钮即可，如图 4－80 所示。

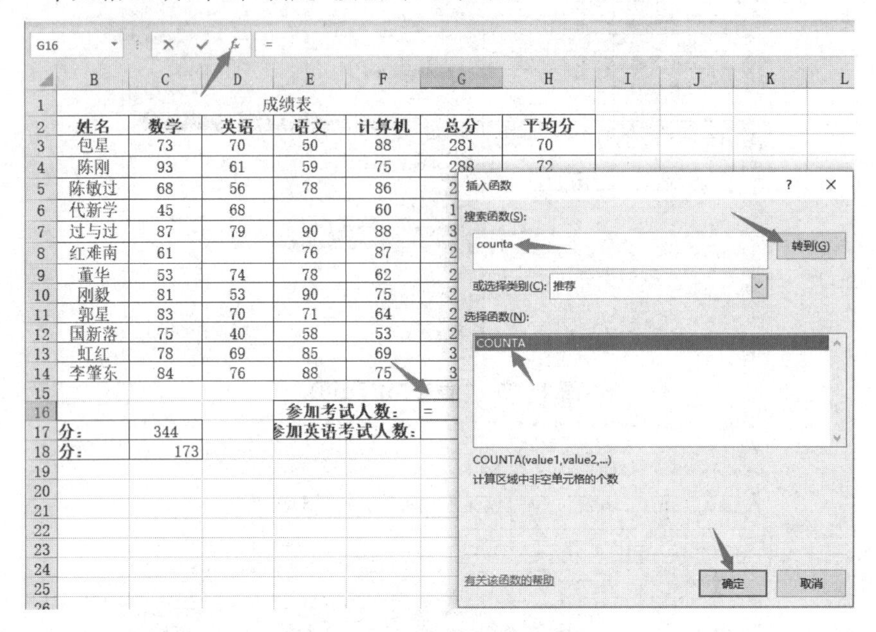

图 4－79　插入 COUNTA 函数

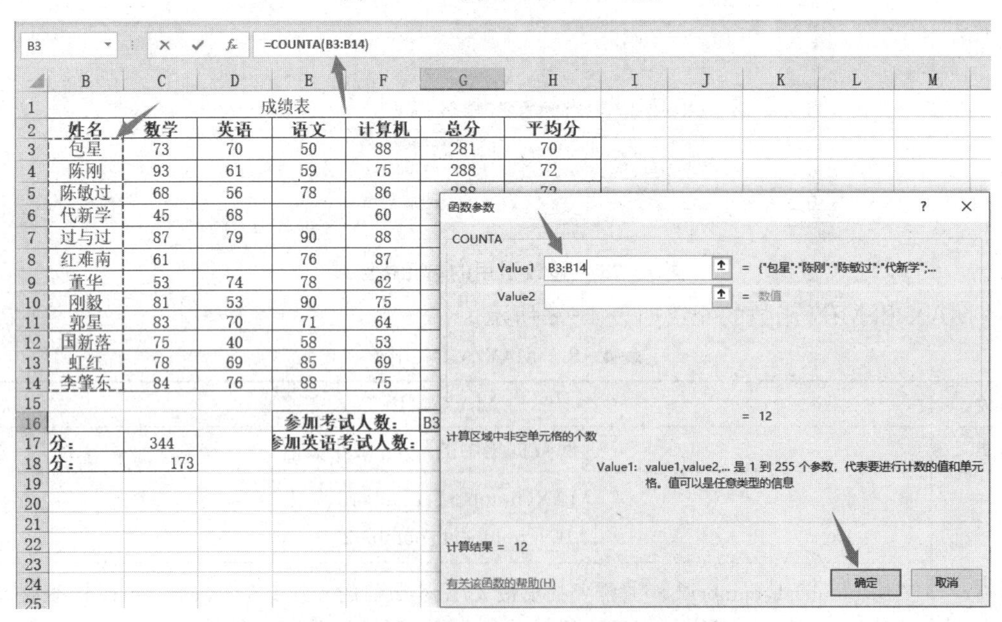

图 4－80　修改引用的单元格区域

对 COUNTA 函数的介绍如表 4－9 所示。

表 4-9 COUNTA 函数

函数	COUNTA
功能	返回区域中非空单元格的个数。可以计算数组或单元格区域中数据项的个数
语法	COUNTA(value1,value2,…) 其中 value1,value2,…是 1 到 255 个参数。参数值可以是任何类型,它们可以包括空字符(""),但不包括空单元格。如果参数是数组或单元格引用,则数组或引用中的空单元格将被忽略。如果不需要统计逻辑值、文字或错误值,则请使用函数 COUNT
示例	=COUNTA(A1:A5)

6. 统计数字个数函数 COUNT

选中 G17 单元格,单击“插入函数”按钮,在打开的“插入函数”对话框中,选择“COUNT”函数,单击“确定”按钮,如图 4-81 所示。弹出“函数参数”对话框,在“Value1”文本框中用鼠标拖选 D3:D14 单元格区域,单击“确定”按钮即可,如图 4-82 所示。

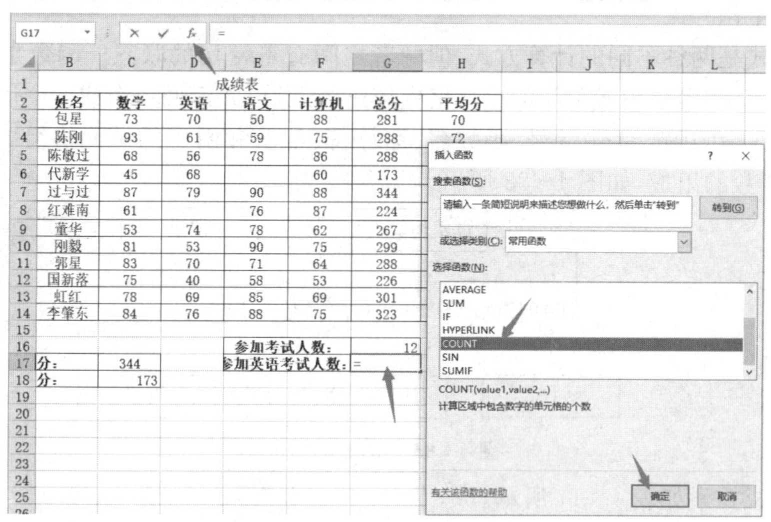

图 4-81 插入 COUNT 函数

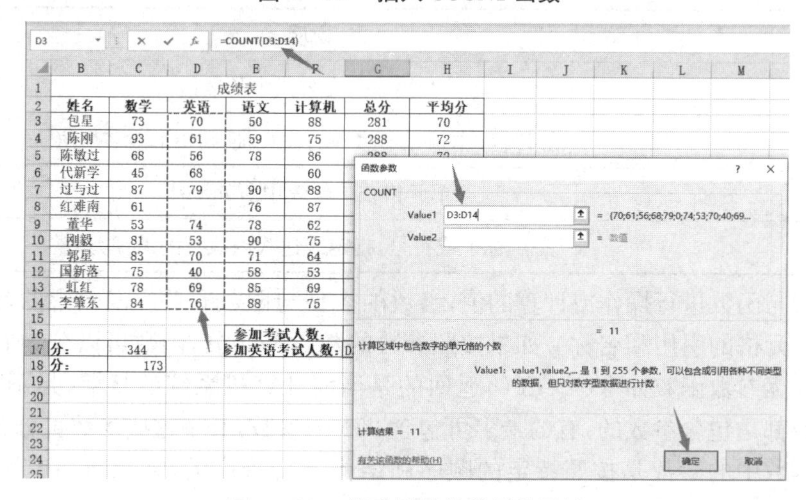

图 4-82 修改引用的单元格区域

对 COUNT 函数的介绍如表 4－10 所示。

表 4－10　COUNT 函数

函数	COUNT
功能	返回区域中包含数字的单元格的个数。可以计算数组或单元格区域中数值项的个数
语法	COUNT(value1,value2,…)
	其中 value1,value2,…是包含或引用各种类型数据的 1 到 255 个参数,但只有数值类型的数据才被计数
示例	=COUNT(A1:A5)

4.6.2　函数与公式

Excel 2016 具有强大的计算功能,应用公式和函数可以快速完成非常复杂的计算,大大简化手动计算的工作。

函数与公式是两种不同的计算方式,但两者之间有着密切的联系。函数是预先定义好的公式,可以对一个或多个值或引用的单元格内容进行运算,并返回一个或多个值。

Excel 2016 中的函数是由等号、函数名、运算符、常量和引用的单元格组成的。以 DB 函数为例,介绍函数的组成,如图 4－83 所示。

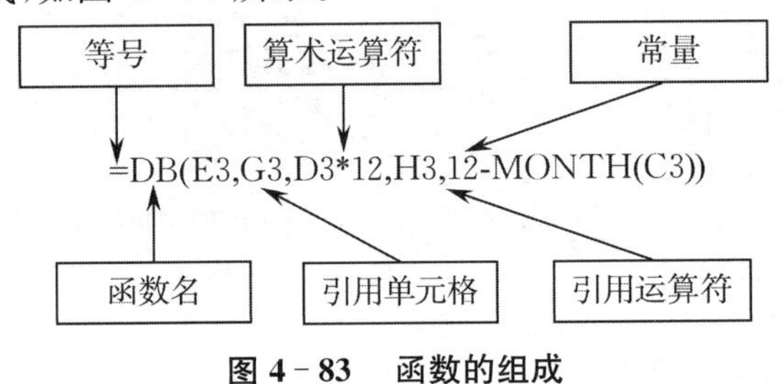

图 4－83　函数的组成

函数的组成要素如表 4－11 所示。

表 4－11　函数的组成要素

组成要素	说明
常量	直接输入在公式中的数值
工作表函数	在 Excel 中预先编写好的公式,返回一个或多个值
单元格引用	单元格在工作表中所处地址
运算符	一个标记或符号,指定表达式内执行的运算类型

参数是参与函数进行操作或计算的值,参数的类型与函数有关。函数中的参数类型包括数值、文本、单元格的引用和名称。如果按照参数的数量来区分,函数可以分为有参数和无参数两种类型。无参数函数如 TODAY()返回的是当前计算机系统的日期,是不需要参数的。绝大部分函数都是包含参数的,有的最多可包含 255 个参数,其中这些参数可分为必要参数和可选参数。函数中的参数是按照特定的顺序和结构进行排序的,如果排序有误则返回错误的值。

任务七　制作数学计算表

任务描述

打开素材包中“数学计算表”工作簿，并完成以下操作：

(1) 使用 INT 函数在 B3 到 B11 单元格中求出 A 列数值的整数值；

(2) 使用 ROUND 函数在 C3 到 C11 单元格中求出 A 列数值的近似值，按四舍五入保留两位小数；

(3) 使用 TRUNC 函数在 D3 到 D11 单元格中求出 A 列数值的整数值；

(4) 使用 SQRT 函数在 B14 到 B18 单元格中求出 A 列数值的正平方根；

(5) 使用 MOD 函数在 C21 到 C24 单元格中求出对应的余数。

任务分析

学习使用数学函数，以及键盘直接输入函数计算的操作。

任务演示

1. 向下取整函数 INT

打开相关素材“数学计算表”工作簿，选中 B3 单元格，输入“＝INT(”，然后选择 A3 单元格，再输入“)”，按[Enter]键即可。使用填充柄将函数填充至 B11 单元格。

对 INT 函数的介绍如表 4－12 所示。

表 4－12　INT 函数

函数	INT
功能	返回数值向下取整最接近的整数值
语法	INT(number)
	其中 number 为需要进行取整处理的实数
示例	＝INT(A3)

2. 取近似值函数 ROUND

选中 C3 单元格，输入“＝ROUND(”，然后选择 A3 单元格，再输入“,2)”，按[Enter]键即可。使用填充柄将函数填充至 C11 单元格。

对 ROUND 函数的介绍如表 4－13 所示。

表 4-13 ROUND 函数

函数	ROUND
功能	返回某个数值按指定位数舍入后的数值
语法	ROUND(number,num_digits)
	其中 number 为需要进行舍入的数值,num_digits 为指定的位数,按此位数进行四舍五入。如果 num_digits>0,则舍入指定的小数位;如果 num_digits=0,则舍入整数;如果 num_digits<0,则在小数点左侧进行舍入
示例	=ROUND(A3,2)

3. 截尾取整函数 TRUNC

选中 D3 单元格,输入"=TRUNC(",然后选择 A3 单元格,再输入")",按[Enter]键即可。使用填充柄将函数填充至 D11 单元格。

对 TRUNC 函数的介绍如表 4-14 所示。

表 4-14 TRUNC 函数

函数	TRUNC
功能	将数值的小数部分截去返回整数部分,或保留指定位数的小数
语法	TRUNC(number,num_digits)
	其中 number 为需要截尾取整的数值,num_digits 用于指定取整精度,默认值为 0
示例	=TRUNC(A3)

说明:TRUNC 函数和 INT 函数类似,都能返回整数。TRUNC 函数直接去除数值的小数部分,而 INT 函数则是依照给定数值的小数部分的值,将其向下取整到最接近的整数。INT 函数和 TRUNC 函数在处理负数时会有不同,例如 TRUNC(-4.3)返回-4,但 INT(-4.3)返回-5。

4. 求平方根函数 SQRT

选中 B14 单元格,输入"=SQRT(",然后选择 A14 单元格,再输入")",按[Enter]键即可。使用填充柄将函数填充至 B18 单元格。

对 SQRT 函数的介绍如表 4-15 所示。

表 4-15 SQRT 函数

函数	SQRT
功能	返回数值的正平方根
语法	SQRT(number)
	其中 number 为需要求平方根的数值,如果该数值为负,则返回错误值#NUM
示例	=SQRT(A3)

5. 求余数函数 MOD

选中 C21 单元格,输入"=MOD(",然后选择 A21 单元格,再输入",",选择 B21 单元格,最后输入")",按[Enter]键即可。使用填充柄将函数填充至 C24 单元格。

对 MOD 函数的介绍如表 4-16 所示。

表 4-16　MOD 函数

函数	MOD
功能	返回两数相除的余数。结果的正负号与除数相同
语法	MOD(number,divisor)
	其中 number 为被除数,divisor 为除数。如果 divisor=0,则返回错误值#DIV/0!
示例	=MOD(A3,A4)

完成以上操作后,工作簿最终效果如图 4-84 所示。

	A	B	C	D
1	1、近似值与取整			
2	原始值	取整值	近似值	取整数部分
3	-8.646	-9	-8.65	-8
4	16.705	16	16.71	16
5	5.564	5	5.56	5
6	-5.251	-6	-5.25	-5
7	1.119	1	1.12	1
8	-17.864	-18	-17.86	-17
9	7.886	7	7.89	7
10	-24.839	-25	-24.84	-24
11	28.789	28	28.79	28
12	2、求平方根			
13	数据	平方根		
14	16	4		
15	44	6.63325		
16	56	7.483315		
17	-3	#NUM!		
18	0	0		
19	3、求余数			
20	被除数	除数	余数	
21	21	3	0	
22	5	6	5	
23	9	7	2	
24	5	8	5	

图 4-84　“数学计算表”工作簿最终效果

任务八　制作学生信息表

任务描述

打开素材包中“学生信息表”工作簿,并完成以下操作:

(1) 使用 LEFT 函数完成“字符串函数”工作表中的“姓氏”;

(2) 使用 RIGHT 函数完成“字符串函数”工作表中的“座位号”;

(3) 使用 MID 函数完成“字符串函数”工作表中的“名字”和“出生日期”。

任务分析

学习和使用字符串函数。字符串函数是指在公式中处理文本的函数,主要用于查找或提取文本中的特殊字符。

任务演示

1. 左字符函数 LEFT

打开相关素材“学生信息表”工作簿，选中 D3 单元格，输入“=LEFT(”，然后选择 B3 单元格，输入“,1)”，按[Enter]键即可。使用填充柄将函数填充至 D11 单元格。

对 LEFT 函数的介绍如表 4-17 所示。

表 4-17 LEFT 函数

函数	LEFT
功能	基于所指定的字符数返回文本串中的第一个或前几个字符
语法	LEFT(text,num_chars)
	其中 text 是包含要提取字符的文本串，num_chars 指定所要提取的字符数，num_chars 必须大于或等于 0。如果 num_chars 大于文本长度，则返回所有文本；如果忽略 num_chars，则假定其为 1
示例	=LEFT(A3,1)

2. 右字符函数 RIGHT

选中 F3 单元格，输入“=RIGHT(”，然后选择 A3 单元格，输入“,2)”，按[Enter]键即可。使用填充柄将函数填充至 F11 单元格。

对 RIGHT 函数的介绍如表 4-18 所示。

表 4-18 RIGHT 函数

函数	RIGHT
功能	基于所指定的字符数返回文本串中的最后一个或后几个字符
语法	RIGHT(text,num_chars)
	其中 text 是包含要提取字符的文本串，num_chars 指定所要提取的字符数，num_chars 必须大于或等于 0。如果 num_chars 大于文本长度，则返回所有文本；如果忽略 num_chars，则假定其为 1
示例	=RIGHT(A3,1)

3. 取指定字符函数 MID

选中 E3 单元格，输入“=MID(”，然后选择 B3 单元格，输入“,2,3)”，按[Enter]键即可。使用填充柄将函数填充至 E11 单元格。

选中 G3 单元格，输入“=MID(”，然后选择 C3 单元格，输入“,7,8)”，按[Enter]键即可。使用填充柄将函数填充至 G11 单元格。

对 MID 函数的介绍如表 4-19 所示。

表 4－19　MID 函数

函数	MID
功能	返回文本串中从指定位置开始的特定数目的字符，该数目由用户指定
语法	MID(text，start_num，num_chars) 其中 text 是包含要提取字符的文本串；start_num 是文本串中要提取的第一个字符的位置，如果 start_num 大于文本长度，则返回""(空文本)，如果 start_num 小于文本长度，但 start_num 加上 num_chars 超过了文本长度，则只返回至多直到文本末尾的字符，如果 start_num 小于 1，则返回错误值＃VALUE!；num_chars 指定从文本中返回字符的个数，如果 num_chars 是负数，则返回错误值＃VALUE!
示例	＝MID(A3，1，5)

完成以上操作后，工作簿最终效果如图 4－85 所示。

	A	B	C	D	E	F	G
1	学生信息表						
2	学号	姓名	身份证号码	姓氏	名字	座位号	出生日期
3	96101001	李白	261909193304045712	李	白	01	19330404
4	97201002	王小二	141209194306094339	王	小二	02	19430609
5	97101003	黄天霸	390414193711314798	黄	天霸	03	19371131
6	98301004	杜黑云	351305192403102146	杜	黑云	04	19240310
7	97201005	杜甫	231508195608041191	杜	甫	05	19560804
8	97101006	王叮啵	311912197103144289	王	叮啵	06	19710314
9	97101007	杜牧	281811191706305163	杜	牧	07	19170630
10	97101008	王维	231105191309305117	王	维	08	19130930
11	97101009	言承旭	121612196311103494	言	承旭	09	19631110

图 4－85　“学生信息表”工作簿最终效果

任务九　制作学生会干部信息表

任务描述

打开素材包中“学生会干部信息表”工作簿，并完成以下操作：

(1) 使用函数完成“日期”工作表中的“当前日期”；

(2) 使用函数完成“日期”工作表中的学生出生日期中的“日”；

(3) 使用函数完成“日期”工作表中的学生出生日期中的“月”；

(4) 使用函数完成“日期”工作表中的学生出生日期中的“年”；

(5) 使用函数完成“日期”工作表中的学生的“年龄”。

任务分析

学习和使用日期与时间函数。日期与时间函数是 Excel 2016 中的主要函数类型之一，在数据处理时经常会对日期与时间数据进行编辑处理。

任务演示

1. 当前日期与时间函数 NOW

打开相关素材“学生会干部信息表”工作簿，选中 I4 单元格，输入“=NOW()”(返回值与计算机系统当前的日期与时间一致)，按[Enter]键，调整列宽，让日期可见。使用填充柄将函数填充至 I14 单元格。

对 NOW 函数的介绍如表 4-20 所示。

表 4-20　NOW 函数

函数	NOW
功能	返回计算机系统当前的日期与时间
语法	NOW()
	无参数
示例	=NOW()

2. 日期中提取日函数 DAY

选中 H4 单元格，输入“=DAY(”，然后选择 C4 单元格，再输入“)”，按[Enter]键即可。使用填充柄将函数填充至 H14 单元格。

对 DAY 函数的介绍如表 4-21 所示。

表 4-21　DAY 函数

函数	DAY
功能	返回以系列数表示的某日期的天数
语法	DAY(serial_number)
示例	=DAY(NOW())

3. 日期中提取月函数 MONTH

选中 G4 单元格，输入“=MONTH(”，然后选择 C4 单元格，再输入“)”，按[Enter]键即可。使用填充柄将函数填充至 G14 单元格。

对 MONTH 函数的介绍如表 4-22 所示。

表 4-22　MONTH 函数

函数	MONTH
功能	返回以系列数表示的某日期的月数
语法	MONTH(serial_number)
示例	=MONTH(NOW())

4. 日期中提取年函数 YEAR

选中 F4 单元格，输入“=YEAR(”，然后选择 C4 单元格，再输入“)”，按[Enter]键即可。使用填充柄将函数填充至 F14 单元格。

对 YEAR 函数的介绍如表 4-23 所示。

表 4－23　YEAR 函数

函数	YEAR
功能	返回以系列数表示的某日期的年数
语法	YEAR(serial_number)
示例	＝YEAR(NOW())

5. 函数运算

计算学生的年龄需要进行函数运算，即使用当前年减去出生年。选中 E4 单元格，输入“＝YEAR(NOW())－YEAR(C4)”，按[Enter]键即可。使用填充柄将函数填充至 E14 单元格。

完成以上操作后，工作簿最终效果如图 4－86 所示。

	A	B	C	D	E	F	G	H	I
1	数学系学生会干部名单								
2									
3	学号	姓名	出生日期	身高(cm)	年龄	年	月	日	当前日期
4	2003033141	杨吉华	2000/2/11	166	21	2000	2	11	2021/7/28 0:03
5	2002023232	王辉	2001/5/19	167	20	2001	5	19	2021/7/28 0:03
6	2001013113	张小茜	2002/8/22	157	19	2002	8	22	2021/7/28 0:03
7	2003033104	刘文魁	2003/1/12	170	18	2003	1	12	2021/7/28 0:03
8	2002023205	俞春波	2001/7/1	169	20	2001	7	1	2021/7/28 0:03
9	2003033116	许文华	2002/8/10	174	19	2002	8	10	2021/7/28 0:03
10	2002023307	陈东来	2001/9/16	176	20	2001	9	16	2021/7/28 0:03
11	2003033328	孙小燕	2003/3/11	160	18	2003	3	11	2021/7/28 0:03
12	2001013109	李雷	2003/4/18	171	18	2003	4	18	2021/7/28 0:03
13	2003033219	王辉	2001/9/17	169	20	2001	9	17	2021/7/28 0:03
14	2002023311	张颖	2002/8/16	172	19	2002	8	16	2021/7/28 0:03

图 4－86　“学生会干部信息表”工作簿最终效果

任务十　制作成绩排名表

任务描述

打开素材包中“成绩排名表”工作簿，用函数求各位同学成绩的等级，各等级的说明如下：

(1) 等级 1：平均分 60 分以上为“合格”，60 分以下(不含 60 分)为“不合格”；

(2) 等级 2：平均分 80 分以上为“中等”，60 分至 80 分(不含 80 分)之间为“合格”，60 分以下(不含 60 分)为“不合格”；

(3) 等级 3：平均分 90 分以上为“优秀”，80 分到 90 分(不含 90 分)之间为“中等”，60 分至 80 分(不含 80 分)之间为“合格”，60 分以下(不含 60 分)为“不合格”。

任务分析

学习和使用 IF，COUNTIF 函数以及函数多级嵌套的方法。

任务演示

1. 条件判断函数 IF

打开相关素材“成绩排名表”工作簿，选中 G3 单元格，然后输入函数“＝IF(F3＞＝60,"合格","不合格")”，按[Enter]键即可。使用填充柄将函数填充至 G14 单元格。

选中 H3 单元格，然后输入函数“＝IF(F3＞＝80,"中等",IF(F3＞＝60,"合格","不合格"))”，按[Enter]键即可。使用填充柄将函数填充至 H14 单元格。

选中 I3 单元格，然后输入函数“＝IF(F3＞＝90,"优秀",IF(F3＞＝80,"中等",IF(F3＞＝60,"合格","不合格")))”，按[Enter]键即可。使用填充柄将函数填充至 I14 单元格。

对 IF 函数的介绍如表 4－24 所示。

表 4－24　IF 函数

函数	IF
功能	执行真假值判断，根据逻辑测试的真假值返回不同的结果
语法	IF(logical_test,value_if_true,value_if_false)
	其中 logical_test 表示计算结果为 TRUE 或 FALSE 的任意值或表达式，value_if_true 是当 logical_test 为 TRUE 时的返回值，value_if_false 是当 logical_test 为 FALSE 时的返回值
示例	＝IF(A10＜＝100,"预算内","超出预算")
	＝IF(A2＞89,"A",IF(A2＞79,"B",IF(A2＞69,"C",IF(A2＞59,"D","F"))))

说明：IF 函数最多可以嵌套七层，用 value_if_false 及 value_if_true 参数可以构造复杂的检测条件。

2. 条件计数函数 COUNTIF

选中 D16 单元格，然后输入函数“＝COUNTIF(”，拖选 D3:D14 单元格区域，输入“,"＞＝75")”，按[Enter]键即可。

对 COUNTIF 函数的介绍如表 4－25 所示。

表 4－25　COUNTIF 函数

函数	COUNTIF
功能	计算某个区域中满足给定条件的单元格的个数
语法	COUNTIF(range,criteria)
	其中 range 为要计算其中非空单元格个数的区域，criteria 是以数字、表达式或文本形式定义的条件
示例	＝COUNTIF(D3:D14,"＞＝75")

完成以上操作后，工作簿最终效果如图 4－87 所示。

	A	B	C	D	E	F	G	H	I
1	成绩排名表								
2	班级	姓名	数学	英语	语文	平均分	等级1	等级2	等级3
3	1	包星	73	70	50	64	合格	合格	合格
4	1	陈刚	93	61	59	71	合格	合格	合格
5	1	陈敏过	68	56	78	67	合格	合格	合格
6	1	代新学	80	68	78	75	合格	合格	合格
7	1	过与过	87	79	90	85	合格	中等	中等
8	1	红难南	61	75	76	71	合格	合格	合格
9	2	董华	53	74	78	68	合格	合格	合格
10	2	刚毅	93	95	90	93	合格	中等	优秀
11	2	郭星	80	70	85	78	合格	合格	合格
12	2	国新落	75	40	58	58	不合格	不合格	不合格
13	2	虹红	78	69	85	77	合格	合格	合格
14	2	李肇东	84	76	88	83	合格	中等	中等
15									
16	英语成绩在75分以上的人数:			4					

图 4－87 "成绩排名表"工作簿最终效果

任务十一 制作成绩统计表

任务描述

打开素材包中"成绩统计表"工作簿,并完成以下操作:

(1) 在 F17 单元格中求出参加语文考试的女生人数;

(2) 在 F18 单元格中求出姓"李"的学生人数;

(3) 在 F19 单元格中求出 1 班学生数学的总分;

(4) 在 F20 单元格中求出 2 班男生数学的平均分,结果保留两位小数;

(5) 在 F21 单元格中求出 1 班或者女生英语的最高分;

(6) 在 F22 单元格中求出 2 班男生英语的最低分。

任务分析

学会使用数据库函数。数据库函数具有高效、运行速度快的特点,是专门为大数据提供的一类函数。

任务演示

1. 根据条件统计数字个数函数 DCOUNT

打开相关素材"成绩统计表"工作簿,选中 C2 单元格,按住[Ctrl]键不放,单击该单元格的边框线,将其拖动复制到 H2 单元格,使用同样的方法将 C3 单元格拖动复制到 H3 单元格,如图 4－88 所示。

	A	B	C	D	E	F	G	H
1	成绩统计表							
2	班级	姓名	性别	数学	语文	英语		性别
3	1	包星	女	73	50	70		女
4	1	李刚	女	93	59	61		
5	2	陈敏过	男	80	78	56		
6	1	代新学	男	80	78	68		
7	3	过与过	女	87		85		
8	1	红难南	男	61	76	75		
9	2	董华	女	53	78	74		
10	1	刚毅	女	81	90	87		
11	2	李星	男	80	85	70		
12	2	国新落	女	75	58	40		
13	1	虹红	男	78	85	69		
14	2	李肇东	男	84	88	76		

图 4－88　制作条件区域

选中 F17 单元格，单击“插入函数”按钮，在打开的“插入函数”对话框中，“或选择类别”下拉列表中选择“数据库”，“选择函数”列表框中选择“DCOUNT”函数，单击“确定”按钮，如图 4－89 所示。弹出“函数参数”对话框，拖选和设置函数的单元格引用，单击“确定”按钮即可，如图 4－90 所示。

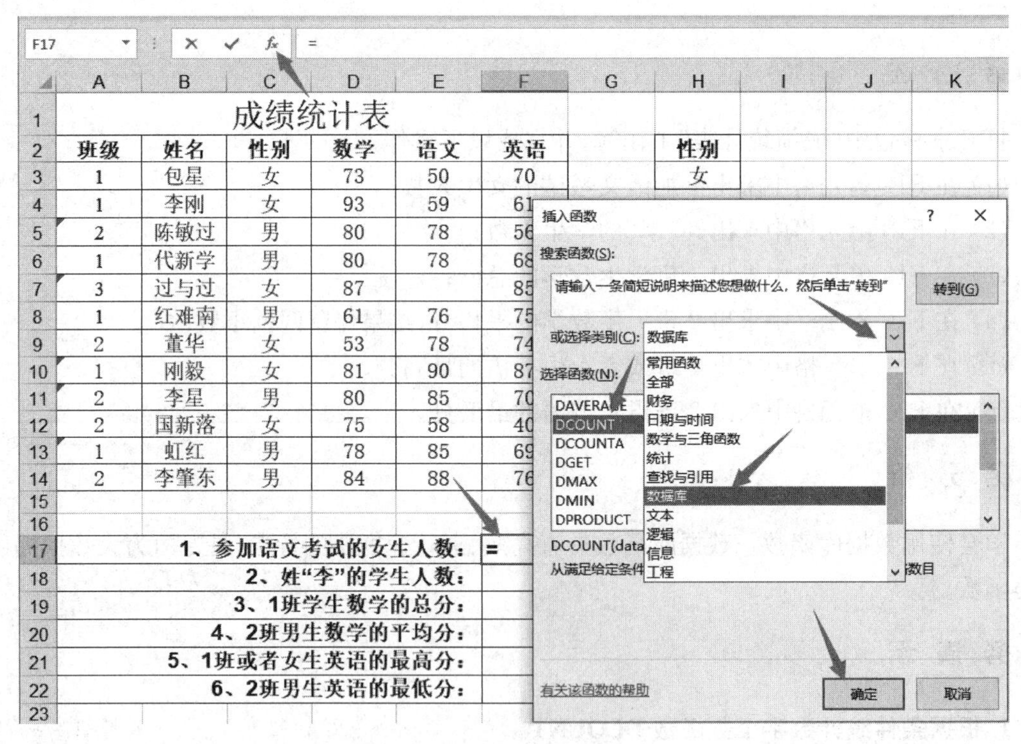

图 4－89　选择数据库函数

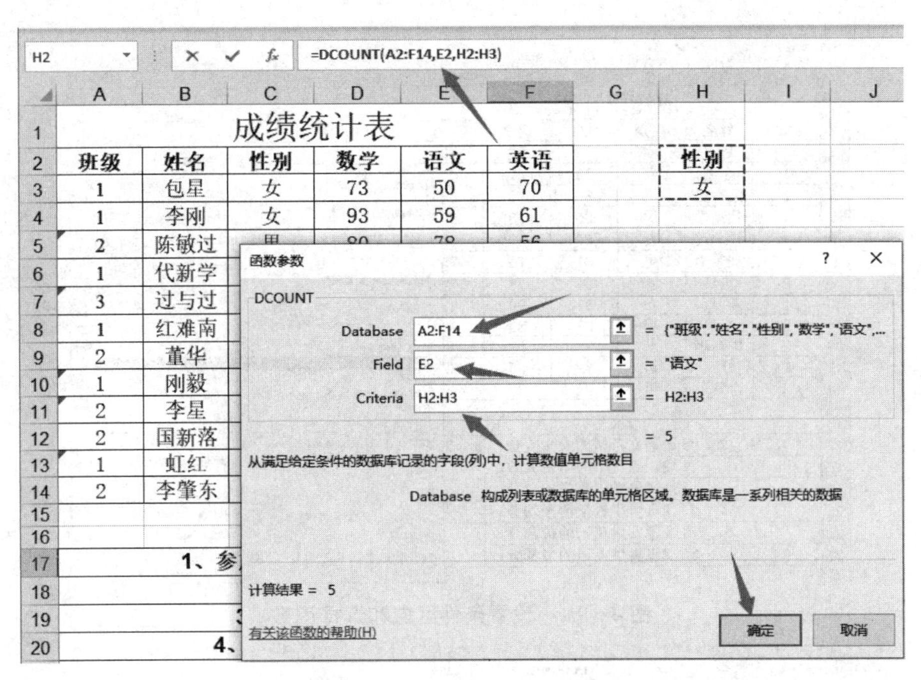

图 4-90　设置参数引用

对 DCOUNT 函数的介绍如表 4-26 所示。

表 4-26　DCOUNT 函数

函数	DCOUNT
功能	返回数据库或数据清单的指定字段中，满足给定条件并且包含数字的单元格的个数
语法	DCOUNT(database,field,criteria)
	database 构成数据清单或数据库的单元格区域。数据库是包含一组相关数据的数据清单，其中包含相关信息的行为记录，而包含数据的列为字段。数据清单的第一行包含着每一列的标签。field 指定函数所使用的数据列。field 可以是文本，即两端带引号的标签，如“树龄”或“产量”；field 也可以是代表数据清单中数据列位置的数字：1 表示第一列，2 表示第二列，以此类推。criteria 为一组包含给定条件的单元格区域。可以为参数 criteria 指定任意区域，只要它至少包含一个列标签和列标签下方用于给定条件的单元格
示例	=DCOUNT(A1:F13,D1,I1:I2)

2. 根据条件统计非空单元格个数函数 DCOUNTA

选中 B2 单元格，按住[Ctrl]键不放，单击该单元格的边框线，将其拖动复制到 I2 单元格，在 I3 单元格中输入“李 *”。

选中 F18 单元格，单击“插入函数”按钮，在打开的“插入函数”对话框中，选择“DCOUNTA”函数，单击“确定”按钮，如图 4-91 所示。弹出“函数参数”对话框，拖选和设置函数的单元格引用，单击“确定”按钮即可，如图 4-92 所示。

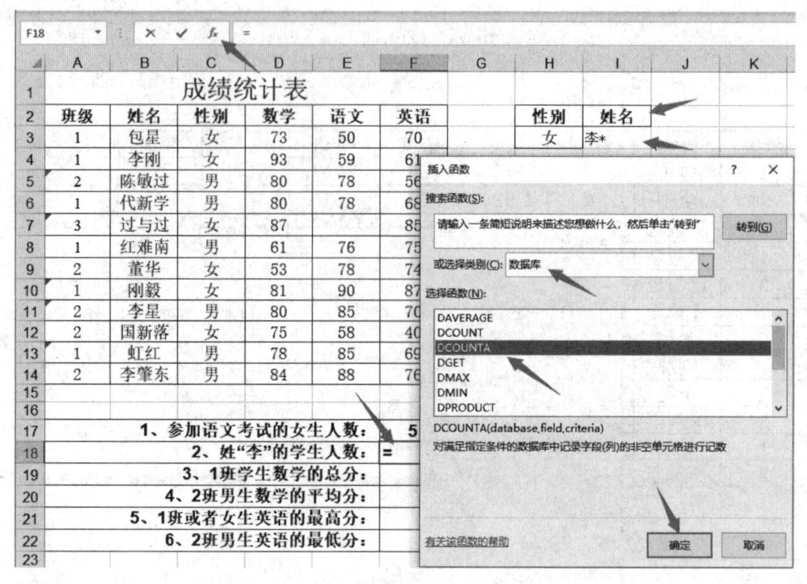

图 4-91　设置条件区域和选择函数

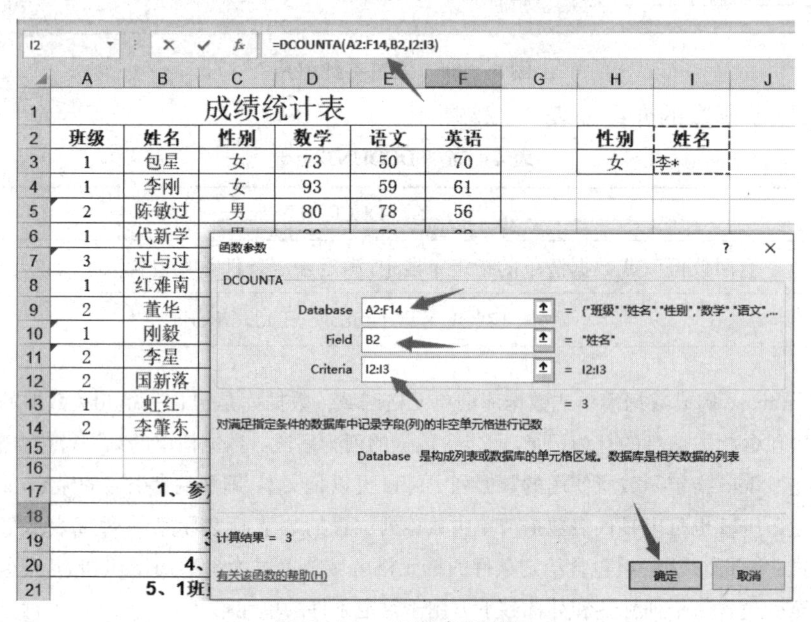

图 4-92　设置参数引用

说明：DCOUNTA 函数的功能和语法与 DCOUNT 函数相似，两者的区别在于 DCOUNTA 函数返回数据库或数据清单的指定字段中，满足给定条件的非空单元格个数；而 DCOUNT 函数是返回数据库或数据清单的指定字段中，满足给定条件并且包含数字的单元格个数。

3. 根据条件求和函数 DSUM

选中 A2:A3 单元格区域，按住[Ctrl]键不放，单击该单元格区域的边框线，将其拖动复制到 H4:H5 单元格区域。

选中 F19 单元格，单击"插入函数"按钮，在打开的"插入函数"对话框中，选择"DSUM"函数，单击"确定"按钮，如图 4-93 所示。弹出"函数参数"对话框，拖选和设置函数的单元格引

用，单击“确定”按钮即可，如图 4－94 所示。

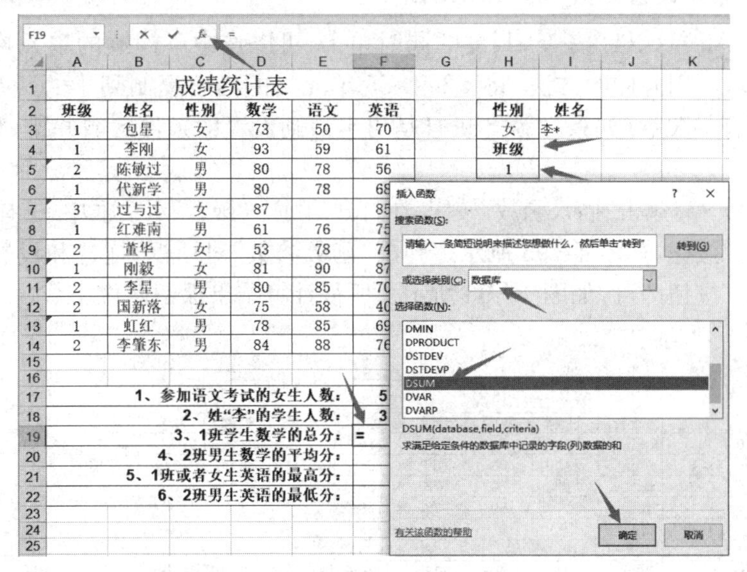

图 4－93　设置条件区域和选择函数

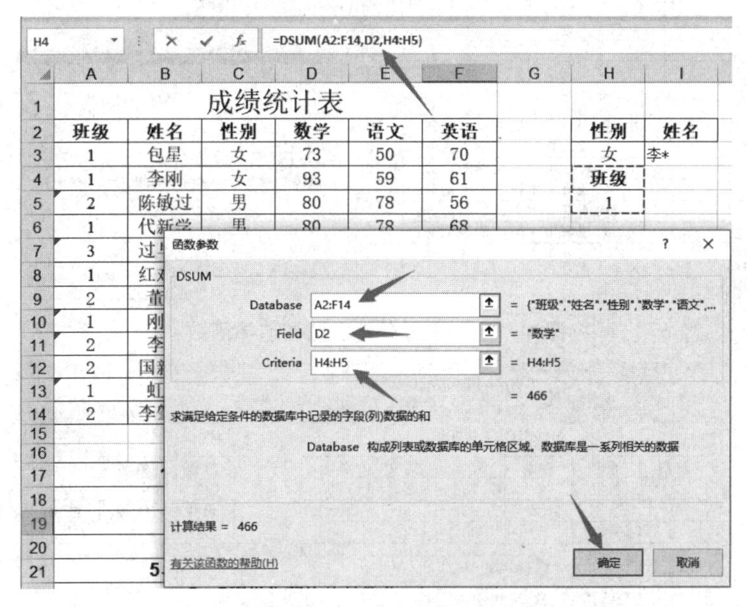

图 4－94　设置参数引用

对 DSUM 函数的介绍如表 4－27 所示。

表 4－27　DSUM 函数

函数	DSUM
功能	返回数据清单或数据库的指定列中，满足给定条件单元格中的数字之和
语法	DSUM(database，field，criteria)
	参数的含义与 DCOUNT 函数的参数的含义一样
示例	＝DSUM(A1：F13，D1，I1：I2)

4. 根据条件求平均值函数 DAVERAGE

选中 A2 和 A5 单元格(按[Ctrl]键的同时单击,可以选中不连续的单元格),将其复制到 I4:I5 单元格区域。用同样的方法,将 C2 和 C5 单元格的内容复制到 J4:J5 单元格区域。注意:如果条件中有并关系(如条件为 2 班且是男生),则设置的条件区域并排(如 I4:J5 单元格区域)。

选中 F20 单元格,单击“插入函数”按钮,在打开的“插入函数”对话框中,选择“DAVERAGE”函数,单击“确定”按钮,如图 4-95 所示。弹出“函数参数”对话框,拖选和设置函数的单元格引用,单击“确定”按钮即可,如图 4-96 所示。所得计算结果保留两位小数。

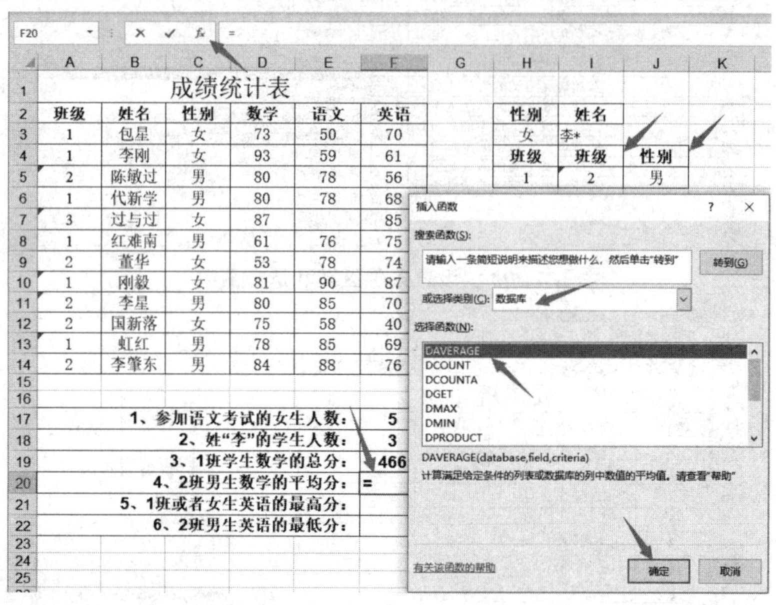

图 4-95　设置条件区域和选择函数

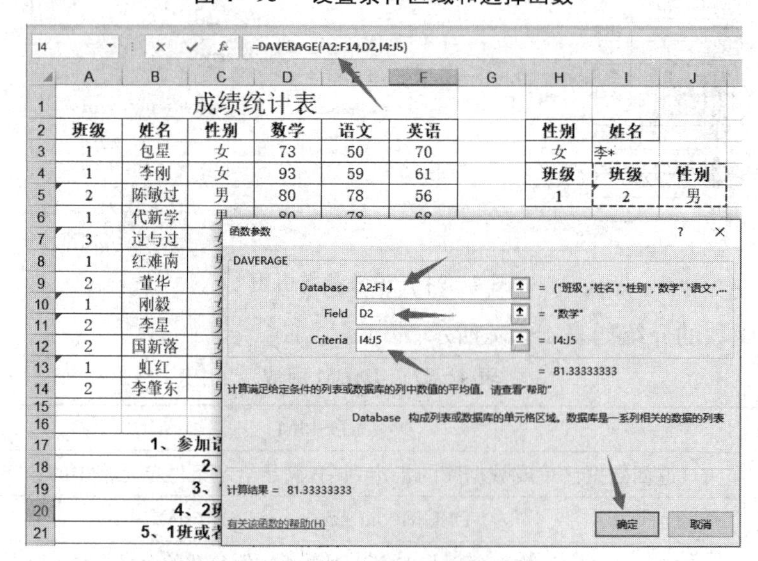

图 4-96　设置参数引用

对 DAVERAGE 函数的介绍如表 4-28 所示。

表 4-28　DAVERAGE 函数

函数	DAVERAGE
功能	返回数据库或数据清单中，满足给定条件的数据列中数值的平均值
语法	DAVERAGE(database，field，criteria)
	参数的含义与 DCOUNT 函数的参数的含义一样
示例	=DAVERAGE(A1：F13，D1，I1：I2)

5. 根据条件求最大值函数 DMAX

注意：如果条件中有或关系(如 1 班或女生)，则设置的条件区域竖排(如 H2：H5 单元格区域)。

选中 F21 单元格，单击“插入函数”按钮，在打开的“插入函数”对话框中，选择“DMAX”函数，单击“确定”按钮，如图 4-97 所示。弹出“函数参数”对话框，拖选和设置函数的单元格引用，单击“确定”按钮即可，如图 4-98 所示。

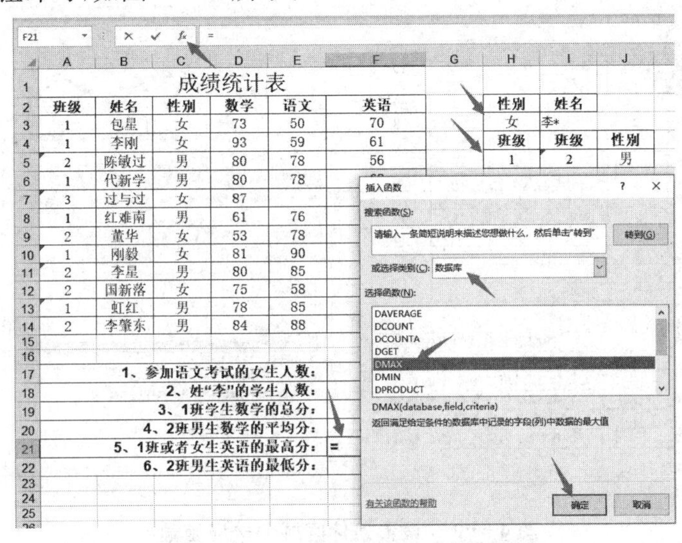

图 4-97　设置条件区域和选择函数

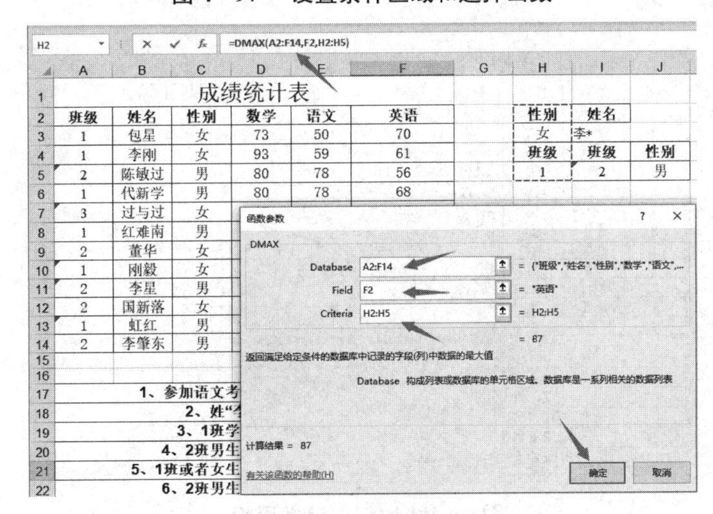

图 4-98　设置参数引用

对 DMAX 函数的介绍如表 4－29 所示。

表 4－29　DMAX 函数

函数	DMAX
功能	返回数据库或数据清单中，满足给定条件的数据列中数值的最大值
语法	DMAX(database，field，criteria)
	参数的含义与 DCOUNT 函数的参数的含义一样
示例	＝DMAX(A1：F13，D1，I1：I2)

6. 根据条件求最小值函数 DMIN

选中 F22 单元格，单击“插入函数”按钮，在打开的“插入函数”对话框中，选择“DMIN”函数，单击“确定”按钮，如图 4－99 所示。弹出“函数参数”对话框，拖选和设置函数的单元格引用，单击“确定”按钮即可，如图 4－100 所示。

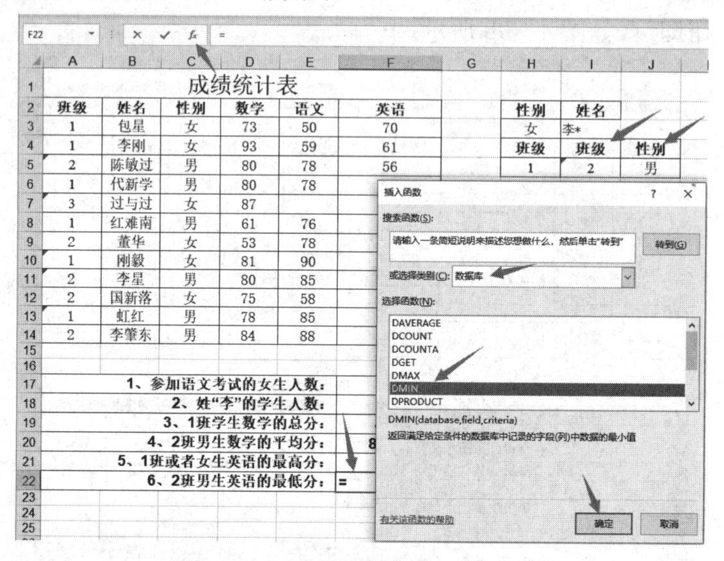

图 4－99　设置条件区域和选择函数

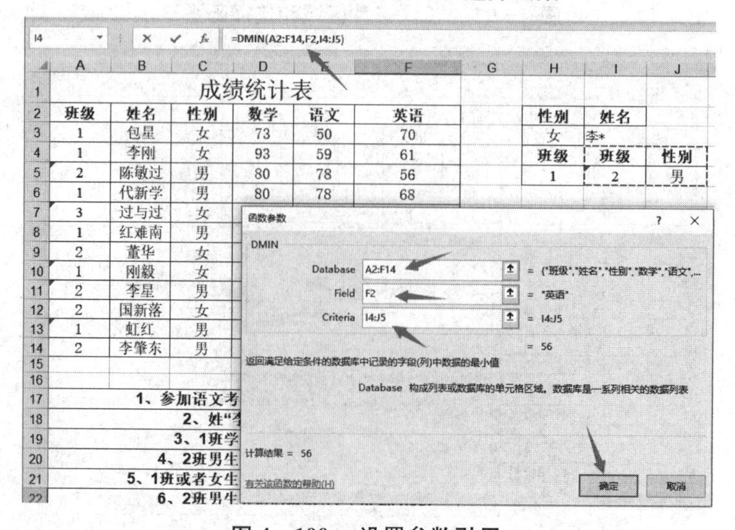

图 4－100　设置参数引用

对 DMIN 函数的介绍如表 4－30 所示。

表 4－30　DMIN 函数

函数	DMIN
功能	返回数据库或数据清单中，满足给定条件的数据列中数值的最小值
语法	DMIN(database，field，criteria)
	参数的含义与 DCOUNT 函数的参数的含义一样
示例	＝DMIN(A1：F13，D1，I1：I2)

完成以上操作后，工作簿最终效果如图 4－101 所示。

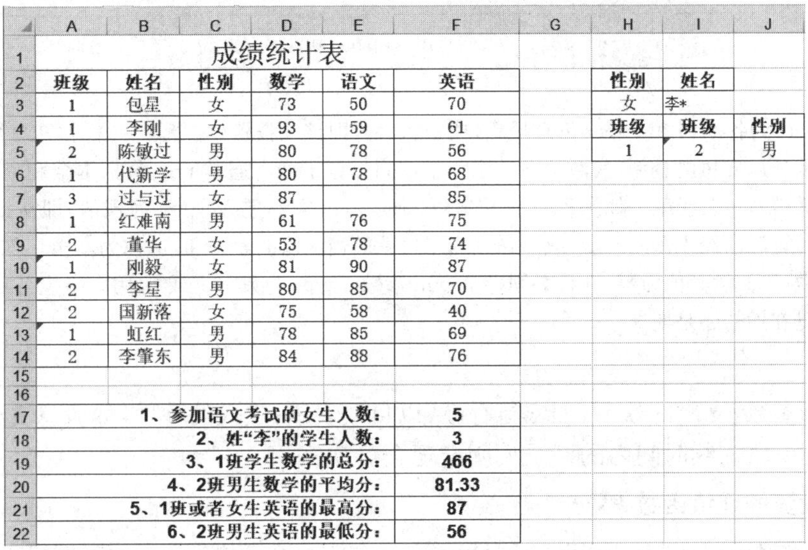

	A	B	C	D	E	F	G	H	I	J
1	成绩统计表									
2	班级	姓名	性别	数学	语文	英语		性别	姓名	
3	1	包星	女	73	50	70		女	李*	
4	1	李刚	女	93	59	61		班级	班级	性别
5	2	陈敏过	男	80	78	56		1	2	男
6	1	代新学	男	80	78	68				
7	3	过与过	女	87		85				
8	1	红难南	男	61	76	75				
9	2	董华	女	53	78	74				
10	1	刚毅	女	81	90	87				
11	2	李星	男	80	85	70				
12	2	国新落	女	75	58	40				
13	1	虹红	男	78	85	69				
14	2	李肇东	男	84	88	76				
15										
16										
17	1、参加语文考试的女生人数：					5				
18	2、姓“李”的学生人数：					3				
19	3、1班学生数学的总分：					466				
20	4、2班男生数学的平均分：					81.33				
21	5、1班或者女生英语的最高分：					87				
22	6、2班男生英语的最低分：					56				

图 4－101　“成绩统计表”工作簿最终效果

任务十二　制作理财表

任务描述

打开素材包中“理财表”工作簿，并完成以下操作：

(1) 在 B2 单元格中求出 A2 单元格的存款的未来值；

(2) 在 B3 单元格中求出 A3 单元格的贷款的现值；

(3) 在 B4 单元格中求出 A4 单元格的每月还贷额；

(4) 在 B5 单元格中求出 A5 单元格投资的净现值。

任务分析

学会使用财务函数。对于从事会计工作的职员，学会并利用这些财务函数可以提高工作效率。

任务演示

1. 返回某项投资的未来值函数 FV

打开相关素材“理财表”工作簿，在B2单元格中输入“=FV(3.7%/12,120,-8000,,0)”，按[Enter]键即可。

对FV函数的介绍如表4-31所示。

表4-31　FV函数

函数	FV
功能	基于固定利率及等额分期付款方式，返回某项投资的未来值
语法	FV(rate,nper,pmt,pv,type)
	rate为各期利率。nper为总投资(或贷款)期，即该项投资(或贷款)的付款期总数。pmt为各期所应支付的金额，其数值在整个年金期间保持不变。通常pmt包括本金和利息，但不包括其他费用及税款。如果省略pmt参数，则必须包含pv参数。pv为现值，即从该项投资开始计算时已经入账的款项，或一系列未来付款的当前值的累积和，也称为本金。如果省略pv参数，则假设其值为零，并且必须包括pmt参数。type为数字1或0，用以指定各期的付款时间是在期初还是期末

对于所有参数，支出的款项，如银行存款，以负数表示；收入的款项，如股息支票，以正数表示。年金指在一段连续时间内的一系列固定现金付款。

2. 返回投资的现值函数 PV

在B3单元格中输入“=PV(6.0%/12,120,-8000,,0)”，按[Enter]键即可。

对PV函数的介绍如表4-32所示。

表4-32　PV函数

函数	PV
功能	返回投资的现值。现值为一系列未来付款的当前值的累积和
语法	PV(rate,nper,pmt,fv,type)
	rate为各期利率。nper为总投资(或贷款)期，即该项投资(或贷款)的付款期总数。pmt为各期所应支付的金额，其数值在整个年金期间保持不变。通常pmt包括本金和利息，但不包括其他费用及税款。fv为未来值，或在最后一次付款后希望得到的现金余额，如果省略fv参数，则假设其值为零，即贷款的未来值为零。type为数字1或0，用以指定各期的付款时间是在期初还是期末

3. 返回贷款的每期付款额函数 PMT

在B4单元格中输入“=PMT(4.3%/12,240,450000,,0)”，按[Enter]键即可。

对PMT函数的介绍如表4-33所示。

表 4－33　PMT 函数

函数	PMT
功能	基于固定利率及等额分期付款方式，返回贷款的每期付款额
语法	PMT(rate,nper,pv,fv,type)
	rate 为各期利率。nper 为总投资（或贷款）期，即该项投资（或贷款）的付款期总数。pv 为现值，即从该项投资开始计算时已经入账的款项，或一系列未来付款的当前值的累积和，也称为本金。fv 为未来值，或在最后一次付款后希望得到的现金余额，如果省略 fv 参数，则假设其值为零，即贷款的未来值为零。type 为数字 1 或 0，用以指定各期的付款时间是在期初还是期末

4. 返回一项投资的净现值函数 NPV

在 B5 单元格中输入“＝NPV(8%,8000,9200,10000,12000,14500)－40000”，按[Enter]键即可。

对 NPV 函数的介绍如表 4－34 所示。

表 4－34　NPV 函数

函数	NPV
功能	通过使用贴现率以及一系列未来支出（负值）和收入（正值），返回一项投资的净现值
语法	NPV(rate,value1,value2,…)
	rate 为某一期间的贴现率，是一固定值。value1,value2,…为 1 到 254 个参数，代表支出及收入

贴现率是指将未来付款改变为现值所使用的利率，或指持票人以没有到期的票据向银行要求兑现，银行将利息先行扣除所使用的利率。这种贴现率也指再贴现率，即各成员银行将已贴现过的票据作担保，作为向中央银行借款时所支付的利息。

完成以上操作后，工作簿最终效果如图 4－102 所示。

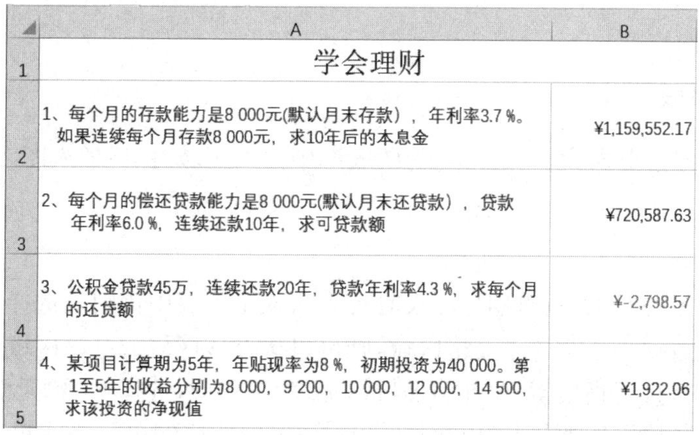

	A	B
1	学会理财	
2	1、每个月的存款能力是8 000元(默认月末存款)，年利率3.7 %。如果连续每个月存款8 000元，求10年后的本息金	¥1,159,552.17
3	2、每个月的偿还贷款能力是8 000元(默认月末还贷款)，贷款年利率6.0 %，连续还款10年，求可贷款额	¥720,587.63
4	3、公积金贷款45万，连续还款20年，贷款年利率4.3 %，求每个月的还贷额	¥-2,798.57
5	4、某项目计算期为5年，年贴现率为8 %，初期投资为40 000。第1至5年的收益分别为8 000，9 200，10 000，12 000，14 500，求该投资的净现值	¥1,922.06

图 4－102　“理财表”工作簿最终效果

任务十三　制作各部门加班人数图表

任务描述

打开素材包中“部门加班情况表”工作簿，并完成以下操作：

(1) 根据提供的数据制作折线图表；

(2) 将制作好的图表移动到新工作表“图表”中；

(3) 把折线图表更换成柱形图表；

(4) 添加图表标题为“各部门加班人数”，设置隶书、18 磅字；

(5) 设置数据标签；

(6) 删除“财务”数据系列；

(7) 添加全部数据系列；

(8) 添加基于“财务”数据系列的线性趋势线；

(9) 添加垂直线；

(10) 添加高低点连线；

(11) 添加标准误差线。

任务分析

了解常见的图表类型及电子表格处理工具提供的图表类型，掌握利用表格数据制作常用图表的方法。

在展示数据时图表比文字更具说服力，Excel 2016 为用户提供了多种图表类型（如柱形图、条形图、饼图、折线图和面积图等）以供展示不同数据。图表是图形化的数据，由点、线、面等图形与数据按特定的方式组合而成。图表可以直观地帮助用户分析和比较数据，可以让那些抽象、烦琐的数据报告变得更形象、更简洁。

任务演示

4.13.1　创建图表

创建图表时基本上分两大步骤：首先为图表选中数据区域，然后插入图表。下面将详细介绍其操作。

1. 选择数据

数据是创建图表的基础，所以创建图表时首先需在工作表中为图表选择数据。

若创建图表的数据是连续的单元格区域，则可以选择该区域或是该区域中任意的单元格。例如，在本次任务中，打开相关素材“部门加班情况表”工作簿，选择 B3 单元格。

若创建图表的数据不连续，则可以按住[Ctrl]键选中相应的单元格或单元格区域；也可以将某些特定的行或列进行隐藏，再创建图表，即可在图表中显示没有隐藏的数据。

2. 插入图表

选择数据后就可以插入图表了。Excel 2016 提供了推荐的图表功能，可以根据不同的数据为用户推荐合适的图表。

单击“插入”选项卡下“图表”功能组中的“推荐的图表”按钮，弹出“插入图表”对话框，在“推荐的图表”选项卡下可以选择自己需要的图表类型，如图 4 - 103 所示。如果推荐的图表中没有满意的图表类型，可以切换至“所有图表”选项卡，选择合适的图表，此处选择“折线图”，单击“确定”按钮即可，如图 4 - 104 所示。

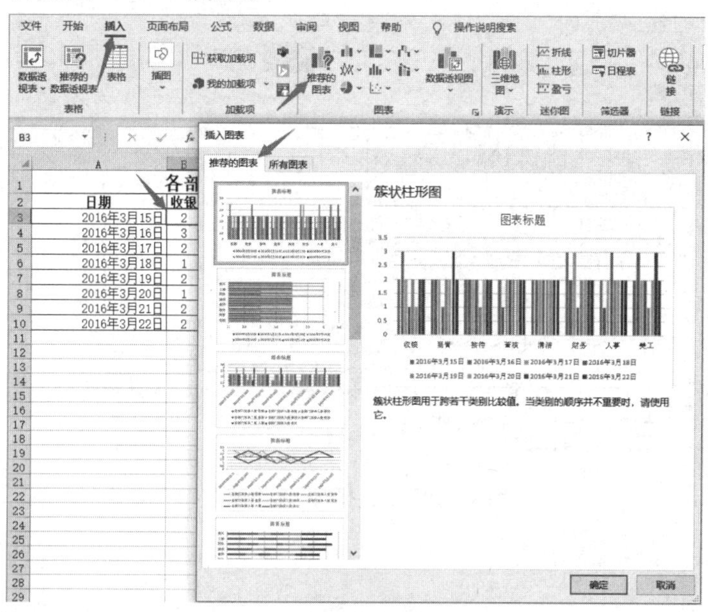

图 4 - 103　选择推荐的图表

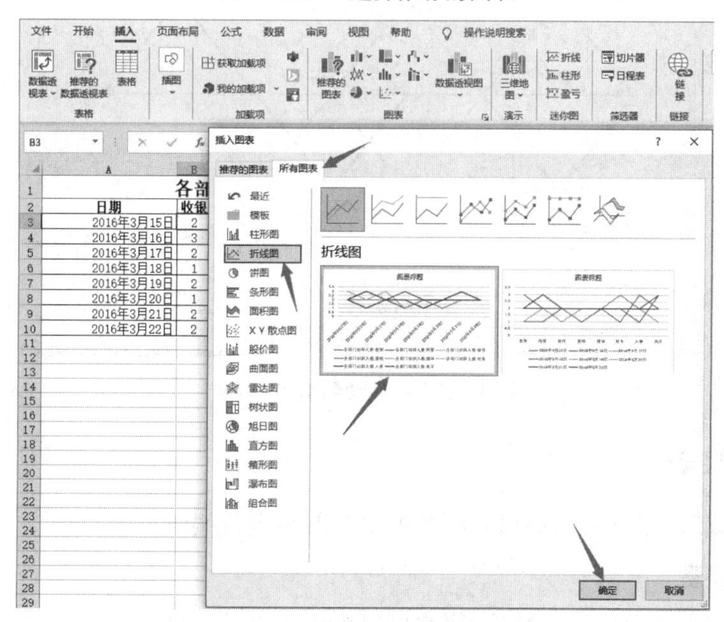

图 4 - 104　插入“折线图”

3. 移动图表

若需要将图表在同一工作表中移动，只需将鼠标指针指向图表，当指针变为十字形时单击并拖动即可。

若想在不同的工作表中移动图表，具体操作方法如下：选中图表，然后切换至“图表设计”工具选项卡，单击“位置”功能组中的“移动图表”按钮，在弹出的“移动图表”对话框中，选择“新工作表”，输入“图表”，如图 4 - 105 所示。单击“确定”按钮后，图表被移动到新的工作表中，如图 4 - 106 所示。

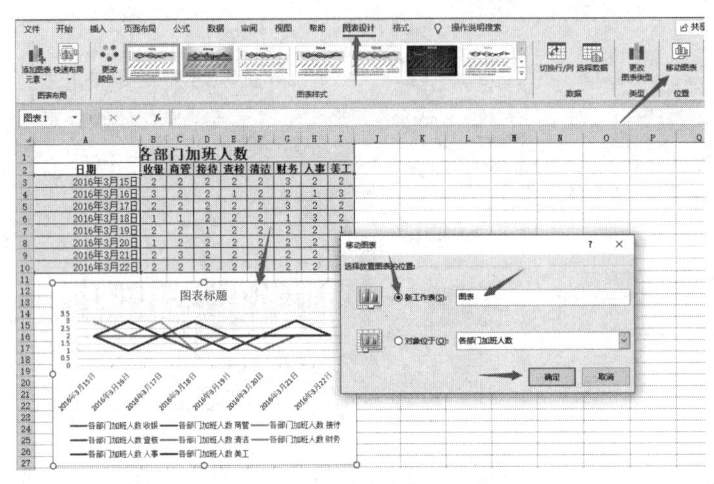

图 4 - 105　选择“新工作表”

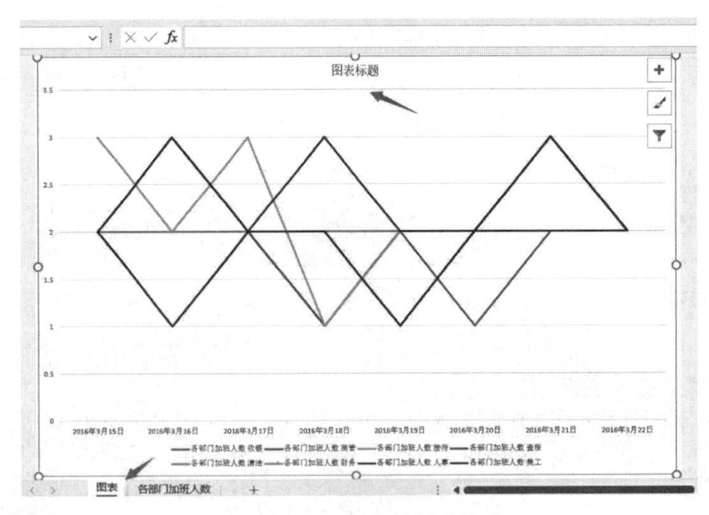

图 4 - 106　移动到新工作表

4.13.2　编辑图表

图表创建完成后，用户可以根据不同的需要对图表进行编辑操作。

1. 更改图表类型

如果插入的图表不足以展示数据，用户可以更改图表的类型。

选中图表，单击“图表设计”工具选项卡下“类型”功能组中的“更改图表类型”按钮。弹出

"更改图表类型"对话框，在"所有图表"选项卡中选择"柱形图"，单击"确定"按钮即可，如图 4-107 所示。

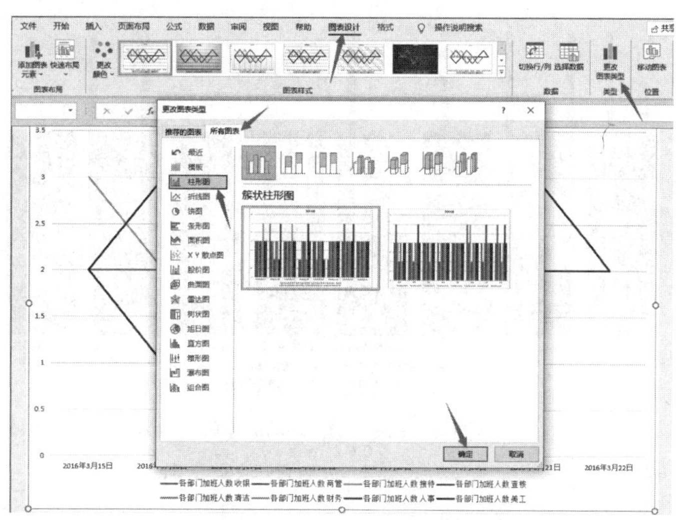

图 4-107　更改图表类型

2. 添加图表标题

当图表创建完成后，用户可以为其添加标题，让图表更完善。

如果插入的图表包含标题文本框，则直接选中该文本框然后输入标题，单击任何空白区域即可完成。

如果插入的图表没有标题文本框（如此处选中标题文本框，按[Delete]键将标题文本框删除），则单击"图表设计"工具选项卡下"图表布局"功能组中的"添加图表元素"按钮，在下拉列表中选择"图表标题"→"图表上方"命令，如图 4-108 所示。输入标题为"各部门加班人数"，并选中标题文本，单击"开始"选项卡下"字体"功能组中的相应按钮，设置标题"字体"为"隶书"，"字号"为"18"，效果如图 4-109 所示。

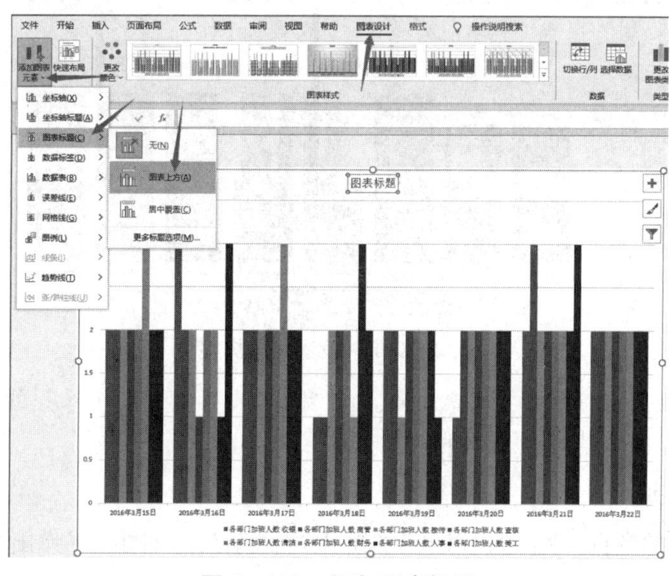

图 4-108　添加图表标题

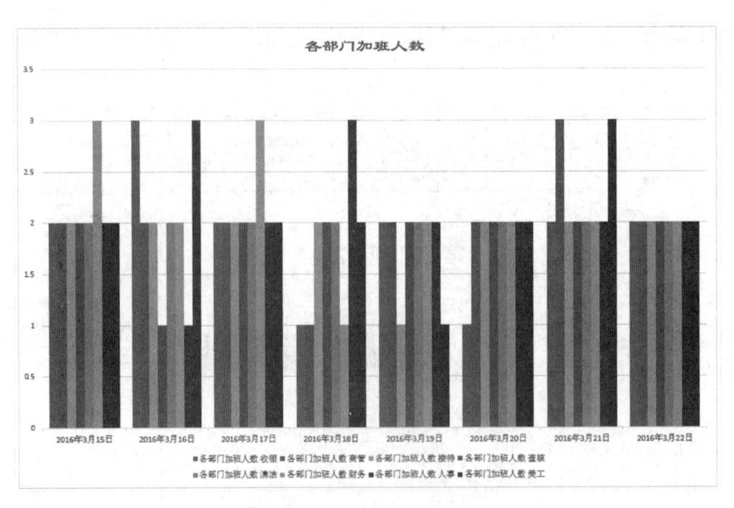

图 4－109　图表标题效果

技巧：添加坐标轴标题的方法和添加图表标题的方法一样。

3. 设置数据标签

为图表添加数据标签，可以直观地显示系列的数据。默认情况下，数据标签与工作表中的数据是存在链接关系的，会随着数据的变化而变化。

选中图表，单击“图表设计”工具选项卡下“图表布局”功能组中的“添加图表元素”按钮，在下拉列表中选择“数据标签”→“数据标签内”命令即可，如图 4－110 所示。

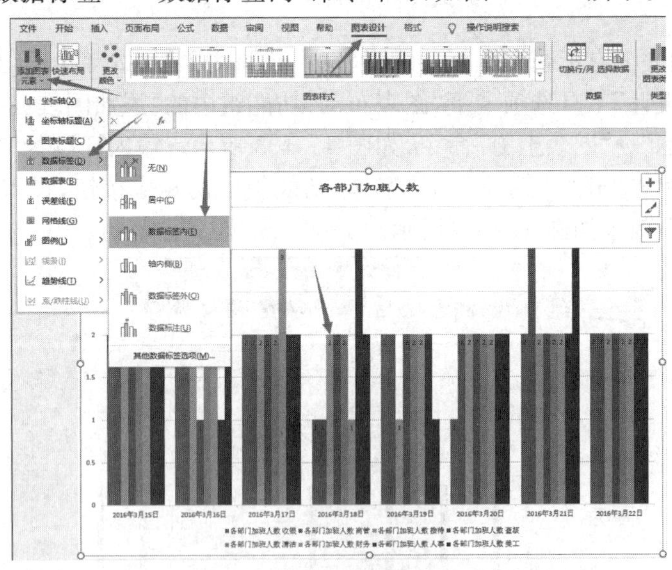

图 4－110　设置数据标签

技巧：添加完数据标签后数字比较多也比较乱，用户可以为各个系列的数据设置相对应的填充颜色等格式，以便分清各个系列的数值。

4. 删除数据系列

选择需要删除的数据系列（如“财务”加班人员的系列），右击，在弹出的快捷菜单中选择“删除”命令即可，如图 4－111 所示。

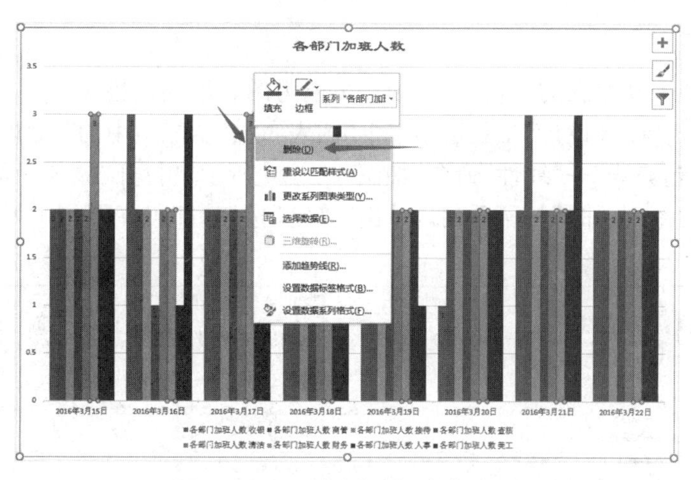

图 4－111　删除“财务”数据系列

5. 添加数据系列

选中图表，单击“图表设计”工具选项卡下“数据”功能组中的“选择数据”按钮，打开“选择数据源”对话框，同时返回原工作表，选中所有的数据区域，如图 4－112 所示。单击“确定”按钮，更新图表，会发现数据图例名称更简洁，如图 4－113 所示。

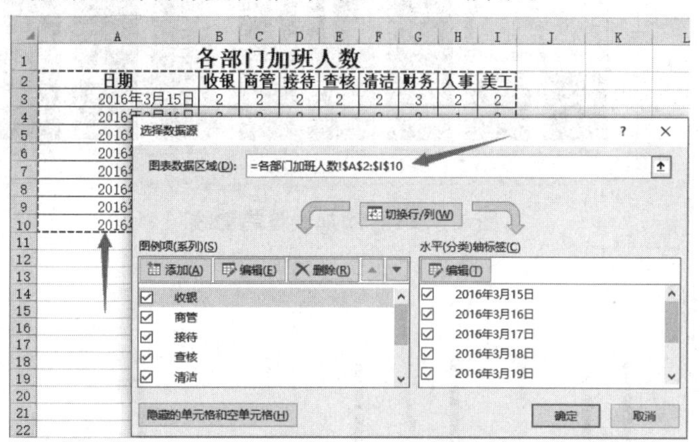

图 4－112　添加数据系列

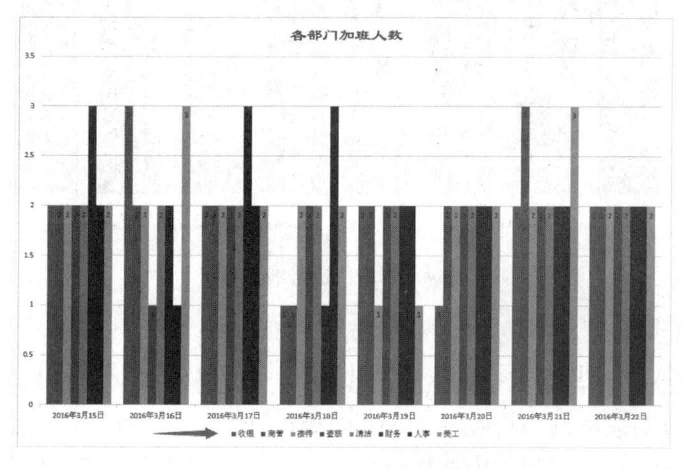

图 4－113　数据图例名称更简洁

6. 添加趋势线

为了更直观地表现数据的变化趋势，用户可以为图表添加趋势线。

选中图表，单击“图表设计”工具选项卡下“图表布局”功能组中的“添加图表元素”按钮，在下拉列表中选择“趋势线”→“线性”命令，如图 4-114 所示。打开“添加趋势线”对话框，选择需要添加趋势线的系列(如“财务”系列)，单击“确定”按钮，即可在图表中增加一条趋势线，如图 4-115 所示。

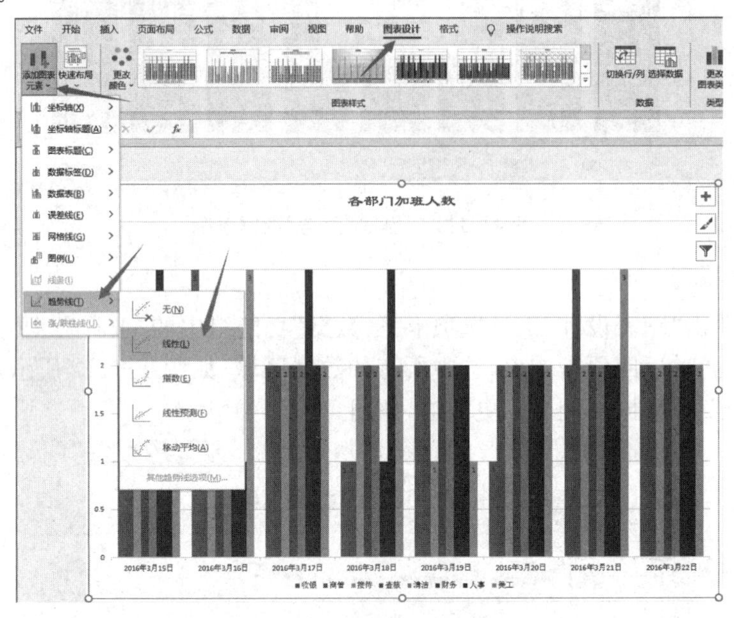

图 4-114　添加线性趋势线

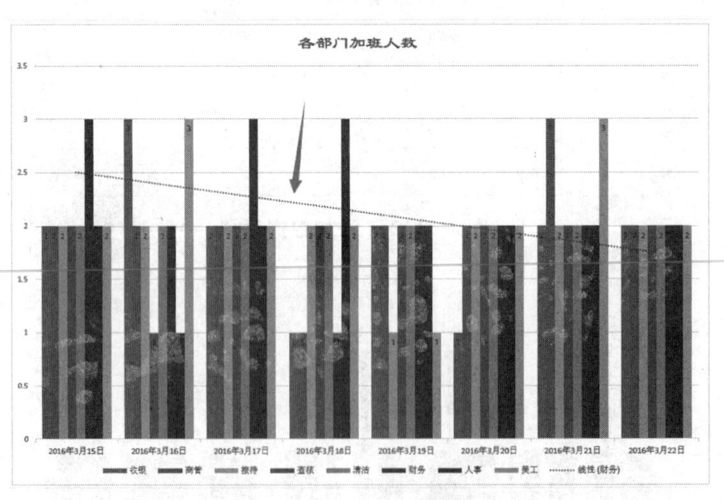

图 4-115　趋势线效果

7. 添加垂直线

垂直线是连接水平轴与数据系列之间的线条，主要用于折线图和面积图。

选中图表，更改图表类型为折线图，单击“图表设计”工具选项卡下“图表布局”功能组中的“添加图表元素”按钮，在下拉列表中选择“线条”→“垂直线”命令即可，如图 4-116 所示。

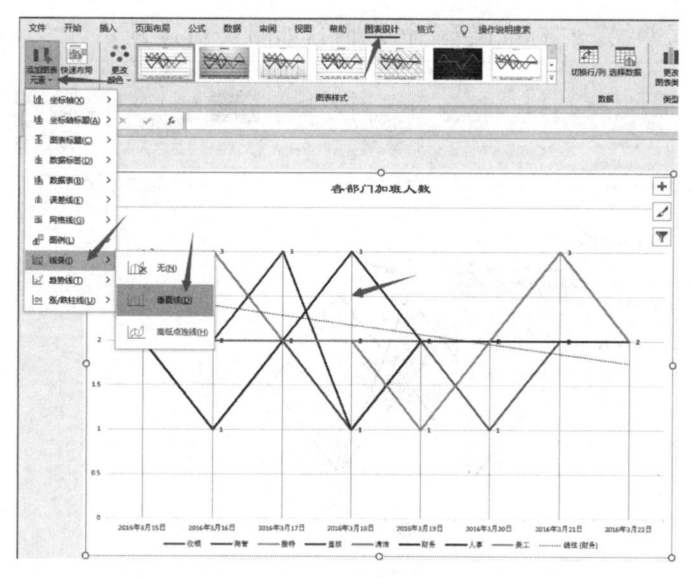

图 4-116　添加垂直线

8. 添加高低点连线

高低点连线是连接不同数据系列对应的数据点之间的线条，可以在两个或两个以上数据系列二维折线图中显示。

选中图表，单击“图表设计”工具选项卡下“图表布局”功能组中的“添加图表元素”按钮，在下拉列表中选择“线条”→“高低点连线”命令即可，如图 4-117 所示。

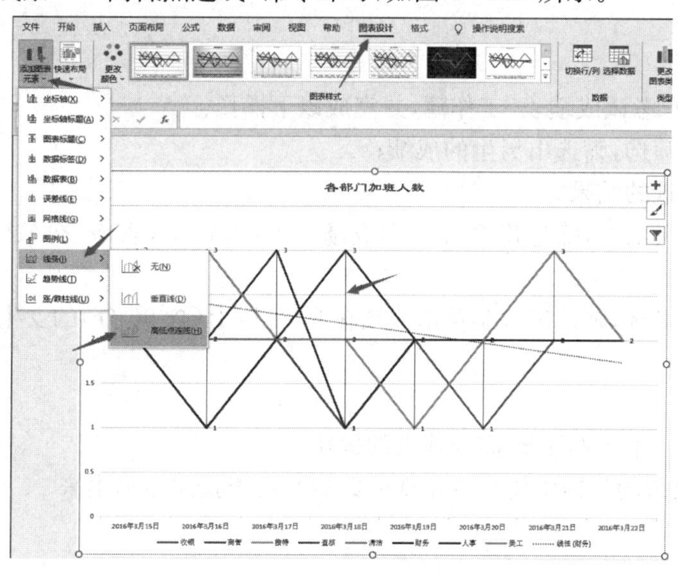

图 4-117　添加高低点连线

9. 添加误差线

误差线能够添加在数据系列的所有数据点上，主要应用于二维面积图、条形图、柱形图、散点图、折线图和气泡图。

选中图表，单击“图表设计”工具选项卡下“图表布局”功能组中的“添加图表元素”按钮，在下拉列表中选择“误差线”→“标准误差”命令即可，如图 4－118 所示。

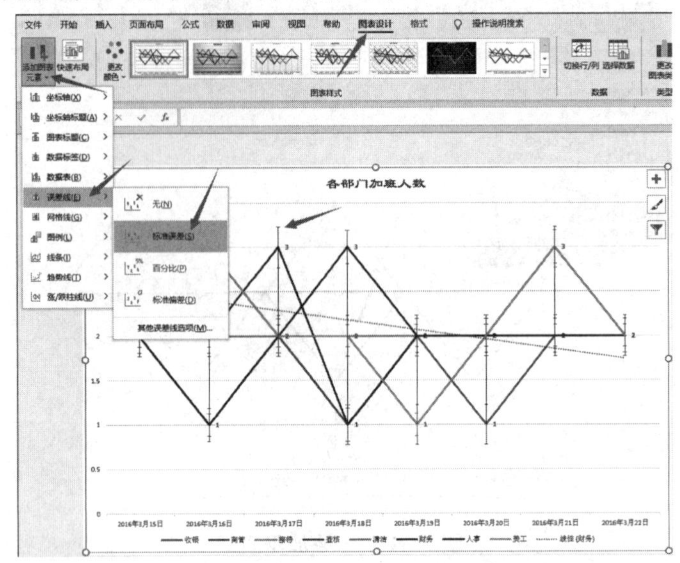

图 4－118　添加误差线

任务十四　筛选学生考试成绩

任务描述

打开素材包中“考试成绩表”工作簿，并完成以下操作：

(1) 使用自动筛选，筛选出男生的成绩；

(2) 清除已筛选的结果；

(3) 使用自定义筛选，筛选出高等数学成绩在 60 分以上(含 60 分)、90 分以下(不含 90 分)的学生；

(4) 使用高级筛选，筛选出大学英语成绩在 90 分以上(含 90 分)的女生的成绩。

任务分析

掌握自动筛选、自定义筛选、高级筛选的操作。

筛选就是从复杂的数据中将符合条件的数据快速查找并显示出来。

任务演示

1. 自动筛选

对于筛选条件比较简单的数据，使用自动筛选功能可以非常方便地查找和显示所需内容。

打开相关素材“考试成绩表”工作簿，选中工作表数据区域内的任意单元格，切换至“数据”选项卡，单击“排序和筛选”功能组中的“筛选”按钮。这时可以看到 Excel 自动在列标题单元格右侧显示下三角筛选按钮，如图 4－119 所示。单击需要筛选的字段，如“性别”，在下拉列表中取消“全选”复选框后，勾选“男”复选框，如图 4－120 所示。单击“确定”按钮，筛选出男生的成绩。

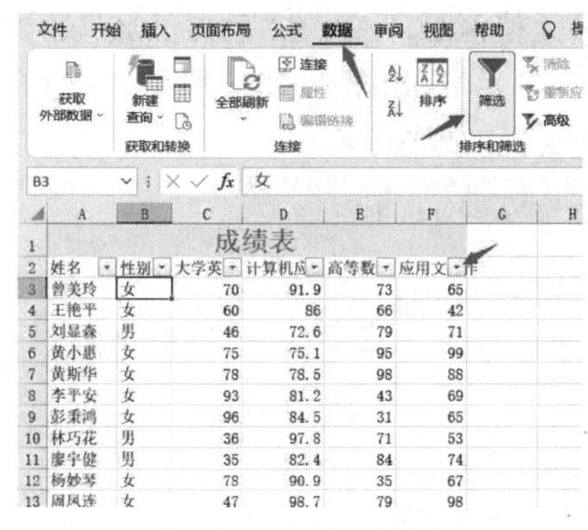

图 4－119　自动筛选

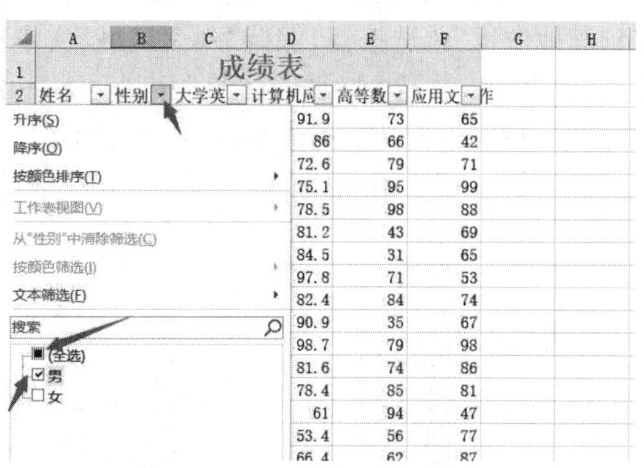

图 4－120　筛选出男生的成绩

2. 清除筛选结果

选中工作表数据区域内的任意单元格，切换至“数据”选项卡，单击“排序和筛选”功能组中的“清除”按钮，即可将之前的筛选结果清除。

3. 自定义筛选

使用自动筛选时，每个关键字只能选择一种筛选条件，若用户需要设置更多的筛选条件，可以使用自定义筛选，筛选出符合要求的数据。

单击“高等数学”字段单元格右侧的下三角筛选按钮，在下拉列表中选择“数字筛选”→“自定义筛选”命令，如图 4－121 所示。在打开的“自定义自动筛选方式”对话框中，设置高等数学“大于或等于”值为“60”，单击“与”单选按钮后，再设置“小于”值为“90”，如图 4－122 所示。单击“确定”按钮，筛选出高等数学成绩在 60 分以上（含 60 分）、90 分以下（不含 90 分）的学生。

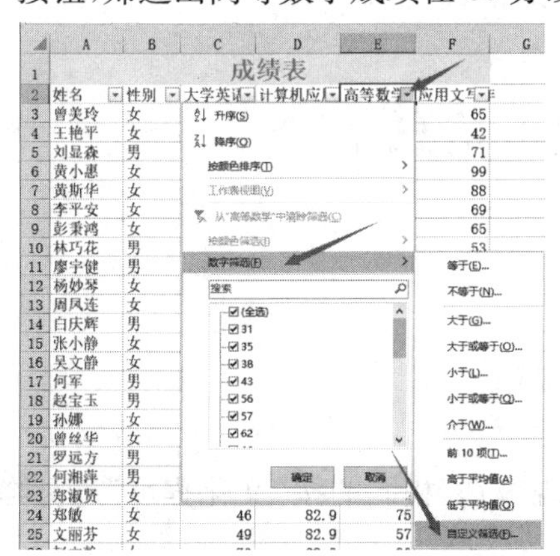

图 4－121　自定义筛选

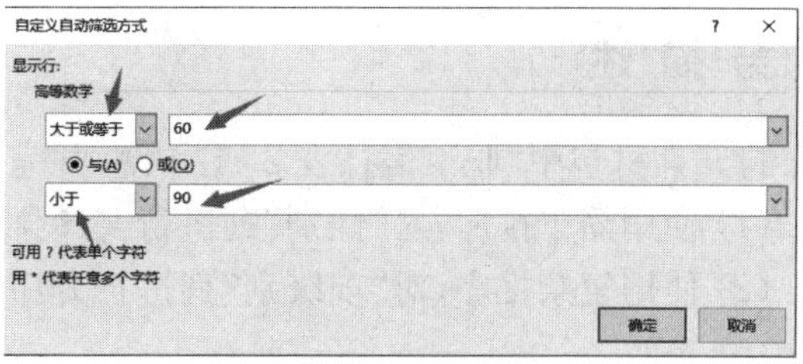

图 4－122　设置筛选条件

完成操作后，再次清除筛选结果。

4. 高级筛选

自动筛选和自定义筛选只能完成条件简单的数据筛选，如果需要进行条件更复杂的筛选，可以使用高级筛选。

复制 C2 单元格至 H2，在 H3 单元格中输入“＞＝90”。复制 B2 单元格至 I2，在 I3 单元格中输入“女”,完成条件区域的设置。选中数据区域内的任意单元格,切换至“数据”选项卡,单击“排序和筛选”功能组中的“高级”按钮。在打开的“高级筛选”对话框中,单击“将筛选结果复制到其他位置”单选按钮,保持“列表区域”文本框中的单元格区域不变,在“条件区域”文本框中拖选 H2:I3 单元格区域,在“复制到”文本框中选择 H5 单元格,如图 4-123 所示。单击“确定”按钮,筛选出大学英语成绩在 90 分以上(含 90 分)的女生的成绩。

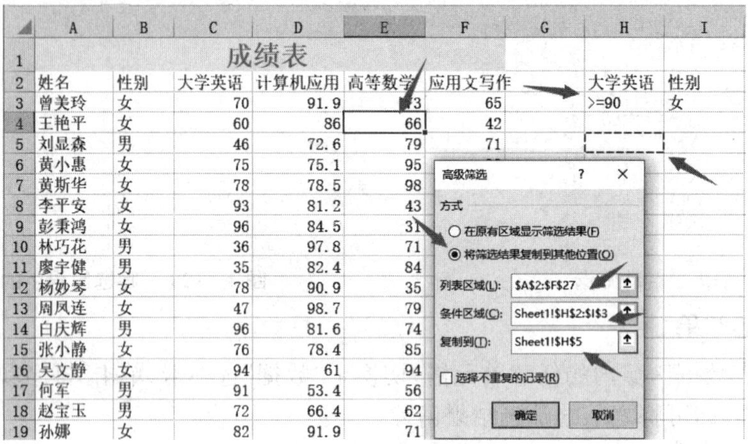

图 4-123　高级筛选

使用高级筛选时,筛选条件需要按照一定的规则输入工作表,设置筛选条件应遵循以下规则:

(1) 条件区域的首行必须是标题行,并且须与目标数据清单中的列标题匹配,但条件区域的标题行中内容的排列顺序可以不与目标数据清单相同;

(2) 条件区域标题行下方为条件值的描述区,在同一行的各个条件之间是“与”关系,在不同行的各个条件之间是“或”关系。

任务十五　排序职工信息

任务描述

打开素材包中“职工信息表 2”工作簿,并完成以下操作:

(1) 使用简单排序,对“性别”列进行升序排序;

(2) 使用复杂排序,对“现级别”列进行升序排序,“现级别”相同的按“文化程度”进行降序排序;

(3) 对“姓名”列进行笔画排序;

(4) 使用自定义序列“职员,馆员,校对,会计师,编辑,副编审,编审”对“现级别”列进行排序。

任务分析

掌握简单排序、复杂排序、笔画排序和自定义排序的操作。

工作簿中的数据一旦过多，就会显得非常凌乱复杂，使用 Excel 2016 的排序功能，可以将表格中的数据按照指定的顺序有规律地进行排序，从而使用户可以更直观地显示、查看和理解数据。

任务演示

1. 简单排序

打开相关素材“职工信息表 2”工作簿，选中 C2 单元格，切换至“数据”选项卡，单击“排序和筛选”功能组中的“升序”按钮，即可完成排序，结果如图 4－124 所示。

	A	B	C	D	E	F	G	H	I
1	职工信息表								
2	编号	姓名	性别	民族	籍贯	出生年月	工作日期	文化程度	现级别
3	2016002	陈鹏	男	回	陕西蒲城	1974年11月	1996年12月	研究生	副编审
4	2016005	王卫平	男	回	宁夏永宁	1962年3月	1981年12月	大学本科	副馆员
5	2016007	张晓寰	男	汉	北京长辛店	1961年12月	1984年1月	大专	职员
6	2016008	杨宝春	男	汉	河北南宫	1965年5月	1981年2月	研究生	职员
7	2016009	许东东	男	汉	江苏沛县	1959年7月	1976年9月	研究生	编审
8	2016010	王川	男	汉	山东历城	1960年11月	1985年2月	大学本科	编审
9	2016011	连威	男	汉	湖南南县	1971年5月	1994年12月	大学本科	编审
10	2016014	艾芳	男	汉	南安	1973年12月	1995年6月	研究生	编审
11	2016015	王小明	男	汉	湖北恩施	1963年10月	1978年9月	大学本科	校对
12	2016016	胡海涛	男	汉	北京市	1959年10月	1978年10月	大学本科	会计师
13	2016017	林海	男	汉	安徽太湖	1961年11月	1984年10月	大学本科	编辑
14	2016018	沈奇峰	男	汉	山西万荣	1980年1月	1999年2月	大专	职员
15	2016020	岳晋生	男	藏	四川遂宁	1972年11月	1989年7月	研究生	副编审
16	2016001	庄凤仪	女	汉	浙江绍兴	1955年11月	1978年8月	中专	职员
17	2016003	刘学燕	女	汉	山东高青	1967年4月	1976年9月	大学本科	校对
18	2016004	黄璐京	女	汉	山东济南	1961年1月	1983年1月	大专	校对
19	2016006	任水滨	女	汉	河北青县	1970年11月	1994年12月	大学本科	职员
20	2016012	高琳	女	汉	河北文安	1966年10月	1977年9月	研究生	职员
21	2016013	沈克	女	满	辽宁辽中	1977年4月	1998年12月	大学本科	馆员
22	2016019	金星	女	汉	江苏南通	1965年6月	1984年9月	高中	编审

图 4－124　简单排序结果

2. 复杂排序

Excel 2016 还能对多个关键字进行排序，即指工作表中的数据按照两个或两个以上的关键字进行排序。

选中工作表数据区域内的任意单元格，切换至“数据”选项卡，单击“排序和筛选”功能组中的“排序”按钮。在打开的“排序”对话框中，单击“主要关键字”下三角按钮，在下拉列表中选择“现级别”，设置“次序”为“升序”。单击“添加条件”按钮，设置“次要关键字”为“文化程度”，设置“次序”为“降序”，如图 4－125 所示。单击“确定”按钮，结果如图 4－126 所示。

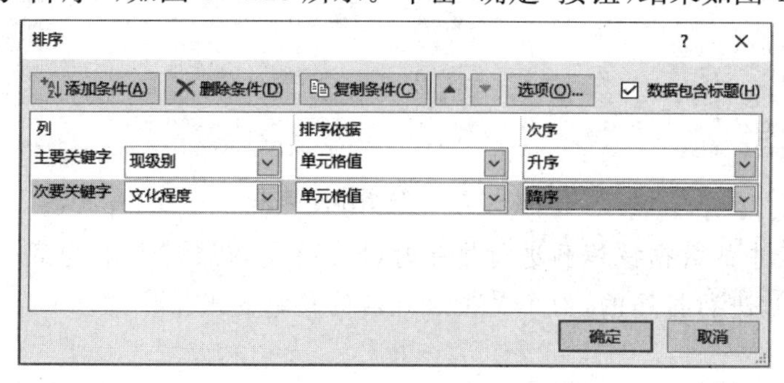

图 4－125　复杂排序关键字设置

	A	B	C	D	E	F	G	H	I
1	职工信息表								
2	编号	姓名	性别	民族	籍贯	出生年月	工作日期	文化程度	现级别
3	2016017	林海	男	汉	安徽太湖	1961年11月	1984年10月	大学本科	编辑
4	2016009	许东东	男	汉	江苏沛县	1959年7月	1976年9月	研究生	编审
5	2016014	艾芳	男	汉	南安	1973年12月	1995年6月	研究生	编审
6	2016019	金星	女	汉	江苏南通	1965年6月	1984年9月	高中	编审
7	2016010	王川	男	汉	山东历城	1960年11月	1985年2月	大学本科	编审
8	2016011	连威	男	汉	湖南南县	1971年5月	1994年12月	大学本科	编审
9	2016002	陈鹏	男	回	陕西蒲城	1974年11月	1996年12月	研究生	副编审
10	2016020	岳晋生	男	藏	四川遂宁	1972年11月	1989年7月	研究生	副编审
11	2016005	王卫平	男	回	宁夏永宁	1962年3月	1981年12月	大学本科	副馆员
12	2016013	沈克	女	满	辽宁辽中	1977年4月	1998年12月	大学本科	馆员
13	2016016	胡海涛	男	汉	北京市	1959年10月	1978年10月	大学本科	会计师
14	2016004	黄璐京	女	汉	山东济南	1961年1月	1983年1月	大专	校对
15	2016015	王小明	男	汉	湖北恩施	1963年10月	1978年9月	大学本科	校对
16	2016003	刘学燕	女	汉	山东高青	1967年4月	1976年9月	大学本科	校对
17	2016001	庄凤仪	女	汉	浙江绍兴	1955年11月	1978年8月	中专	职员
18	2016008	杨宝春	男	汉	河北南宫	1965年5月	1981年2月	研究生	职员
19	2016012	高琳	女	汉	河北文安	1966年10月	1977年9月	研究生	职员
20	2016007	张晓寰	男	汉	北京长辛店	1961年12月	1984年1月	大专	职员
21	2016018	沈奇峰	男	汉	山西万荣	1980年1月	1999年2月	大专	职员
22	2016006	任水滨	女	汉	河北青县	1970年11月	1994年12月	大学本科	职员

图 4－126　复杂排序结果

3. 笔画排序

在实际工作中，用户也可以根据需要对工作表中的数据进行笔画排序。

选中工作表数据区域内的任意单元格，切换至“数据”选项卡，单击“排序和筛选”功能组中的“排序”按钮。在打开的“排序”对话框中单击“主要关键字”下三角按钮，在下拉列表中选择“姓名”选项，保存其余选项设置不变，单击“选项”按钮，在打开的“排序选项”对话框中单击“笔画排序”单选按钮，单击“确定”按钮，完成排序，结果如图 4－127 所示。

	A	B	C	D	E	F	G	H	I
1	职工信息表								
2	编号	姓名	性别	民族	籍贯	出生年月	工作日期	文化程度	现级别
3	2016015	王小明	男	汉	湖北恩施	1963年10月	1978年9月	大学本科	校对
4	2016010	王川	男	汉	山东历城	1960年11月	1985年2月	大学本科	编审
5	2016005	王卫平	男	回	宁夏永宁	1962年3月	1981年12月	大学本科	副馆员
6	2016014	艾芳	男	汉	南安	1973年12月	1995年6月	研究生	编审
7	2016006	任水滨	女	汉	河北青县	1970年11月	1994年12月	大学本科	职员
8	2016001	庄凤仪	女	汉	浙江绍兴	1955年11月	1978年8月	中专	职员
9	2016003	刘学燕	女	汉	山东高青	1967年4月	1976年9月	大学本科	校对
10	2016009	许东东	男	汉	江苏沛县	1959年7月	1976年9月	研究生	编审
11	2016008	杨宝春	男	汉	河北南宫	1965年5月	1981年2月	研究生	职员
12	2016011	连威	男	汉	湖南南县	1971年5月	1994年12月	大学本科	编审
13	2016013	沈克	女	满	辽宁辽中	1977年4月	1998年12月	大学本科	馆员
14	2016018	沈奇峰	男	汉	山西万荣	1980年1月	1999年2月	大专	职员
15	2016007	张晓寰	男	汉	北京长辛店	1961年12月	1984年1月	大专	职员
16	2016002	陈鹏	男	回	陕西蒲城	1974年11月	1996年12月	研究生	副编审
17	2016017	林海	男	汉	安徽太湖	1961年11月	1984年10月	大学本科	编辑
18	2016020	岳晋生	男	藏	四川遂宁	1972年11月	1989年7月	研究生	副编审
19	2016019	金星	女	汉	江苏南通	1965年6月	1984年9月	高中	编审
20	2016016	胡海涛	男	汉	北京市	1959年10月	1978年10月	大学本科	会计师
21	2016012	高琳	女	汉	河北文安	1966年10月	1977年9月	研究生	职员
22	2016004	黄璐京	女	汉	山东济南	1961年1月	1983年1月	大专	校对

图 4－127　笔画排序结果

注意：对工作表中的数据按笔画进行排序时，Excel 是依照姓名中的第一个字、第二个字、第三个字的笔画依次进行排序的，而不是按照姓名的总笔画来排序的。

4. 自定义排序

如果需要按照特定的类别顺序进行排序，用户可以创建自定义序列，按照自定义序列进行排序。

选中工作表数据区域内的任意单元格，切换至“数据”选项卡，单击“排序和筛选”功能组中的“排序”按钮，在打开的“排序”对话框中单击“主要关键字”下三角按钮，在下拉列表中选择“现级别”命令，单击“次序”下三角按钮，在下拉列表中选择“自定义序列”命令。打开“自定义序列”对话框，在“输入序列”文本框中输入自定义的顺序，每一行按[Enter]键换行，然后单击“添加”按钮，如图 4 - 128 所示。单击“确定”按钮两次，完成排序。

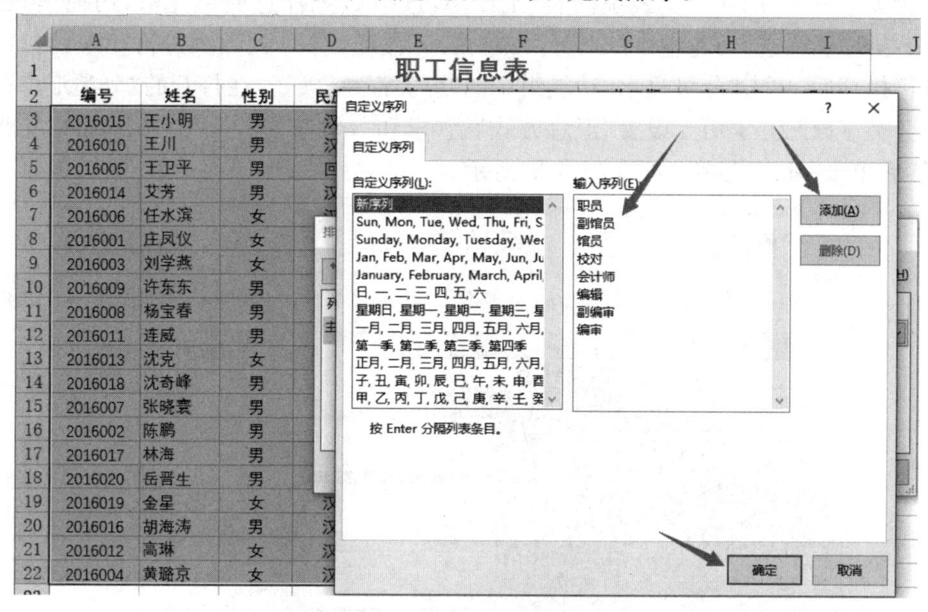

图 4 - 128　自定义序列

任务十六　汇总参加社会实践统计

任务描述

打开素材包中“参加社会实践统计表”工作簿，并完成以下操作：

(1) 使用单项分类汇总，完成以学历为汇总条件的实践天数求和统计；

(2) 删除当前汇总；

(3) 使用嵌套分类汇总，完成以学历、性别为汇总条件的实践天数求和统计。

任务分析

掌握单项分类汇总、取消分类汇总、嵌套分类汇总的操作。

在日常数据管理过程中，经常需要对数据进行汇总统计，即对每一类数据进行求和、求平均值、求最大值和最小值等。应用 Excel 2016 的分类汇总功能可以非常方便地对数据进行汇总分析。

任务演示

1. 单项分类汇总

单项分类汇总，是指对某类数据进行汇总求和等操作，从而按类别来分析数据。要进行分类汇总，需先对要分类汇总的字段进行排序操作。

打开相关素材“参加社会实践统计表”工作簿，选中 D 列任意的单元格，切换至“数据”选项卡，单击“排序和筛选”功能组中的“升序”或“降序”按钮，对 D 列数据进行相应的排序操作。对学历进行排序后，单击“分级显示”功能组中的“分类汇总”按钮，在打开的“分类汇总”对话框中，设置“分类字段”为“学历”，设置“汇总方式”为“求和”，勾选“选定汇总项”中的“实践天数”复选框，然后单击“确定”按钮，如图 4－129 所示。

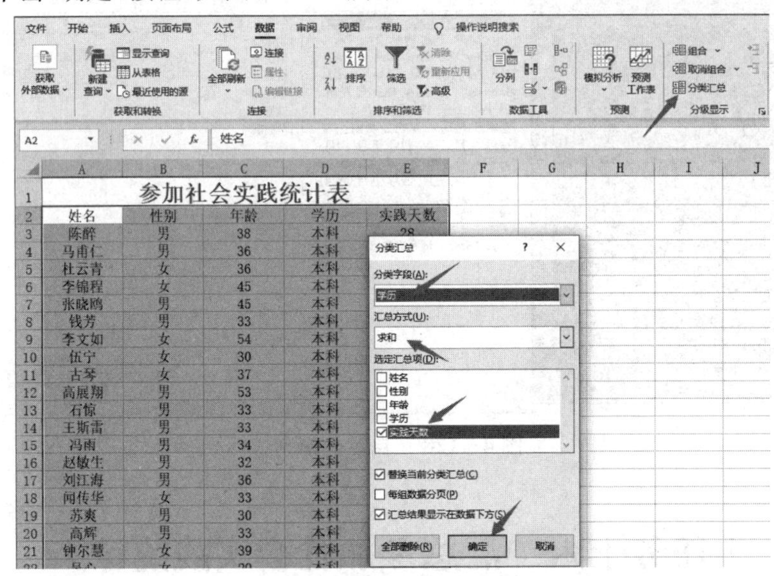

图 4－129　相关设置

返回工作表中，可以看到 Excel 2016 已经完成了对“学历”字段进行求和的分类汇总操作。单击工作表左上角的数字按钮，可显示相应级别的数据，如图 4－130 所示。

	A	B	C	D	E
1	参加社会实践统计表				
2	姓名	性别	年龄	学历	实践天数
23				本科 汇总	442
39				博士 汇总	296
43				大专 汇总	63
55				硕士 汇总	322
56				总计	1123

图 4－130　分类汇总级别显示

2. 删除分类汇总

选中 D 列任意的单元格，切换至“数据”选项卡，单击“分级显示”功能组中的“分类汇总”按钮，在打开的“分类汇总”对话框中，选择“全部删除”按钮即可。

3. 嵌套分类汇总

当需要处理的数据比较复杂时，Excel 2016 允许在一个分类汇总的基础上，对其他字段进行再次分类汇总，即嵌套分类汇总。

选中数据区域内的任意单元格，切换至“数据”选项卡，单击“排序和筛选”功能组中的“排序”按钮，在打开的“排序”对话框中，分别设置“主要关键字”和“次要关键字”的排序条件，如图 4-131 所示，然后单击“确定”按钮。

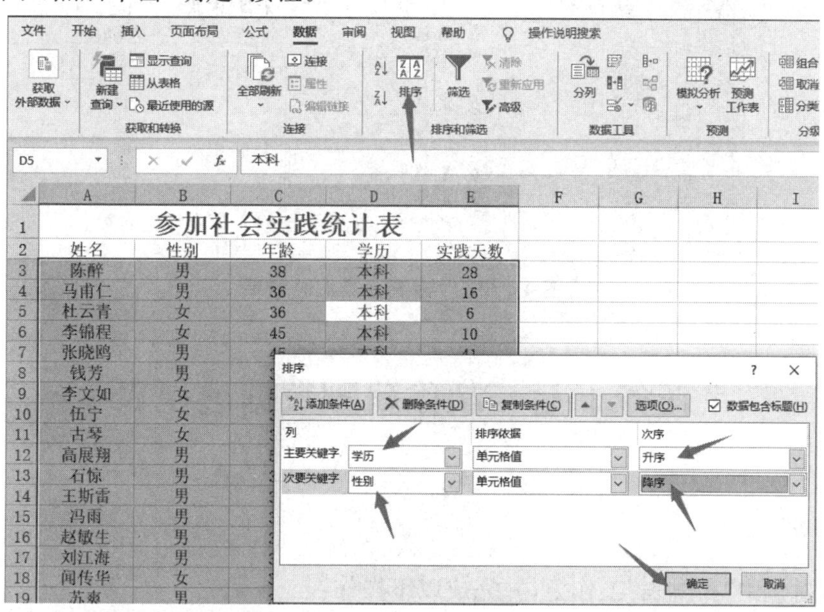

图 4-131　设置排序条件

注意：在设置多条件排序的条件时，设置排序条件的先后顺序必须和汇总数据的类别顺序一致。

单击“分级显示”功能组中的“分类汇总”按钮，在打开的“分类汇总”对话框中，设置“分类字段”为“学历”，设置“汇总方式”为“求和”，勾选“选定汇总项”中的“实践天数”，然后单击“确定”按钮。返回工作表中，再次单击“分级显示”功能组中的“分类汇总”按钮，在“分类汇总”对话框中，对“性别”字段进行分类汇总设置，并取消勾选“替换当前分类汇总”复选框，如图 4-132 所示。单击“确定”按钮即可完成汇总操作，结果如图 4-133 所示。

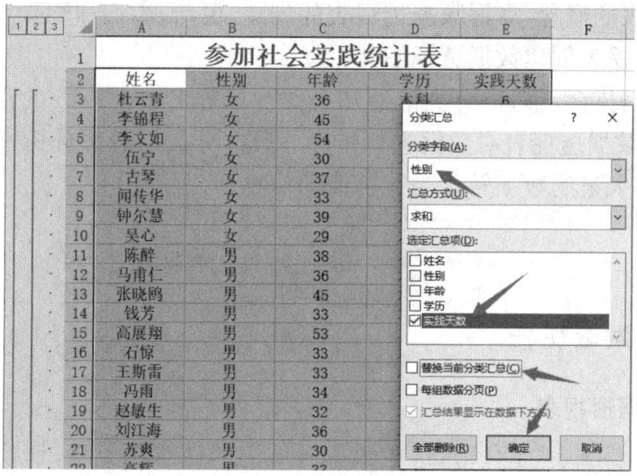

图 4-132　第二次分类汇总设置

	A	B	C	D	E
1	参加社会实践统计表				
2	姓名	性别	年龄	学历	实践天数
11		女 汇总			192
24		男 汇总			250
25				本科 汇总	442
33		女 汇总			130
42		男 汇总			166
43				博士 汇总	296
45		女 汇总			11
48		男 汇总			52
49				大专 汇总	63
53		女 汇总			50
62		男 汇总			272
63				硕士 汇总	322
64				总计	1123

图 4－133　嵌套分类汇总结果

任务十七　制作薪酬数据透视表

任务描述

打开素材包中“薪酬表”工作簿，并完成以下操作：

(1) 选择“Sheet1”工作表，使用快速创建数据透视表功能，在新的工作表中创建透视表；

(2) 选择“Sheet1”工作表，使用创建空白数据透视表并添加字段功能，在新的工作表中创建透视表；

(3) 隐藏后勤部和客服部的数据；

(4) 显示所有数据；

(5) 查看汇总数据中姓名的详细信息。

任务分析

理解数据透视表的概念，掌握数据透视表的创建、更新、添加和删除字段、查看明细数据等操作，能利用数据透视表创建数据透视图。

前面介绍了数据排序、筛选、分类汇总和合并计算等 Excel 2016 的常用功能，本任务将介绍 Excel 2016 使用数据透视表对数据进行排序、筛选、分类汇总等分析操作，以多种不同的方式展示数据特征，将大量的数据转化为有价值的信息。

任务演示

4.17.1　创建数据透视表

1. 快速创建数据透视表

打开相关素材“薪酬表”工作簿，选中数据区域内的任意单元格，切换至“插入”选项卡，单击“表格”功能组中的“推荐的数据透视表”按钮，如图 4－134 所示。然后单击“确定”按钮，结果如图 4－135 所示。

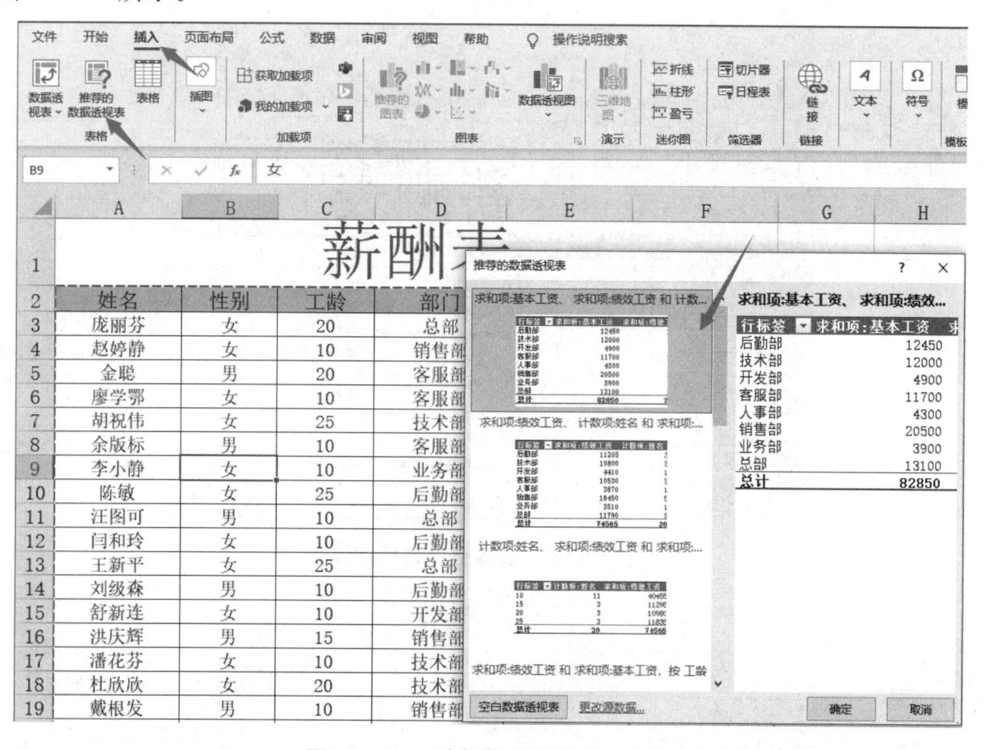

图 4－134　选择推荐的数据透视表

行标签	求和项:基本工资	求和项:绩效工资	计数项:姓名
后勤部	12450	11205	3
技术部	12000	10800	3
开发部	4900	4410	1
客服部	11700	10530	3
人事部	4300	3870	1
销售部	20500	18450	5
业务部	3900	3510	1
总部	13100	11790	3
总计	**82850**	**74565**	**20**

图 4－135　创建推荐的数据透视表

2. 创建空白数据透视表并添加字段

如果推荐的数据透视表不能满足需要，可以先创建一个空白的数据透视表，然后根据需要添加相应的字段。

选择“Sheet1”工作表，选中数据区域内的任意单元格，切换至“插入”选项卡，单击“表格”功能组中的“数据透视表”按钮，打开“来自表格或区域的数据透视表”对话框，保持默认选择的单元格区域不变，如图 4－136 所示。单击“确定”按钮，这时可以看到在新打开的工作表中创建的空白数据透视表，同时打开“数据透视表字段”任务窗格，如图 4－137 所示。

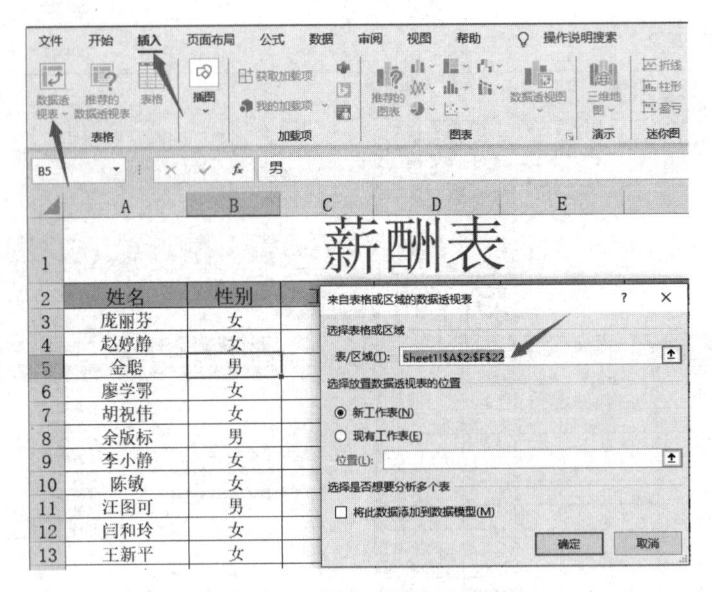

图 4-136　创建空白数据透视表

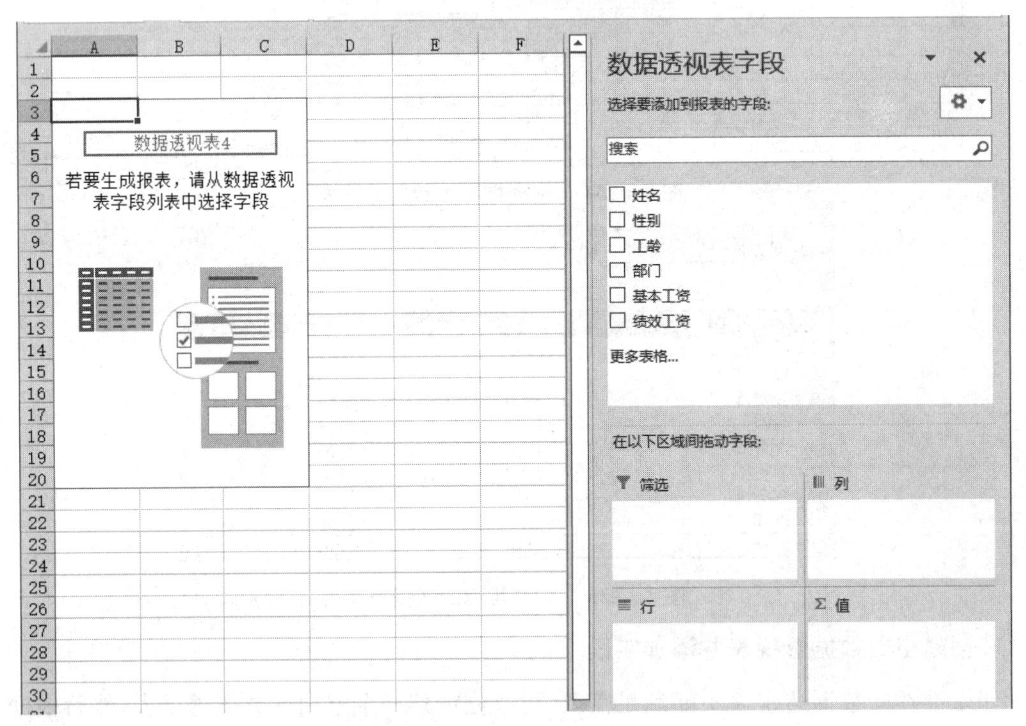

图 4-137　“数据透视表字段”任务窗格

在“数据透视表字段”任务窗格中，分别勾选“部门”“绩效工资”“性别”复选框后，“部门”和“性别”出现在窗格中的“行”区域中，“绩效工资”出现在“值”区域中，相关的求和数据出现在数据透视表中，如图 4-138 所示。将“性别”字段拖到“列”区域中，完成操作，结果如图 4-139 所示。

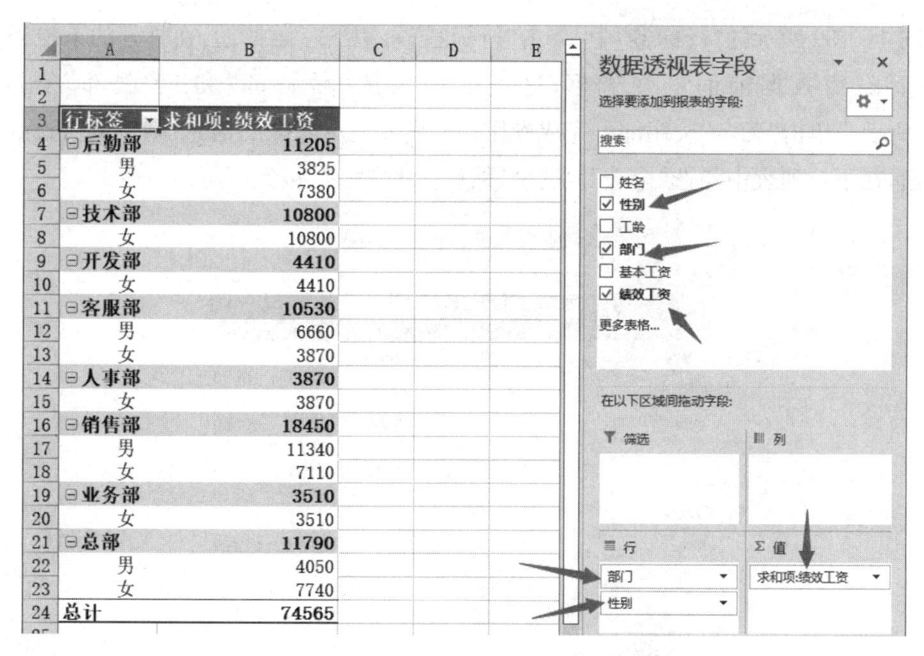

图 4－138　双字段同行

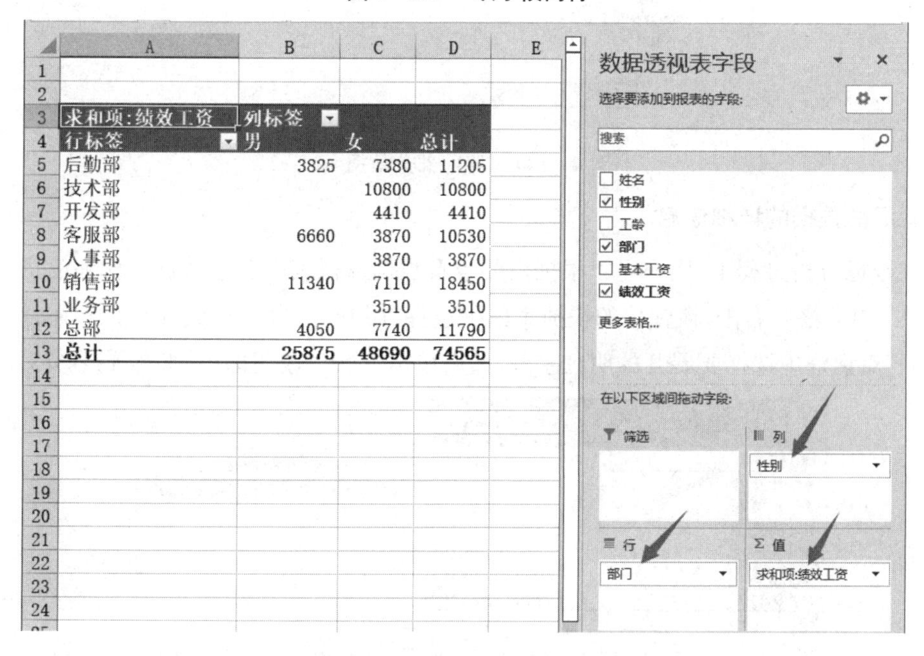

图 4－139　行和列都有字段

4.17.2　编辑数据透视表

在工作表中创建数据透视表后，用户可以根据需要对创建的数据透视表进行相应的编辑操作。

1. 隐藏和显示部分数据

用户可以根据需要显示或隐藏数据透视表中的相关数据信息。

在如图 4－139 所示的“行标签”中，单击“行标签”右侧下三角按钮，在打开的下拉列表中取消勾选需要隐藏数据前面的复选框，这里取消勾选“后勤部”和“客服部”复选框，如图 4－140 所示。单击“确定”按钮即可完成操作。若需要显示隐藏的信息，则单击“行标签”右侧下三角按钮，在下拉列表中勾选“全选”复选框，然后单击“确定”按钮即可。

图 4－140　隐藏部分数据

2. 查看汇总数据的详细信息

通常在数据分析过程中，用户可以根据需要查看数据透视表中汇总数据的详细信息。

选中 A5 单元格并右击，在弹出的快捷菜单中选择“展开/折叠”→“展开”命令，在弹出的“显示明细数据”对话框中选择要展开的明细字段，然后单击“确定”按钮即可，如图 4－141 所示。

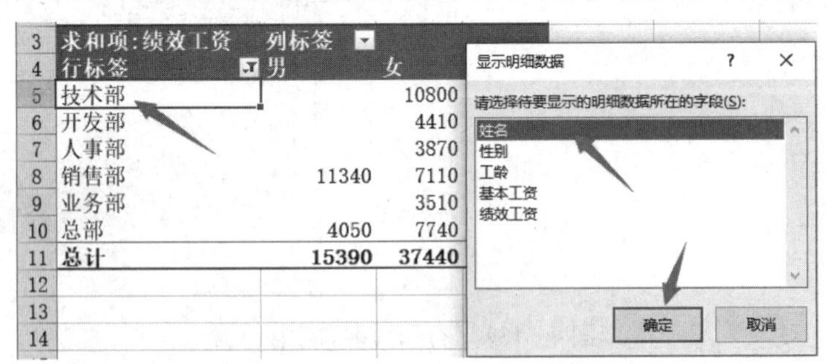

图 4－141　显示“姓名”

数据透视表相关功能的说明：

(1) 筛选区域用于筛选。

(2) 把需要显示在同一列的字段拖放在“行”区域中。

(3) 把需要显示在同一行的字段拖放在“列”区域中。

(4) 把要求统计的数据项拖放在“值”区域中。

(5) 对需要排序的标签,可选择“行标签”或“列标签”下拉列表的“升序”“降序”或“其他排序选项”命令。

任务十八　打印销售记录表

任务描述

打开素材包中“销售记录表”工作簿,设置纸张大小为A4、横向、页边距为上下左右各2厘米,打印到Adobe PDF。

任务分析

掌握页面布局、打印预览和打印操作的相关设置。

任务演示

1. 设置纸张大小及方向

在Excel 2016中,默认的“纸张大小”为“A4”,“纸张方向”为“纵向”,可根据打印需求进行设置。

单击“页面布局”选项卡下“页面设置”功能组中的“纸张方向”按钮,在下拉列表中选择“横向”,如图4-142所示。

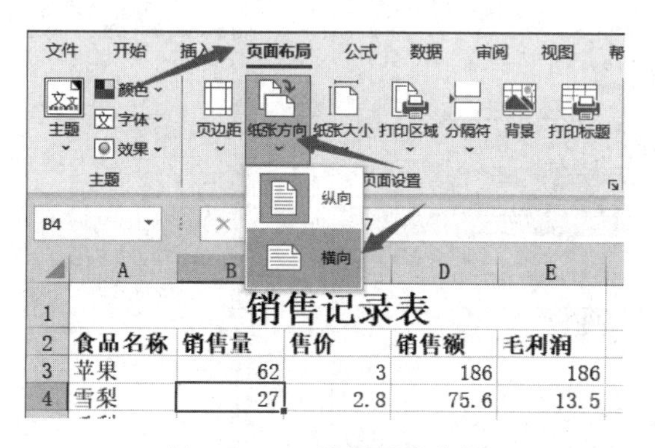

图4-142　设置纸张方向

2. 设置页边距

当表格内容打印在纸张上时,内容与页面边缘之间会有一定的距离,这段距离就是页边距。页边距包括上边距、下边距、左边距和右边距。

单击“页面布局”选项卡下“页面设置”功能组中的“页边距”按钮,在下拉列表中选择“自定义页边距”,如图4-143所示。在打开的“页面设置”对话框中,设置需要的页边距参数,如图4-144所示。

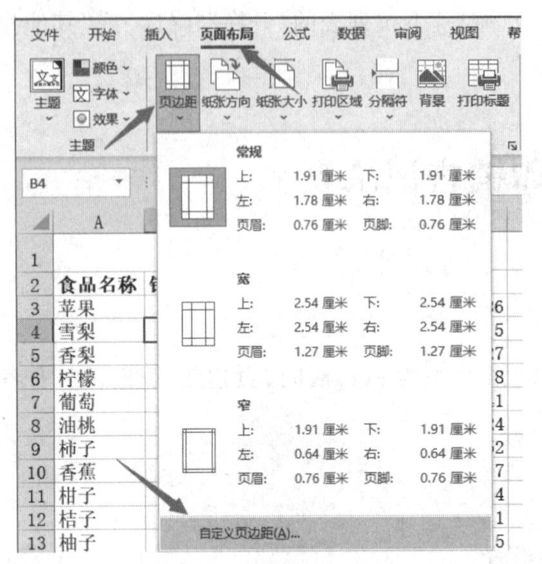

图 4－143　自定义页边距

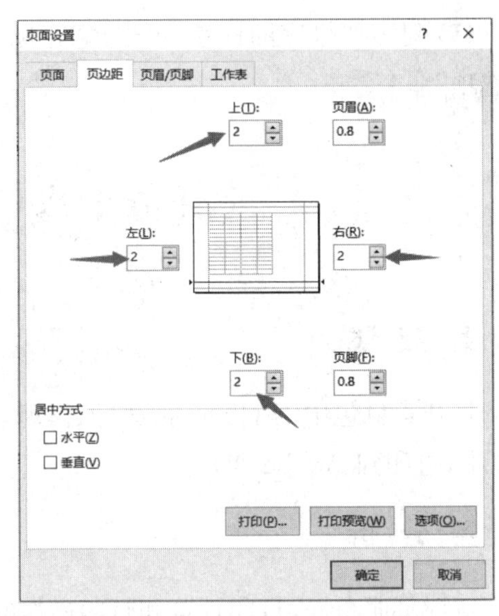

图 4－144　设置页边距参数

3. 打印预览及打印操作

拖选要打印的区域，选择“文件”菜单中的“打印”命令，在“打印”面板中进行相应的设置。如果有打印机，则选择好打印机；如果没有打印机，则按图 4－145 所示进行设置，打印到 Adobe PDF。

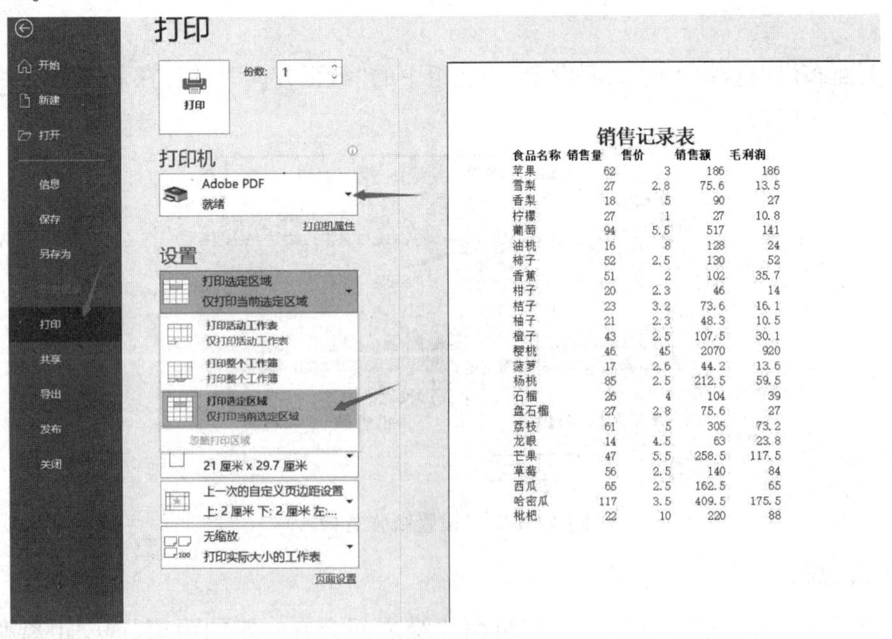

图 4－145　打印预览

模块五　演示文稿 PowerPoint 2016

模 块 导 读

使用 PowerPoint 2016 可以轻松地制作出集文字、图形、图像、声音、视频及动画于一体的演示文稿。演示文稿是目前最流行的演讲、演示工具，从工作计划到阶段汇报、从产品介绍到市场推广、从培训会议到论坛演讲、从课堂教学到毕业答辩，越来越离不开演示文稿。借助演示文稿，可以更有效地进行表达和交流。

本模块主要包括了演示文稿制作的相关原则及流程，演示文稿和幻灯片的基本操作，演示文稿中各类对象(如文本、图形、图像、艺术字、SmartArt、表格、图表、音频和视频等)的应用，母版及主题的应用，超链接和动作的应用，切换动画和动画的应用，幻灯片的放映技巧及演示文稿的各种格式输出等内容。本模块所使用的相关素材可查看素材包中的"演示文稿素材包"文件夹。

任务简报

(1) 了解演示文稿的应用场景，熟悉相关工具的功能、操作界面和制作流程。

(2) 掌握幻灯片的设计及布局原则。

(3) 掌握演示文稿的创建、打开、保存、退出等基本操作。

(4) 熟悉演示文稿不同视图方式的应用。

(5) 掌握幻灯片的创建、复制、删除、移动等基本操作。

(6) 掌握在幻灯片中插入各类对象的方法。

(7) 理解幻灯片母版的概念，掌握幻灯片母版和备注母版的编辑及应用方法。

(8) 掌握幻灯片切换动画、对象动画的设置方法及超链接、动作按钮的应用方法。

(9) 了解幻灯片的放映类型，会使用排练计时进行放映。

(10) 掌握幻灯片不同格式的导出方法。

任务一 创建演示文稿

任务描述

启动 PowerPoint 2016,创建空白演示文稿并保存,掌握设置演示文稿的尺寸、方向及主题风格的方法。

任务分析

建立演示文稿可以根据需要创建空白的演示文稿或从模板创建,创建完成后在下一任务编辑演示文稿内容前,需要先设定演示文稿的幻灯片尺寸、方向并可指定演示文稿需要套用的主题风格。

任务演示

5.1.1 PowerPoint 2016 的启动

单击桌面左下角的“开始”菜单,在打开的程序菜单中单击“PowerPoint 2016”选项,如图 5-1 所示,将启动 PowerPoint 2016。

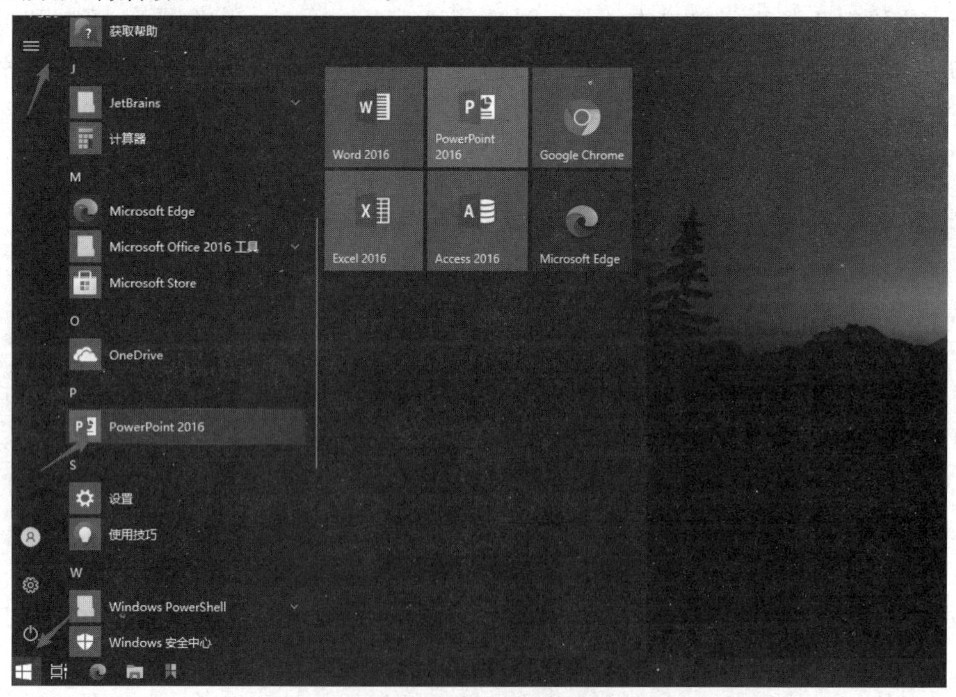

图 5-1 启动 PowerPoint 2016

启动 PowerPoint 2016 后,就会打开如图 5-2 所示的 PowerPoint 2016 启动界面,可在该界面中创建新的演示文稿或打开已有的演示文稿。

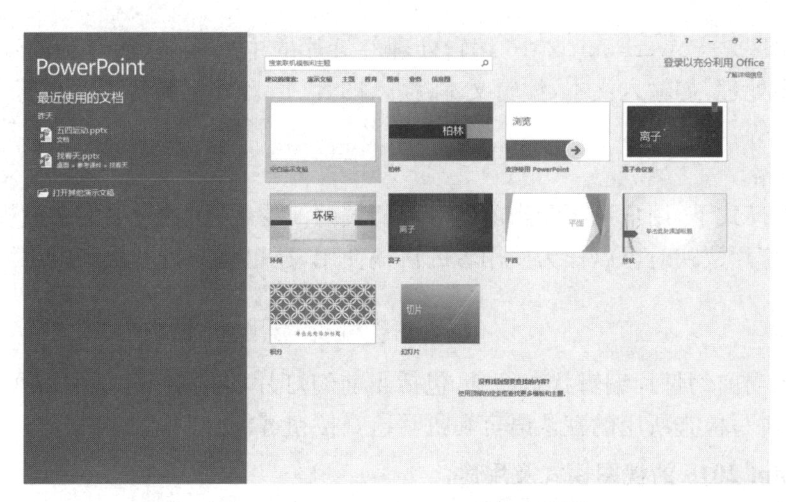

图 5－2　PowerPoint 2016 启动界面

5.1.2　PowerPoint 2016 的基本知识

1. PowerPoint 2016 的工作窗口

打开已有的演示文稿，会显示如图 5－3 所示的窗口。除有和 Office 2016 其他组件相类似的标题栏、“文件”菜单、快速访问工具栏、功能区和状态栏等外，PowerPoint 2016 工作窗口中还有几个区域，它们的名称和作用如下。

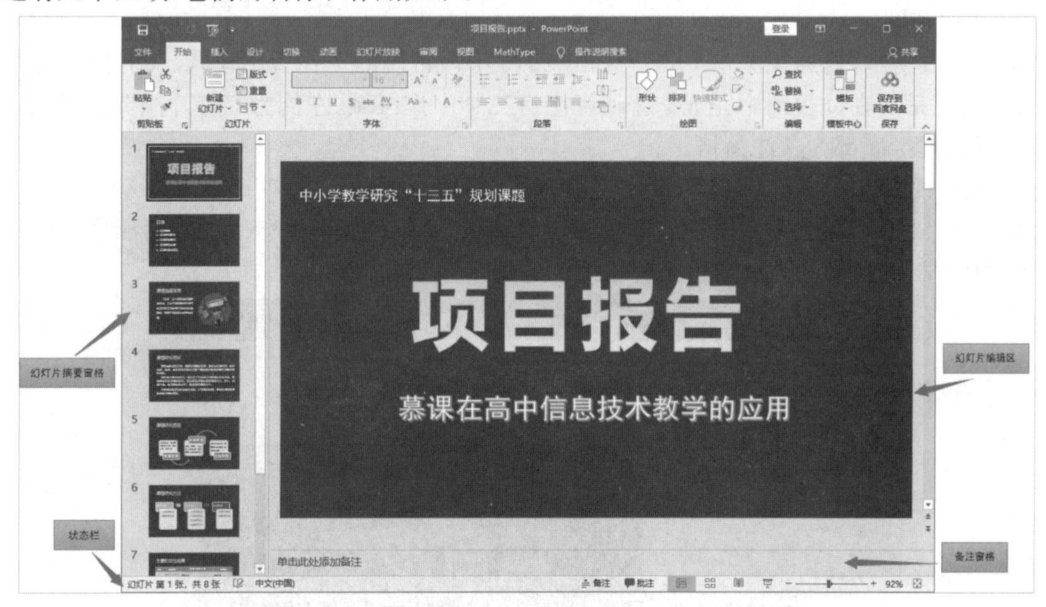

图 5－3　PowerPoint 2016 的工作窗口(普通视图)

(1) 幻灯片摘要窗格(大纲/幻灯片窗格)。

在普通视图模式下，窗口左侧幻灯片摘要窗格用于显示演示文稿中所有幻灯片的缩略图。用户可以单击幻灯片缩略图快速切换至要编辑的幻灯片，还可以在此窗格完成插入、复制、移动和删除幻灯片等操作。

(2) 幻灯片编辑区。

幻灯片编辑区是 PowerPoint 2016 编辑处理幻灯片的主要区域，能对当前幻灯片页面进行对象级的编辑处理，如输入文本，编辑文本，插入图片、声音和视频等多媒体操作，编辑各种图文和动画效果等。

(3) 备注窗格。

在普通视图模式下，用户可将和当前幻灯片相关的演说词、附加说明信息或提示信息输入备注窗格，在幻灯片放映时可以作为使用者的讲稿使用，还可将其打印出来或将演示文稿保存为网页时显示。

(4) 状态栏。

状态栏显示当前幻灯片编辑状态信息，包括当前幻灯片的页码、幻灯片总页数、当前幻灯片应用的主题、拼写检查所用的默认语言和拼写检查按钮等。

2. PowerPoint 2016 的视图模式及用途

视图是指 PowerPoint 2016 编辑区的样式。PowerPoint 2016 提供了演示文稿视图和母版视图两大视图模式，其中演示文稿视图又分为普通视图、大纲视图、幻灯片浏览视图、备注页视图和阅读视图；母版视图又分为幻灯片母版、讲义母版和备注母版。它们通过“演示文稿视图”功能组和“母版视图”功能组中对应的命令项进行切换。PowerPoint 2016 默认视图是普通视图，也是编辑幻灯片的主要视图模式。

不同的视图模式有不同的用途，选择适当的视图模式进行操作，可以提高工作效率。下面是几种主要视图模式的介绍。

(1) 普通视图。

如图 5－3 所示，普通视图是 PowerPoint 2016 中最常用的工作视图模式。幻灯片里进行对象级编辑时都要在此视图中完成。普通视图有三个工作区域：左侧为幻灯片摘要窗格，右侧为幻灯片编辑区，底部为备注窗格。

(2) 大纲视图。

如图 5－4 所示，在大纲视图模式下编辑演示文稿，可以调整各幻灯片的前后顺序，可以通过将大纲从 Word 粘贴到大纲窗格来轻松地创建整个演示文稿。

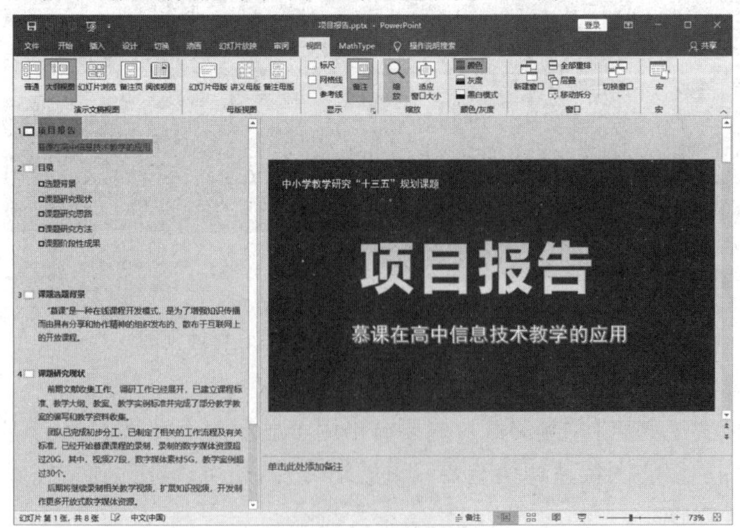

图 5－4　大纲视图

(3) 幻灯片浏览视图。

如图 5 - 5 所示,幻灯片浏览视图会在主编辑区以缩略图的形式显示演示文稿中所有幻灯片。在此视图模式下,用户可以方便地添加和删除幻灯片、调整幻灯片顺序,还可以方便地选择多张幻灯片,设置它们的切换效果,预览幻灯片切换、动画和排练时间的效果。

按住[Ctrl]键不放,前后滚动鼠标滚轮,可以调整幻灯片缩略图的大小。

在此视图模式下,用户无法编辑幻灯片中的对象,如需编辑幻灯片中的对象,双击幻灯片缩略图,即可切换至该幻灯片的普通视图模式,从而进行编辑。

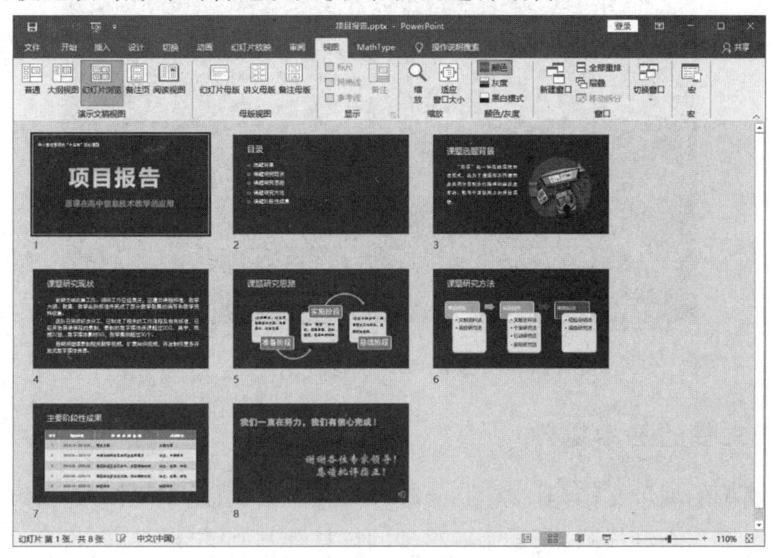

图 5 - 5　幻灯片浏览视图

(4) 备注页视图。

如图 5 - 6 所示,在备注页视图模式下,用户可以查看演示文稿与备注一起打印的效果。每个页面都将包含一张幻灯片和演讲者备注,可以在此视图中对备注进行编辑,但无法对幻灯片中的对象进行编辑。

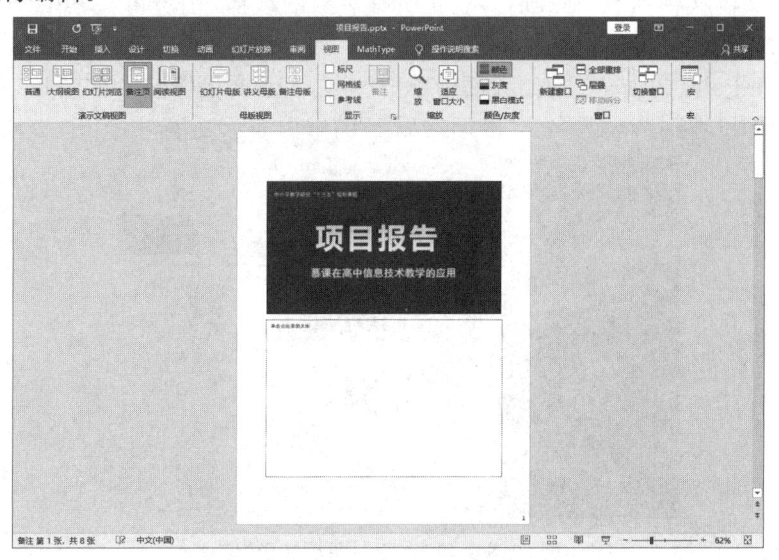

图 5 - 6　备注页视图

(5) 阅读视图。

如图 5 - 7 所示，此视图允许用户在具有完整动画效果和多媒体效果的幻灯片放映模式下查看演示文稿。它与幻灯片放映不同的是，此视图会显示标题栏和状态栏。用户还可以通过 Windows 任务栏访问其他演示文稿和程序。

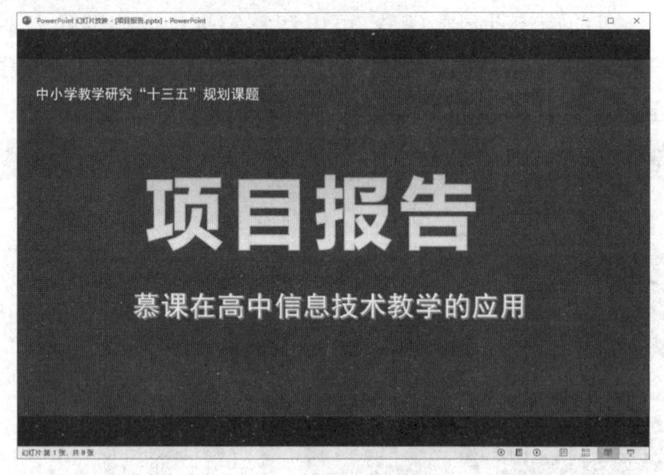

图 5 - 7　阅读视图

5.1.3　演示文稿的基本操作

创建一个简单的演示文稿，其中包括新建并保存演示文稿、定义演示文稿的页面尺寸及方向、新建幻灯片、更改幻灯片版式、复制或移动幻灯片等基础操作。

在 PowerPoint 2016 中提供一系列创建演示文稿的方法，下面将介绍如何使用 PowerPoint 2016 创建一个演示文稿并保存，可以创建空白演示文稿，也可以使用模板来创建演示文稿。

1. 创建空白演示文稿

空白演示文稿就相当于一张画布，它是所有对象的载体，用户可在其中任意发挥，所以空白演示文稿的创建就显得很重要。

启动 PowerPoint 2016，在初始界面中单击“空白演示文稿”选项，如图 5 - 8 所示。在进入的工作窗口中即可看到新建的名为“演示文稿 1”的空白演示文稿，如图 5 - 9 所示。

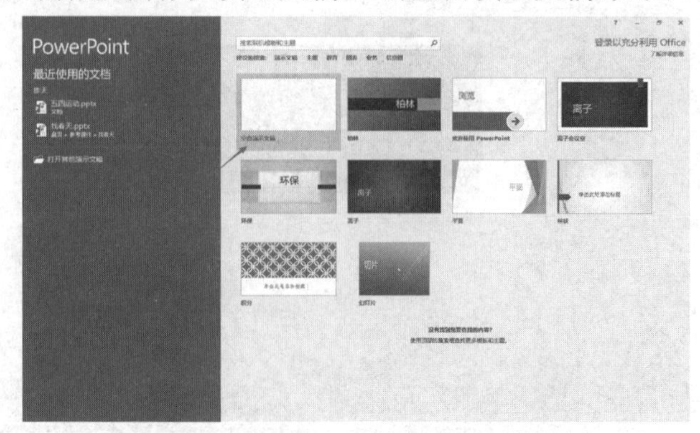

图 5 - 8　单击“空白演示文稿”选项

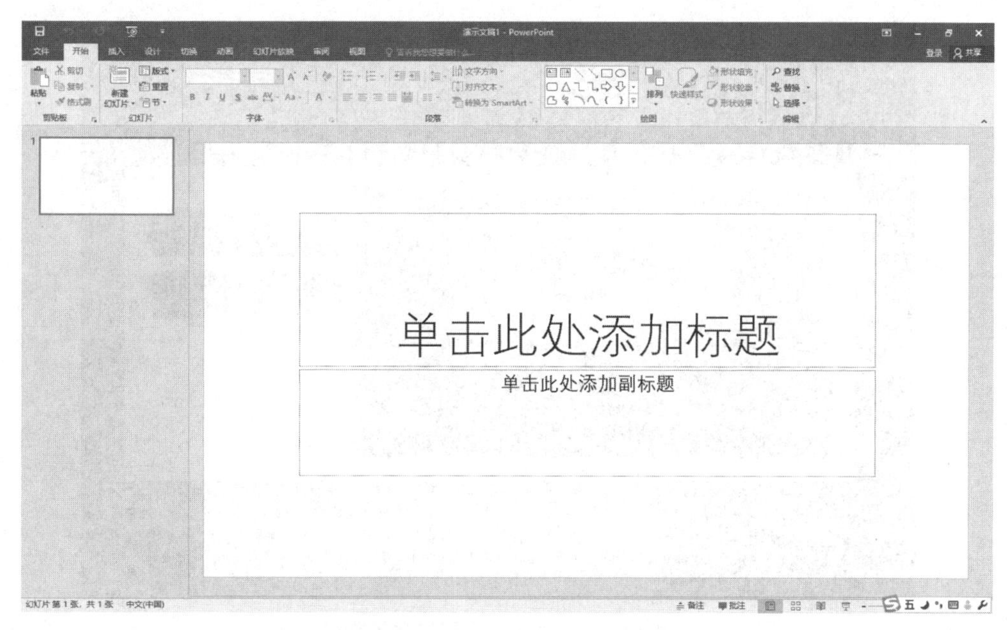

图 5-9　创建的空白演示文稿

2. 根据模板创建演示文稿

PowerPoint 2016 为用户提供了多种演示文稿模板，用户可以选择一个自己需要的模板进行演示文稿的创建。

选择“文件”菜单，在左侧单击“新建”选项，在右侧“新建”面板中，用户可在模板列表中选择所需的模板(如“电路”模板)，如图 5-10 所示。在弹出的对话框中将显示该模板预览图及描述，单击“创建”按钮，如图 5-11 所示。此时即可根据模板创建演示文稿，其中已经设计好了多种幻灯片版式，只需根据需要添加内容即可。

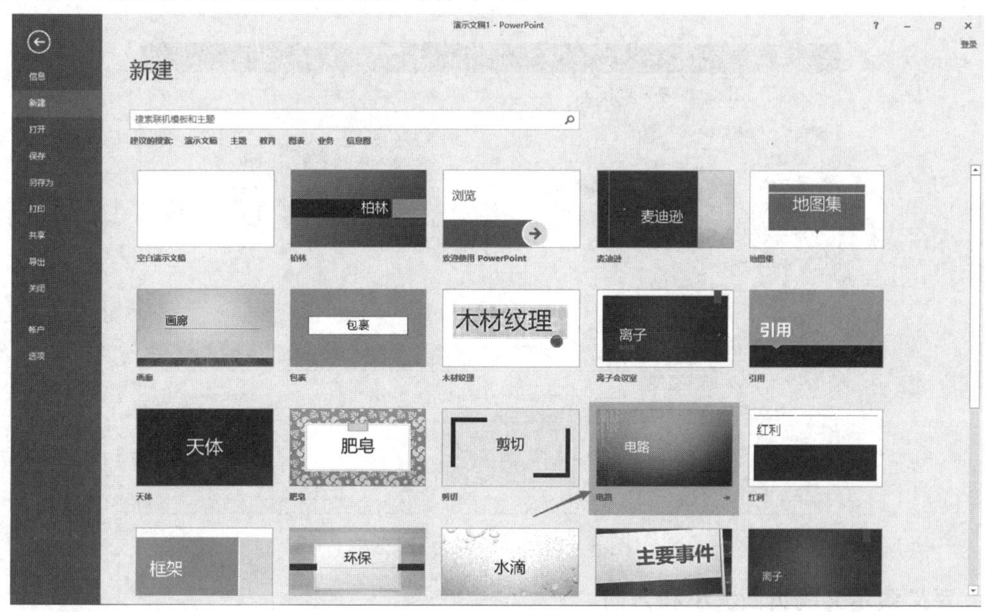

图 5-10　模板选择列表

图 5－11　根据模板创建演示文稿

3. 保存演示文稿

在制作完演示文稿或者在演示文稿的制作过程中都会涉及保存操作，而第一次对演示文稿进行保存会稍显复杂。

新建一个演示文稿，在工作窗口中单击快速访问工具栏中的“保存”按钮，打开“另存为”面板，单击右侧的“浏览”按钮。在打开的“另存为”对话框中选择演示文稿的保存位置，在“文件名”文本框中输入文件名，然后单击“保存”按钮即可完成演示文稿的保存操作，如图 5－12 所示。在返回的工作窗口中可看到标题栏中的演示文稿名称已经改变，表示该演示文稿已经成功保存。

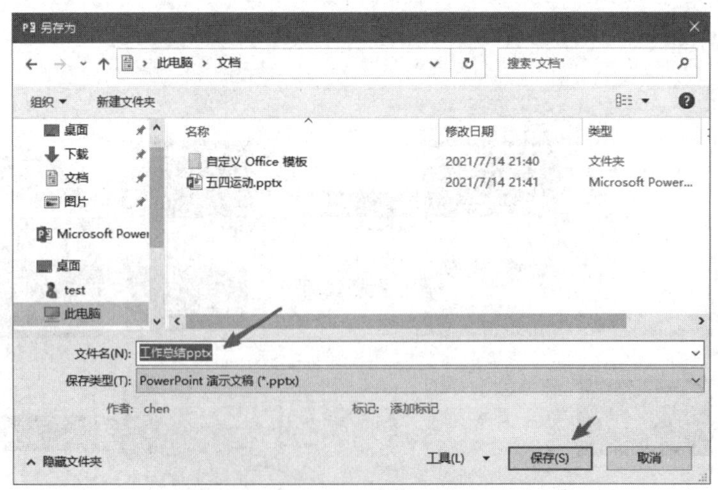

图 5－12　“另存为”对话框

4. 定义演示文稿页面大小和方向

在制作演示文稿前，应根据放映的要求对幻灯片的大小进行自定义设置。

切换至“设计”选项卡，单击“自定义”功能组中的“幻灯片大小”按钮，在下拉列表中选择“自定义幻灯片大小”命令，如图 5－13 所示。此时弹出“幻灯片大小”对话框，在“幻灯片大小”文本框下拉列表中选择所需的大小，如设置为“宽屏”，如图 5－14 所示。在“幻灯片大小”对话框中继续定义幻灯片的方向，定义备注、讲义和大纲的方向，完成设置后单击“确定”按钮。在弹出的对话框中单击“确保适合”按钮，即可完成设置。

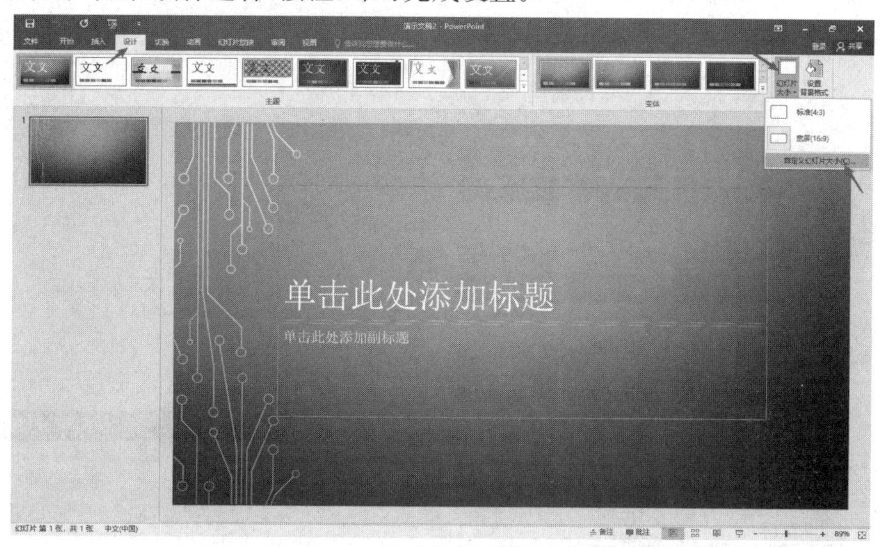

图 5－13　自定义幻灯片大小

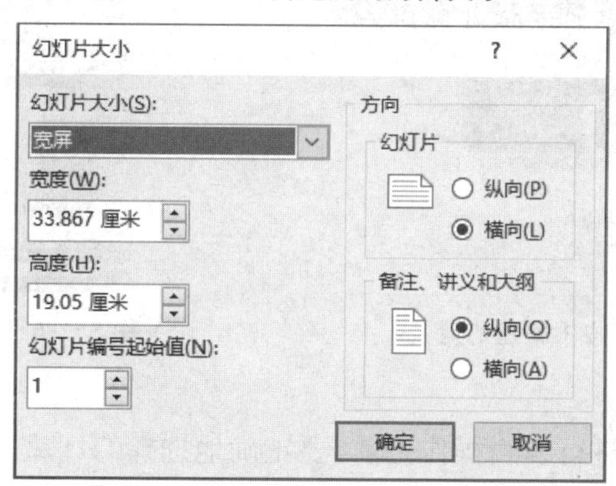

图 5－14　“幻灯片大小”对话框

5.1.4　幻灯片的基本操作

在制作演示文稿时，对幻灯片的操作是最基本的操作，如新建幻灯片、选择幻灯片、复制幻灯片和移动幻灯片等。

1. 新建幻灯片

默认情况下，在 PowerPoint 2016 中新建的空白演示文稿或者模板演示文稿中都只包含了一张幻灯片，而一个演示文稿是由多张幻灯片组合而成的。为了达到制作目的，就需要在演示文稿中不断建立新的幻灯片并输入内容。

用户可以通过以下方法在演示文稿中新建幻灯片：

(1) 在幻灯片窗格中，将插入点定位到要插入幻灯片的位置，单击“开始”选项卡下“幻灯片”功能组中的“新建幻灯片”下拉按钮，在下拉列表中选择一种合适的版式选项即可新建幻灯片，如图 5-15 所示。

(2) 在幻灯片摘要窗格中要新建幻灯片的位置右击，在弹出的快捷菜单中选择“新建幻灯片”命令，如图 5-16 所示，也可新建一张与上一张幻灯片版式相同的幻灯片。

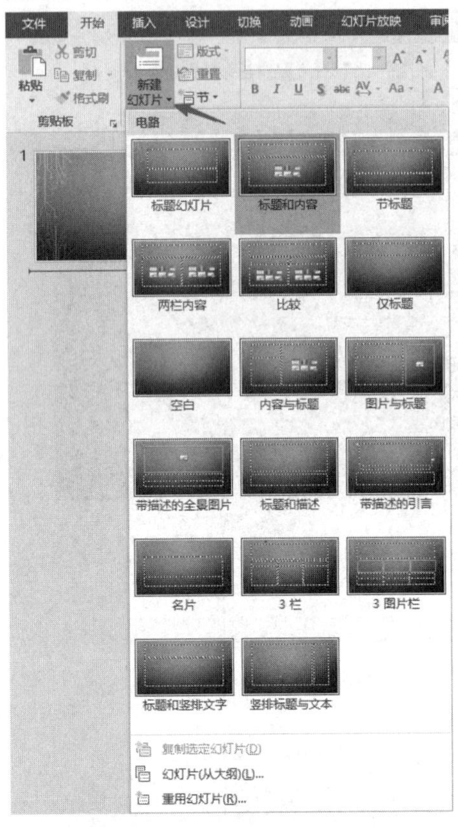

图 5-15　方法 1 新建幻灯片

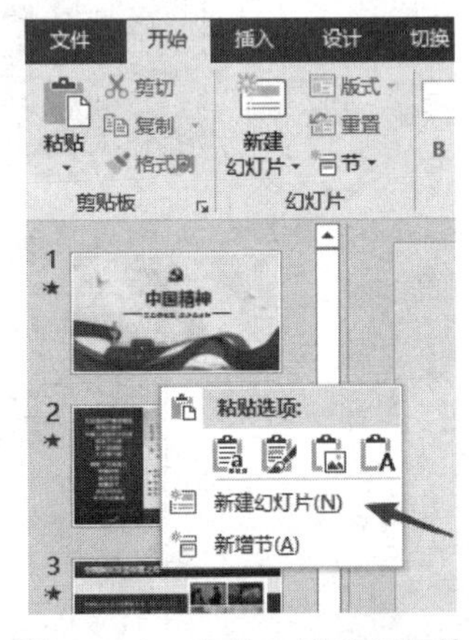

图 5-16　方法 2 新建幻灯片

2. 选择幻灯片

对单张或多张幻灯片进行编辑操作之前，要正确地选择幻灯片。

如果需要选择多张连续的幻灯片，在幻灯片摘要窗格中按住[Shift]键的同时分别单击起始和结尾的幻灯片，即可选择多张连续的幻灯片。

如果需要选择多张不连续的幻灯片，在幻灯片摘要窗格中按住[Ctrl]键的同时分别单击要选择的幻灯片，即可选择多张不连续的幻灯片。

3. 复制幻灯片

在制作演示文稿的过程中，可能有几张幻灯片的版式和背景等都是相同的，只是其中的部分文本不同而已，这时只需复制幻灯片，然后对复制后的幻灯片进行修改即可。

复制幻灯片的具体操作方法如下：在幻灯片摘要窗格右击要复制的幻灯片的缩略图，在弹出的快捷菜单中选择“复制幻灯片”命令，此时即可在该幻灯片下方复制出一张幻灯片，如图 5-17 所示。

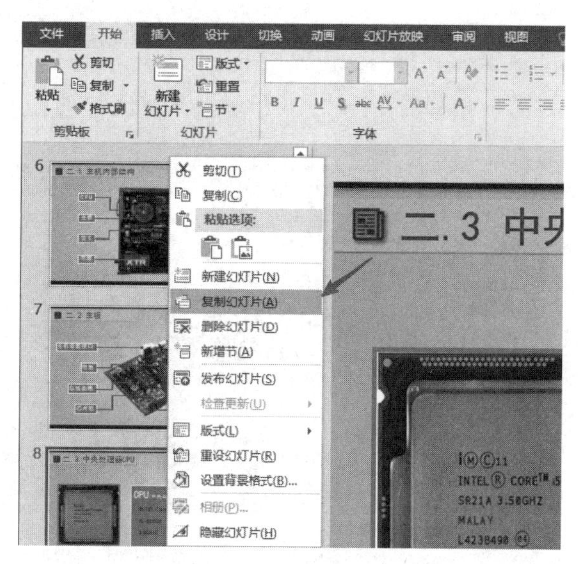

图 5－17　复制幻灯片

技巧：先选择要复制的幻灯片的缩略图，按[Ctrl＋C]组合键复制该幻灯片，然后在目标位置按[Ctrl＋V]组合键即可粘贴该幻灯片。

4. 移动幻灯片

在幻灯片摘要窗格中各张幻灯片左上方都有一个数字编号，即幻灯片的排列次序，默认情况下按照该次序来放映幻灯片。

通过移动幻灯片可以调整演示文稿中幻灯片的顺序，具体操作方法如下：在需要移动的幻灯片缩略图上右击，选择“剪切”命令，在幻灯片摘要窗格中需要移动到的新位置空隙处右击，弹出快捷菜单，选择“粘贴”中的“保留源格式”命令即可，如图 5－18 所示。

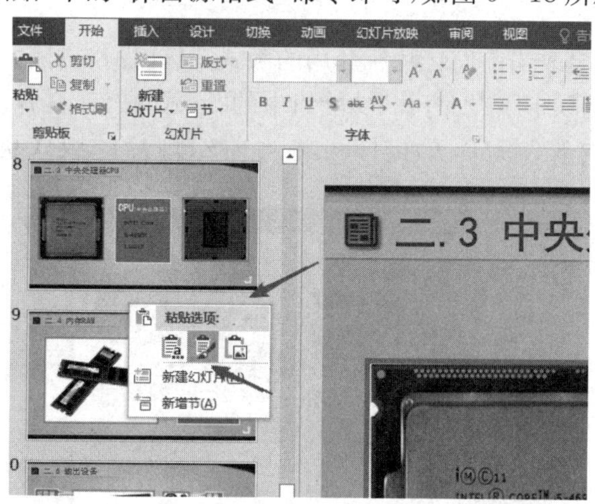

图 5－18　移动幻灯片

5. 删除幻灯片

演示文稿中有很多张幻灯片，有时需要将一些多余的幻灯片删除。具体操作方法如下：在多余的幻灯片缩略图上右击，选择“删除幻灯片”命令，如图 5－19 所示。此时，PowerPoint 会删除该幻灯片并选择与其后面相邻的幻灯片。

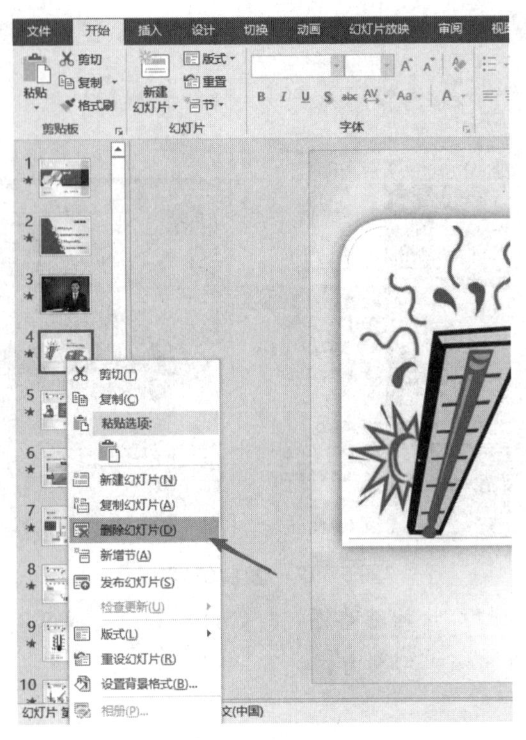

图 5-19　删除幻灯片

6. 更改幻灯片版式

每个幻灯片的版式包含文本、视频、图片、图表、形状、剪贴画和背景等内容的占位符，它们还包含这些对象的默认格式。在演示文稿中使用的每一个主题都包含一个幻灯片母版和一组相关的版式。

用户可以根据需要更改当前幻灯片所套用的版式，具体操作方法如下：选择需要更改版式的幻灯片，单击"开始"选项卡下"幻灯片"功能组中的"版式"按钮，在弹出的下拉列表中选择需要的版式，如"标题和内容"版式，单击即可将当前幻灯片的版式更改为选定的版式，如图 5-20 所示。

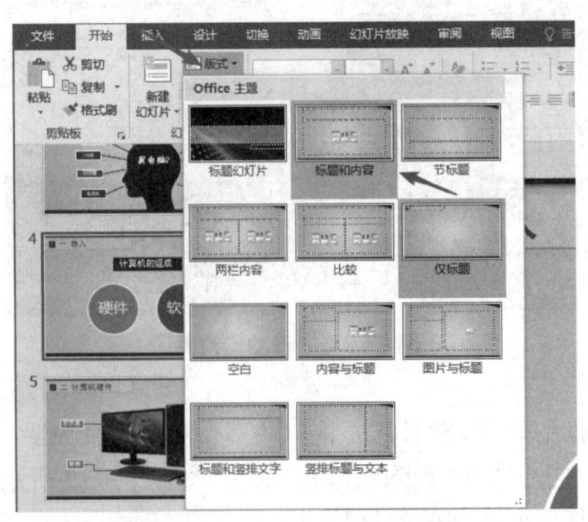

图 5-20　更改幻灯片版式

任务二　编辑演示文稿内容

任务描述

掌握在创建的演示文稿中不断添加新幻灯片的方法，并学习利用幻灯片上的占位符或“插入”选项卡中的对象插入命令，在幻灯片上导入各种对象，从而建立演示文稿的内容。

任务分析

建立演示文稿的内容，需要根据不同的版面要求选择不同的版式，不断地添加新的幻灯片，然后在幻灯片中导入各种对象（如文本、图形、图像、艺术字、SmartArt、表格、图表、声音和视频等）并设置各个对象的格式。

任务演示

5.2.1　添加与编辑文本对象

文本是演示文稿中最基本也是最重要的元素之一，它能够将用户要表达的意思直白地表述出来。下面主要介绍在幻灯片中如何添加及编辑文本内容。

1. 添加文本内容

幻灯片中添加文本内容的方式有两种，一是利用文本占位符的方式添加文本，二是利用插入文本框的方式添加文本。文本占位符的位置是固定的，而文本框的位置却是非常灵活的，两种方式结合使用，可以完成多种格式的文本内容添加任务。

(1) 利用文本占位符输入文本。

不论是空白演示文稿，还是模板演示文稿，在幻灯片中出现频率最高的对象就是文本占位符。在普通视图模式下，幻灯片会出现“单击此处添加标题”或者“单击此处添加副标题”之类的提示性文字，这些文字所在的文本框就是文本占位符。利用文本占位符输入文本是PowerPoint 2016中最基本、最方便的一种方式。单击文本占位符，提示性文字消失，同时出现输入文本的闪烁光标，即可输入需要的文本，如图5-21所示。

技巧：文本占位符也可以移动，将鼠标指针移至文本占位符框的边缘，当指针变为一个十字方向箭头时，拖曳鼠标即可移动文本占位符。

(2) 利用文本框输入文本。

文本框是装载文本的工具，用户也可以自己绘制文本框，并在其中输入需要的文本内容。通过文本框输入文本的好处在于文本框位置灵活，大小可调整。

单击“插入”选项卡下“文本”功能组中的“文本框”下拉按钮，在下拉列表中选择“绘制横排文本框”命令，然后在幻灯片合适的地方单击并拖动绘制一个文本框，如图5-22所示。

绘制完成后松开鼠标，文本框即创建成功。再次单击文本框就可以直接在文本框中输入文本，如输入“我爱我的祖国”。

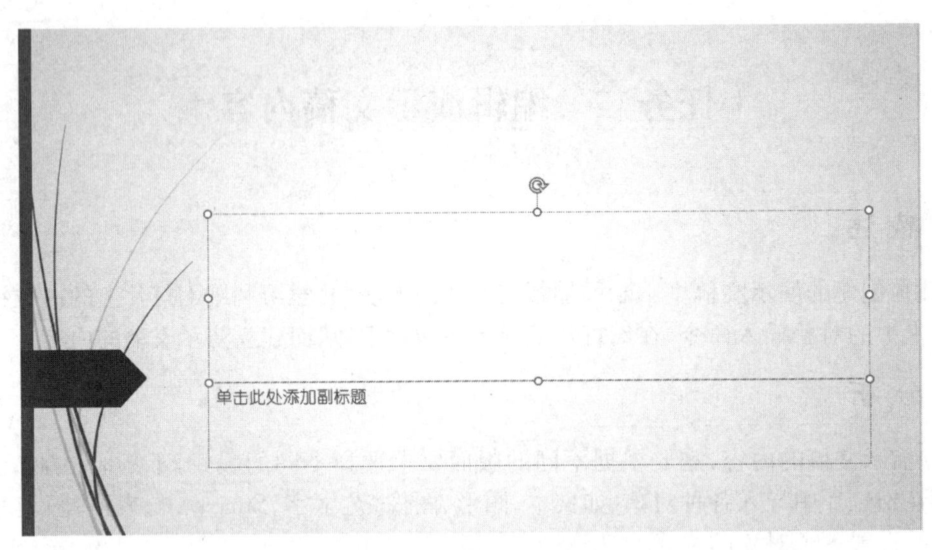

图 5-21　利用文本占位符输入文本

图 5-22　利用文本框输入文本

2. 设置文本字体格式

为了让幻灯片看起来更加精致和专业，添加文本内容之后，用户还需要对文本的字体格式进行设置。编辑文本字体格式不仅可以使整体的页面布局更加科学、美观，而且还可以突出显示某些重要的内容等。

选中需要进行格式设置的文本内容，单击“开始”选项卡下“字体”功能组中的相关命令即可进行设置，如图 5-23 所示。PowerPoint 中字体格式的设置和 Word 中的一样，主要是选择合适的字体、字号、字体颜色；设置文本的字体效果包括加粗文本、倾斜文本、为文本添加下划线以及添加文字阴影等效果。

如果“字体”功能组中的命令不能满足要求，还可以单击“字体”功能组右下角扩展按钮，打开“字体”对话框进行更细致的字体设置，如图 5-24 所示。在对话框中除常规字体设置外，还可以设置字符间距等。

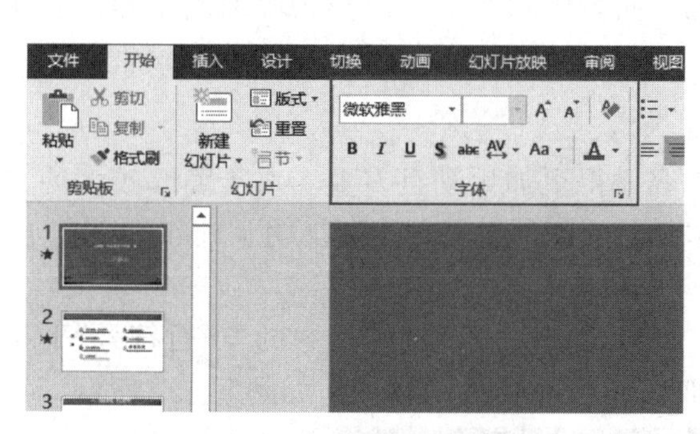

图 5-23　“字体”功能组

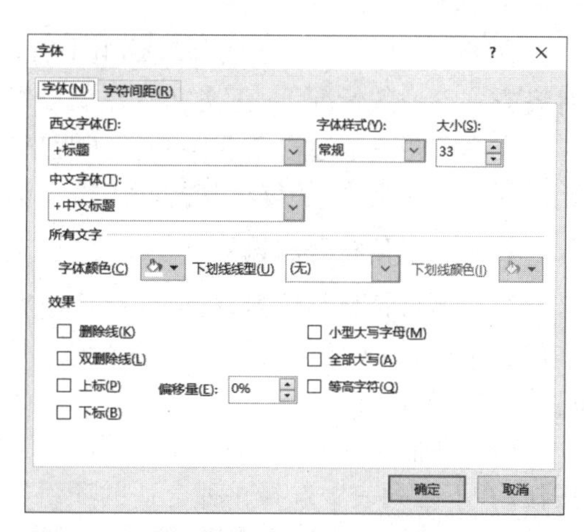

图 5-24　“字体”对话框

3. 设置文本段落格式

对幻灯片中录入的文本内容进行段落格式的设置，不仅可以让文本更加错落有致，而且还可以让幻灯片看上去更加整齐，有序。PowerPoint 中段落格式的设置和 Word 中的一样，主要是对齐方式、文本缩进、段落间距和行间距等。选中需要进行格式设置的文本内容，单击“开始”选项卡下“段落”功能组中的相关命令即可进行设置，如图 5-25 所示。

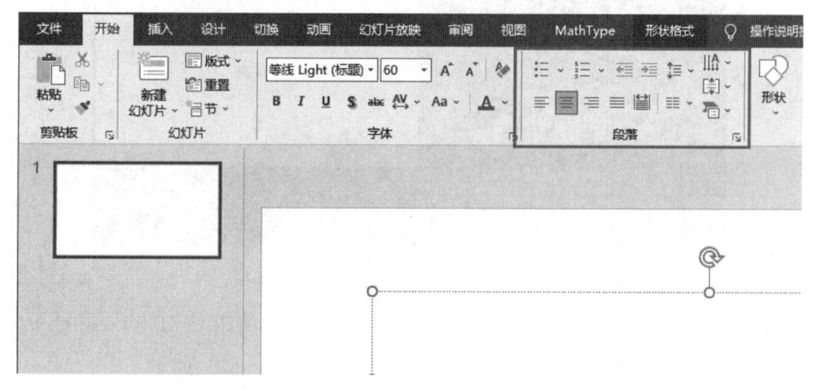

图 5-25　“段落”功能组

如果需要进行更加细致的段落设置，还可以单击“段落”功能组右下角扩展按钮，打开“段落”对话框进行设置，如图 5-26 所示。

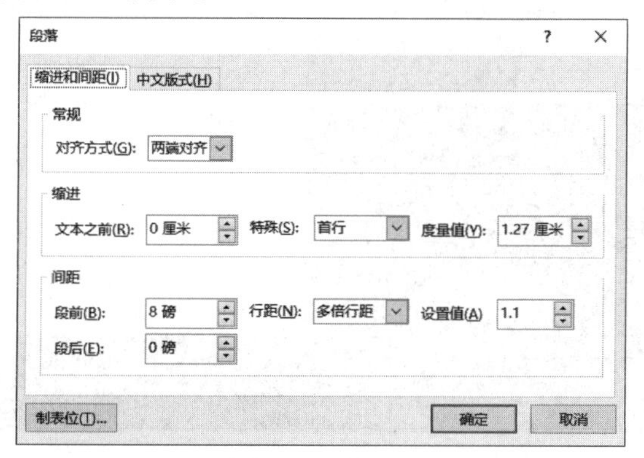

图 5-26　“段落”对话框

在 PowerPoint 2016 的“段落”组中有左对齐、居中、右对齐、两端对齐、分散对齐五种文本对齐方式。一般情况下，正文文本建议设置为两端对齐。

文本间距是通过段落间距和行间距来体现的，而段落间距又可以分为段前间距和段后间距。对于中文文本，建议将其行间距设置为 1.3～1.5 倍间距以获得良好的文本阅读性。

4. 添加项目符号与编号

添加项目符号与编号，可以使单调的文本内容显得更加生动且专业。对于篇幅较大的文本内容来说，精美的项目符号和整齐统一的文本标号使得其逻辑顺序更加明了，同时也使得幻灯片更加美观。

（1）添加项目符号。选择其中的正文文本内容，单击“段落”功能组中的“项目符号”下拉按钮，在下拉列表中选择一种合适的项目符号即可为文本添加项目符号，如图 5－27 所示。

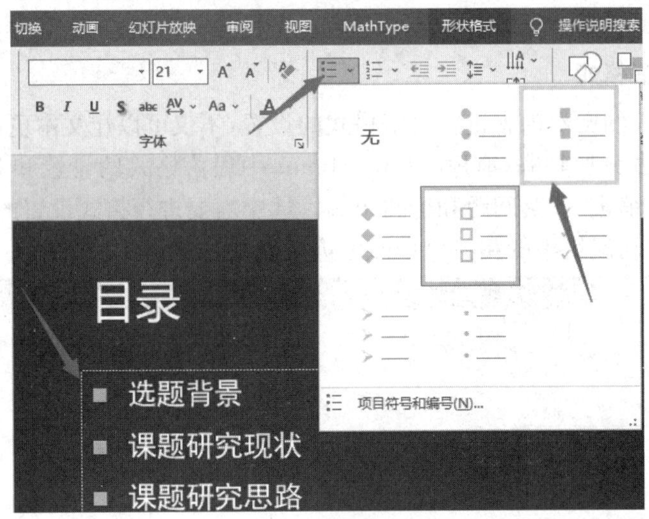

图 5－27　添加项目符号

（2）添加编号。选择其中的正文文本内容，单击“段落”功能组中的“编号”下拉按钮，在下拉列表中选择一种需要的编号即可为文本添加编号，如图 5－28 所示。

图 5－28　添加编号

除使用系统默认的项目符号外，用户还可以自定义项目符号的样式，这样能够使幻灯片更加个性化。具体操作方法如下：在“项目符号”下拉列表中选择“项目符号和编号”命令，打开“项目符号和编号”对话框，如图 5－29 所示。单击“自定义”按钮，打开的“符号”对话框，如图 5－30 所示。单击“子集”列表框右侧下拉按钮，选择“几何图形符”命令。在列表框中选择一种合适的项目符号，单击“确定”按钮。在返回的对话框中，设置符号大小和颜色，单击“确定”按钮。在返回的工作窗口中查看自定义项目符号的效果。

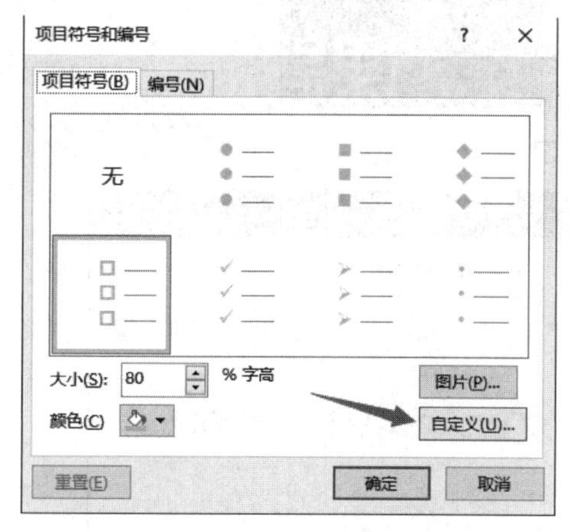

图 5－29　“项目符号与编号”对话框

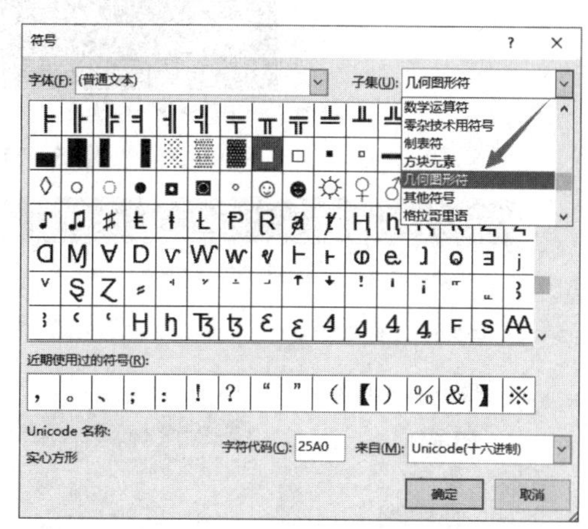

图 5－30　“符号”对话框

5. 使用艺术字

在 PowerPoint 中可以输入艺术字，使幻灯片更加美观。

在幻灯片中，单击“插入”选项卡下“文本”功能组中的“艺术字”按钮，在弹出的下拉列表中选择一种艺术字格式。接着在幻灯片页面上会出现提示语“请在此放置您的文字”的文本框，选中并删除此文字，输入要设置的文本内容即可。

若想修改艺术字格式，单击艺术字文本框，在功能区会出现“绘图工具|格式”工具选项卡，利用该选项卡中的格式设置选项，可以对艺术字进行相关样式的设置。

5.2.2　添加与编辑图片对象

在幻灯片中不能只有文字，适当地添加图片可以更好地诠释幻灯片中的文本。图片可以让其他用户更加直观地理解幻灯片要表达的意思，也可以让幻灯片的表现力更强。下面详细介绍如何在幻灯片中插入和设置图片外观格式。

1. 插入图片

在制作演示文稿时，可以将计算机中的图片或网络上的图片插入幻灯片，并设置图片效果，以美化幻灯片。

插入图片的具体操作方法如下：选择需要插入图片的幻灯片，切换至“插入”选项卡，单击“图像”功能组中的“图片”按钮，如图 5－31 所示。在弹出的“插入图片”对话框中选择计算机中要插入的图片文件，如图 5－32 所示，然后单击“插入”按钮即可。

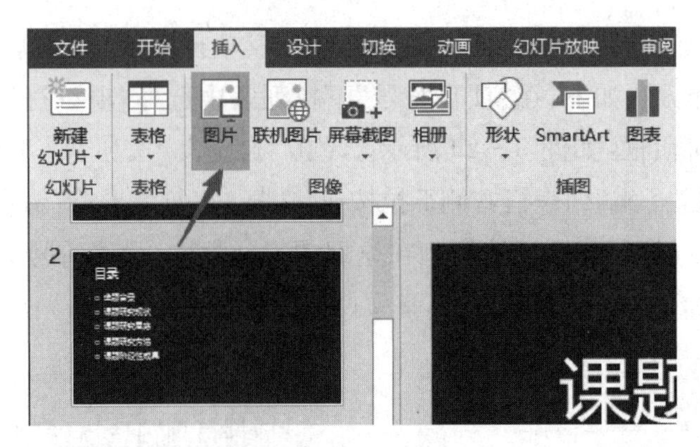

图 5-31　插入图片

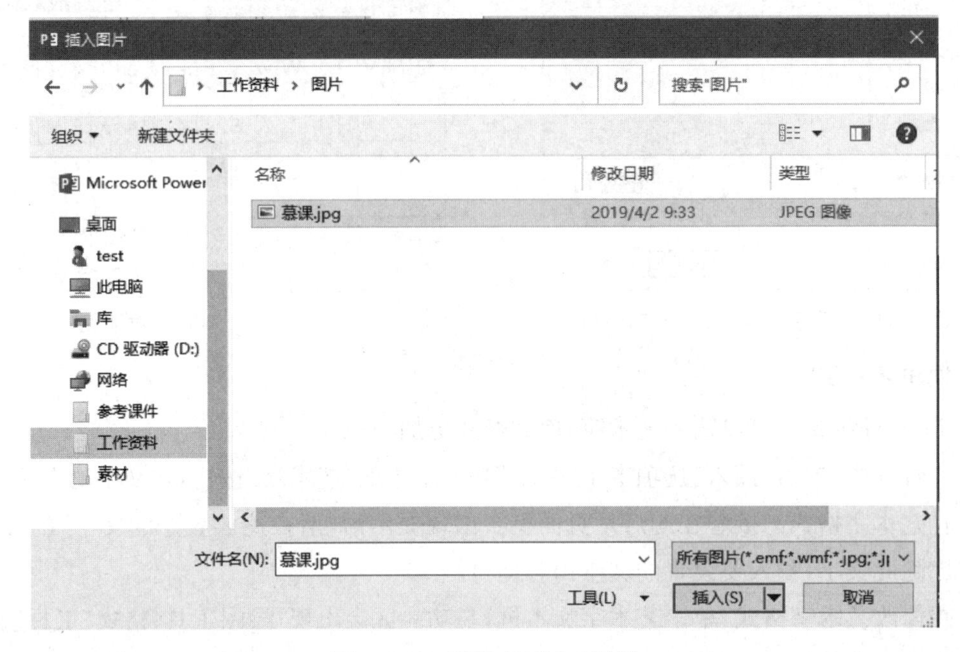

图 5-32　"插入图片"对话框

2. 调整图片的大小与位置

图片插入幻灯片后，可能其大小和位置都不太符合设计需求，此时就需要进行调整。在 PowerPoint 2016 中缩放图片的常用方法有两种，一是手动调整图片大小，二是输入数值精确调整图片大小。

(1) 手动调整图片大小。在幻灯片中选择图片，鼠标指针移至图片的左上角，单击并拖动鼠标即可调整图片大小。手动缩放图片时如果同时按住[Shift]键可以等比例进行缩放，按住[Ctrl+Shift]组合键可以以图片中心为原点进行等比例缩放。

(2) 精确调整图片大小。在幻灯片中选择图片，切换至"图片工具|格式"工具选项卡，然后在"大小"功能组中的"形状高度"或"形状宽度"数值框中输入合适的数值即可，如图 5-33 所示。

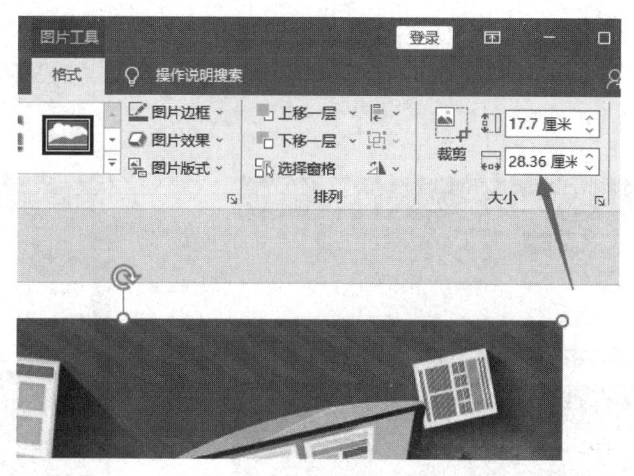

图 5－33　精确调整图片大小

3. 裁剪图片

调整图片的大小除缩放图片外，还可以对图片进行裁剪。具体操作方法如下：在幻灯片中选择图片，在“图片工具|格式”工具选项卡下“大小”功能组中单击“裁剪”按钮，此时图片边缘出现裁剪定界框，单击并拖动控制点至合适大小即可完成裁剪，如图 5－34 所示。再次单击“裁剪”按钮，确认裁剪。

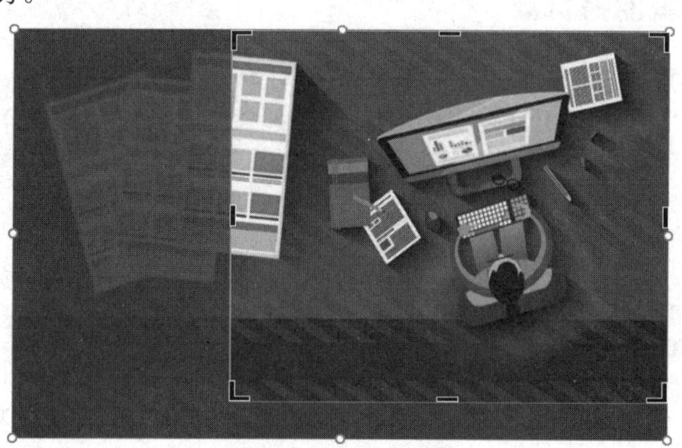

图 5－34　裁剪图片

技巧：除上述裁剪图片方法外，也可以使用“裁剪”下拉列表中的“裁剪为形状”命令，将图片裁剪为好看的形状(如心形、云形、圆角矩形等预先设好的形状)，让图片更加美观。

4. 设置图片的外观样式

幻灯片中图片的外观样式是比较重要的，而 PowerPoint 2016 也提供了多种外观样式供用户进行选择。若这些样式不能满足需求，还可以自定义图片的外观样式。

选择幻灯片中的图片，在“图片工具|格式”工具选项卡下“图片样式”功能组的样式列表框中选择一种外观样式(如“柔化边缘椭圆”)，如图 5－35 所示，即可快速的套用内置的图片样式改变图片的外观。

若需要自定义图片的外观样式，可以在“图片样式”功能组中对图片边框及图片效果进行设置。边框可以定义线条样式、线条颜色及线条粗细；图片效果可以设置图片的阴影效果、映像效果、柔化边缘效果、棱台效果以及三维旋转效果等，如图 5－36 所示。

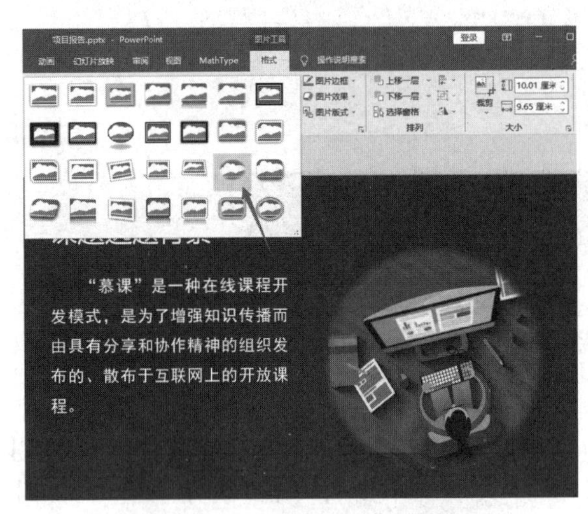

图 5－35　套用图片外观样式

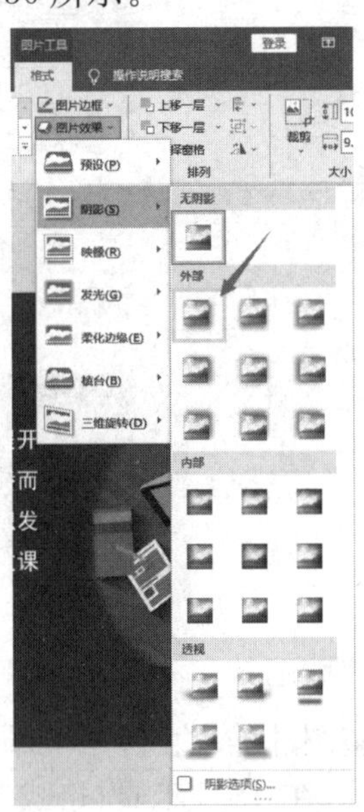

图 5－36　图片效果

5.2.3　添加与编辑图形对象

除图片外，在幻灯片中还常常要使用各种图形对象，这些对象在 PowerPoint 中称为形状。使用好这些形状可以丰富幻灯片的内容，将枯燥的文本转换为可视化图形，让观众更容易理解演示的内容。

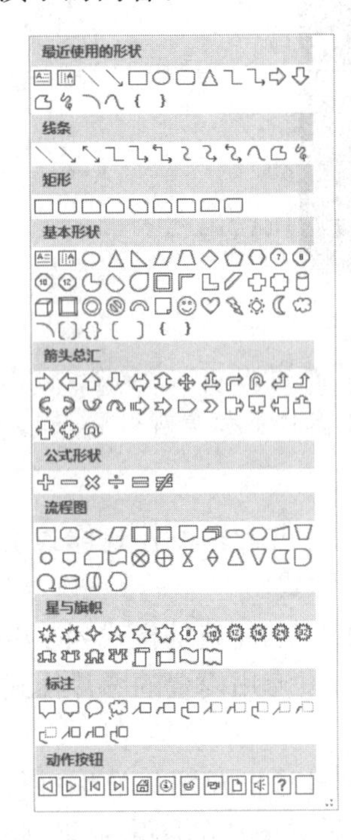

图 5－37　插入形状

1. 插入形状

PowerPoint 2016 为用户提供了丰富的形状模型，用户只需要选择这些模型后在幻灯片中进行绘制即可得到自己想要的形状。

在幻灯片中插入形状的具体操作方法如下：单击“开始”选项卡下“绘图”功能组或者“插入”选项卡下“插图”功能组中的“形状”按钮，在弹出的下拉列表中可选择需要绘制的形状，如图 5－37 所示。

选择要绘制的形状之后，鼠标指针会在幻灯片中显示为十字形，在合适的地方单击并拖动鼠标至合适的大小后释放鼠标，即可绘制所选择的形状。

2. 定义形状样式

默认情况下，在幻灯片中绘制的形状都会带有填充颜色和边框颜色，主题不同则形状的颜色可能会有不同。如果需要对形状的样式进行更改，则需要切换至“绘图工具|格式”工具选项卡对形状样式进行设置，如图 5－38 所示。

在“绘图工具|格式”工具选项卡下“形状样式”功能组中内置了多种形状样式，用户只需套用这些样式即可快速改变形状外观。

另外，用户也可以根据需求，在“绘图工具|格式”工具选项卡下

分别设置形状的填充和轮廓来自定义形状的外观样式。

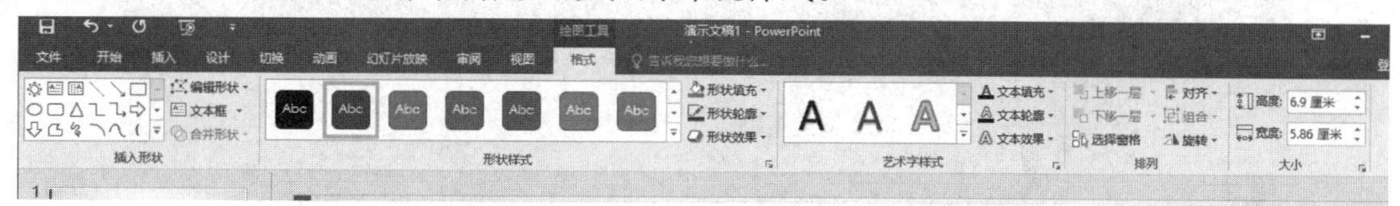

图 5 - 38　“绘图工具|格式”工具选项卡

3. 组合形状

形状的组合是非常重要的功能，形状组合的具体操作方法如下：在幻灯片中，使用框选方法或单击配合[Shift]键选择的方法同时选择多个形状，单击“绘图工具|格式”工具选项卡下“排列”功能组中的“组合”按钮，即可完成多个形状的组合。

5.2.4　添加与编辑 SmartArt 图形对象

SmartArt 图形是信息和观点的视觉表示形式，创建 SmartArt 图形可以非常直观地说明层级关系、附属关系、并列关系及循环关系等各种常见的关系，而且制作出来的图形非常精美，具有很强的立体感和画面感。下面介绍创建 SmartArt 图形对象和列表图形对象以及更改 SmartArt图形布局等操作。

1. 创建 SmartArt 图形对象

PowerPoint 2016 中提供了多种类型的 SmartArt 图形，而每种类型的图形中又包括很多不同的布局，用户可以根据需要选择合适的布局。

下面将通过插入“基本 V 形流程”图形来说明具体操作方法：切换至“插入”选项卡，单击“插图”功能组中的“SmartArt”按钮，弹出“选择 SmartArt 图形”对话框。在其左窗格中选择“流程”选项，然后在中间窗格中选择“基本 V 形流程”图形，如图 5 - 39 所示。单击“确定”按钮，即可在幻灯片中插入指定的 SmartArt 图形。选中某个图形，切换至“SmartArt 工具|设计”工具选项卡，单击“创建图形”功能组中的“添加形状”下拉按钮，在下拉列表中选择“在后面添加形状”命令，即可在所选图形后面插入一个形状，如图 5 - 40 所示。单击图形左侧的按钮，可打开文本窗格，如图 5 - 41 所示。文本窗格的工作方式类似于大纲或项目符号列表，该窗格将信息直接映射到 SmartArt 图形，可直接在文本窗格中输入所需文本。

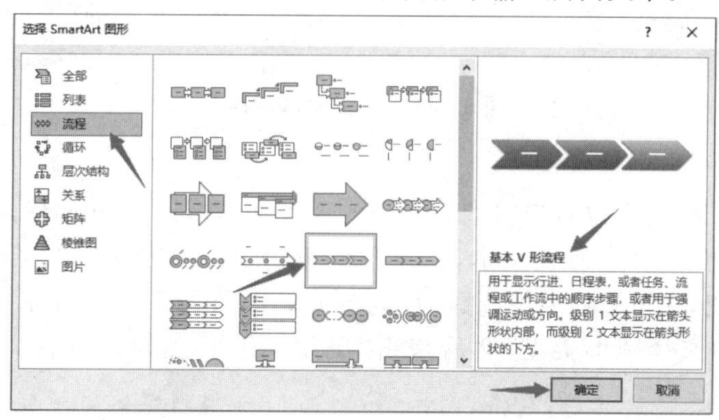

图 5 - 39　“选择 SmartArt 图形”对话框

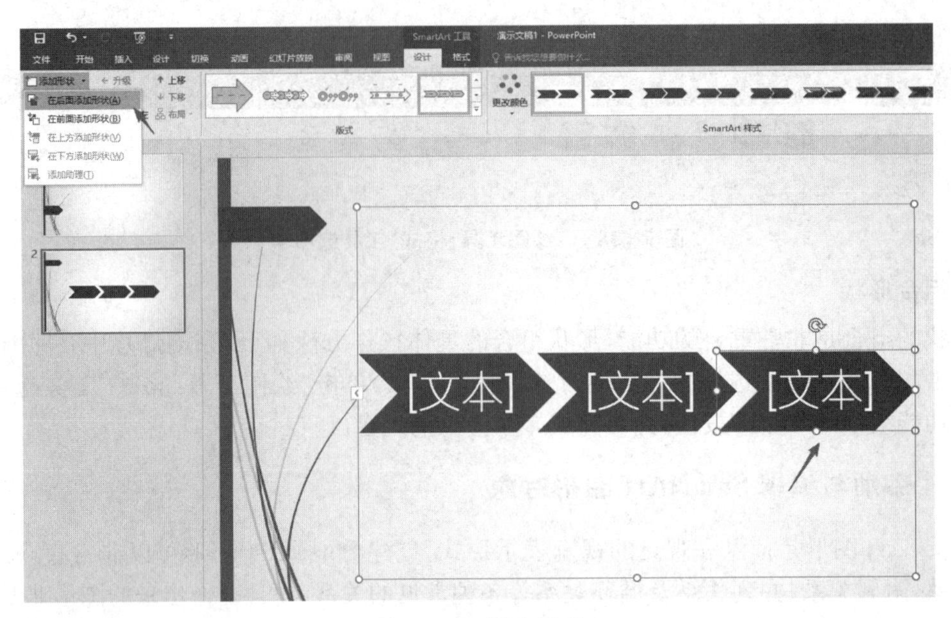

图 5-40　添加形状

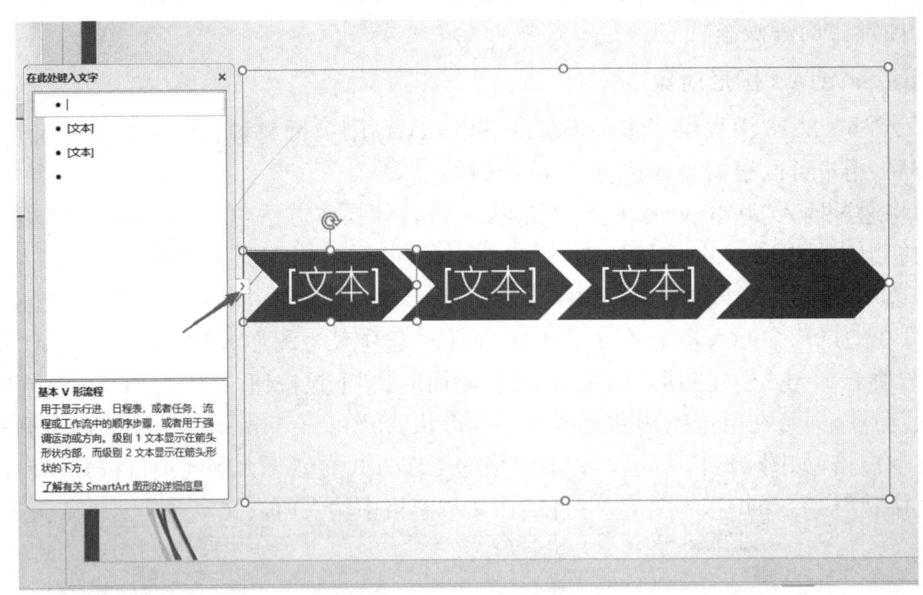

图 5-41　打开文本窗格

2. 将文本转换为 SmartArt 图形

在制作幻灯片时，也可以直接将幻灯片中的列表文本转换为 SmartArt 图形。具体操作方法如下：选择幻灯片中的列表文本，在“开始”选项卡下“段落”功能组中单击“转换为SmartArt图形”按钮，在下拉列表中选择“其他 SmartArt 图形”命令，弹出“选择 SmartArt 图形”对话框，在其中选择图形类型，然后单击“确定”按钮，此时即可将文本转换为指定的 SmartArt 图形。

技巧：将 SmartArt 图形插入文档中时，如果未指定主题，它将与文档中的其他内容所使用的图形主题相匹配。如果更改了文档的主题，则 SmartArt 图形的外观也将自动更新。

3. 更改 SmartArt 图形

对于插入的 SmartArt 图形，可以根据需要更改其样式布局等。具体操作方法如下：选中图形，根据需要在“开始”选项卡下“字体”功能组中设置 SmartArt 图形中文本的字体、字号及字体颜色等。在“SmartArt 工具|设计”工具选项卡下选择相关命令，可以选择其他的SmartArt布局和样式。

5.2.5 添加与编辑表格对象

表格是展示数据最直观的方式，它在商务类的演示文稿中经常出现。表格的创建比较简单，先在幻灯片中创建数据表格，然后录入数据并对其进行调整即可。

1. 插入表格

在幻灯片中插入表格的具体操作方法如下：切换至“插入”选项卡，单击“表格”功能组中的“表格”按钮，在下拉列表中选择“插入表格”命令，如图 5－42 所示。在弹出的“插入表格”对话框中设置表格的行数和列数，如图 5－43 所示。单击“确定”按钮，即可在幻灯片中创建指定行数和列数的表格，并自带主题默认的表格样式。

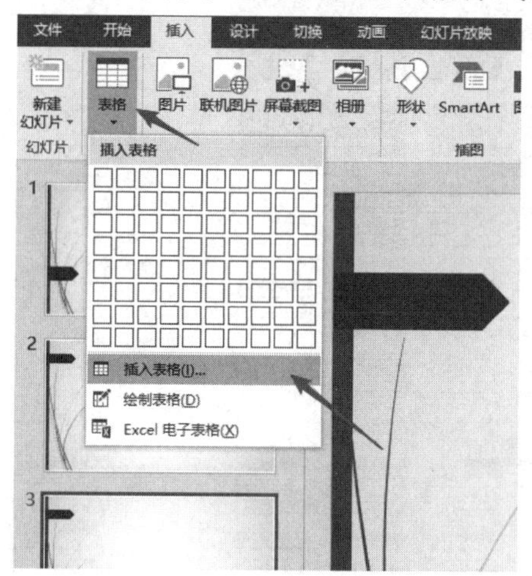

图 5－42 “插入表格”命令

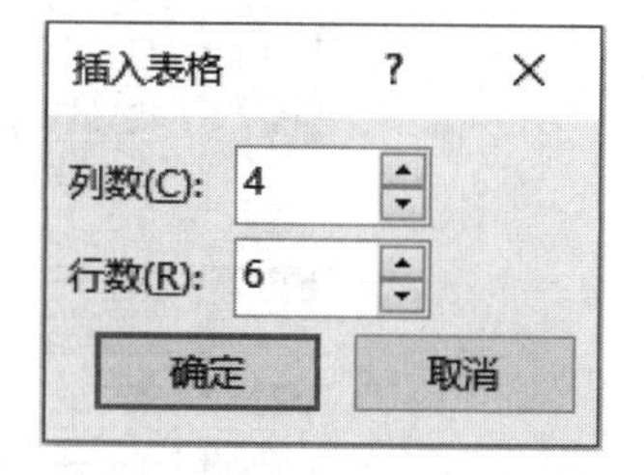

图 5－43 “插入表格”对话框

2. 调整表格布局

在幻灯片中插入的表格，高度和宽度大多数都不符合用户的需求，为了解决这一问题，用户需要根据实际情况对表格的大小或者表格的高度和宽度进行调整。

选中表格，切换至“表格工具|布局”工具选项卡，如图 5－44 所示，在“单元格大小”功能组中的“表格行高”和“表格列宽”数值框中，可以直接设置表格单元格的行高和列宽。

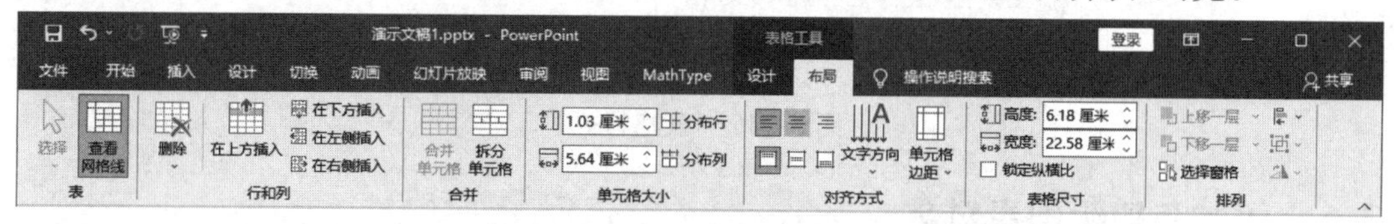

图 5－44 “表格工具|布局”工具选项卡

由于表格内容多少的关系，单元格的高度、宽度可能不会平均分布，但是对于一些数据类

型的表格来讲，平均分布行和列可以使表格外观效果更好。在幻灯片中，分布行的操作与分布列的操作类似，用户选择需要进行平均分布的多个行(列)，然后单击“表格工具|布局”工具选项卡下“单元格大小”功能组中的“分布行”(“分布列”)按钮即可。

3. 设置表格样式

PowerPoint 2016 中内置了多种表格样式供用户选择，通过选择不同的系统内置样式可以轻松地改变表格的外观样式。

选中表格，切换至“表格工具|设计”工具选项卡，如图 5－45 所示。在“表格样式”功能组的样式列表框中，可选择一种合适的外观样式，如图 5－46 所示。

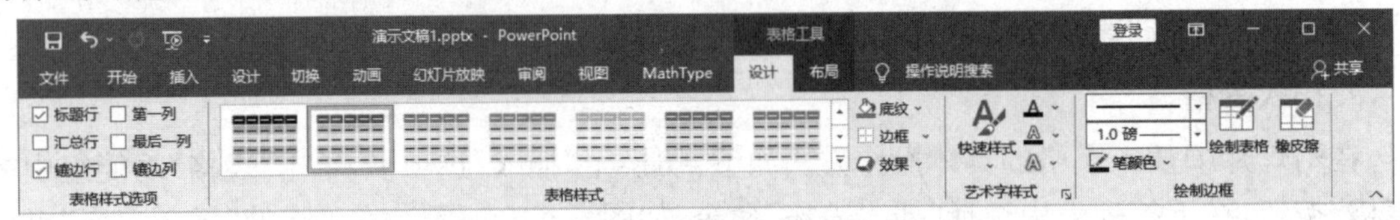

图 5－45　“表格工具|设计”工具选项卡

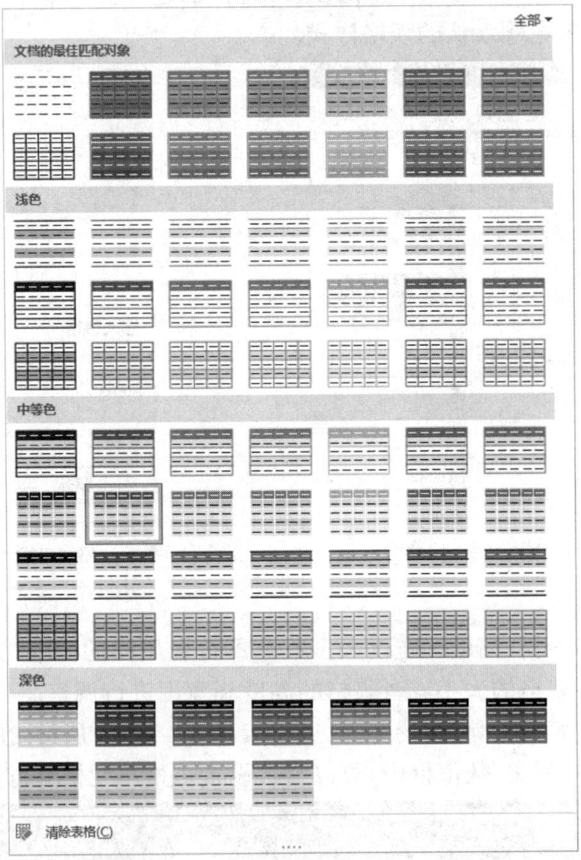

图 5－46　表格样式

5.2.6　添加与编辑图表对象

在需要使用数据的时候，除表格外，也可以使用图表，幻灯片中的图表更能直观地展示所要表达的数据内容。

1. 插入图表

单击“插入”选项卡下“插图”功能组中的“图表”按钮，在弹出的“插入图表”对话框中选择图表类型，如选择“柱形图”类型中的“簇状柱形图”样式，如图 5－47 所示，完成后单击“确定”按钮。同时弹出电子表格和图表的界面，在表格中输入要显示的数据，而幻灯片中的数据系列会随着数据的变化而实时改变，如图 5－48 所示。数据录入完成后，关闭表格即可，只留下图表。

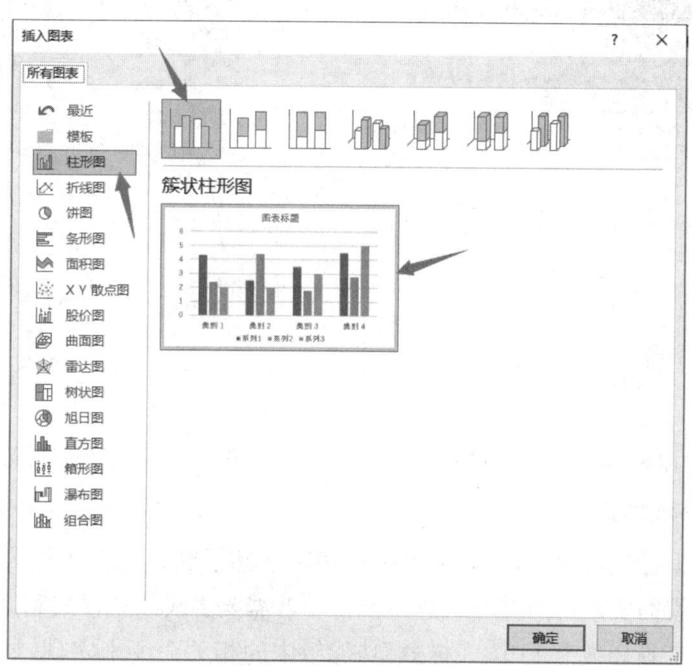

图 5－47　图表类型

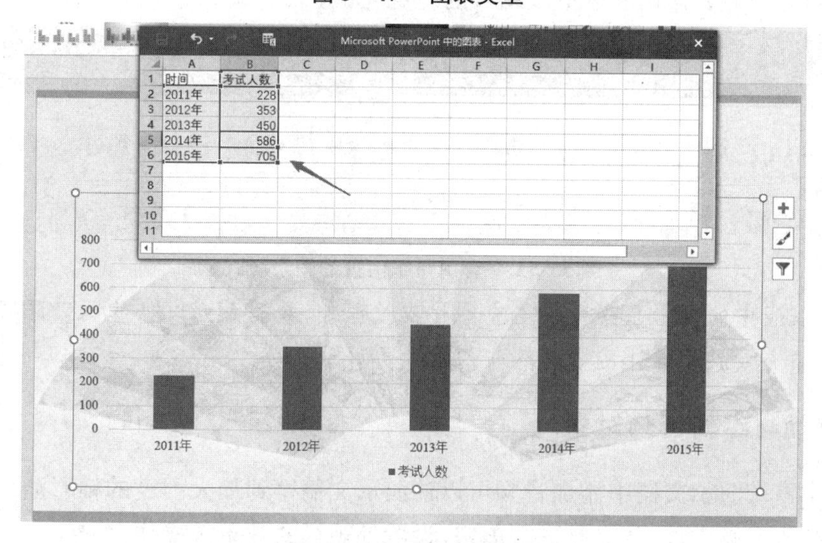

图 5－48　图表表格数据

2. 调整图表布局

PowerPoint 2016 中内置了多种快速布局样式，用户可以选择一个样式对图表进行快速布局，如图 5-49 所示。

此外，用户也可以通过“添加图表元素”按钮打开下拉列表调整图表元素，如图 5-50 所示。坐标轴、轴标题、图表标题、数据标签、数据表、图例等统称为图表元素，而并不是每个图表都要包含所有的图表元素，用户可以根据需要进行调整。

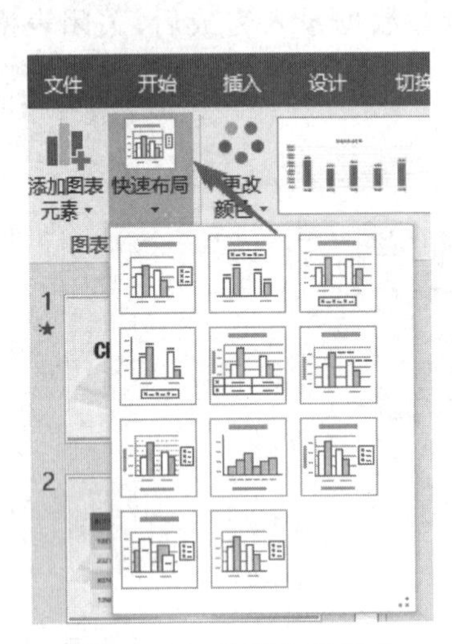

图 5-49　快速布局样式

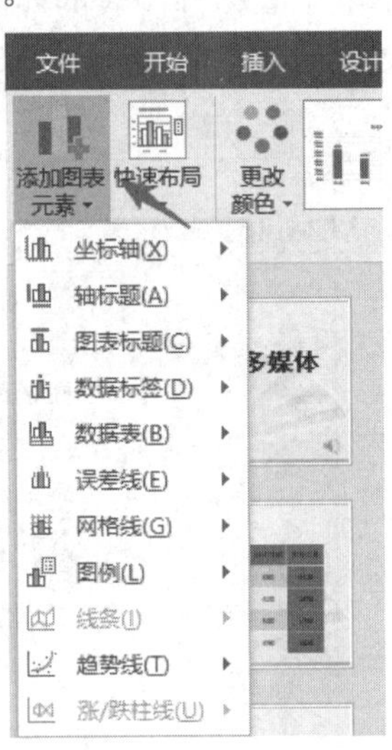

图 5-50　添加图表元素

3. 更改图表外观样式

图表标题、数据标签、图例等图表元素一般情况下都是默认的字体样式，如果图表的外观不满足用户要求，就需要用户对其样式进行设置。若需要更改图表样式和图表颜色，可以通过“图表工具|设计”工具选项卡下“图表样式”功能组中的相关命令来实现，如图 5-51 所示，用于套用系统内置的图表样式快速更改图表的外观风格。

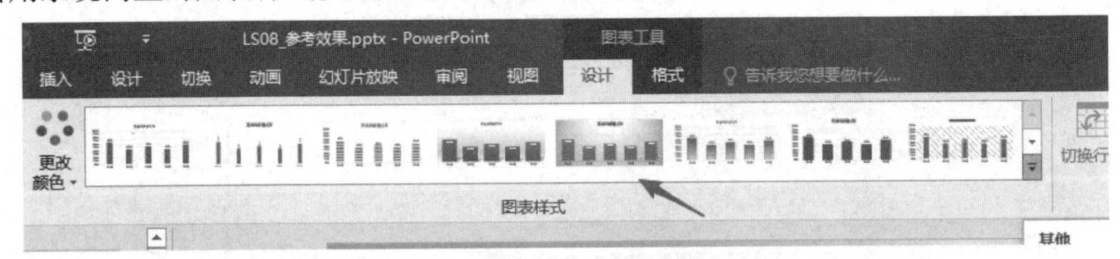

图 5-51　套用系统内置的图表样式

技巧：除图表中的数据系列可以填充图片或纹理外，数据系列以外的图表区域也可以填充图片或纹理，填充效果能够让图表区域与幻灯片更好地区分。

5.2.7　添加与编辑音频对象

在内容丰富的演示文稿中添加音频可以让演示文稿得到最大程度的精彩演绎。下面介绍在幻灯片中插入音频文件，并对其进行剪裁、设置外观样式效果等操作。

1. 插入音频

添加音频文件就是将计算机中已存在的声音插入演示文稿，其具体操作方法如下：切换至

“插入”选项卡，单击“媒体”功能组中的“音频”按钮，在下拉列表中选择“PC 上的音频”选项，如图 5－52 所示。在弹出的“插入音频”对话框中，选择需要的音频文件，如图 5－53 所示。单击“插入”按钮，即可在当前幻灯片中插入选择的音频文件，并可适当调整音频图标大小和位置。

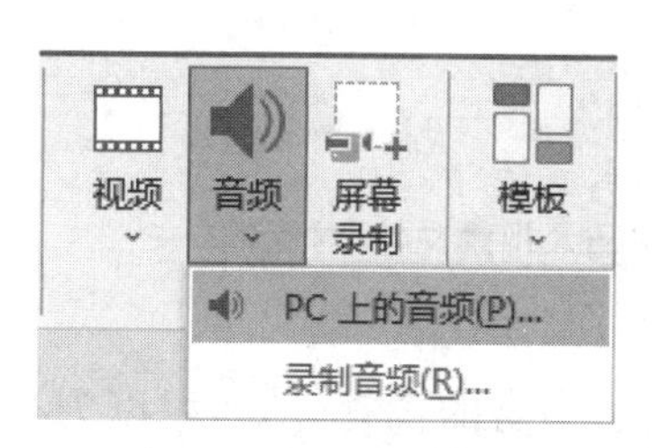

图 5－52　插入音频

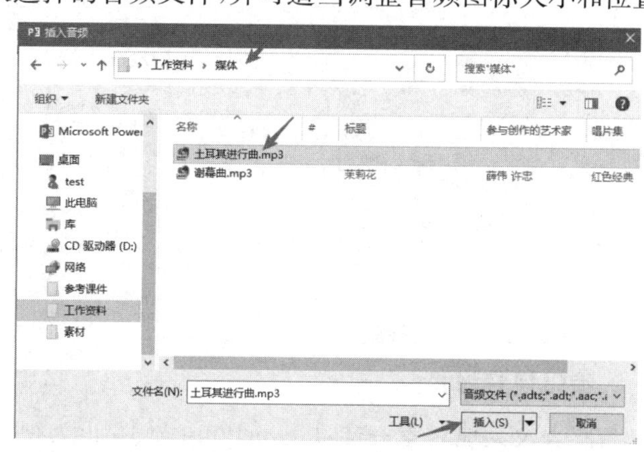

图 5－53　“插入音频”对话框

2. 设置音频的播放方式

为了确保插入幻灯片中的音频能够在幻灯片放映时按照用户的需求顺利播放，还需要对其播放方式进行简单的设置。具体操作方法如下：选中音频，在“音频工具|播放”工具选项卡下“音频选项”功能组中单击“开始”下拉列表框，选择“单击时”命令，如图 5－54 所示。

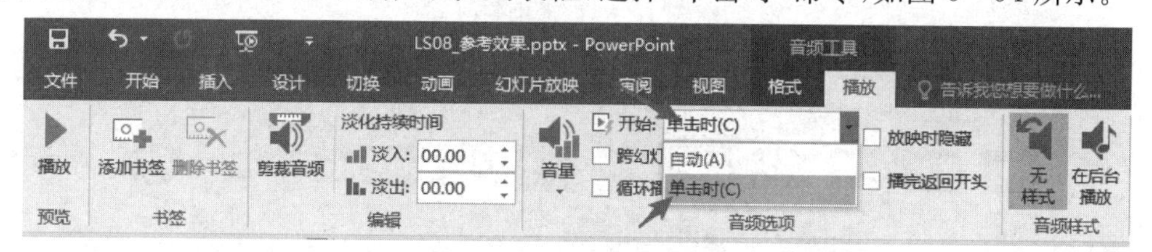

图 5－54　设置播放方式

也可以在“音频选项”功能组中勾选“跨幻灯片播放”和“循环播放，直到停止”复选框，使音频能够在演示各张幻灯片的时候持续、不间断地播放。

技巧：若是不想在幻灯片放映时显示音频图标，则可以在“音频工具|播放”工具选项卡下“音频样式”功能组中单击“在后台播放”按钮，或者在“音频选项”功能组中勾选“放映时隐藏”复选框，使用户在放映幻灯片的时候，系统能够自动隐藏音频图标。

5.2.8　添加与编辑视频对象

1. 插入视频

大多数情况下，PowerPoint 2016 剪辑管理器中的视频不能满足用户的需求，此时就可以选择插入计算机中已存在的视频。具体操作方法如下：切换至“插入”选项卡，单击“媒体”功能组中的“视频”按钮，在下拉列表中选择“PC 上的视频”命令，如图 5－55 所示。弹出“插入视频文件”对话框，选择需要的视频文件，如图 5－56 所示。单击“插入”按钮，即可将视频文件插入当前幻灯片，并可适当调整视频窗口大小。

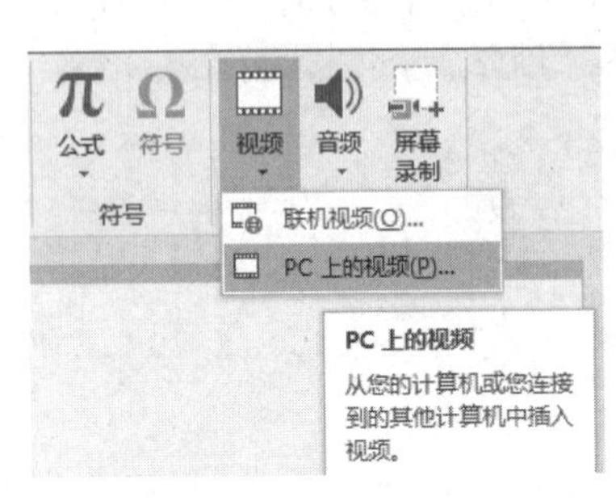

图 5－55　插入视频

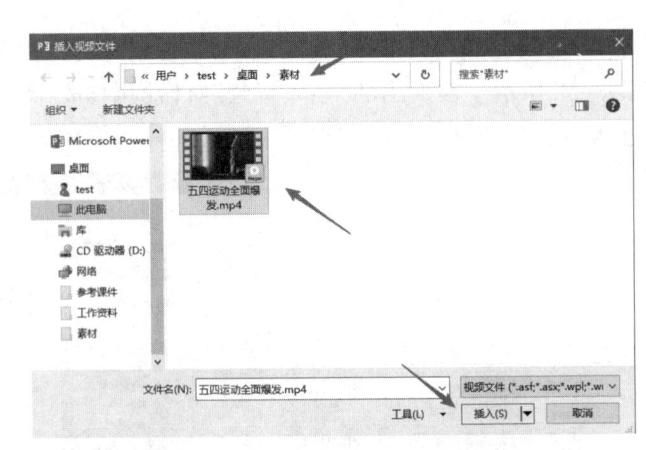

图 5－56　“插入视频文件”对话框

2. 编辑视频样式

与图表及其他对象一样，PowerPoint 2016 也为视频提供了丰富的视频样式，可以为视频应用不同的视频效果、视频形状和视频边框等。具体操作方法如下：选中视频，切换至“视频工具|格式”工具选项卡，在“视频样式”功能组的样式列表框中可选择合适的样式，如选择“中等”选项区中的“圆形对角，白色”命令，如图 5－57 所示。执行操作后，即可应用视频样式。

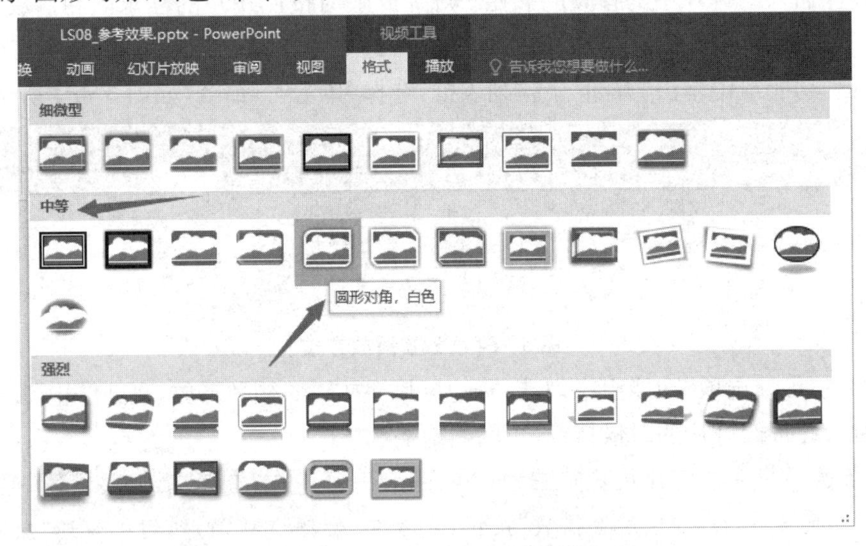

图 5－57　套用内置的视频样式

任务三　设置演示文稿外观风格

任务描述

学习编辑幻灯片母版和版式，使得演示文稿各幻灯片的风格在统一的基础上又有所差异，让演示文稿呈现出专业、美观的外观风格。

任务分析

要制作风格统一的幻灯片，最简便的方法就是对演示文稿的母版进行编辑。对母版进行编辑需在母版视图中，其操作主要是定义幻灯片母版的背景、标题和内容的风格，添加修饰的图案图形，定义页眉、页脚。通过对母版的编辑可以统一演示文稿的外观风格。

对某些版式或某张幻灯片的背景、修饰的图片或图形进行调整，可以让演示文稿各幻灯片的外观风格在统一的基础上又富有变化。

任务演示

若要制作一个完美的演示文稿作品，除需要有杰出的创意和优秀的素材外，提供具有专业效果的演示文稿外观也同样重要。一个出色的演示文稿应该具有一致的外观风格，下面将详细介绍对演示文稿进行风格统一与美化的操作，使演示文稿更具专业魅力。

5.3.1 设置幻灯片背景

默认情况下，幻灯片以白色作为背景色，用户可以根据需要更改其背景色，还可以将图片、图案或纹理用作幻灯片背景。

下面将以为幻灯片设置渐变色背景为例介绍如何更改幻灯片背景，具体操作方法如下：切换至“设计”选项卡，单击“自定义”功能组中的“设置背景格式”按钮。在工作窗口右侧出现“设置背景格式”窗格，选中“渐变填充”单选按钮。单击“预设渐变”按钮，可在下拉列表中选择渐变样式。在此窗格中，根据需要可继续完成类型、方向、角度、渐变光圈等参数设置，如图 5－58 所示。单击“全部应用”按钮，可将渐变背景应用到所有幻灯片上。参照以上的方法，也可以将背景色更改为其他纯色、纹理、图案或图片。

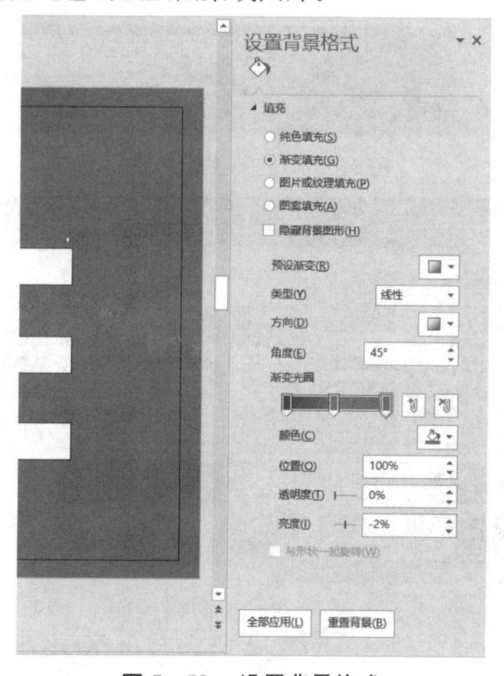

图 5－58 设置背景格式

5.3.2 应用幻灯片主题样式

主题是主题颜色、主题字体和主题效果三者的组合，它可以作为一套独立的选择方案应用于演示文稿中，为演示文稿提供统一精美的外观。使用主题还可以简化演示文稿的创作过程。下面将详细介绍如何应用幻灯片主题。

1. 应用内置主题样式

PowerPoint 2016 有多种内置主题样式供用户选择。

应用内置主题样式的具体操作方法如下：切换至“设计”选项卡，在“主题”功能组的主题样式列表框中，将鼠标指针置于主题样式上，即可在幻灯片中预览，如图 5－59 所示。右击选定的主题样式，在快捷菜单中选择“应用于选定幻灯片”命令，即可将该主题样式只应用于选定的幻灯片上，如图 5－60 所示。一般情况下，要使演示文稿风格统一，需要应用统一的主题样式，右击选定的主题样式，在快捷菜单中选择“应用于所有幻灯片”命令，即可将选定的主题样式应用于整个演示文稿的所有幻灯片上。

图 5－59　选择主题样式

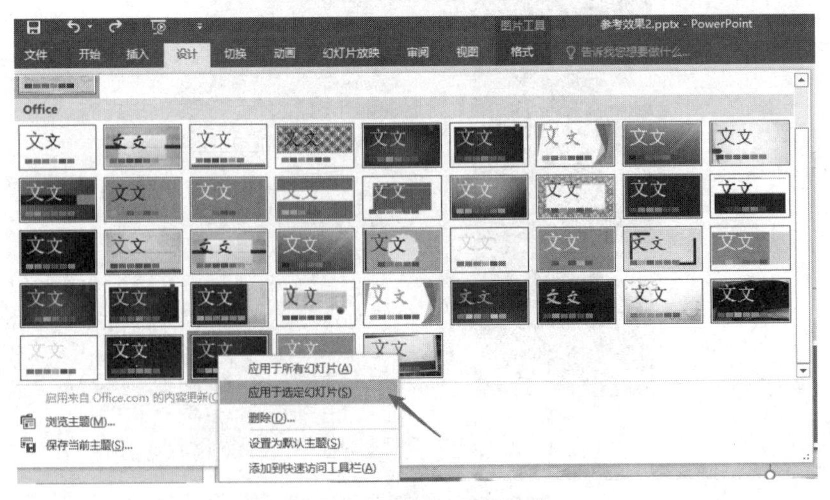

图 5－60　应用主题样式

2. 应用变体样式

应用主题样式后还可以在“变体”功能组中更改其外观，如应用变体样式、应用其他颜色和字体样式等。

应用变体样式的具体操作方法如下：在“设计”选项卡下“变体”功能组的变体样式列表框中，单击要应用的变体样式，即可在所有幻灯片中应用该变体样式。在“变体”功能组中单击变体样式列表框下拉按钮，在下拉列表中选择“颜色”命令，然后选择所需的颜色样式，如图 5－61 所示。单击变体样式列表框下拉按钮，在下拉列表中选择“字体”命令，然后选择所需的字体样式。

此时的幻灯片主题效果、颜色和字体均已发生改变。

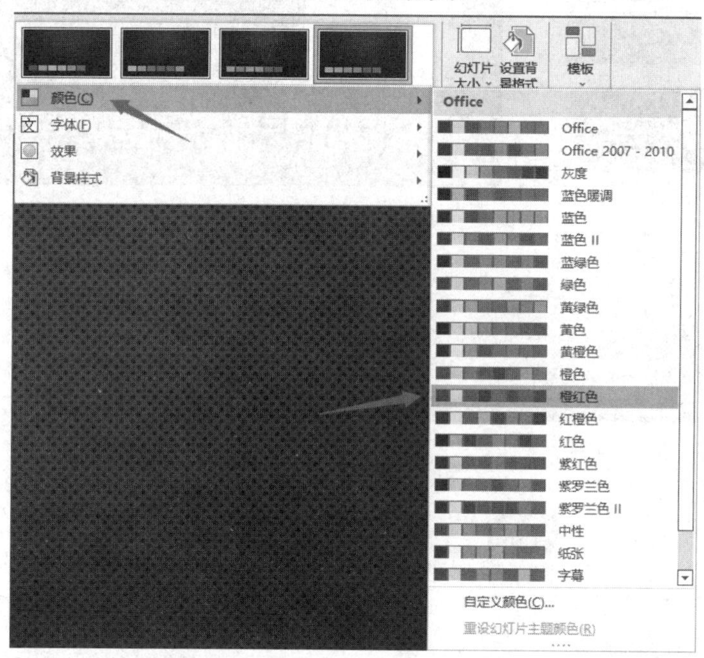

图 5－61　选择变体颜色样式

5.3.3　使用幻灯片母版统一格式

幻灯片母版是幻灯片层次结构中的顶层幻灯片，用于存储有关演示文稿主题和幻灯片版式的信息，包括背景、颜色、字体、效果、占位符大小和位置等。每个演示文稿至少包含一个幻灯片母版，修改和使用幻灯片母版可以对演示文稿中的每张幻灯片进行统一的样式更改。由于无须在多张幻灯片上输入相同的信息，因此可以节省很多时间。

下面将介绍应用母版统一幻灯片风格的操作，包括设置母版背景、设计幻灯片版式风格及创建新版式等。

1. 设置母版背景

使用幻灯片母版可以为整个演示文稿添加统一的背景风格，其具体操作方法如下：单击“视图”选项卡下“母版视图”功能组中的“幻灯片母版”按钮，切换至母版视图。在左侧浏览窗格中选择第一张幻灯片，即母版幻灯片，在右侧编辑窗格中幻灯片的空白位置上右击，弹出快捷菜单，选择“设置背景格式”命令，如图 5－62 所示。右侧出现“设置背景格式”窗格，选中“图片或纹理填充”单选按钮，单击“文件”按钮，弹出“插入图片”对话框。选择要作为背景的图片，单击“插入”按钮完成设置，如图 5－63 所示。

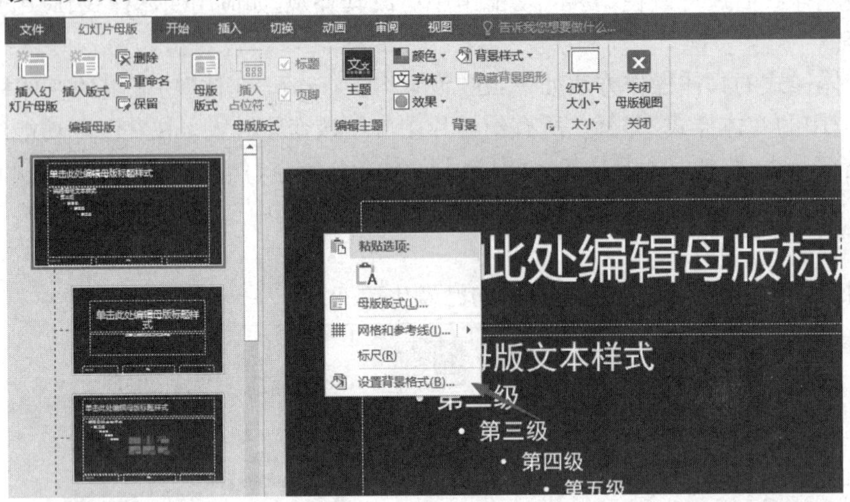

图 5－62　设置母版背景格式

图 5－63　插入背景图片

此时，即可将所选图片设置为幻灯片母版背景，在状态栏中单击“普通视图”按钮切换至普通视图，可以看到所有幻灯片的背景都发生了变化。当然，幻灯片应用母版中的格式后，用户依旧可以根据需要对幻灯片格式进行调整。

2. 设计幻灯片版式风格

在幻灯片母版视图中，用户可以根据需要对幻灯片母版中的版式进行更改，以改变所有应用了该版式的幻灯片的效果。

设计幻灯片版式风格的具体操作方法如下：切换至幻灯片母版视图，在左侧窗格中选择第一张幻灯片，即母版幻灯片，调整标题占位符的长度与宽度。单击“绘图工具|格式”工具选项卡下“形状样式”功能组右下角扩展按钮，窗口右侧打开“设置形状格式”窗格，在其中可设置文

本框的填充效果，如设置“颜色”为“白色”，“透明度”为“60%”，如图 5－64 所示。在状态栏中单击“普通视图”按钮切换至普通视图，可以看到所有幻灯片的标题占位符文本框的形状都统一发生了变化，无须一个一个地单独设置。

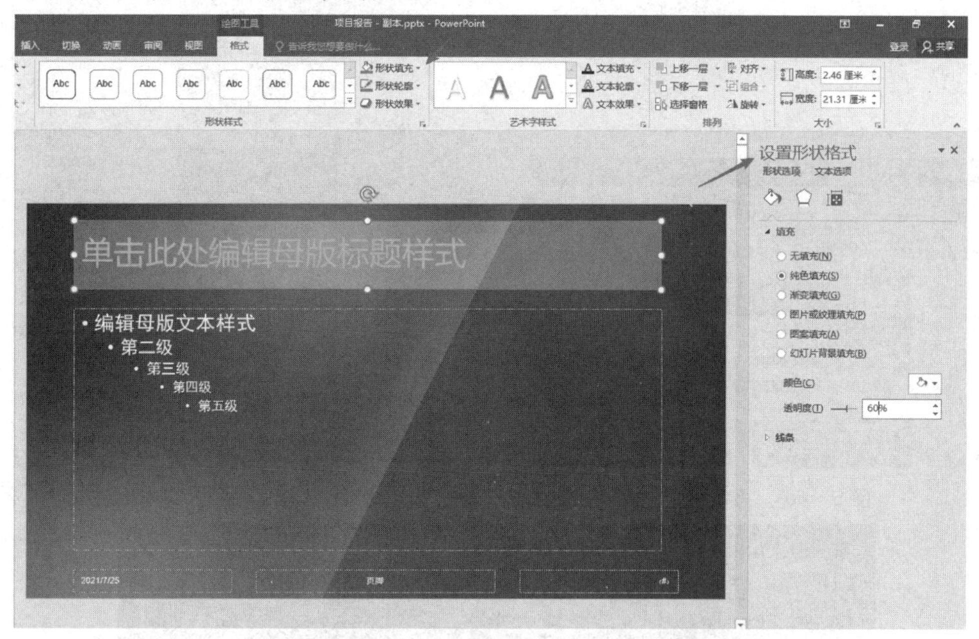

图 5－64　设置文本框填充效果

此外，在幻灯片母版视图中选择母版幻灯片，单击“幻灯片母版”选项卡下“母版版式”功能组中的相关命令，可设置显示或隐藏占位符（如标题、文本、日期、幻灯片编号或页脚等占位符），对幻灯片中的相关元素进行设置，如图 5－65 所示。

图 5－65　“母版版式”中的元素设置

3. 创建新版式

若 PowerPoint 2016 中预设的幻灯片版式无法满足需求，则可以创建新的版式。

创建幻灯片版式的具体操作方法如下：切换至幻灯片母版视图，在左侧窗格中单击要插入新版式的位置，在“幻灯片母版”选项卡下“编辑母版”功能组中单击“插入版式”按钮，即可在选中的版式下方插入一个新的版式。然后在“编辑母版”功能组中单击“重命名”按钮，弹出“重命名版式”对话框，可输入新版式的名字，如“标题与图文”，如图 5－66 所示。此时，新建的版式仅有标题占位符，在“母版版式”功能组中单击“插入占位符”下拉按钮，选择“文本”命令，如图 5－67 所示。在幻灯片中单击并拖动鼠标，即可绘制出文本占位符。另外，还可继续在新建的版式中创建两个图片占位符，如图 5－68 所示。回到普通视图，在新建幻灯片时，即可在版式列表中找到刚创建的“标题与图文”自定义版式，且幻灯片上已经有相应的占位符以方便用户输入内容，如图 5－69 所示。

图 5 - 66　重命名版式

图 5 - 67　插入文本占位符

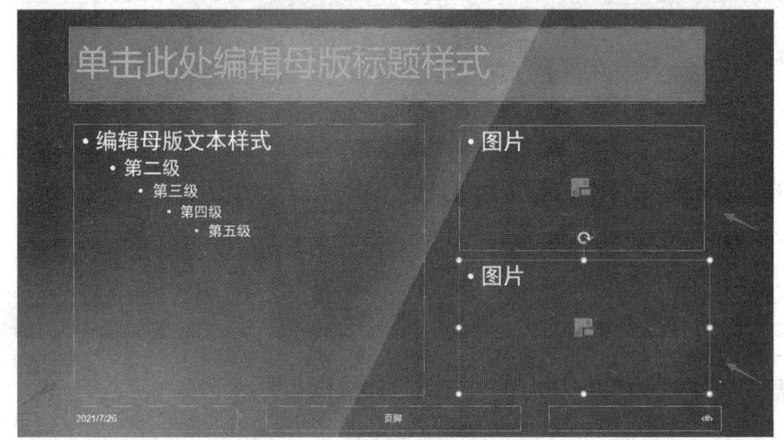

图 5 - 68　绘制其他占位符

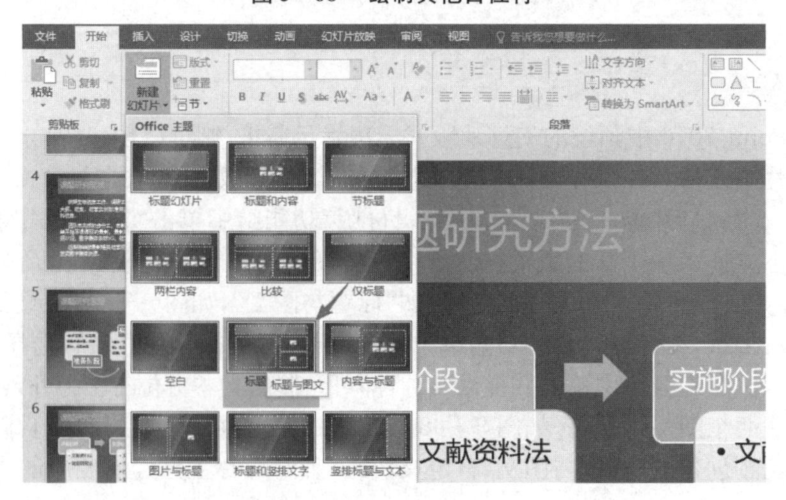

图 5 - 69　幻灯片新版式

5.3.4　插入页眉和页脚

在制作演示文稿时，可以为演示文稿中的每张幻灯片添加页眉和页脚，以使每张幻灯片都拥有相同的标识或文本信息。例如，可以在页脚位置添加作者信息、日期/时间及幻灯片编号等。

插入页眉和页脚的具体操作方法如下：切换至“插入”选项卡，在“文本”功能组中单击“页眉和页脚”按钮，弹出“页眉和页脚”对话框，在“幻灯片”选项卡中设定页脚要包含的元素（日期/时间、页脚和编号），并在相应的文本框中输入需要的文本，如图 5－70 所示。设定好后单击“全部应用”按钮，查看页脚效果，此时即可看到在每张幻灯片的页脚位置插入相应的内容。

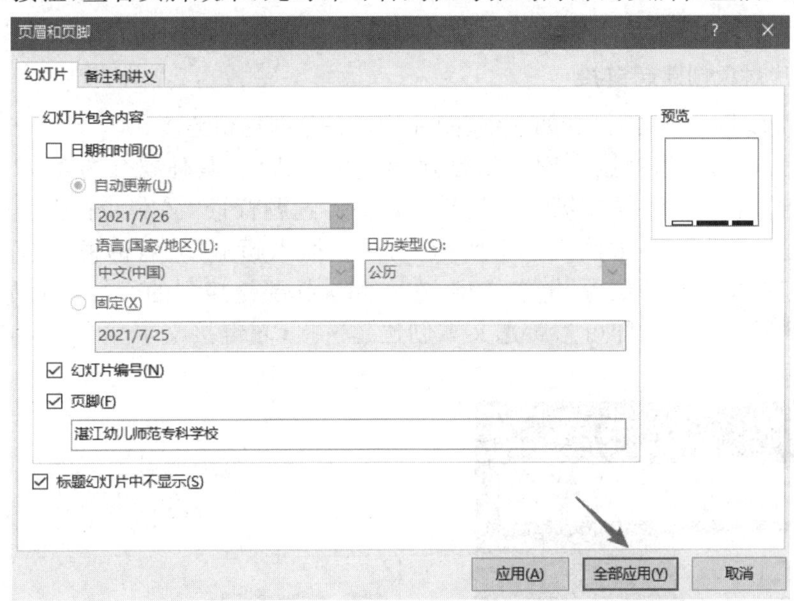

图 5－70　“页眉和页脚”对话框

任务四　设置演示文稿演示效果

任务描述

学习为演示文稿建立导航结构跳转到需要的幻灯片页面的方法，提高幻灯片放映的灵活性。掌握为演示文稿创建放映动画的方法技巧，包括为幻灯片添加切换效果和为幻灯片中的对象添加动画效果。掌握设置幻灯片放映方式的技巧，放映幻灯片查看实际演示效果的技巧，以及进行排练计时演练的方法。

任务分析

要为演示文稿建立导航结构，需要掌握在演示文稿中创建及编辑超链接、绘制动作按钮及编辑其动作等操作。

为演示文稿创建放映动画，需要掌握幻灯片切换动画的设置及效果参数调整，还需要掌握幻灯片对象(文本、图片、形状、音频、视频等)动画的设置、效果参数调整、动画顺序调整及触发器动画的制作等操作。

幻灯片的放映,需要掌握放映方式的设置、幻灯片的隐藏及排练计时的应用等操作。

任务演示

5.4.1 设置交互式演示文稿

设置交互式演示文稿可以实现演示文稿中幻灯片之间的轻松跳转,或者很方便地启动某个程序,使用户的放映操作更加便捷。下面介绍超链接与动作的应用方法。

1. 为幻灯片对象创建超链接

用户可以为幻灯片中的对象(如文本、图片、形状等)创建超链接。

下面以为文本创建超链接为例介绍创建超链接的方法,具体操作方法如下:打开素材包中“项目报告”演示文稿,选择第二张幻灯片,选中“选题背景”文本并右击,在弹出的快捷菜单中选择“超链接”命令,如图 5－71 所示。打开“插入超链接”对话框,在左侧“链接到”选项区中选择“本文档中的位置”链接类型,在右侧选择要链接到的幻灯片后单击“确定”按钮,如图 5－72 所示。此时即可为所选文本创建超链接(超链接文本颜色发生变化,且其下方显示下划线)。

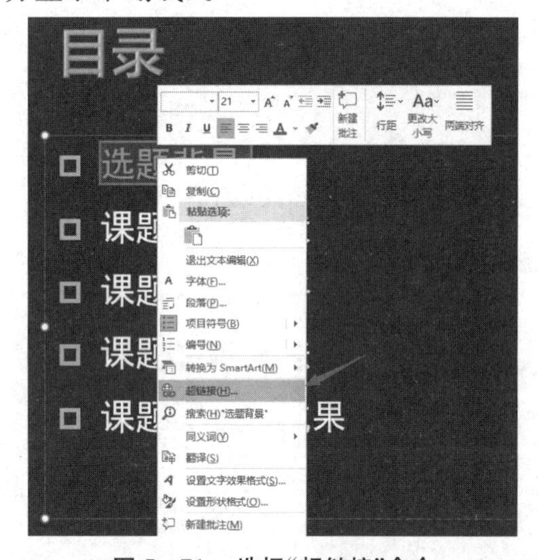

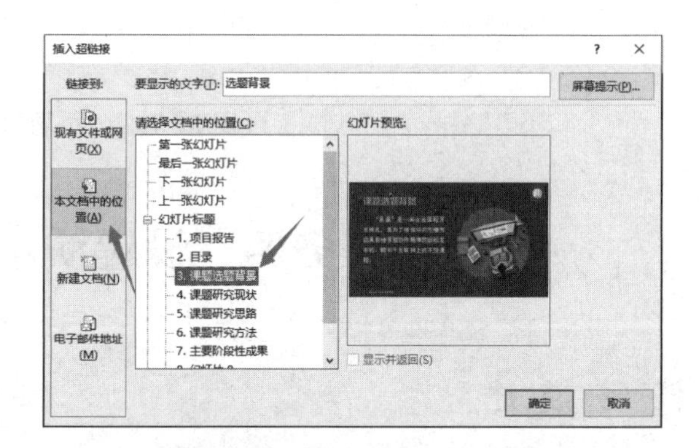

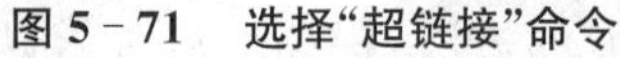

图 5－71　选择“超链接”命令　　　图 5－72　“插入超链接”对话框

采用同样的方法对内容占位符中的其他文本创建超链接,链接到文本对应的内容页。

为文本创建超链接后,还可以根据需要更改超链接文本的颜色。

具体操作方法如下:切换至“设计”选项卡,在“变体”功能组中单击变体样式列表框的下拉按钮,在下拉列表中选择“颜色”中的“自定义颜色”命令,弹出“新建主题颜色”对话框,在其中单击“超链接”右侧的下拉按钮,在弹出的面板中选择所需的颜色,单击“保存”按钮即可,如图 5－73 所示。

采用同样的方法设置“已访问的超链接”的颜色(建议设置颜色与“超链接”颜色相同)。

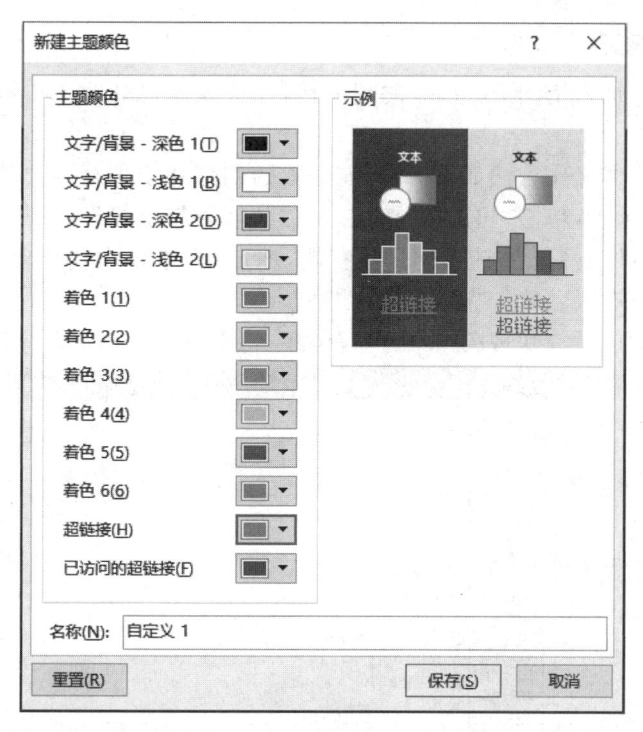

图 5 - 73　“新建主题颜色”对话框

2. 设置链接到电子邮件

在幻灯片中可以加入电子邮件的超链接，在放映幻灯片时，单击该类超链接，打开邮件发送的界面，用户可以编辑邮件内容发送至指定邮箱。

链接到电子邮件的具体操作方法如下：在当前编辑的幻灯片中选择需要设置超链接的文本对象，切换至“插入”选项卡，单击“链接”功能组中的“超链接”按钮。打开“插入超链接”对话框，在左侧“链接到”选项区中选择“电子邮件地址”链接类型，在右侧“电子邮件地址”文本框中输入邮件地址，然后在“主题”文本框中输入演示文稿的主题，单击“确定”按钮即可，如图 5 - 74 所示。

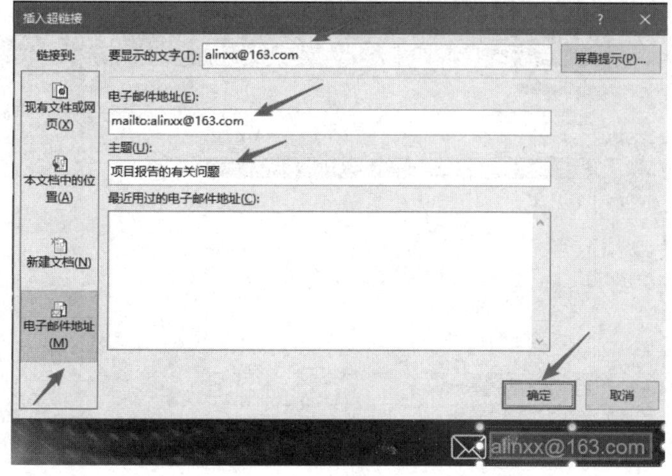

图 5 - 74　建立电子邮件超链接

3. 设置链接到网页

在幻灯片中可以加入指向 Internet 的超链接，在放映幻灯片时单击该类超链接即可直接打开网页。

链接到网页的具体操作方法如下：在当前编辑的幻灯片中选择需要建立超链接的文本对象，切换至“插入”选项卡，单击“超链接”按钮。打开“插入超链接”对话框，在左侧“链接到”选项区中选择“现有文件或网页”链接类型，在右侧“地址”文本框中输入要访问的网页地址，如图 5－75 所示。完成设置后单击“确定”按钮即可。

切换至阅读视图或者放映视图，单击该超链接，将直接启动浏览器并打开相应的网页。

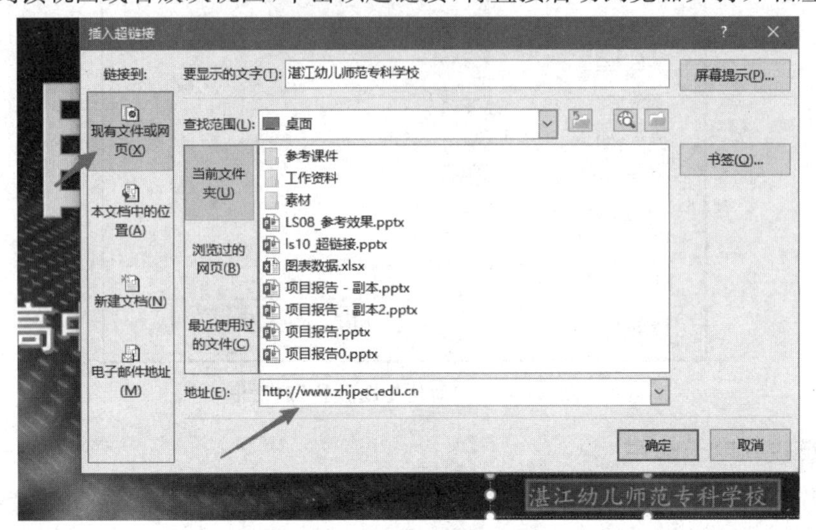

图 5－75　建立网页超链接

4. 设置链接到外部文件

超链接除可以链接演示文稿中的幻灯片外，还可以链接到外部文件。具体操作方法如下：在当前编辑的幻灯片中选择要创建超链接的文本或图形后右击，在弹出的快捷菜单中选择“超链接”命令。打开“插入超链接”对话框，在左侧“链接到”选项区中选择“现有文件或网页”链接类型，在右侧选择要链接到的文件，单击“确定”按钮即可，如图 5－76 所示。

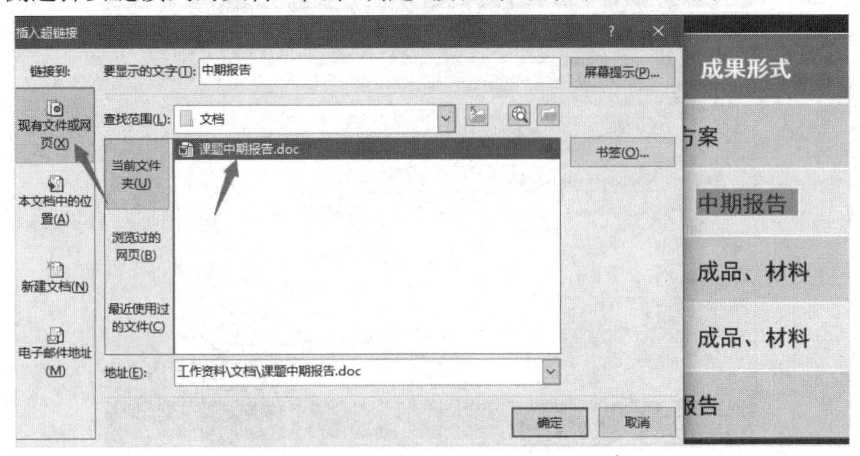

图 5－76　建立外部文件超链接

切换至阅读视图或放映视图，单击该超链接，将启动相应的应用程序打开指定的文件（本案例链接的是 Word 文档，所以会启动 Word 打开该文档），如图 5－77 所示。关闭打开的文件后，系统将返回 PowerPoint 演示。

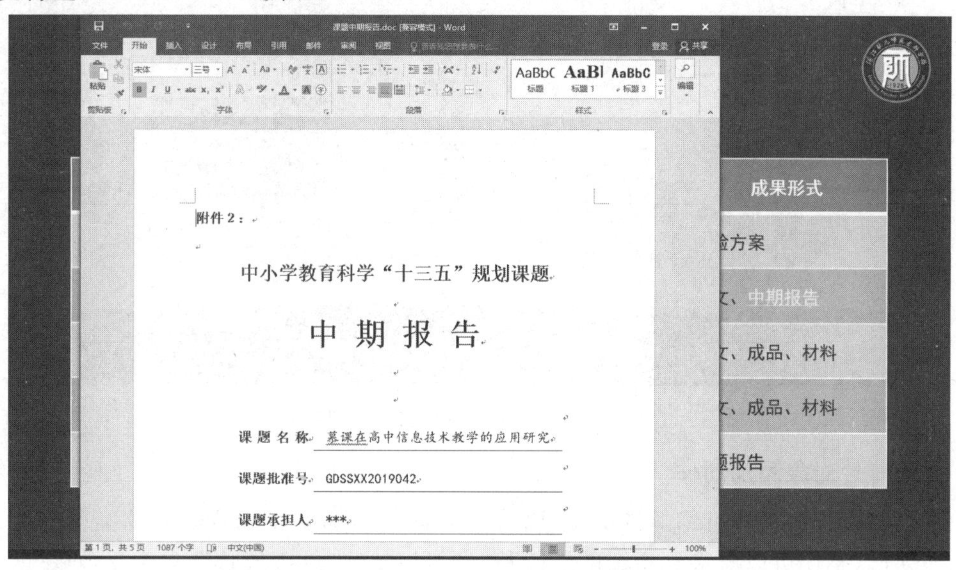

图 5－77 启动文件超链接效果

5. 编辑或删除超链接

在已经建立超链接的对象（如文本、图片或形状等）上右击，弹出快捷菜单，如果要删除超链接，可选择"取消超链接"命令；如果要编辑超链接，可选择"编辑超链接"命令，如图 5－78 所示。

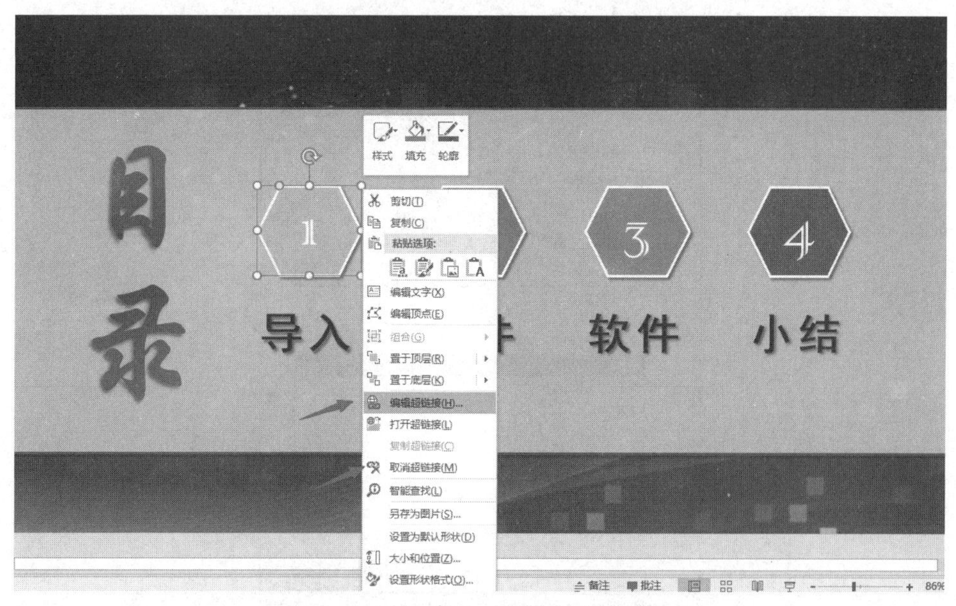

图 5－78 编辑或删除超链接

选择"编辑超链接"命令后，将弹出"编辑超链接"对话框，从中可以对超链接进行编辑修改，如图 5－79 所示。在对话框中单击下方的"删除链接"按钮，也可删除超链接。

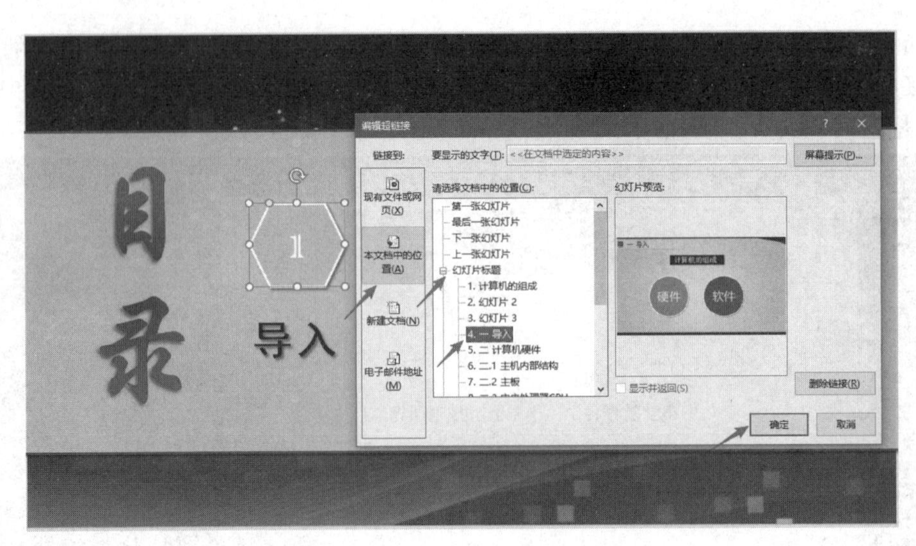

图 5 - 79　“编辑超链接”对话框

6. 为幻灯片对象添加动作

除可以使用超链接进行幻灯片交互外，还可以通过添加动作设置幻灯片交互。为幻灯片对象添加动作，不仅可以链接到指定的幻灯片，还可以执行“结束放映”“自定义放映”等命令或运行指定的程序。

下面以在幻灯片中插入动作按钮并设置相应动作为例来说明动作的具体操作方法。

切换至“插入”选项卡，单击“插图”功能组中的“形状”按钮，并在下拉列表中单击“动作按钮”栏中的“动作按钮:结束”按钮⏭。在幻灯片中适当的位置拖动鼠标进行绘制，绘制结束按钮形状。绘制完成后，将自动弹出“操作设置”对话框，选中“超链接到”单选按钮，在“超链接到”下拉列表框中选择“最后一张幻灯片”选项，如图 5 - 80 所示。单击“确定”按钮完成动作按钮的设置。

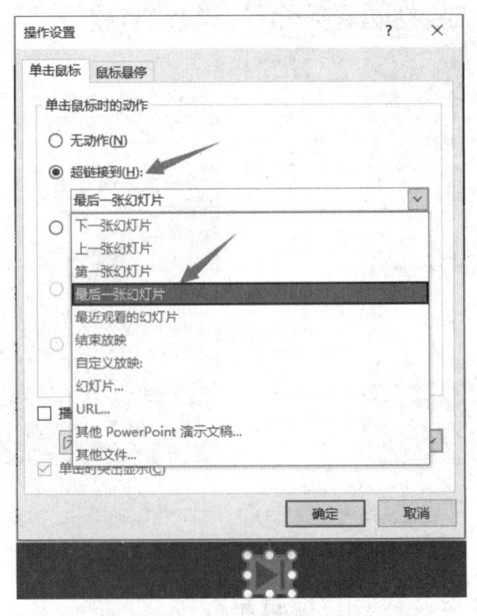

图 5 - 80　动作的相关设置

切换至阅读视图或放映幻灯片，单击该超链接查看链接效果，此时将跳转到演示文稿最后一张幻灯片。

5.4.2　幻灯片切换效果

PowerPoint 的美妙之处还在于它可以对幻灯片添加动画，使原本静态的幻灯片动起来。用户可以将动画效果应用于幻灯片的切换，还可以将其应用于幻灯片中的文本、图片、形状、图表及幻灯片母版等对象。加载在幻灯片上的动画叫作切换效果，加载在幻灯片对象上的动画叫作(自定义)动画。在演示文稿编辑完成后，就可以对其进行放映了，通过放映幻灯片，可以对幻灯片中的内容或效果进行及时调整。

1. 设置切换效果

幻灯片切换效果是在幻灯片放映时从一张幻灯片移到下一张幻灯片时出现的动画效果。PowerPoint 2016 中内置了 48 种切换效果可供用户选择。切换效果包括切换时的动画、声音、持续时间及方向等多方面的内容，用户可以根据需要为不同的幻灯片添加适合的切换效果。

为幻灯片设置切换效果的具体操作方法如下：选择一张幻灯片，切换至“切换”选项卡，可以在“切换到此幻灯片”功能组中选择合适的切换效果，如设置为“推进”效果，如图 5－81 所示。

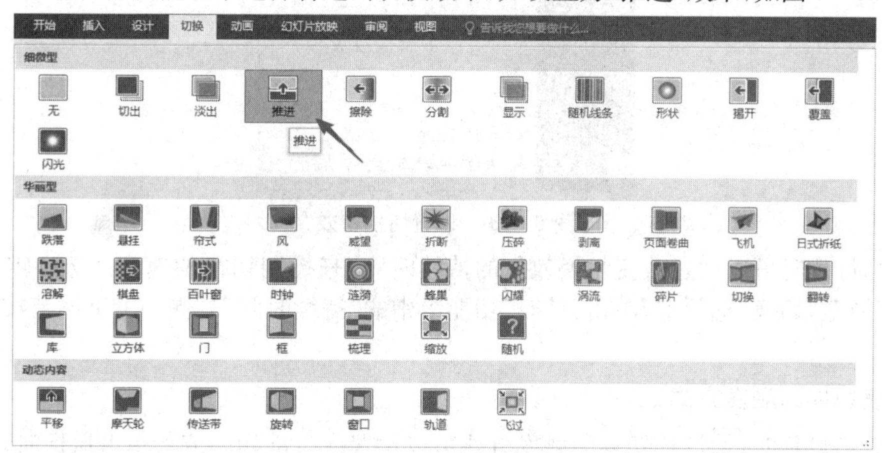

图 5－81　设置切换效果

设置完成后，该张幻灯片开始播放时就会以从下到上的“推进”动画为切换效果。每一种切换效果都有自定义的部分可以选择，例如“推进”效果默认为“自底部”，可以自定义为“自左侧”“自右侧”或“自顶部”，如图 5－82 所示。

需要注意的是，不同的切换效果的自定义效果是不相同的。

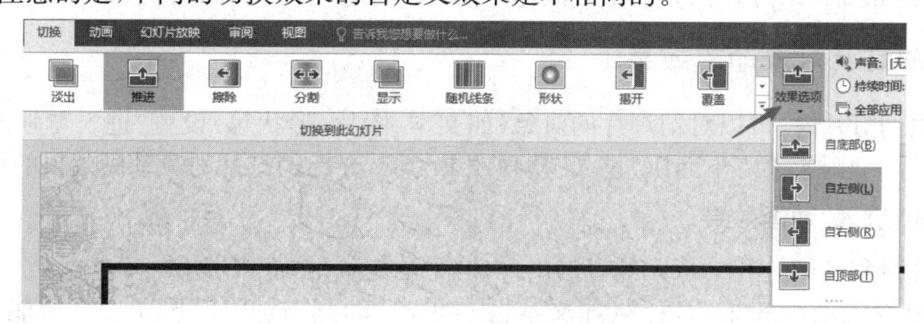

图 5－82　切换效果的效果选项

2. 设置切换音效和持续时间

切换幻灯片时添加音效可以产生更加震撼的效果，更好地吸引观众的注意。选中需要添加切换音效的幻灯片，单击“切换”选项卡下“计时”功能组中的“声音”下拉按钮，在下拉列表中选择一种切换音效，如图 5－83 所示。

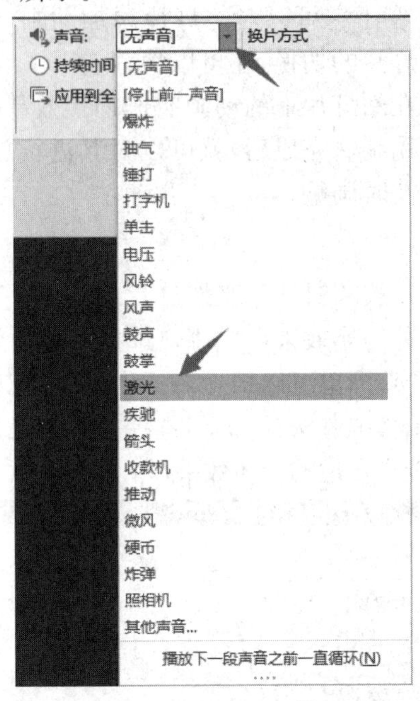

图 5－83　设置切换音效

切换幻灯片时可以通过改变切换效果的持续时间，来控制切换的速度。选中需要设定的幻灯片，切换至“切换”选项卡，单击“计时”功能组中的“持续时间”右侧的上下调节按钮来调节持续时间。

3. 设置切换的触发方式

在播放幻灯片时，幻灯片切换的触发方式可以设置成自动切换或者单击鼠标时切换。

换片的具体操作方法如下：选择已经设置好切换方式的幻灯片，切换至“切换”选项卡，勾选“计时”功能组中的“换片方式”栏中的“单击鼠标时”复选框，将切换的触发方式设置成单击鼠标时才会触发的方式。在放映幻灯片时，如果要切换至下一张幻灯片，则需要单击鼠标。

若勾选了“设置自动切换时间”复选框，并在右侧时间框内设置了时间，那么放映幻灯片经过设置的时间之后，幻灯片在无须单击鼠标的情况下也会自动切换至下一张。

5.4.3　幻灯片对象动画效果

在放映幻灯片时，可以对幻灯片的对象（如文本、图片、形状等）设置“进入”“强调”“退出”或“动作路径”动画效果。下面以“进入”动画效果为例，介绍幻灯片对象动画效果的操作。

1. 添加“进入”动画效果

幻灯片对象在幻灯片中从无到有的出现，这个动作就是“进入”动画。

选中要设置动画效果的对象（如文本框），单击“动画”选项卡下“动画”功能组中效果列表框中的“飞入”动画效果，如图 5－84 所示，添加后在该文本框的左上角会出现一个

“1”的标志。

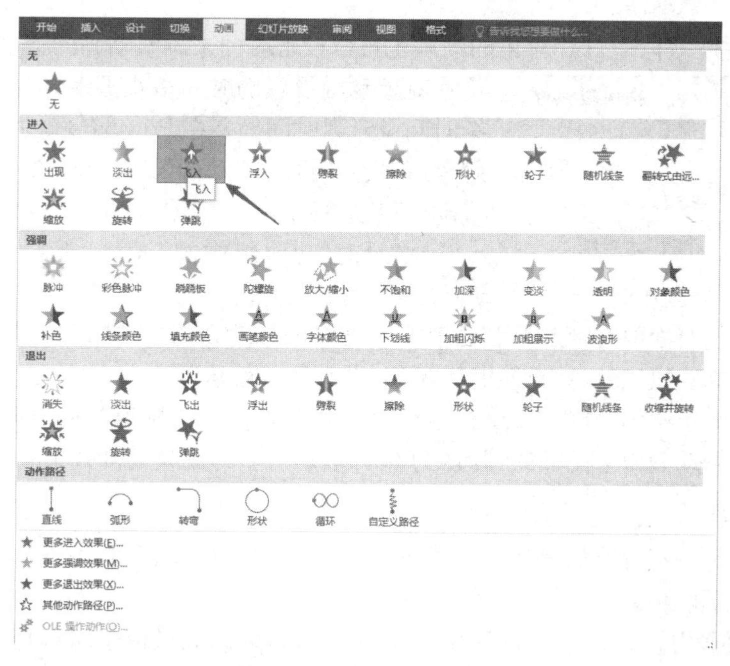

图 5 - 84　添加动画效果

2. 设置动画效果选项

在 PowerPoint 2016 中，动画效果可以按系列类别或元素放映，并可以对幻灯片中对象的动画效果选项进行设置。

设置动画效果选项的具体操作方法如下：切换至“动画”选项卡，为对象设置一个动画后，在“动画”功能组中单击“效果选项”按钮，在下拉列表中选择恰当的选项（如“自左上部”），执行操作后，即可设置动画效果选项，如图 5 - 85 所示。

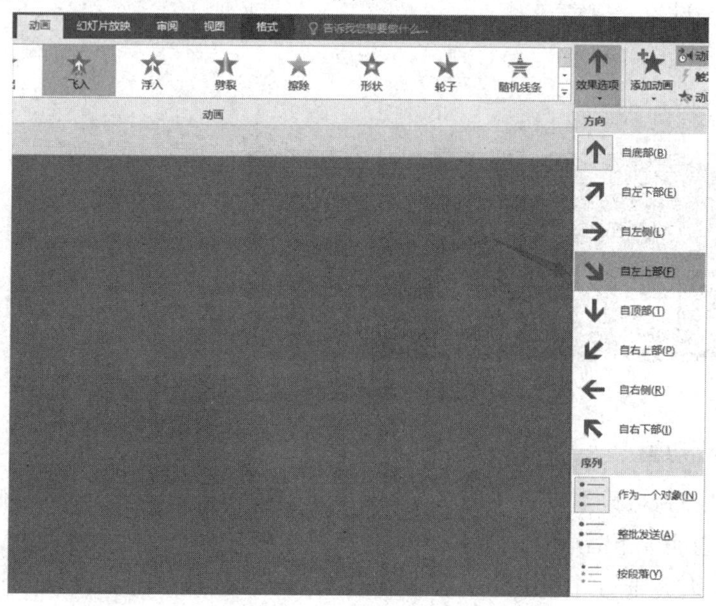

图 5 - 85　设置动画效果选项

3. 编辑动画计时操作

同幻灯片切换一样，幻灯片对象的动画也可以设置时间来调整动画的速度。不同的是，幻灯片对象动画设置的时间格式更多，如指定开始时间、持续时间及延迟时间等。在 PowerPoint 2016 中，添加动画效果后，用户可以在“动画”选项卡下“计时”功能组中设置动画启动方式和计时操作，如图 5－86 所示。

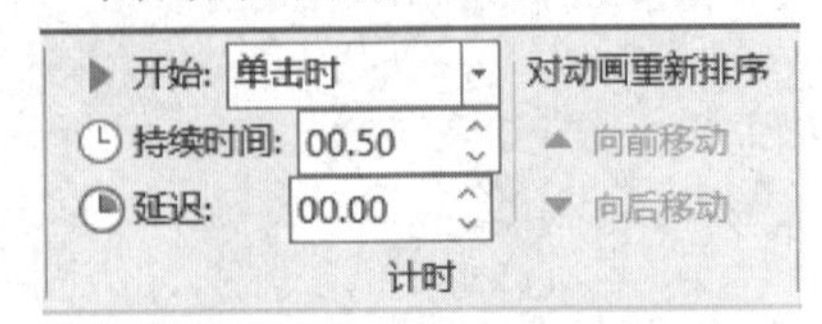

图 5－86 “计时”功能组

在“计时”功能组中的“开始”下拉列表中可以选择“单击时”“与上一动画同时”或“上一动画之后”的动画启动方式。

在“计时”功能组中的“持续时间”数值框中可以设置动画的持续时间，即动画的效果执行时间，时间越长，动画执行就越缓慢；时间越短，动画执行就越迅速。

在“计时”功能组中的“延迟”数值框中可以设置动画执行的延迟时间，即动画启动后延迟设置的时间才开始动画效果的放映（默认为 0，即启动后立即放映动画效果）。

4. 调整动画顺序

在设置完成每一部分对象的动画效果后，也可以对它们的动画顺序进行调整。调整动画顺序的方式有以下两种。

（1）通过“动画”选项卡下“计时”功能组调整。选择动画效果标志“1”，切换至“动画”选项卡，单击“计时”功能组中的“对动画重新排序”下方的“向后移动”按钮，即可将该动画在放映时从第一个出现，调整到第二个出现。

（2）通过“动画窗格”调整。单击“动画”选项卡下“高级动画”功能组中的“动画窗格”按钮，会在工作窗口右侧弹出“动画窗格”。选择需要调整顺序的动画，单击“向上”或者“向下”按钮即可调整，如图 5－87 所示。

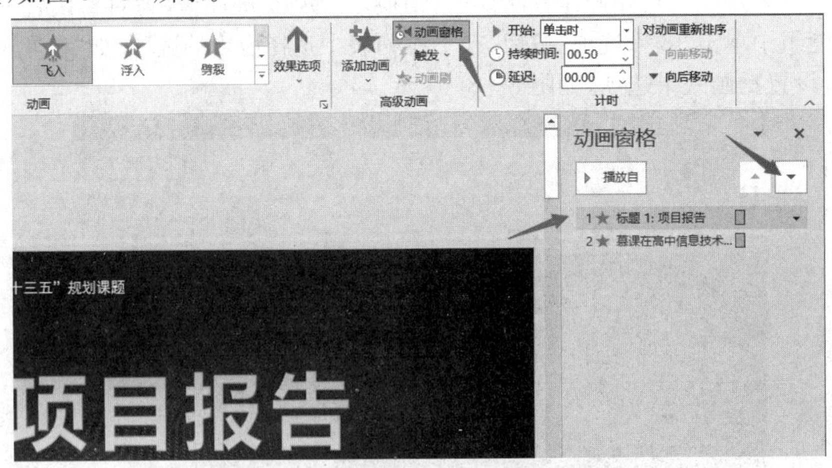

图 5－87 通过“动画窗格”调整动画顺序

5. 预览和删除动画

动画设置完成后，可以对动画进行预览，如果对动画效果不满意，则可以修改或者删除。

单击“动画”选项卡下“预览”功能组中的“预览”下拉按钮，在下拉列表中选择“预览”命令，如图 5－88 所示，则这张幻灯片中的所有动画效果会自动播放一遍。而该下拉列表中的“自动预览”命令是每次为幻灯片中对象设置动画效果后，可以自动在该幻灯片窗口中预览动画

效果。

动画效果创建后，也可以根据需要将其删除。删除动画的方法有以下三种。

(1) 选择动画的编号，按[Delete]键即可删除动画效果。

(2) 单击“动画”选项卡下“动画”功能组中动画效果列表框中的“无”，即相当于删除动画效果。

(3) 在“动画窗格”中右击要删除的动画，在弹出的下拉菜单中选择“删除”命令即可，如图 5－89 所示。

图 5－88　预览动画

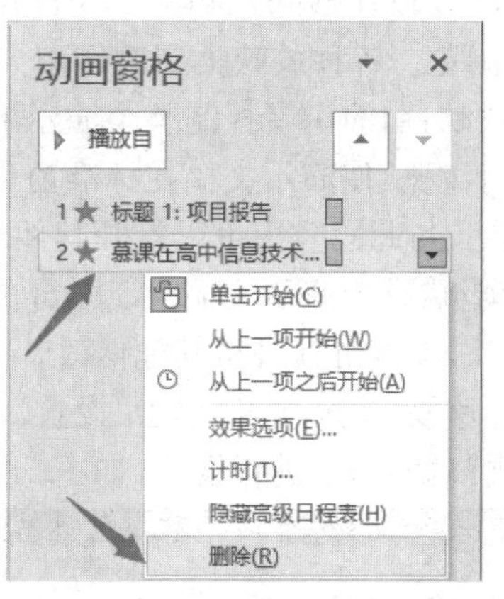

图 5－89　通过“动画窗格”删除动画

6. 为动画添加触发器

触发器是幻灯片上的某个元素，如图片、形状、按钮、一段文字或文本框，单击它即可引发一项操作。要将普通的动画变成触发器动画，只需在创建动画后指定触发器即可。在指定触发器对象时，若不知道触发器对象的名称，可选中对象，切换至“绘图工具|格式”工具选项卡，在“排列”功能组中单击“选择窗格”按钮，打开“选择”窗格，从中查看对象名称。

将创建的动画制作成触发器动画的具体操作方法如下：创建动画后，在“动画窗格”中选择该动画，然后在“高级动画”功能组中单击“触发”按钮，从“通过单击”的子菜单中选择触发器的对象。

例如，动画选择“标题 1”(“项目报告”文本动画)，触发器选择“文本框 3”(幻灯片上侧的“中小学教学……规划课题”文本框)，如图 5－90 所示。

图 5－90　创建触发器动画

5.4.4 幻灯片放映

制作演示文稿的最终目的是通过放映幻灯片向观众进行内容展示，传达某种信息，因此掌握必要的放映幻灯片操作显得非常必要。下面将具体讲解有关幻灯片放映方式的设置、隐藏幻灯片及排练计时的操作。

1. 设置幻灯片的放映方式

对于幻灯片的放映，PowerPoint 2016 提供了三种放映类型，分别是演讲者放映、观众自行浏览和在展台浏览。各种放映类型的作用如下：

(1) 演讲者放映：由演讲者控制整个演示的过程，演示文稿将在观众面前全屏播放。

(2) 观众自行浏览：使演示文稿在标准窗口中显示，观众可以拖动窗口上的滚动条或是通过方向键自行浏览，与此同时还可以打开其他窗口。

(3) 在展台浏览：整个演示文稿会以全屏的方式循环播放，在此过程中除通过鼠标选择屏幕对象进行放映外，不能对其进行其他修改。

切换至“幻灯片放映”选项卡，单击“设置”功能组中的“设置幻灯片放映”按钮，可以在弹出的“设置放映方式”对话框中进行设置，如图 5－91 所示。

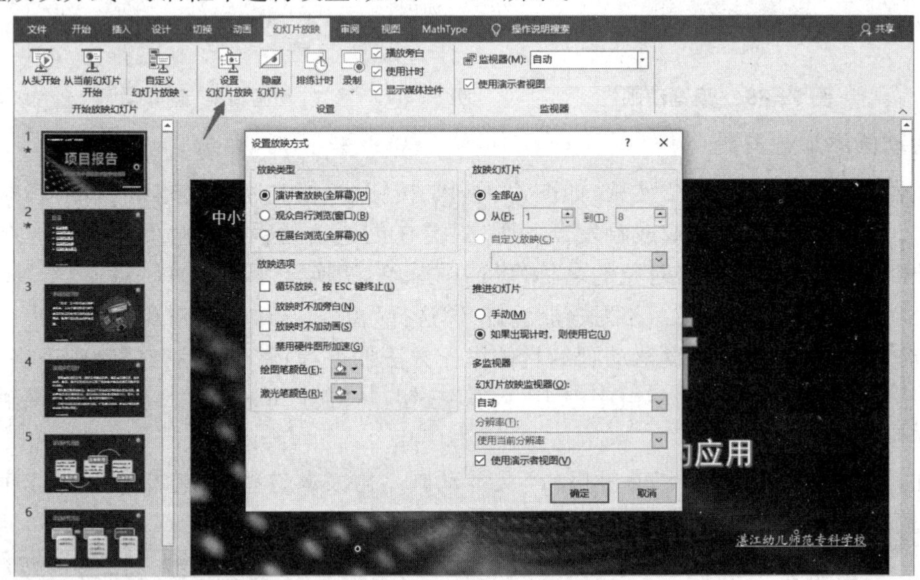

图 5－91　设置放映方式

2. 隐藏幻灯片

如果某些幻灯片只在某次放映时不需要放映，其他大多数情况下幻灯片都要全部放映，此时采用将需要放映的幻灯片创建为放映组的方法会比较麻烦，而使用 PowerPoint 2016 提供的隐藏幻灯片功能，可以很便捷地将不需要放映的幻灯片隐藏起来。

隐藏幻灯片的具体操作方法如下：选择需要隐藏的幻灯片，在“幻灯片放映”选项卡下“设置”功能组中单击“隐藏幻灯片”按钮，即可将该幻灯片隐藏。

3. 设置排练计时

对于非交互式的演示文稿而言，在放映时可以为其设置自动演示功能，即幻灯片根据预先设置的显示时间逐张自动切换。通过排练计时功能，会自动将每张幻灯片所要显示的时间记录下来，以便在自动播放时，按照所记录的时间自动切换幻灯片。

为演示文稿设置排练计时的具体操作方法如下：切换至“幻灯片放映”选项卡，在“设置”功能组中单击“排练计时”按钮。此时将进入幻灯片放映状态并进行放映计时，在左上角出现“录制”工具栏，在该工具栏中显示了放映时间。单击工具栏中相应的按钮，可以执行“开始”“暂停录制”“重复”等操作，如图 5－92 所示。开始逐张放映幻灯片，直到放映完最后一张幻灯片，排练计时结束。此时将弹出信息提示框，单击“是”按钮，保留计时。在放映过程中可以按[Esc]键提前结束放映。

图 5－92 “录制”工具栏

完成排练计时后，切换至幻灯片浏览视图，在此视图模式下将显示出每张幻灯片的放映时间，如图 5－93 所示。如果保存此时的状态，那么以后演示文稿将按保留的时间自动播放。

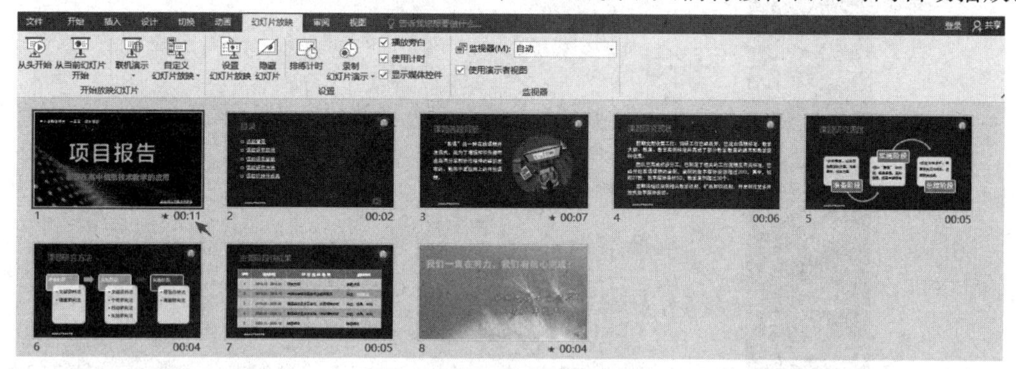

图 5－93 排练计时效果

技巧：设置排练计时后，可以使幻灯片自动放映，而无须用户参与运行，还可以将其保存为视频发送给他人。

任务五 发布演示文稿

任务描述

学习将演示文稿打包成 CD，以便在没有 PowerPoint 程序的计算机上运行。学习将演示文稿发布为 PDF 格式，以便在网络上发送给专家评审。

任务分析

掌握将演示文稿输出为放映文件、PDF/XPS 文件以及打包成 CD 等操作方法。

任务演示

PowerPoint 2016 提供了多种保存与输出演示文稿的方法，用户可以将制作出来的演示文稿输出为多种样式，如将演示文稿打包成 CD，以网页、文件的形式输出等。下面主要介绍将演示文稿输出为放映文件、PDF/XPS 文件以及打包成 CD 等操作方法。

1. 输出为放映文件

除常规的 PPTX 格式外，在 PowerPoint 2016 中经常用到的输出格式还有幻灯片放映文件格式。幻灯片放映文件是将演示文稿保存为总是以幻灯片放映的形式打开的演示文稿，每当打开该类型的文件，PowerPoint 2016 将自动切换为幻灯片放映状态，而不会出现 PowerPoint 2016 工作窗口。

输出为放映文件的操作方法如下：单击“文件”菜单下的“导出”选项，在右侧的“导出”面板中选择“更改文件类型”命令，如图 5 - 94 所示。在“更改文件类型”列表框中的“演示文稿文件类型”选项区中双击“PowerPoint 放映”选项。打开“另存为”对话框，选择文件的导出路径和需要存储的文件类型(如“PowerPoint 放映”)，如图 5 - 95 所示。单击“保存”按钮，即可输出文件。

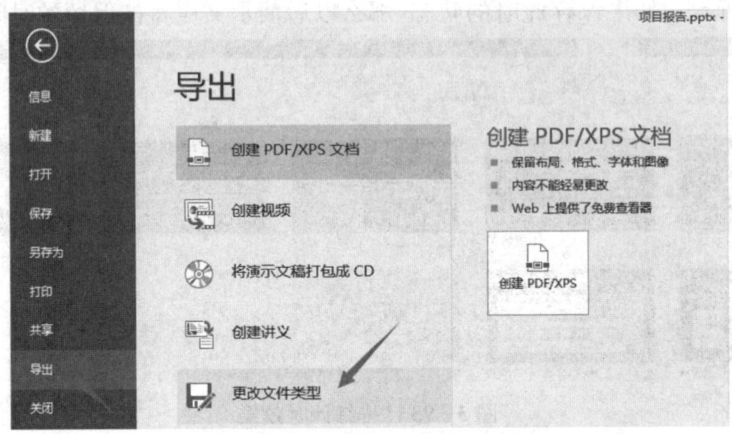

图 5 - 94　更改文件类型

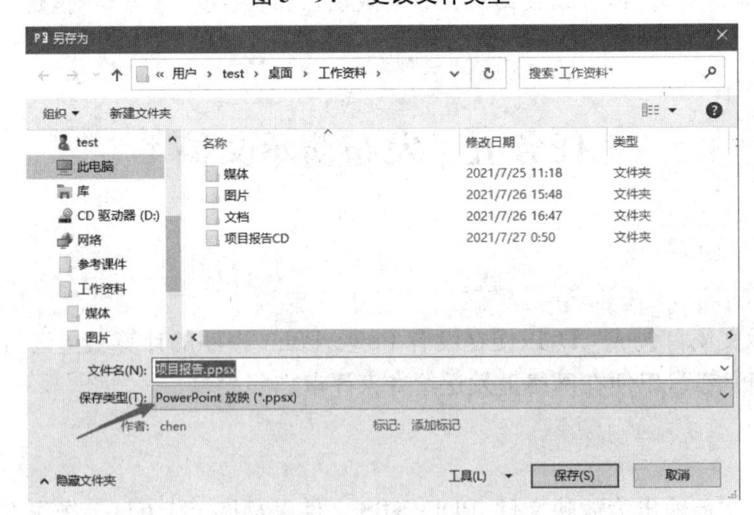

图 5 - 95　输出为放映文件

2. 输出为 PDF/XPS 文件

将演示文稿输出为 PDF/XPS 格式的具体操作方法如下：单击“文件”菜单下的“导出”选项，在右侧的“导出”面板中选择“创建 PDF/XPS 文档”命令，然后单击“创建 PDF/XPS”按钮，如图 5 - 96 所示。打开“发布为 PDF 或 XPS”对话框，选择文件的导出路径和需要保存的文件类型(如"PDF"),单击"发布"按钮即可,如图5-97所示。

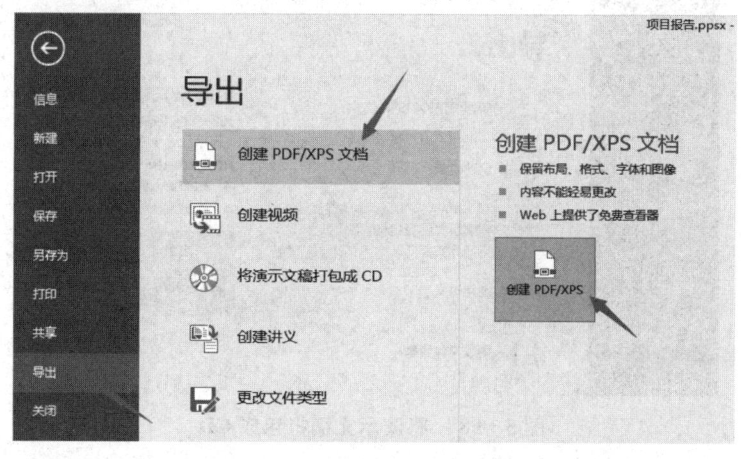

图5-96　创建PDF/XPS文档

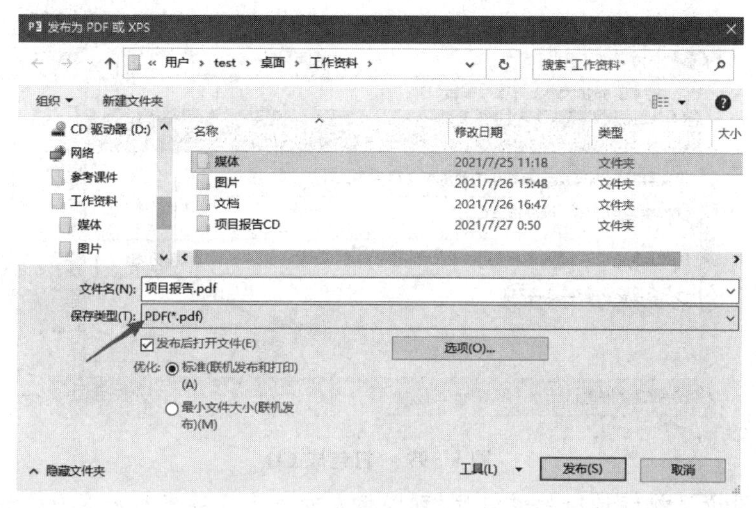

图5-97　输出为PDF文件

导出完成后,系统会自动启动相应的PDF查看程序,并打开导出的PDF文件,方便用户查看效果。

3. 打包成CD

为了在其他没有安装PowerPoint的计算机上能够播放演示文稿,可将制作好的演示文稿进行打包,在压缩包中将包含PowerPoint播放器的下载链接。打包完成后,直接将该压缩包发送给用户,用户根据提示下载播放器后即可观看演示文稿。

将演示文稿打包成CD的具体操作方法如下:单击"文件"菜单下的"导出"选项,在右侧的"导出"面板中选择"将演示文稿打包成CD"命令,然后单击"打包成CD"按钮,如图5-98所示。打开"打包成CD"对话框,在"将CD命名为"文本框中输入适当的名字,单击"复制到文件夹"按钮。打开"复制到文件夹"对话框,单击"浏览"按钮,选择打包文件的存储位置,如图5-99所示。返回"复制到文件夹"对话框中单击"确定"按钮,在弹出的信息提示框中单击"是"按钮,即可开始打包。

打包完成后,程序会自动打开压缩包文件夹,在其中可查看到压缩的文件内容。

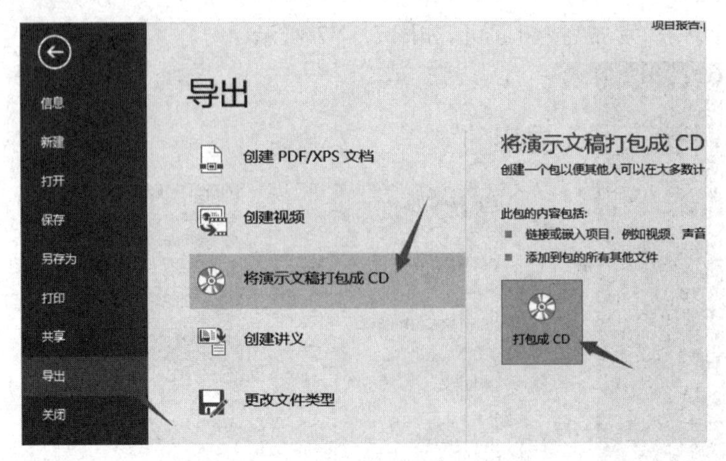

图 5-98　将演示文稿打包成 CD

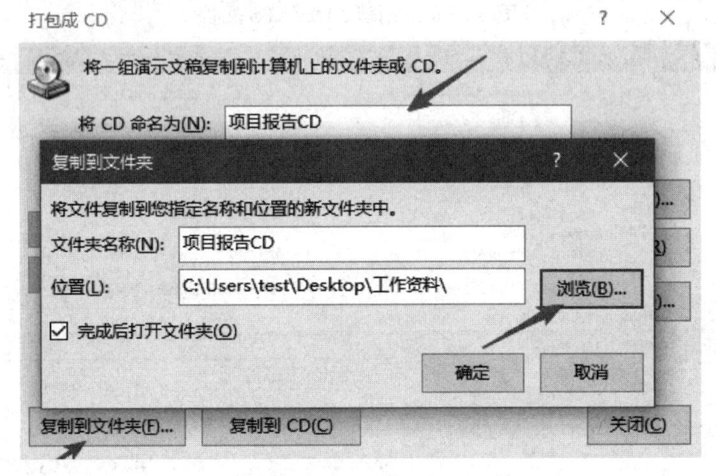

图 5-99　打包成 CD

技巧:对于设置了排练计时的幻灯片,可以将它输出为视频发送给客户。单击“文件”菜单下的“导出”选项,在右侧的“导出”面板中选择“创建视频”命令,然后选择“使用录制的计时和旁白”命令,单击“创建视频”按钮即可。

模块六　计算机网络及信息检索

模块导读

计算机网络是计算机技术和通信技术紧密结合的产物，它的诞生极大地推动了人类从工业社会向信息社会前进的步伐。伴随计算机网络技术的迅猛发展，计算机网络已从小型局域网发展到全球互联网。通过计算机网络进行信息检索、学习交友、娱乐购物已成为人们日常生活和工作中不可缺少的组成部分，网络技术也已经成为信息社会不可缺少的知识。

信息检索是人们进行信息查询和获取的主要方式，是查找信息的方法和手段。掌握网络信息的高效检索方法，是现代信息社会对高素质技术技能人才的基本要求。

任务简报

(1) 了解和掌握计算机网络及其发展、分类、功能、组成、体系结构和拓扑结构。

(2) 了解信息检索及其基本流程。

(3) 掌握常用搜索引擎的自定义搜索方法，掌握布尔(Boolean)逻辑检索、截词检索、位置检索、限制检索等检索方法。

(4) 掌握通过网页、社交媒体等不同信息平台进行信息检索的方法。

(5) 掌握通过期刊、论文、专利、商标、数字信息资源平台等专用平台进行信息检索的方法。

6.1　计算机网络

6.1.1　计算机网络概述

计算机网络，是指将地理位置不同的具有独立功能的多台计算机及其外部设备，通过通信线路或无线网络连接起来，在网络操作系统、网络管理软件及网络通信协议的管理和协调下，实现资源共享和信息传递的计算机系统，如图 6－1 所示。

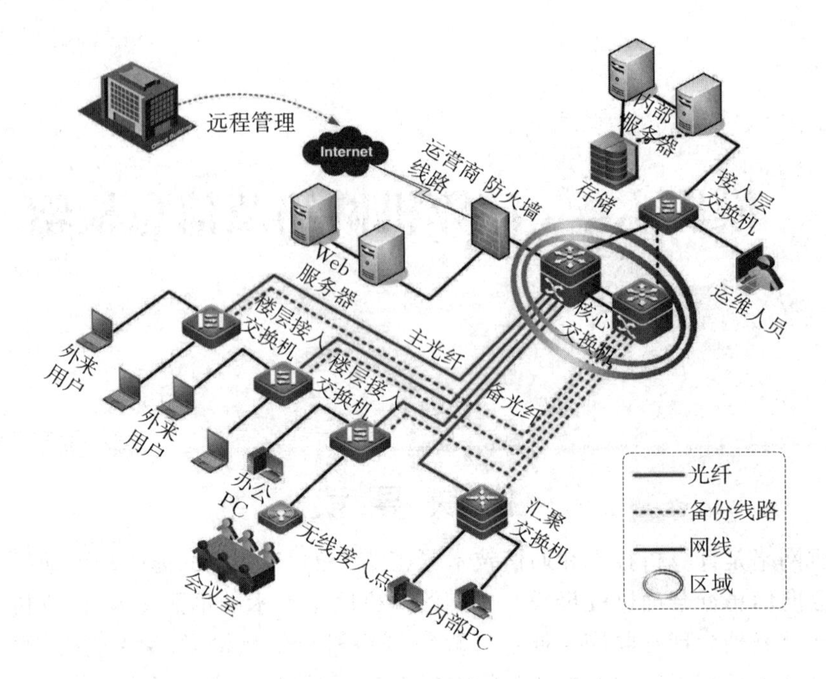

图 6-1　计算机网络

上述定义包含以下基本内涵：

(1) 构成：计算机网络是通过通信线路将分布在不同地理位置的多台独立计算机及专用外部设备互联，并配以相应的网络软件所构成的系统。

(2) 目的：建立计算机网络的主要目的是实现计算机资源的共享，使广大用户能够共享网络中的所有硬件、软件和数据等资源。

(3) 协议：联网的计算机必须遵循全网统一的协议，可为本地用户或远程用户提供服务。即使有通信线路相连，若没有统一的协议，计算机之间也无法进行资源共享。当两台计算机通信时，它们不仅仅交换数据，还应能理解彼此接收的数据，如因特网(Internet)上使用的通信协议是 TCP/IP 协议簇。

6.1.2　计算机网络的发展

计算机网络发展与应用的广泛程度是前人难以预料的。纵观计算机网络的形成与发展历史，大致可分为四个阶段：

第一阶段从 20 世纪 50 年代开始。这个阶段主要是把已在发展的计算机技术与通信技术结合起来，进行数据通信技术与计算机网络通信的研究，提出计算机网络的理论基础，为计算机网络的产生做好准备。

第二阶段从 20 世纪 60 年代美国的阿帕网(Advanced Research Project Agency network，ARPANET)与分组交换网(packet switching network)技术开始。ARPANET 是世界上第一个计算机网络，是计算机网络技术发展中的一个里程碑。ARPANET 的研究成果对网络技术的发展和应用产生重要的作用，并为 Internet 的形成奠定了基础，如图 6-2 所示。

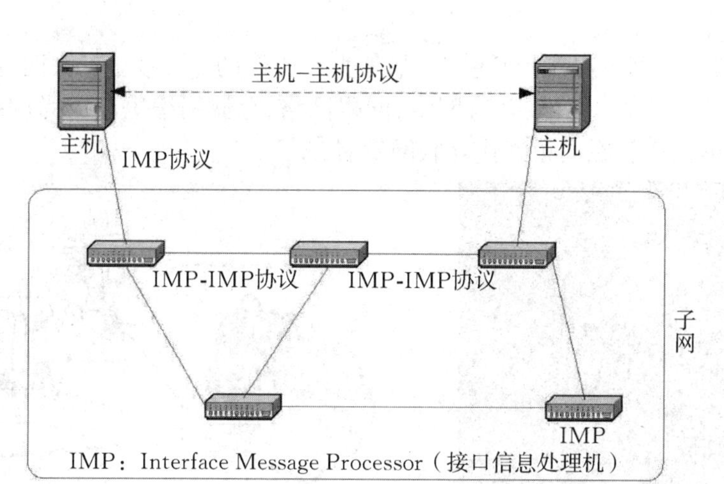

图 6-2　ARPANET

第三阶段从 20 世纪 70 年代中期开始。随着网络技术的不断发展，世界上产生了许多不同标准和技术的网络，从而影响了网络的互联互通，网络标准化问题日益突出。为此，国际标准化组织(International Standards Organization，ISO)提出了开放系统互连参考模型(open system interconnection reference model，OSI/RM)，对推动网络体系结构和网络标准化产生了重大意义。20 世纪 80 年代初期，电气电子工程师学会(Institute of Electrical and Electronics Engineers，IEEE)组织成立了 IEEE 802 委员会，专门研究局域网标准和技术，提出了 IEEE 802 局域网标准体系(见图 6-3)，对局域网技术的发展做出了巨大贡献。

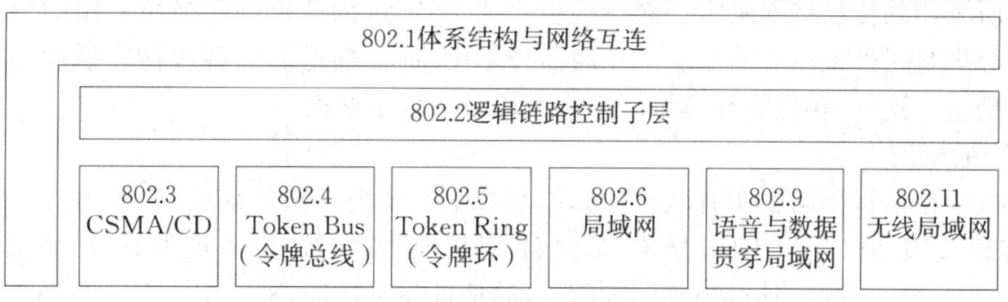

图 6-3　IEEE 802 局域网标准体系

第四阶段从 20 世纪 90 年代开始。这个阶段主要特征是互联网的高速发展和广泛应用，同时高速网络技术、无线网络技术(见图 6-4)、网络安全技术也得到巨大的发展。

图 6-4　无线网络

目前，第二代互联网正在蓬勃发展中，基于光纤通信的5G移动互联网、高速光子无线通信网络（见图6－5）、多媒体网络、并行网络、网格网络、存储网络等已成为网络研究和应用的热点。第二代互联网也正在向第三代互联网发展。

(a) 5G移动互联网

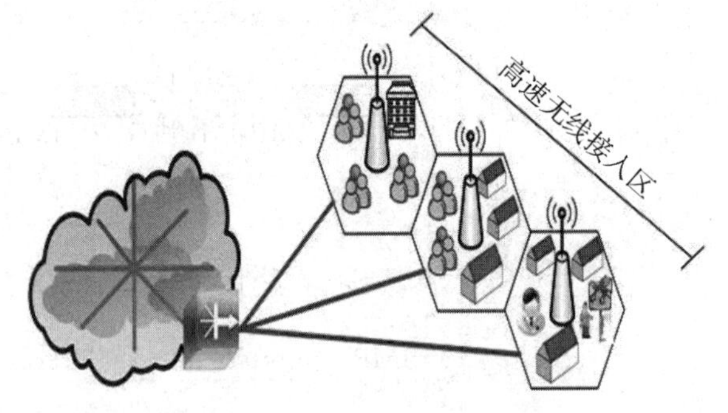

(b) 高速光子无线通信网络

图6－5　第二代互联网

6.1.3　计算机网络的分类

目前计算机网络的分类有许多方法，但没有统一的标准。下面主要介绍根据网络使用的传输技术和网络的覆盖范围与规模进行分类的两种分类方法。

1. 按网络传输技术进行分类

网络所采用的传输技术决定了网络的主要技术特点，因此根据网络所采用的传输技术对网络进行分类是一种很重要的方法。在通信技术中，通信信道的类型包括广播通信信道与点到点通信信道。这样，相应的计算机网络也可以分为以下两类。

(1) 广播式网络。

广播式网络是指网络中所有联网计算机都共享一个公共通信信道，当一台计算机利用共享通信信道发送报文分组时，所有其他计算机都将会接收并处理这个报文分组，如图6－6所示。由于发送的报文分组中带有目的地址与源地址，网络中所有接收到该报文分组的计算机将检查目的地址是否与本节点的地址相同。如果被接受报文分组的目的地址与本节点的地址相同，则接受该报文分组，否则将收到的报文分组丢弃。在广播式网络中，若报文分组是发送给网络中的某些计算机，则称之为多点播送或组播；若报文分组只发送给网络中的某一台计算机，则称之为单播。

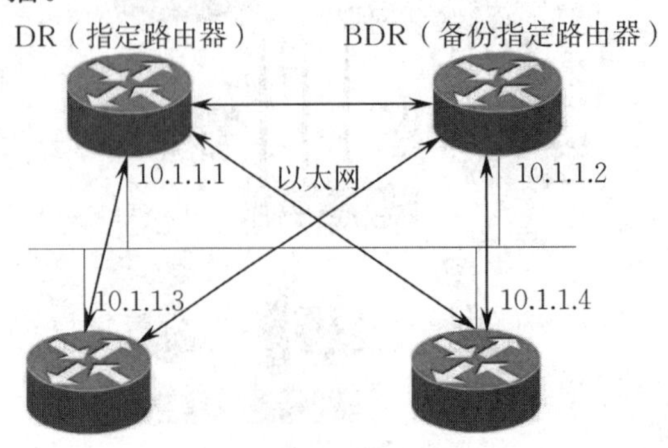

图6－6　广播式网络

（2）点对点式网络。

点对点式网络是指网络中每两台主机、两台节点交换机之间或主机与节点交换机之间都存在一条物理信道，即每条物理信道连接一对计算机。机器（包括主机和节点交换机）沿某信道发送的数据只有信道另一端的唯一一台机器能收到，如图 6－7 所示。假如两台计算机之间没有直接连接的线路，那么它们之间的分组传输就要通过中间节点的接收、存储、转发直至目的节点。由于连接多台计算机之间的线路结构可能是复杂的，因此从源节点到目的节点可能存在多条路由，决定分组从通信子网的源节点到达目的节点的路由需要有路由选择算法。

采用分组存储转发是点对点式网络与广播式网络的重要区别之一。

图 6－7　点对点式网络

2. 按网络覆盖范围进行分类

（1）局域网（local area network，LAN）。

LAN 是指有限区域（如办公室或楼层）内的多台计算机通过共享的传输介质互联所组成的封闭网络，如图 6－8 所示。一般在方圆几千米以内，LAN 可以实现文件管理、应用软件共享、打印机共享、工作组内的日程安排、电子邮件和传真通信服务等功能。共享的互联介质通常是一个电缆系统（如双绞线、同轴电缆、光纤等），也可以是红外信号、无线电等无线传输介质。

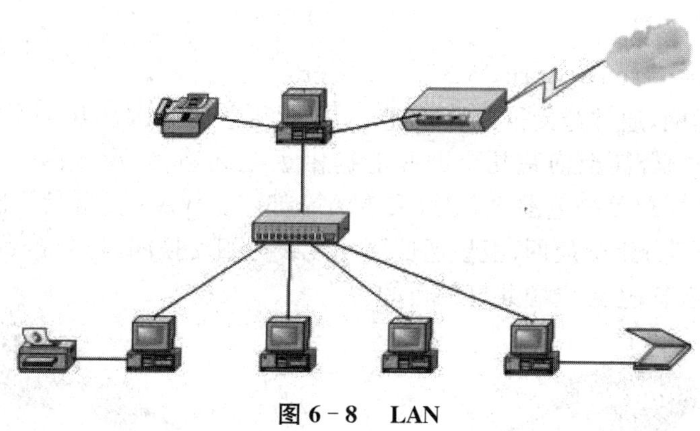

图 6－8　LAN

LAN 的主要特点是：

① 覆盖的地理范围较小，只在一个相对独立的局部范围内联网，如一座或集中的建筑群内。

② 使用专门铺设的传输介质进行联网，数据传输速率高（10 Mbps～10 Gbps）。

③ 通信延迟时间短，可靠性较高。

④ 可以支持多种传输介质。

（2）城域网（metropolitan area network，MAN）。

MAN 是指在一个城市范围内所建立的计算机通信网，属宽带局域网。MAN 采用具有有源交换元件的局域网技术，网中传输时延较小，其传输媒介主要采用光缆，传输速率在100 Mbps以上，如图6-9所示。MAN的一个重要用途是作为骨干网，通过它将位于同城市内不同地点的主机、数据库以及LAN等互联起来。

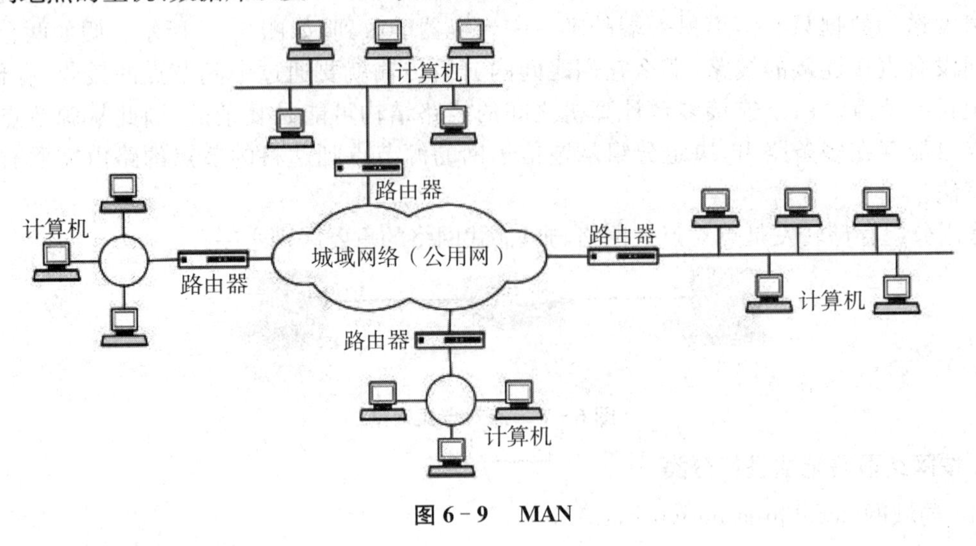

图6-9　MAN

MAN的主要特点是：

① 覆盖范围小，网络规模局限在一座城市范围内。

② 数据传输速率可达到100 Mbps～1000 Mbps。

③ 用户端设备便宜且普及。

④ 在网络中提供了第二层的虚拟局域网(virtual local area network，VLAN)隔离，使安全性得到保障。

(3) 广域网(wide area network，WAN)。

WAN也称远程网，通常跨接很大的物理范围，所覆盖的范围从几十千米到几千千米，它能连接多个城市或国家，甚至横跨几个洲并能提供远距离通信，形成国际性的远程网络，如图6-10所示。WAN覆盖的范围比LAN和MAN都广。WAN的通信子网主要使用分组交换技术，可以利用公用分组交换网、卫星通信网和无线分组交换网，将分布在不同地区的LAN或计算机系统互联起来，达到资源共享的目的。

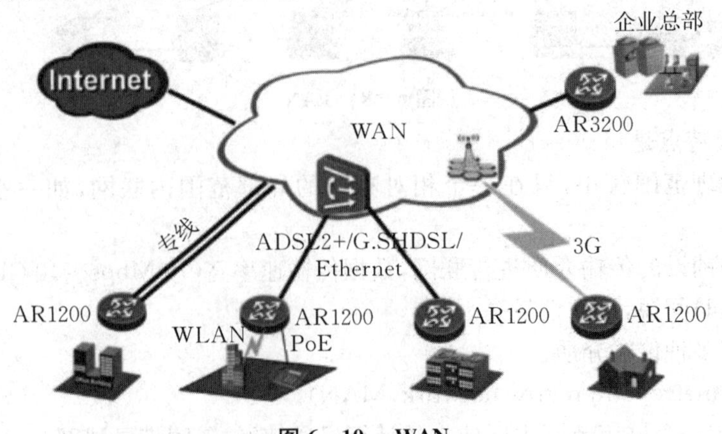

图6-10　WAN

WAN 的主要特点是：

① 覆盖的地理范围大，网络可跨越市、省、国家乃至全球。

② 连接常借用公用网络。

③ 传输速率比较低，一般在 64 kbps～2 Mbps，最高可达到 45 Mbps。

④ 网络拓扑结构复杂。

6.1.4　计算机网络的功能

计算机网络主要具有以下功能。

1. 数据交换和通信

计算机网络中的计算机之间或计算机与终端之间，可以快速可靠地相互传递数据、程序或文件。例如，电子邮件（e-mail）可以使相隔万里的异地用户快速准确地相互通信；电子数据交换（electronic data interchange，EDI）可以实现在商业部门（如银行、海关等）或公司之间进行订单、发票、单据等商业文件安全准确的交换，如图 6－11 所示；文件传送协议（file transfer protocol，FTP）可以实现文件的实时传送，为用户复制和查找文件提供了有力的工具。

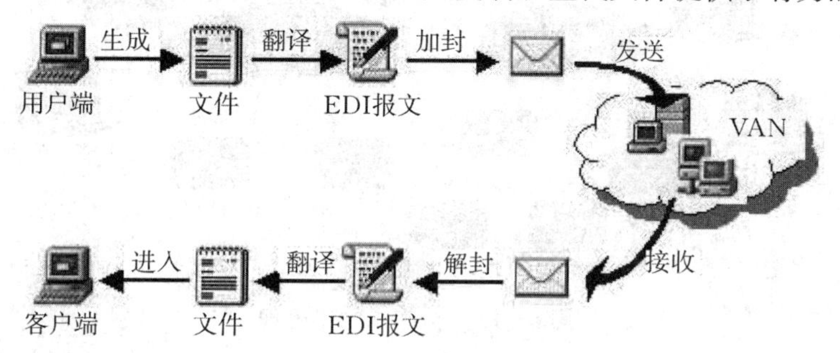

图 6－11　电子数据交换

2. 资源共享

充分利用计算机网络中提供的资源（包括硬件、软件和数据）是计算机网络的目标之一。计算机的许多资源是十分昂贵的，不可能为每个用户所拥有。例如，进行复杂运算的巨型计算机、海量存储器、高速激光打印机、大型绘图仪和一些特殊的外部设备等，另外还有大型数据库和大型软件等。这些昂贵的资源都可以为计算机网络上的用户所共享。资源共享既可以使用户减少投资，又可以提高这些计算机资源的利用率。

3. 提高系统的可靠性和可用性

在单机使用的情况下，若没有备用机，则计算机有故障便会引起停机；若有备用机，则费用会大大增高。在计算机连成网络后，各计算机可以通过网络互为后备，当某一处计算机发生故障时，可由别处的计算机代为处理，还可以在网络的一些节点上设置一定的备用设备，用作全网络公用后备，这种计算机网络能起到提高可靠性及可用性的作用。特别是在地理分布很广且具有实时性管理和不间断运行的系统中，建立计算机网络便可保证更高的可靠性和可用性。

4. 均衡负荷，相互协作

对于大型的任务或当网络中某台计算机的任务负荷太重时，可将任务分散到较空闲的计算机上去处理，或由网络中比较空闲的计算机分担负荷。这就使得整个网络资源能互相协作，避免网络中的计算机负荷不均衡，既影响任务的完成又不能充分利用计算机资源。

5. 分布式网络处理

在计算机网络中，用户可根据问题的实质和要求选择网内最合适的资源来处理，以便使问题能迅速而经济地得以解决。如图 6-12 所示，对于综合性大型问题可以采用合适的算法将任务分散到不同的计算机上进行处理。各计算机连成网络也有利于共同协作进行重大科研课题的开发和研究。利用网络技术还可以将许多小型机或微机连成具有高性能的分布式计算机系统，使它具有解决复杂问题的能力，从而大幅度降低费用。

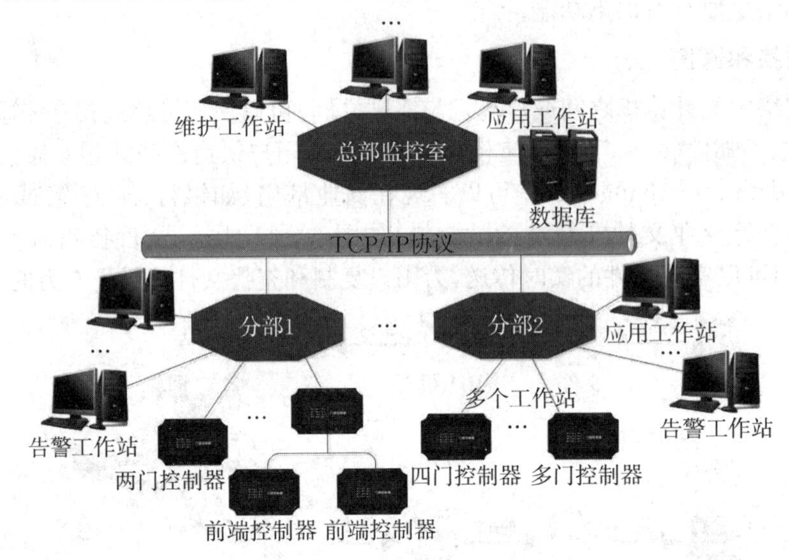

图 6-12　分布式网络处理

6. 提高系统性能价格比

计算机组成网络后，虽然增加了通信费用，但由于资源共享，明显提高了整个系统的性能价格比，降低了系统的维护费用，且易于扩充，方便维护。

计算机网络的以上功能和特点使得它在社会生活的各个领域得到了广泛的应用。

6.1.5　计算机网络的组成

计算机网络系统是一个集计算机硬件设备、通信设施、软件系统及数据处理能力为一体的，能够实现资源共享的现代化综合服务系统。不同类型的计算机网络，其组成虽各不相同，但都包括网络硬件和网络软件这两个部分。

1. 计算机网络硬件

计算机网络硬件是计算机网络的物质基础，一个计算机网络就是通过网络设备和通信线路将不同地点的计算机及其外围设备在物理上实现连接。因此，计算机网络硬件主要由可独立工作的计算机、网络设备和传输介质等组成。

(1) 计算机。

可独立工作的计算机是计算机网络的核心，也是用户主要的网络资源，根据用途的不同可将其分为服务器和网络工作站。

① 服务器一般由功能强大的计算机担任，如小型计算机、专用 PC 服务器或高档微型计算

机。它向网络用户提供服务,并负责对网络资源进行管理。一个计算机网络系统至少要有一台服务器,根据服务器所担任的功能不同又可将其分为文件服务器、通信服务器、备份服务器和打印服务器等。

② 网络工作站是一台供用户使用网络的本地计算机,并没有特殊要求。网络工作站作为独立的计算机为用户服务,同时又可以按照被授予的一定权限访问服务器。各网络工作站之间可以相互通信,也可以共享网络资源。在计算机网络中,网络工作站是一台客户机,即网络服务的一个用户端。

(2) 网络设备。

网络设备是构成计算机网络的一些部件,如网卡(network interface card,NIC)、调制解调器(modem)、交换机(switch)和路由器(router)等。独立工作的计算机可通过网络设备访问网络上的其他计算机。

① 网卡又称网络适配器,也称网络接口卡,是计算机与传输介质的接口,如图 6-13 所示。每一台服务器和网络工作站都至少配有一块网卡,通过传输介质将它们连接到网络上。网卡的工作是双重的:一方面,它负责接收网络上传过来的数据包,解包后将数据通过主板上的总线传输给本地计算机;另一方面,它将本地计算机上的数据打包后送入网络。

② 调制解调器是利用调制解调技术来实现数据信号与模拟信号在通信过程中的相互转换,如图 6-14 所示。确切地说,调制解调器的主要工作是将数据设备送来的数据信号转换为能在模拟信道(如电话交换网)传输的模拟信号,反之,它也能将来自模拟信道的模拟信号转换为数据信号。

图 6-13 网卡

图 6-14 调制解调器

③ 交换机有多个端口,每个端口都具有桥接功能,可以连接一个局域网或一台高性能服务器或网络工作站,如图 6-15 所示。所有端口由专用处理器进行控制,并经过控制管理总线转发信息。

④ 路由器的作用是连接局域网和广域网,它有判断网络地址和选择路径的功能。其主要工作是为经过路由器的报文分组寻找一条最佳路径,并将数据传送到目的站点,如图 6-16 所示。

图 6-15 交换机

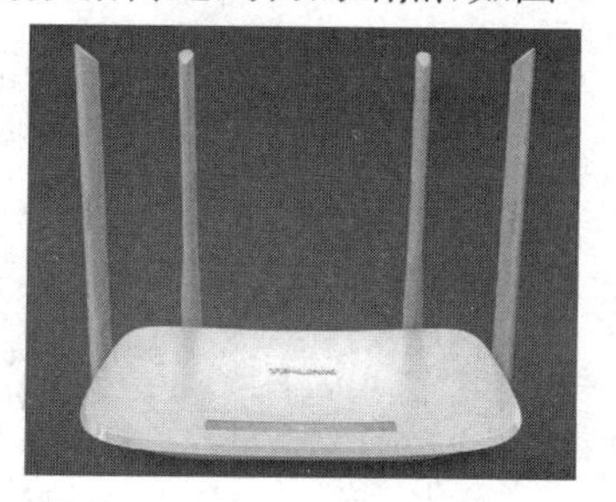

图 6-16 路由器

(3) 传输介质。

在计算机网络中,要使不同的计算机能够相互访问对方的资源,必须有一条通路使它们能够相互通信。传输介质是网络通信用的信号线路,它提供了数据信号传输的物理通道。传输介质按其特征可分为有线通信介质和无线通信介质两大类。有线通信介质包括双绞线、同轴电缆和光缆等;无线通信介质包括无线电波、微波、卫星通信和移动通信等。它们具有不同的传输速率和传输距离,分别支持不同的网络类型。

2. 计算机网络软件

计算机网络软件可以控制网络的工作,如分配和管理网络的资源等,也可以帮助用户更容易地访问网络。计算机网络软件包括如下两个部分。

(1) 网络系统软件。

① 网络操作系统。网络操作系统是网络系统软件中的核心部分,负责管理网络中的软硬件资源,其功能的强弱与网络的性能密切相关。常用的网络操作系统有 Windows,UNIX 和 Linux 等。

② 网络协议。网络协议是网络设备之间互相通信的语言和规范,用来保证两台设备之间正确的数据传送。网络协议规定了计算机按什么格式组织和传输数据,传输过程中出现差错的处理规则等。网络协议一部分是靠软件完成的,另一部分则是靠硬件来完成的。

(2) 网络应用软件。

网络应用软件是指能够为网络用户提供各种服务的软件,它用于提供或获取网络上的共享资源,如浏览软件、传输软件、远程登录软件、电子邮件程序等。

6.1.6 计算机网络体系结构

计算机网络体系结构指网络层次结构模型和各层次协议的集合。计算机网络体系结构对计算机网络应该实现的功能进行精确定义,而这些功能如何实现是具体的实现问题,计算机网络体系结构并不讨论具体的实现方法,但对网络实现的研究起着重大指导意义。

目前主要的计算机网络体系结构有三个:ISO 制定的 OSI/RM、互联网使用的 TCP/IP 参考模型、LAN 使用的 IEEE 802 参考模型。

OSI/RM 将网络的功能分成七层,如图 6-17 所示。

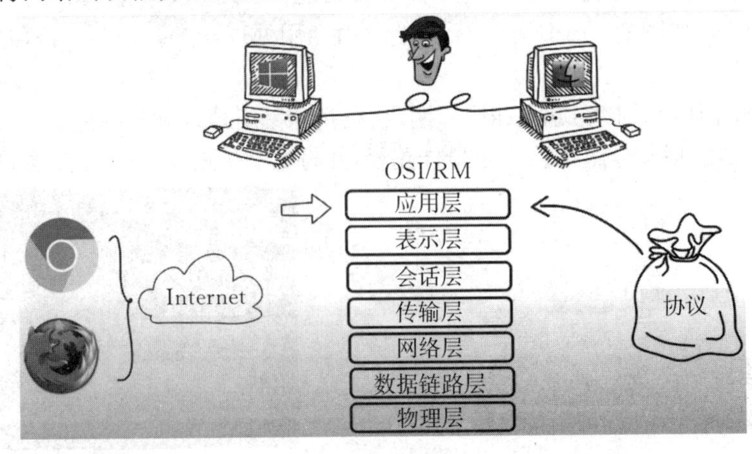

图 6-17 OSI/RM

(1) 物理层:利用传输介质为通信的网络节点之间建立、管理和释放物理连接,实现比特流的透明传输,为数据链路层提供数据传输服务。在物理层传输的数据单元是比特(bit)。

(2) 数据链路层:在物理层提供的服务基础上,数据链路层在通信的实体间建立数据链路连接,传输以帧为单位的数据包,并采用差错控制与流量控制方法,使有差错的物理线路变成无差错的数据链路。

(3) 网络层:通过路由选择算法为报文分组通过通信子网选择最适当的路径,以及实现拥塞控制、网络互联等功能。网络层的数据传输单元是报文分组。

(4) 传输层:向用户提供可靠的端到端(end-to-end)服务。它向高层屏蔽了下层数据通信的细节,是体系结构中关键的一环。它传输的单元是报文。

(5) 会话层:负责维护两个节点之间会话的建立、管理和终止,以及数据的交换。

(6) 表示层:用于处理在两个通信系统中表示交换信息的方式,主要包括数据格式变换、数据加密与解密,数据压缩与恢复等功能。

(7) 应用层:为应用程序提供网络服务。应用层需要识别并保证通信对方的可用性,使得协同工作的应用程序之间同步,建立传输错误纠正与保证数据完整性控制机制。

6.1.7 计算机网络拓扑结构

计算机网络设计首先考虑选择适当的线路、线路容量与连接方式,使整个网络的结构合理,易于实现通信。为了解决复杂的网络结构设计,引入网络拓扑结构概念。计算机网络拓扑是通过网中节点与通信线路之间的几何关系表示网络结构的,以反映网络中各实体的结构关系。

在广播式网络中,一个公共通信信道被多个网络节点共享。广播式网络的基本拓扑结构有四种:总线型、树形、环形、无线通信与卫星通信型。

在点对点式网络中,每一条物理线路连接一对节点。点对点式网络的基本拓扑结构有五种:总线型、星形、树形、环形、网状,结构示意如图 6-18 所示。

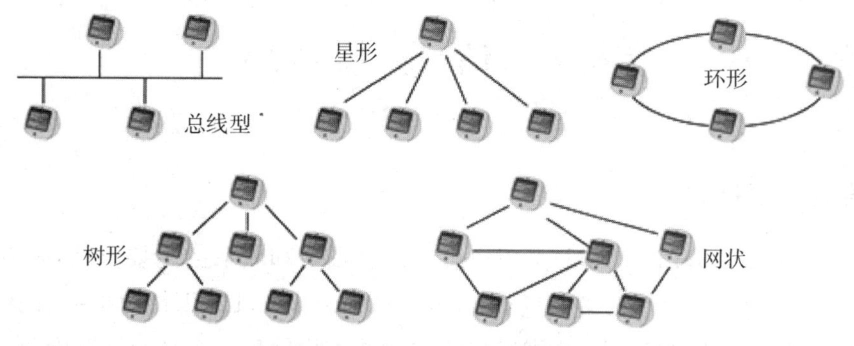

图 6-18 点对点式网络拓扑结构

1. 总线型拓扑结构

总线型拓扑结构由一条高速公用主干电缆(总线连接若干个节点)构成网络。网络中所有的节点通过总线进行信息的传输。总线型拓扑结构的优点是简单灵活、建网容易、使用方便、性能好。其缺点是主干总线对网络起决定性作用，总线故障将影响整个网络。总线型拓扑结构是使用最普遍的一种网络。

2. 星形拓扑结构

星形拓扑结构指由中央节点与其他各个节点连接组成的网络。在星形拓扑结构中各节点必须通过中央节点才能实现通信。星形拓扑结构的优点是结构简单、建网容易、便于控制和管理。其缺点是中央节点负担较重，容易形成系统的“瓶颈”，线路的利用率也不高。

3. 环形拓扑结构

环形拓扑结构指由各个节点首尾相连形成一个闭合环形线路的网络。环形拓扑结构中的信息传送是单向的，即沿一个方向从一个节点传送到另一个节点；每个节点需安装中继器，用以接收、放大、发送信号。环形拓扑结构的优点是简单灵活、建网容易、便于管理。其缺点是当节点过多时，将影响传输效率，不利于扩充。

4. 树形拓扑结构

树形拓扑结构是一种分级结构。在树形拓扑结构中，任意两个节点之间不产生回路，每条通路都支持双向传输。树形拓扑结构的优点是扩充方便、灵活，成本低，易推广，适合于分主次或分等级的层次型管理系统。其缺点是对根节点的依赖性太大，如果根节点发生故障则全网不能正常工作。

5. 网状拓扑结构

网状拓扑结构上的每个工作站都至少有两条线路与网络中的其他工作站相连，网状拓扑结构的控制功能分散在网络的各个节点上。即使一条线路出故障，通过迂回线路，网络仍能正常工作。网状拓扑结构的优点是稳定性好、可靠性高。其缺点是网络控制往往是分布式的，比较复杂，对系统的管理、维护比较困难。

6.2 信息检索

6.2.1 信息检索概述

信息检索(information retrieval)是用户进行信息查询和获取的主要方式，是查找信息的方法和手段。狭义的信息检索仅指信息查询(information search)，即用户根据需要，采用一定的方法，借助检索工具，从信息集合中找出所需信息的查找过程。广义的信息检索是信息按一定的方式进行加工、整理、组织并存储起来，再根据信息用户特定的需要将相关信息准确地查找出来的过程。因此，信息检索又称信息的存储与检索。一般情况下，信息检索指的就是广义的信息检索。信息检索的基础原理如图 6-19 所示。

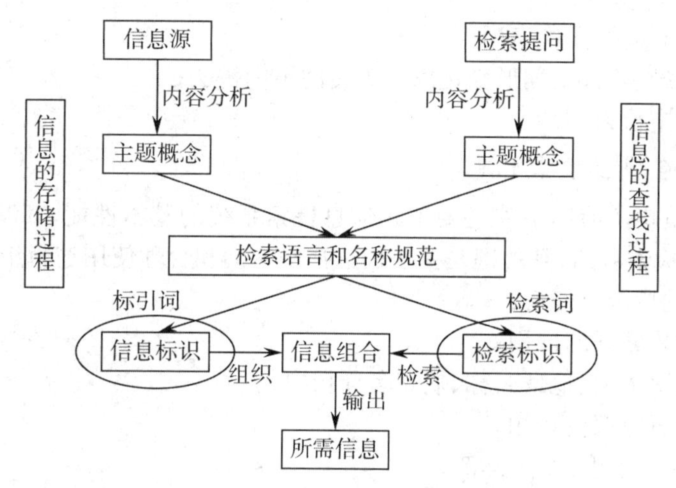

图 6-19　信息检索的基础原理

6.2.2　信息检索的流程

1. 分析研究课题，明确检索要求

分析研究课题的主题内容、研究要点、学科范围、语种范围、时间范围、文献类型等。

2. 选择信息检索系统，确定检索途径

(1) 选择信息检索系统的方法：

① 在信息检索系统齐全的情况下，首先使用信息检索工具指南来指导选择；

② 在没有信息检索工具指南的情况下，可以采用浏览图书馆、信息所的信息检索工具室所陈列的信息检索工具的方式进行选择；

③ 从所熟悉的信息检索工具中选择；

④ 主动向工作人员请教；

⑤ 通过网络在线帮助选择。

(2) 选择信息检索系统的原则：

① 收录的文献信息需涵盖检索课题的主题内容；

② 就近原则，方便查阅；

③ 尽可能质量较高、收录文献信息量大、报道及时、索引齐全、使用方便；

④ 记录文献来源，文献类型、文种尽量满足检索课题的要求；

⑤ 数据库是否有对应的印刷版本；

⑥ 根据经济条件选择信息检索系统；

⑦ 根据对检索信息熟悉的程度选择；

⑧ 选择查出的信息相关度高的网络搜索引擎。

3. 确定检索词

确定检索词的基本方法：

① 选择规范化的检索词；

② 使用各学科在国际上通用的、国外文献中出现过的术语作检索词；

③ 找出课题涉及的隐性主题概念作检索词；

④ 选择课题核心概念作检索词；

⑤ 注意检索词的缩写词、词形变化以及英美的不同拼法；

⑥ 联机方式确定检索词。

4. 制定检索策略，查阅检索工具

(1) 制定检索策略的前提条件是要了解信息检索系统的基本性能，其基础是要明确检索课题的内容要求和检索目的，其关键是要正确选择检索词和合理使用逻辑组配。

(2) 产生误检的原因可能有：

① 一词多义的检索词的使用；

② 检索词与英美人名、地址名称、期刊名称相同；

③ 不严格的位置算符的运用；

④ 检索式中没有使用逻辑非运算；

⑤ 截词运算不恰当；

⑥ 组号前忘记输入指令“s”；

⑦ 逻辑运算符前后未空格；

⑧ 括号使用不正确；

⑨ 从错误的组号中打印检索结果；

⑩ 检索式中检索概念太少。

(3) 产生漏检或检索结果为零的原因可能有：

① 没有使用足够的同义词和近义词或隐含概念；

② 位置算符用得过严、过多；

③ 逻辑与运算用得太多；

④ 后缀代码限制得太严；

⑤ 检索工具选择不恰当；

⑥ 截词运算不恰当；

⑦ 单词拼写错误、文档号错误、组号错误、括号不匹配等。

(4) 提高查准率的方法有：

① 使用下位概念检索；

② 将检索词的检索范围限在篇名、叙词和文摘字段；

③ 使用逻辑与或逻辑非运算；

④ 运用限制选择功能；

⑤ 进行进阶检索或高级检索。

(5) 提高查全率的方法有：

① 选择全字段中检索；

② 减少对文献外表特征的限定；

③ 使用逻辑或运算；

④ 利用截词检索；

⑤ 使用检索词的上位概念进行检索；

⑥ 把(W)算符改成(1N)，(2N)算符；

⑦ 进入更合适的数据库查找。

5. 处理检索结果

将所获得的检索结果加以系统整理，筛选出符合课题要求的相关文献信息，选择检索结果的著录格式，辨认文献类型、文种、著者、篇名、内容、出处等项记录内容，输出检索结果。

6. 获取原始文献

获取原始文献的方法有：

(1) 利用二次文献检索工具获取原始文献。

(2) 利用馆藏目录和联合目录获取原始文献。

(3) 利用文献出版发行机构获取原始文献。

(4) 利用文献著者获取原始文献。

(5) 利用网络获取原始文献。

综上，信息检索流程如图 6－20 所示。

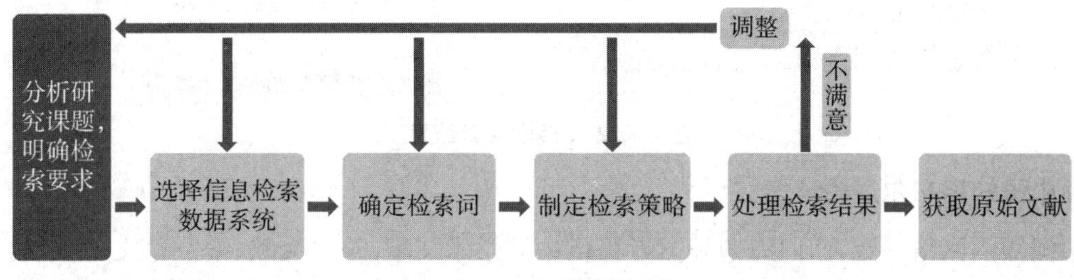

图 6－20　信息检索流程

6.2.3　搜索引擎的使用

互联网的一个主要功能就是共享资源和信息。在当今时代，利用互联网的搜索引擎来获取所需的资源、信息和素材，可以极大地提高工作和学习的效率，因此有必要了解和学习如何通过互联网的搜索引擎来获取信息。

1. 百度综合搜索

在互联网上搜索信息最直接的方式就是使用搜索引擎，对于中国用户来说，最著名的搜索引擎莫过于百度搜索。百度搜索是全球领先的中文搜索引擎，致力于让网民更便捷地获取信息，找到所需。百度搜索有超过千亿的中文网页数据库，可以瞬间找到相关的搜索结果。除百度搜索外，还可以使用搜狗搜索、360 搜索等。

下面介绍使用百度搜索来查找有关“新一代信息技术”的文献资料的方法。

打开浏览器，在地址栏输入百度网址“www. baidu. com”，按[Enter]键，进入百度首页。在搜索文本框中输入要搜索的内容，如图 6－21 所示。

图 6－21　百度首页

输入“新一代信息技术”，单击“百度一下”按钮，搜索结果如图 6-22 所示。单击搜索列表链接，即可浏览具体的内容。

图 6-22　百度搜索结果

2. 中国知网布尔逻辑检索

中国知网网络平台，面向海内外读者提供中国学术文献、外文文献、学位论文、报纸、会议、年鉴、工具书等各类资源统一检索、统一导航、在线阅读和下载服务。布尔逻辑检索也称布尔逻辑搜索，严格意义上的布尔检索法是指利用布尔逻辑运算符连接各个检索词，然后由计算机进行相应逻辑运算，以找出所需信息的方法。它的使用面最广、使用频率最高。布尔逻辑运算符的作用是把检索词连接起来，构成一个逻辑检索式。

下面介绍期刊、论文信息检索平台“中国知网”的布尔逻辑检索，在中国知网中搜索主题中含有“人工智能”且文献来源“计算机仿真”的文献资料和主题中含有“人工智能”且文献来源不存在“计算机仿真”的文献资料。

打开浏览器，在地址栏输入中国知网网址“www. cnki. net”，按[Enter]键，进入知网首页，选择“高级检索”，如图 6-23 所示。

图 6-23　知网首页

在打开的网页中“文献来源”的左侧，选择“AND”，“主题”搜索栏中输入“人工智能”，“文献来源”搜索栏中输入“计算机仿真”，然后单击“检索”按钮，如图 6-24 所示。

图 6－24　高级检索

布尔逻辑运算符主要有三种，分别是“AND”“OR”“NOT”，分别代表两个搜索词之间并且、或者、不存在的关系。

例如选择“AND”，表示搜索主题中含有“人工智能”且文献来源“计算机仿真”，搜索结果如图 6－25 所示。

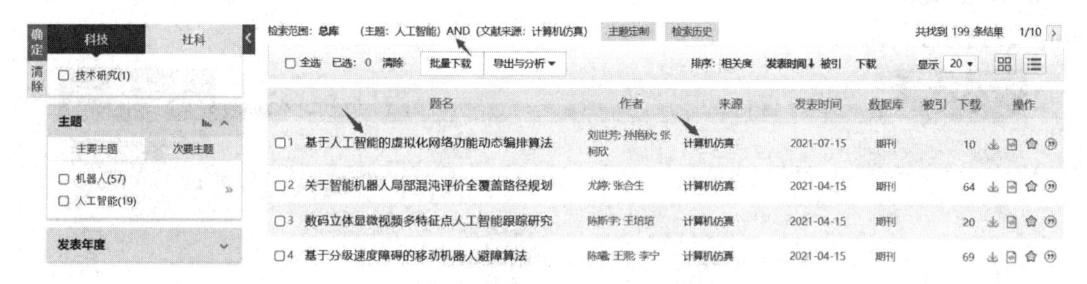

图 6－25　AND 关系的布尔搜索

又如选择“NOT”，则表示搜索主题中含有“人工智能”且文献来源不包含“计算机仿真”，搜索结果如图 6－26 所示。

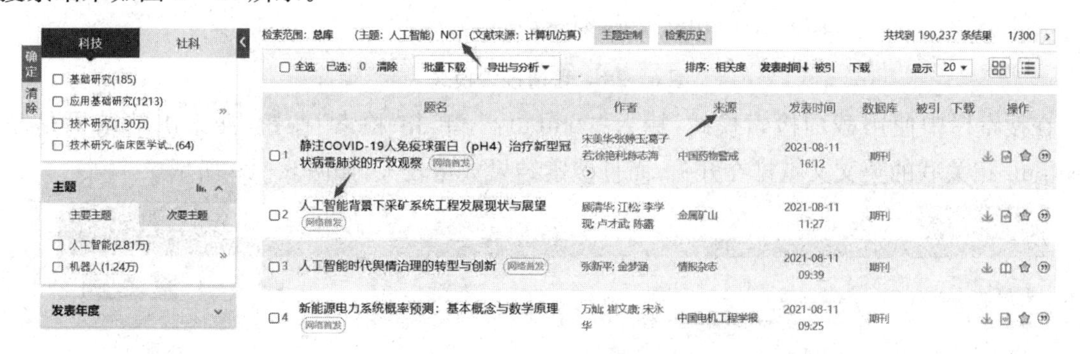

图 6－26　NOT 关系的布尔搜索

3. 万方数据库截词检索

万方数据库是由北京万方数据股份有限公司开发的，涵盖期刊、会议纪要、论文、学术成果、学术会议论文的大型网络数据库，也是和中国知网齐名的中国专业的学术数据库。

截词检索是预防漏检、提高查全率的一种常用检索技术，大多数系统都提供截词检索的功能。截词是指在检索词的合适位置进行截断，然后使用截词符进行处理，这样既可节省输入的字符数目，又可达到较高的查全率。尤其在西文检索系统中，使用截词符处理自由词，对提高查全率的效果非常显著。截词检索一般是指后截词，部分支持中截词。

下面介绍在万方数据库中，普通搜索“comput”和截词检索“comput?”搜索的结果有何不同。

打开浏览器，在地址栏输入万方数据库网址“www.wanfangdata.com.cn”，按[Enter]键，进入首页。使用普通搜索模式，在搜索栏中输入“comput”，单击“检索”按钮，如图6－27所示。

图6－27　万方数据库首页

搜索出的结果是与“comput”相关联的中文文献排在开头，而且搜索结果数量较少，如图6－28所示。

图6－28　普通搜索模式

在搜索栏中使用截词检索模式，输入“comput?”，单击“检索”按钮，搜索出的结果是与“comput”相关联的英文文献排在开头，而且搜索结果数量较大，如图6－29所示。

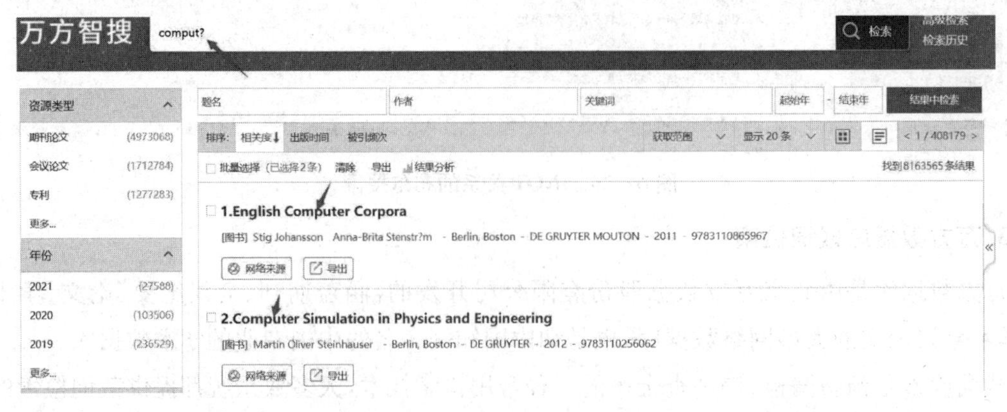

图6－29　截词检索模式

技巧：在截词检索技术中，较常用的是后截词和中截词两种方法。截词算符在不同的系统中有不同的表达形式，需要说明的是并非所有的搜索引擎都支持这种技术。

截词检索就是用截断的词的一个局部进行的检索，并认为凡满足这个词局部中的所有字符(串)的文献，都为命中的文献。按截断的位置来分，截词可有后截词、前截词、中截词三种类型。

不同的系统所用的截词符也不同，常用的有?，$，* 等。如果按所截的字符数目来分，则可分为有限截词(一个截词符只代表一个字符)和无限截词(一个截词符可代表多个字符)。

下面以无限截词为例说明：

(1) 后截词，前方一致，如“comput?”表示 computer，computers，computing 等。

(2) 前截词，后方一致，如“? computer”表示 minicomputer，microcomputer 等。

(3) 中截词，中间一致，如“? comput?”表示 minicomputer，microcomputers 等。

4. 微信位置检索

微信支持跨通信运营商、跨操作系统平台通过网络快速发送免费(需消耗网络流量)语音、视频、图片和文字，同时也可以使用通过共享流媒体内容的资料和基于位置的社交插件“摇一摇”“朋友圈”“搜一搜”等服务插件。

位置检索也称邻近检索。文献记录中词语的相对次序或位置不同，所表达的意思可能不同，而同样一个检索表达式中词语的相对次序不同，其表达的检索意图也不一样。位置检索是用一些特定的算符(位置算符)来表达检索词与检索词之间的临近关系，并且可以不依赖主题词表而直接使用自由词进行检索的技术方法。

下面以登录电脑版微信为例，利用“搜一搜”功能，使用位置检索“communication”和“satellite”临近的相关文献，并把结果限制在文章栏目中。

登录电脑版微信，在微信窗口的左上方，单击搜索栏，下方弹出“搜一搜”图标，如图 6-30 所示。

图 6-30　微信“搜一搜”

单击“搜一搜”图标，在弹出的窗口中输入位置检索内容“communication (W) satellite”，单击“搜一搜”按钮，搜索出结果后，单击“文章”可以搜索出与“communication”和“satellite”搜索词相关联的文章，如图 6-31 所示。

图 6-31 位置检索

技巧：按照两个检索出现的顺序和距离，可以有多种位置算符。而且对同一位置算符，检索系统不同，规定的位置算符也不同。以美国 DIALOG 检索系统使用的位置算符为例，介绍如下。

(1)“(W)”算符。“W”的含义为“with”。这个算符表示其两侧的检索词必须紧密相连，除空格和标点符号外，不得插入其他词或字母，两词的词序不可以颠倒。“(W)”算符还可以使用其简略形式“()”。例如，当检索式为“communication (W) satellite”时，系统只检索含有“communication satellite”词组的记录。

(2)“(nW)”算符。“(nW)”中的“W”的含义为“word”，表示此算符两侧的检索词必须按此前后邻接的顺序排列，顺序不可颠倒，而且检索词之间最多有 *n* 个其他词。例如，“laser (1W) printer”可检索出包含“laser printer”“laser color printer”和“laser and printer”等的记录。

(3)“(N)”算符。“N”的含义为“near”。这个算符表示其两侧的检索词必须紧密相连，除空格和标点符号外，不得插入其他词或字母，两词的词序可以颠倒。

(4)“(nN)”算符。“(nN)”表示允许两词间插入最多为 *n* 个其他词，包括实词和系统禁用词。

(5)“(F)”算符。“F”的含义为“field”。这个算符表示其两侧的检索词必须在同一字段(如同在题目字段或文摘字段)中出现，词序不限，中间可插任意检索词项。

(6)“(S)”算符。“S”是“Sub-field/sentence”的缩写，表示在此算符两侧的检索词只要出现在记录的同一个子字段内(如文摘中的一个句子就是一个子字段)，此信息即被命中。要求被连接的检索词必须同时出现在记录的同一句子(同一子字段)中，不限制它们在此子字段中的相对次序，中间插入词的数量也不限。例如，“high (W) strength (S) steel”表示只要在同一句子中检索出含有“high strength 和 steel”形式的均为命中记录。

5. 中国知网限制检索

字段限制检索可以帮助用户精确地搜索资料类型，以便于提高查询效率，这些字段限制功能限制了检索词在数据库记录中出现的区域。它可以用来控制检索结果的相关性，以提高检索效果。目前，限制检索主要针对搜索方法的优化，给用户提供精确的搜索资料，偏于精确查找，节约搜索时间，快速找到所需资料。

下面介绍在中国知网数据库中检索中国专利中关键词含有“人工智能”的专利文献资料。

打开浏览器，在地址栏输入中国知网网址“www. cnki. net”，按[Enter]键，进入知网首页，选择“高级检索”，在打开的窗口下方，选择“中国专利”，单击“公开号”，如图 6－32 所示。弹出的下拉列表中，选择“关键词”，在搜索栏中输入“人工智能”，单击“检索”按钮，如图 6－33 所示，即可把搜索限制在关键词中查找。

图 6－32　限制检索

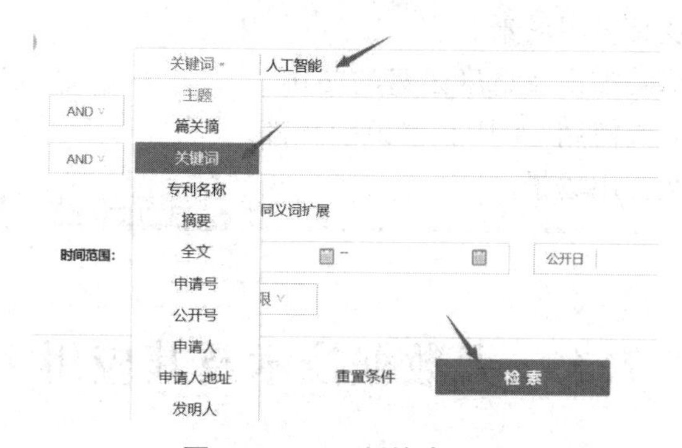

图 6－33　限制检索设置

检索结果如图 6－34 所示。

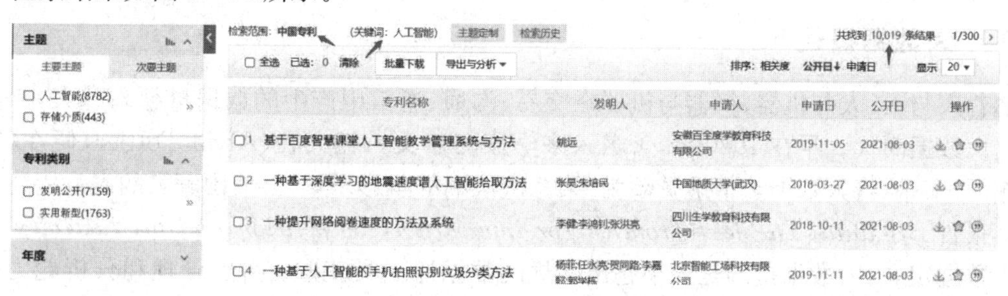

图 6－34　限制检索结果

模块七 新一代信息技术概述

模 块 导 读

新一代信息技术是国务院确定的七个战略性新兴产业之一，是以大数据、物联网、云计算、人工智能、区块链为代表的新兴技术，它既是信息技术的纵向升级，也是信息技术的横向渗透融合。新一代信息技术无疑是当今世界创新最活跃、渗透性最强、影响力最广的领域，正在全球范围内引发新一轮的科技革命，并以前所未有的速度转化为现实生产力，引领科技、经济和社会日新月异。

任务简报

(1) 了解大数据的原理及体验淘宝购物。

(2) 了解物联网及其应用场景。

(3) 了解云计算基础知识及百度云盘的使用。

(4) 了解人工智能及使用 OCR 文字识别软件。

(5) 了解区块链及应用场景。

7.1 大数据技术及其应用

下面介绍大数据及其核心特征、应用场景、应用效果和未来投入趋势等内容。

7.1.1 大数据概述

随着人与人、人与机器、机器与机器在交易、沟通、通信中产生的数据量越来越大，人类开始走进大数据时代。早在 1980 年，著名未来学家阿尔文 · 托夫勒(Alvin Toffler)便在《第三次浪潮》一书中，将大数据热情地赞颂为“第三次浪潮的华彩乐章”。美国著名的麦肯锡咨询公司在其报告 *Big data：The next frontier for innovation，competition，and productivity* 中给出了大数据定义：大数据指的是大小超出常规的数据库工具获取、存储、管理和分析能力的数据集。但它同时强调，并不是说一定要超过特定 TB(太字节)值的数据集才能算是大数据。

7.1.2　大数据的核心特征

自大数据产生以来，就有很多机构或组织想要给大数据下一个权威的定义来规范大数据的特征。对大数据定义最具代表性的是认为大数据必须满足三个特征才能被称为“大数据”。大数据的三个特征又称为 3V 特性，即规模性（volume）、多样性（variety）和高速性（velocity），如图 7－1 所示。

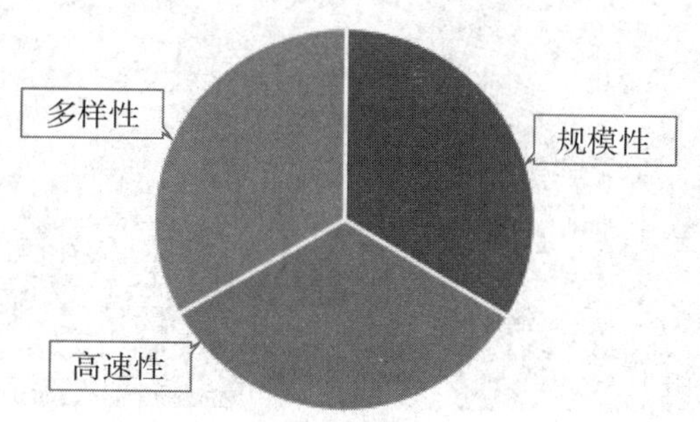

图 7－1　大数据的三个特征

1. 规模性

所谓规模性就是指数据量庞大、数据存储体量大和计算量大。目前，社会各个行业每天都要产生 EB（艾字节）级别的数据量，因此大数据中的数据计算单位已经不能再用传统的 GB（吉字节）或者 TB，而要用 PB（拍字节）、EB 甚至 ZB（泽字节）为计量单位。

2. 多样性

多样性是指数据的种类繁多。造成数据种类繁多的原因是互联网技术和科学技术的不断发展。由于传感器的规格、数据来源的网站类型不同，数据的格式也不同。数据可分为结构化数据、半结构化数据和非结构化数据三种类型。在大数据处理中三种类型数据比例约为 1∶3∶6，如图 7－2 所示。

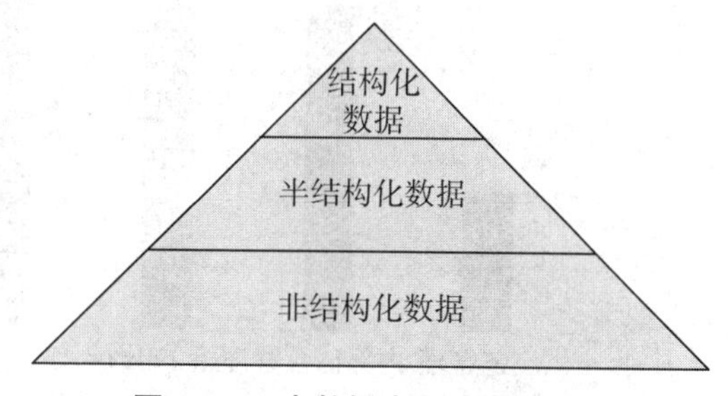

图 7－2　大数据中三种类型数据

3. 高速性

数据的高速性主要体现在以下两个方面：

（1）数据的增长速度十分迅猛。中国互联网 60 s 发生的事情如图 7－3 所示，在 60 s 之内，淘宝和天猫就有超过 14 万人访问，有 774 人产生交易（除促销外）；百度要处理 340 万次以上的搜索请求并极快地返回结果；新浪微博会发送超过 9 万条新微博。

（2）数据存储、传输等处理速度十分迅捷。例如，为避免市民集中到线下大厅办理，上海积极依托“一网通办”的数据集合优势，大力推进“一网办、一窗办、一次办”，并向广大市民发出倡议书，在疫情期间，如有相关办事需求，尽量网上办、掌上办，避免线下办、集中办。

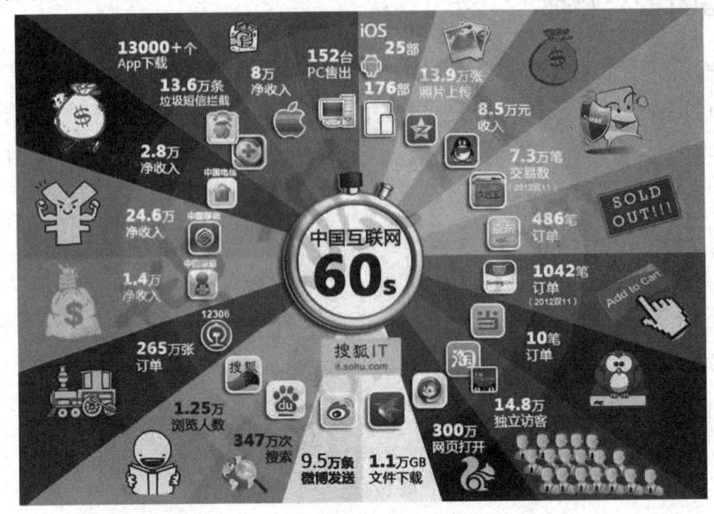

图 7-3　中国互联网 60 s 发生的事情

7.1.3　大数据的应用场景

根据我国工业和信息化部(简称工信部)的数据统计显示，营销分析、客户分析和内部运营管理是大数据应用最广泛的三个领域。如图 7-4 所示，据调查发现，超过 60%的企业将大数据应用于营销分析，52.2%的企业将大数据应用于客户分析，另外，超过 50%的企业将大数据应用于内部运营管理。相比之下，大数据分析在企业供应链管理等方面的应用比例还有待提升。

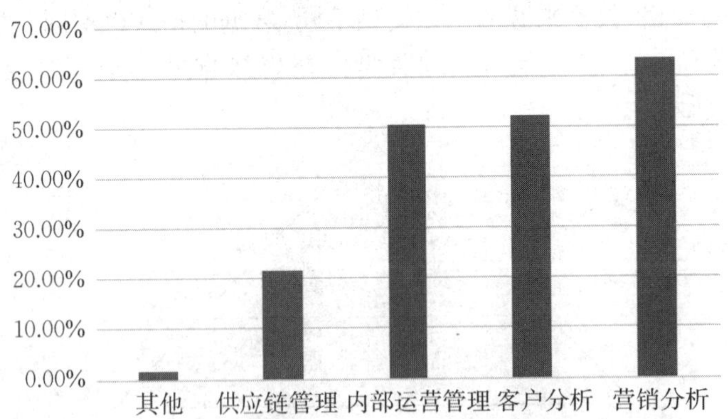

图 7-4　我国企业大数据的应用场景(数据来源:工信部)

7.1.4　大数据的应用效果

根据工信部的数据统计显示，大数据应用为企业带来的最明显效果是实现了智能决策和提升了运营效率。如图 7-5 所示，应用大数据后，实现了智能决策的企业占比最高，达到 56.7%，机器学习和认知计算等技术的发展进一步推动了大数据对企业决策的支撑，另外，49.6%的企业表示应用大数据后，提升了运营效率。其他效果还包括更好地管理风险、创造了新的业务收入、提升了客户满意度以及增强生产能力。

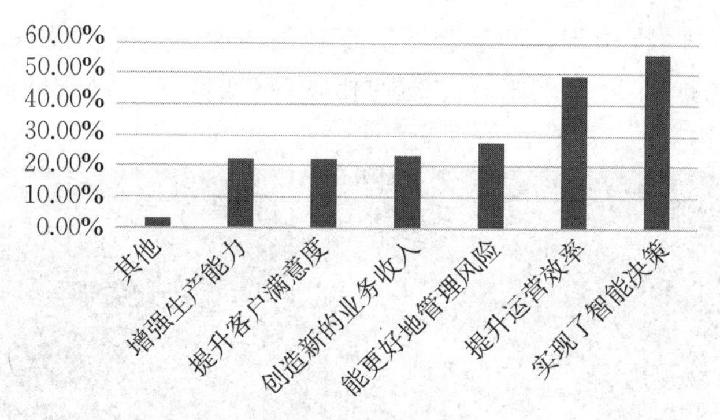

图 7-5 大数据的应用效果(数据来源:工信部)

7.1.5 大数据的未来投入趋势

随着大数据技术的逐步成熟以及国家政策的大力推进,受访企业普遍看好大数据的发展前景,根据工信部的数据统计显示,一半以上的受访企业未来计划加大对大数据的投入,如图 7-6 所示,近 20%的企业预计投入增长在 50%以上。中国各型企业正在逐步意识到大数据的业务价值和商业价值,并且鉴于数据量的迅猛增长和大数据分析所带来的巨大价值,不论是企业级还是中小型企业用户,都将会在大数据分析上进行投入,通过部署新的数据分析方案来提高大数据创造价值的效率。在这其中,考虑在新的数据分析方案上进行投入的中小型企业用户比例甚至高于企业级用户,鉴于中小型企业用户在中国市场的庞大数量,可以预见这将对大数据分析形成一股极大的推动力。

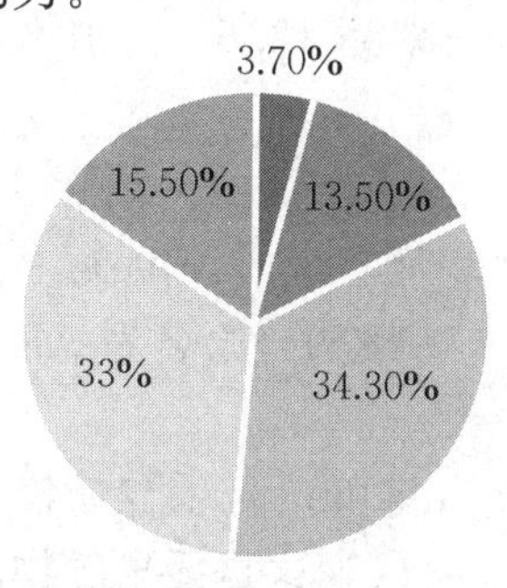

图 7-6 大数据的未来投入趋势(数据来源:工信部)

7.2 物联网技术及其应用

物联网是继计算机、互联网和移动通信之后的新一轮信息技术革命。下面介绍物联网及其发展历程、基本特点、体系结构、应用前景等内容。

7.2.1 物联网概述

物联网是指通过信息传感设备,按约定的协议,将物体与网络相连接,物体通过信息传播媒介进行信息交换和通信,实现智能化识别、定位、跟踪、监管等功能的技术。

通俗地说，物联网即“物物相联的互联网”，是利用各种信息传感设备借助互联网把物体与物体连接起来而形成的一个巨大网络，即“物物相联，感知世界”，物联网的基本功能是实现人人交流、人物交流、物物交流，如图 7－7 所示。

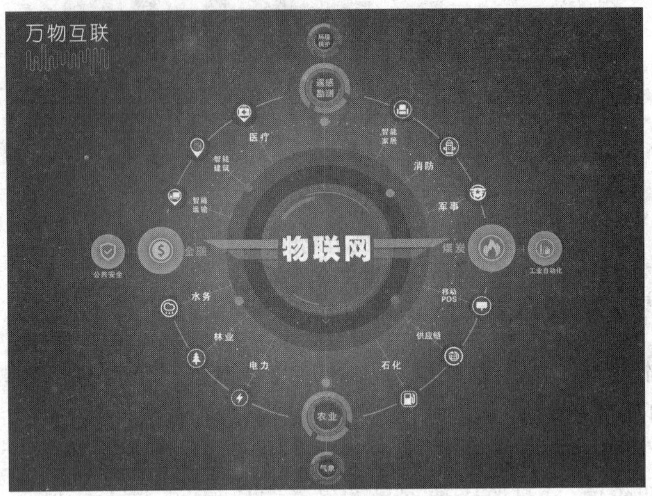

图 7－7　物联网概念图

7.2.2　物联网的发展历程

物联网已经广泛应用于各个领域。据悉，到 2022 年，全球物联网技术支出预计将达到 1.2 万亿美元，2017—2022 年复合增长率为 13.6%。那么，蓬勃发展的物联网是如何发展起来的呢？

物联网相关主要事件摘要如下：

1969 年：ARPANET 是现代物联网的先驱，由美国国防部高级研究计划局（Defense Advanced Research Projects Agency，DARPA，原名为 ARPA）开发并投入使用。物联网的基础由此奠定。

1982 年：卡内基梅隆大学的程序员将可口可乐自动售货机接入互联网，让消费者在购买前可以检查机器是否有冷饮。人们普遍认为这是最早的物联网设备之一。

1990 年：美国计算机网络工程师约翰·罗姆奇（John Romkey）将烤面包机接入互联网，并成功地将其打开和关闭，这一实验让人们更进一步地接触到物联网。

1995 年：美国政府运营的第一个版本的全球定位系统（global positioning system，GPS）卫星项目完成，这为如今大多数物联网设备提供了一个最重要也是最基础的功能——GPS 定位。

1999 年：麻省理工学院自动识别实验室负责人凯文·阿什顿（Kevin Ashton）在一次演讲中首次提出了“物联网”一词，以说明射频识别（radio frequency identification，RFID）跟踪技术的潜力。

2008 年：首届国际物联网大会在瑞士苏黎世举行，当年物联网设备的数量首次超过了地球上的人口数量。

2010 年：中国政府将物联网列为关键技术，并宣布物联网是其长期发展规划的一部分。

2013 年：谷歌智能眼镜的发布是物联网和可穿戴技术的革命性进步。

2014 年：亚马逊发布 Echo 智能音箱，为进军智能家居中心市场铺平道路。同年，工业物联网标准联盟的成立也间接表明物联网具有改变任何制造和供应链流程运作方式的潜力。如图 7-8 所示为智能家居中心。

图 7-8　智能家居中心

2017—2021 年：物联网的发展被广泛接受，从而引发了整个行业的创新浪潮。自动驾驶汽车在不断完善，区块链和人工智能已经开始融入物联网平台，而智能手机、宽带普及率的提升将继续让物联网成为未来有吸引力的价值主张。

7.2.3　物联网的基本特点

物联网是“万物沟通”的，具有全面感知、可靠传送、智能处理等特征的连接物联世界的网络，实现了任何时间、任何地点及任何物体的连接。它可以帮助实现人类社会与物联世界的有机结合，使人类可以以更加精细和动态的方式管理生产与生活，从而提高整个社会的信息化能力。

1. 全面感知

物联网连接的是物，因此需要能够感知物，赋予物以智能能力，从而实现对物的感知。如图 7-9 所示，在物联网智能农场中，人们可以使用各类传感器进行数据感知与采集，如土壤温湿度传感器、空气温湿度传感器、空气 CO_2、光照传感器等。

2. 可靠传输

物联网不仅需要通过前端感知层收集各类信息，而且需要通过可靠的传输网络将感知的各种信息进行实时传输。常见的通信方式主要有两种：一种是有线通信，另一种是无线通信。

如图 7-9 所示，物联网智能农场的物联网节点与喷灌设备、风机设备、灯光设备之间是有线连接，与物联网智能网关之间是无线连接，物联网智能网关通过光纤与云服务器相连接。

3. 智能处理

智能处理是指利用云计算、数据挖掘及模糊识别等人工智能技术，对海量的数据和信息进行分析与处理，对物体实施智能化控制，从而真正地达到人与物的沟通、物与物的沟通。如图 7-9 所示，物联网智能农场的云服务器对上传的数据进行分析与处理，如智能控制喷灌设备、风机设备、灯光设备等各种设备的开关，从而达到无人值守智能化种植。农场主还可以通过手机连接云服务器，了解整个农场的种植数据。

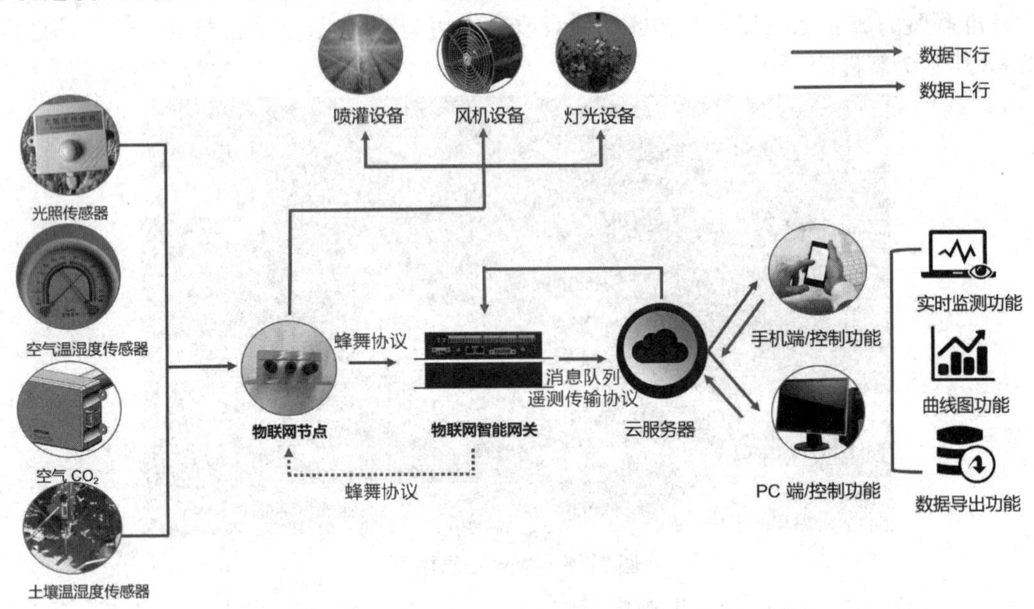

图 7－9　物联网智能农场

7.2.4　物联网的体系结构

物联网的体系结构大致分为三个层次：底层是用来感知数据的感知层，中间层是用于传输数据的网络层，顶层则是与行业需求相结合的应用层，如图 7－10 所示。

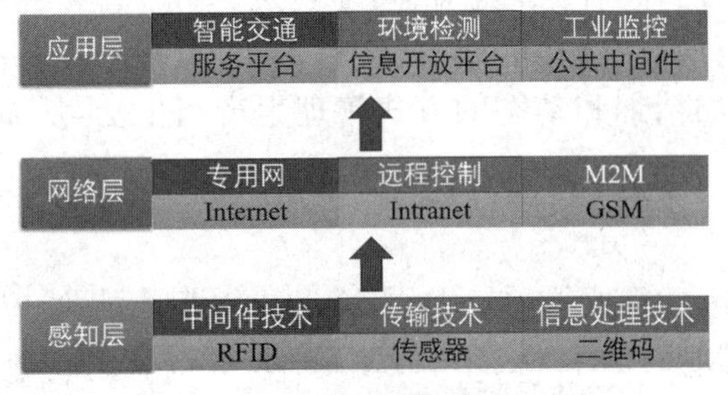

图 7－10　物联网的体系结构

1. 感知层

感知层主要用于感知物体，采集数据。它是通过移动终端、传感器、RFID、二维码技术和实时定位技术等对物质属性、环境状态、行为态势等动态和静态信息进行大规模、分布式的信息获取与状态辨识。针对具体感知任务，常采用协同处理的方式对多种类、多角度、多尺度的信息进行在线计算，并与网络中的其他单元共享资源进行交互与信息传输。感知层作用相当于人的神经末梢。

2. 网络层

网络层能够把感知到的信息进行传输，实现互联。这些信息可以通过 Internet、内联网(intranet)、全球移动通信系统(global system for mobile communications，GSM)、码分多路访问(code division multiple access，CDMA)等网络进行可靠、安全地传输。在网络层，主要采用了与各种异构通信网络接入的设备，如接入互联网的网关、接入全球移动通信系统的网关等。因为这些设备具有较强的硬件支撑能力，所以可以采用相对复杂的软件协议设计。网络层的作用相当于人的神经中枢，负责传递和处理感知层获取的信息。

3. 应用层

应用层是物联网和用户的接口，它与行业需求相结合，实现物联网的智能应用。根据用户需求，应用层构建面向各类行业实际应用的管理平台和运行平台，并根据各种应用的特点集成相关的内容服务。为了更好地提供准确的信息服务，必须结合不同行业的专业知识和业务模型，以完成更加精细和准确的智能化信息管理。应用层的应用包括智能交通、绿色农业、智能电网、手机钱包、智能家电、环境监测、工业监控等。

7.2.5　物联网的应用前景

物联网可以应用于生产物流、电信服务、公共安全、智能生活等多个领域。

1. 生产物流

物联网电子产品码(electronic product code，EPC)、RFID等技术可以用于企业产品生产、物流、销售等环节，如图7－11所示，能随时全面掌握产品的具体情况。生产环节对产品及批次编写唯一的编码，贴上RFID标签，输入产品信息，通过RFID技术可以随时获取产品流通到库存、销售、物流、报废等环节的具体信息，并进行更新，随时实现产品精准管理，掌握产品销售状态。还可以在此基础上调整生产计划，节约生产成本，提升企业的竞争力。

图7－11　智能柜物联网

2. 电信服务

物联网将整合现在已经存在的各种不同的通信技术，发展和创造出更多崭新的应用类型和服务模式。如图 7－12 所示，电信物联网用户标志模块（subscriber identify module，SIM）专用卡可以集成 GSM、近场通信（near field communication，NFC）、低功耗蓝牙、WLAN、多跳网络、GPS 和传感网络等多种通信功能。在一些自动识别技术的应用中，同一台智能手机既可以作为标签，也可以充当读取设备。智能手机的许多应用全部被整合在同一块 SIM 卡中，用户可以方便地使用各种功能，应用提供商可以顺利地开展业务，管理机构可以有效地管理和协调整个网络应用、通信的流量与安全。

图 7－12　电信物联网专用卡

图 7－13　物联网安防：指纹锁开门信息上传到手机

3. 公共安全

物联网的感知层技术既可以运用到公共安全网络体系中的数据采集，也可以应用到设备控制等环节，通过 RFID、传感器等技术全面获取环境信息，掌握环境安全状态，然后将安全信息通过互联网、移动网等网络传送到应用服务器控制层，整合有关信息，并通过互联网传送到全球各个地方使用，如图 7－13 所示。

4. 智能生活

未来的自动化家庭网络环境将是智能的，具有多种自主能力，如自主配置能力、自主修复能力、自主优化能力和自我保护能力等，它能够感知和适应环境的各种变化，更加适宜人类居住。

通过自动化技术，家庭网络的结构将呈现高度的动态化和离散化，各种设备之间、各种系统之间、设备与系统之间的交互工作更加简单与便捷。

在未来的智能建筑中，物联网将使具备输入和控制接口的设备、物品安全便捷地与整个建筑物的各种服务连接，从而方便人们对系统的状态和设置情况进行实时地监视和控制。如图 7－14 所示，当人们携带手机进入住宅时，智能建筑会根据手机主人的偏好设置居住环境。

图 7-14　物联网智能生活

7.3　云计算及其应用

云计算(cloud computing)是当今计算机领域的热门方向,其独特之处在于它几乎可以提供无限廉价存储和计算能力,且发展极为迅速。云计算包括的技术种类丰富,大到云计算数据中心架构设计,小到虚拟机网络模式设置,而且云计算开源社区发展活跃,它可以不断融合新的技术,创新出新的应用。

云计算是一种利用互联网实现随时随地、按需、便捷地使用和共享计算设施、存储设备、应用程序等资源的计算模式。熟悉和掌握云计算技术及关键应用,是助力新基建、推动产业数字化升级、构建现代数字社会、实现数字强国的关键技能之一。

下面介绍云计算简史与发展、与云相关的基本概念、云计算的应用领域和体系结构等内容。

7.3.1　云计算简史与发展

在过去的十几年中,云计算从被质疑到成为新一代 IT 标准,从单纯技术上的概念到影响到整个信息与通信技术(information and communications technology,ICT)产业的业务模式。

2006 年 8 月 9 日,Google 首席执行官埃里克·施密特(Eric Schmidt)在搜索引擎大会(SES San Jose 2006)上首次提出"云计算"的概念,"云"飘忽不定,无法也无须确定它的具体位置,但它确实存在于某处,是一些可以自我维护和管理的虚拟计算资源。

2007 年 10 月,Google 与 IBM 开始在美国大学校园,包括卡内基梅隆大学、麻省理工学院、斯坦福大学、加州大学伯克利分校及马里兰大学等,推广云计算的计划。该计划希望能降低分布式计算技术在学术研究方面的成本,并为这些大学提供相关的软硬件设备及技术支持[包括数百台个人计算机及 Blade Center(刀片服务器)与 System x 服务器,这些计算平台提供 1600 个处理器,支持包括 Linux,Xen,Hadoop 等开放源代码平台],而学生则可以通过网络开发各项以大规模计算为基础的研究计划。

2008 年 1 月 30 日,Google 宣布在中国台湾启动"云计算学术计划",将与台湾大学、台湾交通大学等学校合作,将这种先进的云计算技术大规模、快速地推广到校园。

2008年2月1日，IBM宣布在中国无锡太湖新城科教产业园为中国的软件公司建立全球第一个云计算中心，如图7-15所示。

图7-15 云计算中心

2009—2016年，云计算功能日趋完善，种类日趋多样。传统企业开始通过自身能力扩展、收购等模式，纷纷投入云计算服务中。

2017—2020年，通过深度竞争，主流平台产品开始出现，标准产品功能比较健全，市场格局相对稳定，云计算进入成熟阶段。

未来云计算将拥有更广阔的发展空间，诞生更多形式的服务和更丰富的应用场景。

7.3.2 与云相关的基本概念

1. 云计算

如图7-16所示，对于云计算，有上百种解释，以下三种解释得到了大部分同行的认可。

图7-16 云计算

(1) 云计算是一种商业计算模型，是分布式计算(distributed computing)、并行计算(parallel computing)、效用计算(utility computing)、网络存储(network storage)、虚拟化(virtualization)、负载均衡(load balance)、热备份冗余(high available)等传统计算机和网络技术发展融合的产物。它将计算任务分布在由大量计算机构成的资源池上，使用户能够按需获取计算力、存储空间和信息服务。它可以将按需提供自助服务汇聚成高效池，以服务形式交付使用。就像商场的自动售货机，消费者输入自己的需求就能够得到所需要的，而不需要通过其他任何部门及个人去协调处理，这将极大地提高工作效率。

(2) 狭义的云计算是指IT基础设施的交付和使用模式，指通过网络以按需、易扩展的方式获得所需的资源(如硬件、平台、软件)。一般称提供资源的网络为“云”，“云”中的资源在使用者看来是可以无限扩展的，并且可以随时获取、按需使用，随时扩展、按使用付费。也有人将这种模式比喻为从单台发电机供电模式转向电厂集中供电的模式。它意味着计算能力也可以作为一种商品进行流通，就像煤气、水和电一样使用IT基础设施，取用方便，费用低廉。然而最大的不同在于，它是通过互联网进行传输的。

(3) 广义的云计算是指服务的交付和使用模式，指通过网络以按需、易扩展的方式获得所需的服务。这种服务可以是IT和软件、互联网相关的，也可以是任意其他的服务。

2. 云服务

云提供三种层面的服务：基础设施即服务（infrastructure as a service，IaaS）、平台即服务（platform as a service，PaaS）、软件即服务（software as a service，SaaS），如图7－17所示，未来将会出现各种各样的云产品。通常所说的云服务，其实就是指云的三种服务中的一种。

图7－17　云服务

（1）IaaS提供给消费者的服务是对所有设施的利用，包括处理、存储、网络和其他基本的计算资源，用户能够部署和运行任意软件，如操作系统和应用程序。消费者不管理或控制任何云计算基础设施，但能控制操作系统的选择、存储空间、部署的应用，也有可能获得有限制的网络组件（如防火墙、负载均衡器等）的控制权。

（2）PaaS提供给消费者的服务是把消费者采用提供的开发语言和工具（如Java，Python等）、开发的云计算SPI（SaaS，PaaS和IaaS）关系图或收购的应用程序部署到供应商的云计算基础设施上。消费者不需要管理或控制底层的云基础设施，包括网络、服务器、操作系统、存储等，但消费者能控制部署的应用程序，也可能控制运行应用程序的托管环境配置。

（3）SaaS提供给消费者的服务是运营商运行在云计算基础设施上的应用程序，消费者可以在各种设备上通过客户端界面访问，如浏览器。消费者不需要管理或控制任何云计算基础设施，包括网络、服务器、操作系统、存储等。

3. 云主机

云主机是云基础设施即服务层面的一个产品，如图7－18所示，通过划分出虚拟的各种基础设施资源来虚拟出一个完全独立的主机。云主机拥有自己的操作系统，完全不受其他主机的影响。

云与云计算、云服务、云主机又是什么关系呢？

如果把云比喻成一个公司的话，那么云计算就是公司的规章制度，云服务就是公司的各个部门，而云主机就是公司某部门的一个职员。

图7－18　云主机

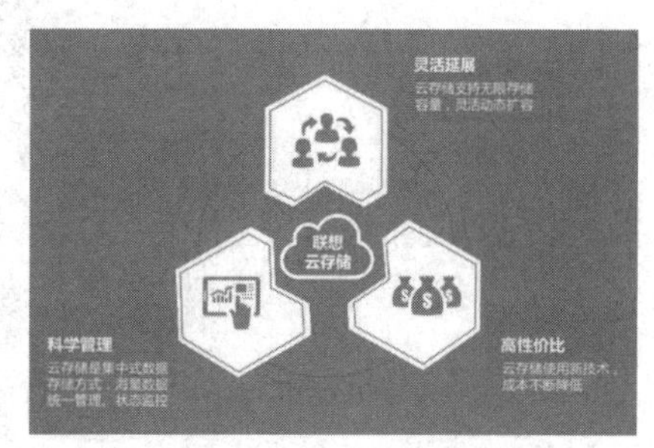

图7－19　云存储

4. 云存储

云存储是在云计算概念上延伸和发展出来的一个新概念，是指通过集群应用、网格技术或分布式文件系统等功能，将网络中大量各种不同类型的存储设备通过应用软件集合起来协同工作，共同对外提供数据存储和业务访问功能的一个系统。如图7－19所示，当云计算系统运算和处理的核心是大量数据的存储和管理时，云计算系统中就需要配置大量的存储设备，那么云计算系统就转变成为一个云存储系统，所以云存储是一个以数据存储和管理为核心的云计算系统。

5. 云游戏

云游戏是以云计算为基础的游戏方式。如图 7－20 所示，在云游戏的运行模式下，所有游戏都在服务器端运行，并将渲染完成的游戏画面压缩后通过网络传送给用户。在客户端，用户的游戏设备不需要任何高端处理器和显卡，只需要具备基本的视频解压能力就可以了。

图 7－20　云游戏

图 7－21　云安全

6. 云安全

云安全是一个从云计算演变而来的新名词。如图 7－21 所示，云安全的策略构想是使用者越多，每个使用者就越安全，因为如此庞大的用户群，足以覆盖互联网的每个角落，只要某个网站被挂马或某个新木马病毒出现，就会立刻被截获。云安全通过网状的大量客户端对网络中软件行为的异常监测，获取互联网中木马、恶意程序的最新信息，推送到服务器端进行自动分析和处理，再把木马病毒的解决方案分发到每一个客户端。

7. 物联云

物联云作为物联网应用的一种最新实现及交付模式，由普加智能信息公司首次提出并实现产业化。如图 7－22 所示，其特征在于将传统物联网中传感设备感知的信息和接受的指令连入互联网中，真正实现网络化，并通过云计算技术实现海量数据的存储和运算。

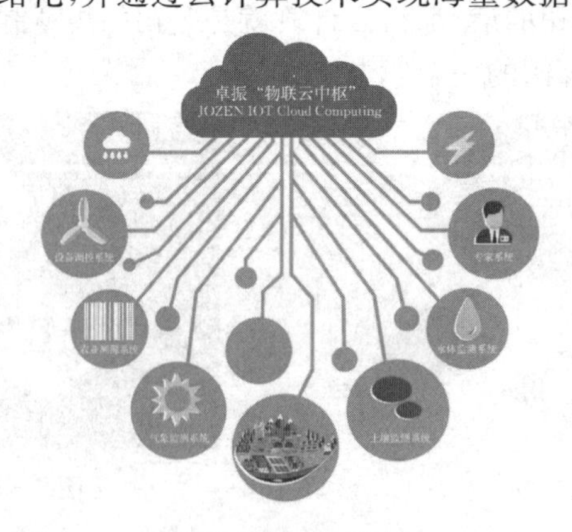

图 7－22　物联云

8. 医疗云

医疗云是在医疗护理领域采用现代计算技术，如图 7－23 所示，使用云计算的理念来构建医疗保健服务的系统。这种医疗保健服务系统能有效地提高医疗保健的质量、控制成本和提供便捷访问的医疗保健服务。

图 7-23　医疗云

9. 教育云

教育云指云计算在教育领域中的迁移，是未来教育信息化的基础架构，包括教育信息化所需的一切硬件计算资源，这些资源经虚拟化之后，向教育机构、教育从业人员和学员提供一个良好的平台，该平台的作用就是为教育领域提供云服务。如图 7-24 所示，教育云包括云计算辅助教学（cloud computing assisted instructions，CCAI）和云计算辅助教育（cloud computing based education，CCBE）等多种形式。

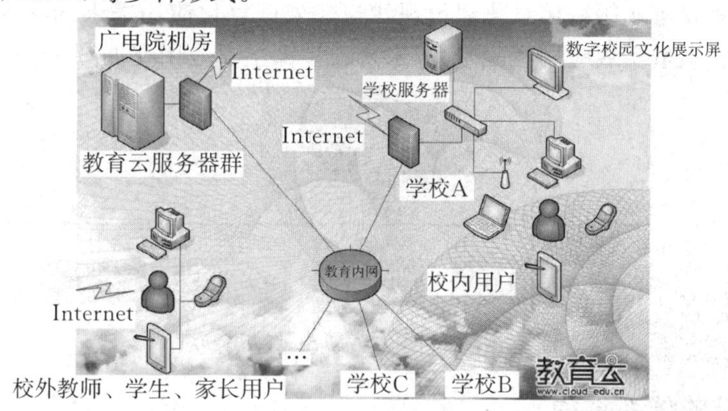

图 7-24　教育云

10. 与云计算相关的其他概念

（1）平台。这里的平台是相对于基础设施之上的一个层次，提供统一的、通用的应用程序接口。用户不需要购买和管理计算机系统，只需在平台之上根据所提供的接口需求部署所需的应用程序。基于平台，用户可以更为容易地部署他们的应用，而不用在购买和管理底层软硬件上投入成本。Google 的应用程序引擎是这方面的一个典型例子。通过这一应用程序引擎，用户可以创建他们的网络应用程序并把程序部署在 Google 提供的网络服务器当中。

（2）服务。这里的服务不同于软件即服务中的服务，不是产品提供给用户的形式。云计算服务是设计用来支持计算机之间通过网络相互协作的软件，可以被云计算的其他组成部分所访问的网络服务。微软公司正在试图实现一种软件加服务（software plus services，S+S）的模式，把网络服务和本地软件的优势结合起来，组成传统软件和运程服务相结合的应用，进而在不同平台间提供一致的、无缝的用户体验。

(3) 应用程序。云计算的应用程序是指那些通常不需要在本地计算机上而只是在互联网上运行的应用程序。这种应用程序运行于互联网之上，省去了用户安装、维护等麻烦，体现了云计算的典型特征。

(4) 客户端。云计算的客户端(终端)是用来访问云计算服务的软硬件设备。例如，它可以是任何一种基于安卓(Android)或苹果(iOS)的智能手机，或者是一个专门设计用来访问云计算服务的设备，或者是一台带有浏览器的普通个人计算机。

7.3.3 云计算的应用领域

云计算的应用在互联网相关行业早已风生水起，诞生了亚马逊(Amazon)，Google，Salesforce等一大批知名的企业，并在 IaaS，PaaS，SaaS 等各个层面形成了丰富的应用及比较成熟的配套商业机制。相比较而言，通信行业的成熟应用则比较少见，商业模式成熟度、产品标准化程度及其对企业收入的影响远不及传统通信类产品。总体上，目前通信行业对于云计算应用领域尚处于探索尝试阶段。国内外的电信运营商对云计算的探索和尝试主要集中在基础设施服务方面，在传统互联网数据中心(internet data center，IDC)业务的基础上捆绑、丰富管理相关服务。其中，国外领先的运营商对云计算应用领域的探索范围更广泛，对中国通信行业设计、推广基于云计算的服务有较强的借鉴意义。

根据对国内重要行业领域信息化建设现状与未来信息化应用需求的深入分析，同时结合国外云计算产品的大量实践应用经验研究，未来云计算主要应用在如图 7－25 所示的领域。

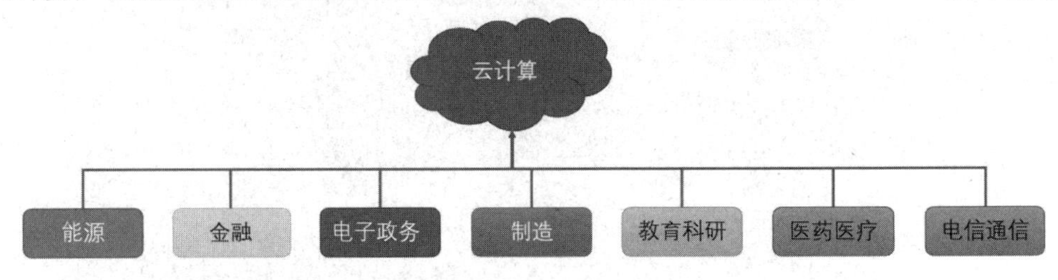

图 7－25　未来云计算主要应用领域

7.3.4 云计算的体系结构

云计算的体系结构一般可认为由五大部分组成，分别为应用层、平台层、资源层、用户访问层和管理层。云计算的本质是通过网络提供服务，所以其体系结构以服务为核心，如图 7－26 所示。

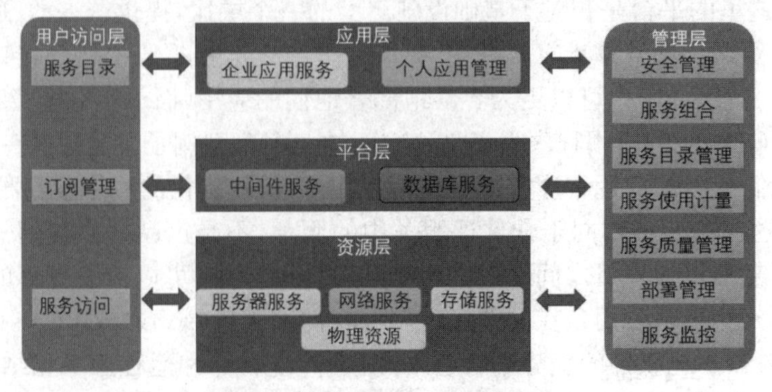

图 7－26　云计算的体系结构 1

有时候云计算可以根据用户不同的要求，按需提供弹性资源，或者是根据企业运营模式和研发体系的不同，它的表现形式也会发生一系列服务的变化。结合当前云计算的应用与研究，其体系结构又可分为核心服务、服务管理、用户访问接口三层，如图 7-27 所示。

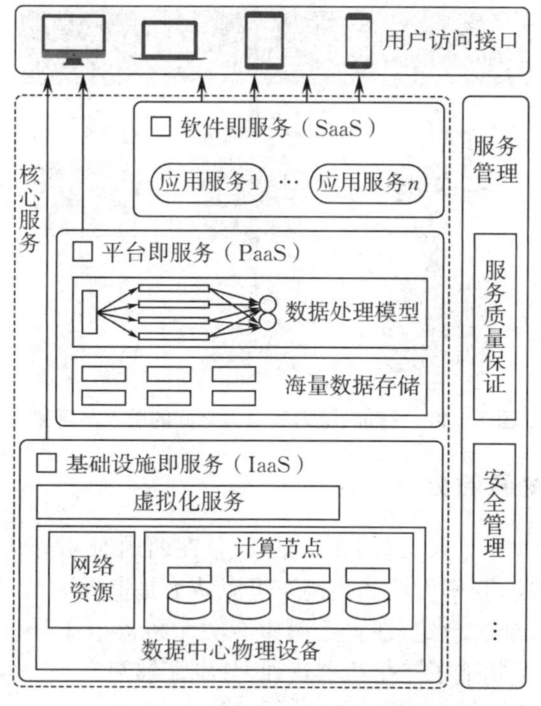

图 7-27　云计算的体系结构 2

核心服务层将硬件基础设施、软件运行环境、应用程序抽象成公有云服务、混合云服务、私有云服务，这些服务具有可靠性强、可用性高、规模可伸缩等特点，满足多样化的应用需求。服务管理层为核心服务提供支持，进一步确保核心服务的可靠性、可用性与安全性。用户访问接口层实现端到云的访问。

7.4　人工智能技术及其应用

人工智能(artificial intelligence，AI)是研究、开发用于模拟、延伸和扩展人的智能的理论、方法、技术及应用系统的一门新的技术科学。熟悉和掌握人工智能相关技能，是建设未来智能社会的必要条件。

7.4.1　人工智能概述

智能指学习、理解并用逻辑方法思考事物，以及应对新的或者困难环境的能力。智能的要素包括适应环境、适应偶然性事件、能分辨模糊的或矛盾的信息且在孤立的情况中找出相似性，产生新概念和新思想。智能行为包括知觉、推理、学习、交流和在复杂环境中的行为。智能分为自然智能和人工智能。

自然智能指人类和一些动物所具有的智力和行为能力。人工智能是指人类所具有的以知识为基础的智力和行为能力，其表现为有目的的行为、合理的思维，以及有效地适应环境的综合性能力。智力是获取知识并运用知识求解问题的能力，能力则指完成一项目标或者任务所体现出来的素质。智能、智力和能力之间的关系与区别，如图 7-28 所示。

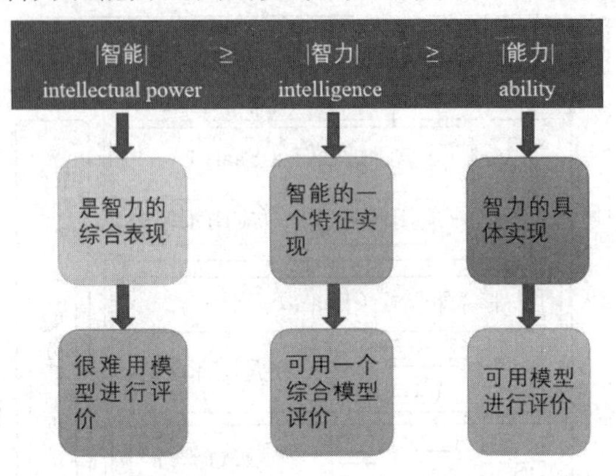

图 7-28　智能、智力和能力之间的关系与区别

7.4.2　人工智能的发展简史

在几千年前，古代人就有了人工智能的幻想。早在西周时期有巧匠偃师为周穆王制造歌舞机器人的传说；东汉时期，张衡发明的指南车可以认为是世界上最早的机器人雏形。

公元前 3 世纪和公元前 2 世纪，在古希腊也有关于机器卫士和玩偶的记载。1768—1774 年，瑞士钟表匠德罗斯父子制造了三个机器玩偶，分别能够写字、绘画和演奏风琴，它们是由弹簧和凸轮驱动的。

1. 人工智能发展和实用阶段

人工智能发展和实用阶段是指 1971—1980 年。在这一阶段，多个专家系统被开发并投入使用，有化学、数学、医疗、地质等方面的专家系统。

1975 年，美国斯坦福大学开发了 MYCIN 系统，用于诊断细菌感染和推荐抗生素使用方案。MYCIN 系统是一种使用了人工智能的早期模拟决策系统，由研究人员耗时 5～6 年开发而成，是后来专家系统研究的基础。

1976 年，凯尼斯・阿佩尔(Kenneth Appel)和沃夫冈・哈肯(Wolfgang Haken)等人利用人工和计算机混合的方式证明了一个著名的数学猜想——四色猜想(现在称为四色定理)，即对于任意的地图，只用四种颜色就可以使该地图着色，并使得任意两个相邻国家的颜色不会重复。这一猜想人工证明起来异常烦琐，而配合着计算机超强的穷举和计算能力，阿佩尔等人证明了这个猜想。

1977 年，第五届国际人工智能联合会会议上，费根鲍姆(Feigenbaum)教授在一篇题为《人工智能的艺术：知识工程课题及实例研究》的特约文章中系统地阐述了专家系统的思想，并提出了“知识工程”的概念。

2. 知识工程与机器学习发展阶段

知识工程与机器学习发展阶段是指 1981—1990 年代初。知识工程的提出，专家系统的初步成功，确定了知识在人工智能中的重要地位。知识工程不仅对专家系统发展影响很大，而且对信息处理的所有领域都将产生巨大影响。知识工程的方法迅速渗透到人工智能的各个领域，促进了人工智能从实验室研究走向实际应用。

学习是系统在不断重复的工作中对本身的增强或者改进，使得系统在下一次执行同样任务或类似任务时，比现在做得更好或效率更高。

从 20 世纪 80 年代后期开始，机器学习的研究发展到了一个新阶段。在这个阶段，联结学习取得很大成功；符号学习已有很多算法不断成熟，新方法不断出现，应用扩大，成绩斐然；一些神经网络模型能在计算机硬件上实现，使神经网络有了很大发展。

3. 智能综合集成阶段

智能综合集成阶段是指 20 世纪 90 年代至今，这个阶段主要研究模拟智能。

第五代电子计算机称为智能电子计算机。它是一种有知识、会学习、能推理的计算机，具有理解自然语言、声音、文字和图像的能力，并且具有说话的能力，使人机能够用自然语言直接对话。它可以利用已有的和不断学习到的知识，进行思维、联想、推理，并得出结论，能解决复杂问题，具有汇集、记忆、检索有关知识的能力。智能计算机突破了传统的冯・诺依曼式机器的概念，舍弃了二进制结构，把许多处理机并联起来，并行处理信息，速度大大提高。它的智能化人机接口使人们不必编写程序，人们只需发出命令或提出要求，计算机就会完成推理和判断，并且给出解释。1991 年，美国加州理工学院推出了一种大容量并行处理系统，528 台处理器并行工作，其运算速度可达到 320 亿次/秒浮点运算。如图 7－29 所示为 IBM 制造的一种并行计算机试验床，可模拟各种并行计算机的结构。

图 7－29　IBM 制造的一种并行计算机试验床

第六代电子计算机将被认为是模仿人的大脑判断能力和适应能力，并具有可并行处理多种数据功能的神经网络计算机。与以逻辑处理为主的第五代计算机不同，它本身可以判断对象的性质与状态，并能采取相应的行动，可同时并行处理实时变化的大量数据，并引出结论。以往的信息处理系统只能处理条理清晰、经络分明的数据，而人的大脑却具有能处理支离破碎、含糊不清的信息的灵活性，第六代电子计算机将具有类似人脑的智慧和灵活性。

20 世纪 90 年代后期，互联网技术的发展为人工智能的研究带来了新的机遇，人们从单个智能主题研究转向基于网络环境的分布式人工智能研究。1997 年，“深蓝(Deep Blue)”计算机战胜了当时的国际象棋世界冠军加里・卡斯帕罗夫(Garry Kasparov)成为人工智能发展的标志性事件。

21 世纪初至今，深度学习带来人工智能的春天，随着深度学习技术的成熟，人工智能正在逐步从尖端技术慢慢变得普及。大众对人工智能最深刻的认识就是 2016 年阿尔法围棋程序(AlphaGo)和顶尖职业棋手李世石的对弈。2017 年 5 月，AlphaGo 与当时世界第一棋手柯洁的世纪大战，再次以人类的惨败告终。人工智能的存在，能够让 AlphaGo 的围棋水平在学习中不断上升。2017 年 10 月，DeepMind 团队公布了最强版 AlphaGo，代号为 AlphaGo Zero，它不再依靠人类数据。经过短短 3 天的自我训练，AlphaGo Zero 就强势打败了此前战胜李世石的旧版 AlphaGo Lee，战绩 100：0。经过 40 天的自我训练，AlphaGo Zero 又以 89：11 的战绩战胜了曾击败过柯洁的旧版 AlphaGo Master。

7.4.3 人工智能的研究领域

人工智能的主要目的是用计算机来模拟人的智能。人工智能的研究领域包括模式识别、机器视觉、专家系统、机器人、自然语言处理、博弈、人工神经网络、问题求解、机器学习等。

当前人工智能的研究已取得了一些成果，如自动翻译、战术研究、密码分析、医疗诊断等，但距真正的智能还有很长的路要走。

1. 模式识别

模式识别(pattern recognition)是人工智能最早研究的领域之一，主要是指用计算机对物体、图像、语音、字符等信息模式进行自动识别的科学。

"模式"的原意是提供模仿用的完美无缺的标本。"模式识别"就是用计算机来模拟人的各种识别能力，识别出给定的事物与哪一个标本相同或者相似。

模式识别的基本过程包括：对待识别事物进行样本采集、信息的数字化、数据特征的提取、特征空间的压缩以及提供识别的准则等，最后给出识别的结果。在识别过程中需要学习过程的参与，这个学习的基本过程是先将已知的模式样本进行数字化，送入计算机，然后将这些数据进行分析，去掉对分类无效的或可能引起混淆的那些特征数据，尽量保留对分类判别有效的数据特征，经过一定的技术处理，制定出错误率最小的判别准则。

当前模式识别主要集中于图形识别和语音识别。图形识别主要是研究各种图形(如文字、符号、图形、图像和照片等)的分类。例如，识别各种印刷体和某些手写体文字，识别指纹、白血球和癌细胞等，这方面的技术已经进入实用阶段。

另外，语音识别主要研究各种语音信号的分类。语音识别技术近年来发展很快，现已有商品化产品(如汉字语音录入系统)上市。如图 7－30 所示为扫描仪。如图 7－31 所示为 IBM 研制的语音识别系统。

图 7－30 扫描仪

图 7－31 IBM 研制的语音识别系统

2. 机器视觉

机器感知就是计算机直接"感觉"周围世界。具体来讲，就是计算机像人一样通过"感觉器官"直接从外界获取信息，如通过视觉器官获取图形、图像信息，通过听觉器官获取声音信息。

图 7－32 华北工控机器视觉

机器视觉(machine vision)研究为完成在复杂的环境中运动和在复杂的场景中识别物体需要哪些视觉信息以及如何从图像中获取这些信息。如图 7－32 所示为华北工控机器视觉。

3. 专家系统

专家系统(expert system)是一个能在某特定领域内,以人类专家水平去解决该领域中困难问题的计算机应用系统。其特点是拥有大量的专家知识(包括领域知识和经验知识),能模拟专家的思维方式,面对领域中复杂的实际问题,能做出专家水平的决策,像专家一样解决实际问题。这种系统主要由软件实现,能根据形式的和先验的知识推导出结论,并具有综合整理、保存、再现与传播专家知识和经验的功能。

专家系统是人工智能的重要应用领域,诞生于 20 世纪 60 年代中期,经过 20 世纪 70 年代和 80 年代的较快发展,现在已广泛应用于医疗诊断、地质探矿、资源配置、金融服务和军事指挥等领域。如图 7－33 所示为专家系统的组成和处理流程。

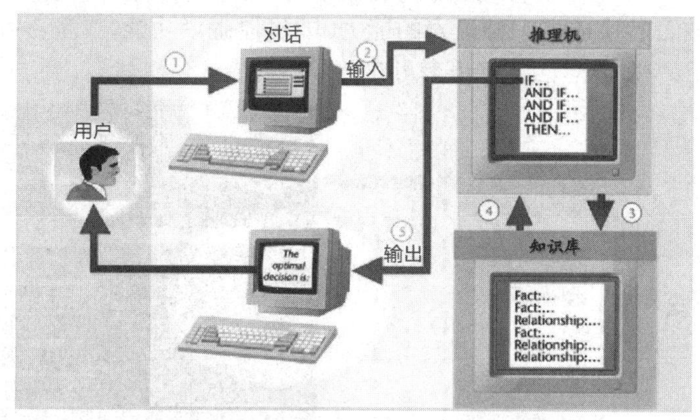

图 7－33　专家系统的组成和处理流程

4. 机器人

机器人(robot)是一种可编程序的多功能的操作装置。机器人能认识工作环境、工作对象及其状态,能根据人的指令和“自身”认识外界的结果来独立地决定工作方法,实现任务目标,并能适应工作环境的变化。

随着工业自动化和计算机技术的发展,到 20 世纪 60 年代机器人开始进入批量生产和实际应用的阶段。后来由于自动装配、海洋开发、空间探索等实际问题的需要,对机器的智能水平提出了更高的要求。特别是危险环境以及人们难以胜任的场合更迫切需要机器人,从而推动了智能机器的研究。在科学研究上,机器人为人工智能提供了一个综合实验场所,它可以全面地检查人工智能各个领域的技术,并探索这些技术之间的关系。可以说机器人是人工智能技术的全面体现和综合运用。如图 7－34 所示为美国波士顿动力公司出品的机器人。

图 7－34　美国波士顿动力公司出品的机器人

5. 自然语言处理

自然语言处理(natural language processing)又称为自然语言理解,就是计算机理解人类的自然语言,如汉语、英语等,并包括口头语言和文字语言两种形式。它采用人工智能的理论和技术将设定的自然语言机理用计算机程序表达出来,构造能理解自然语言的系统,通常分为书面语的理解、口语的理解、手写文字的识别三种情况。

自然语言处理的标识如下:

(1) 计算机能成功地回答输入语料中的有关问题。

(2) 在接受一批语言材料后,有对此给出摘要的能力。

(3) 计算机能用不同的词语复述所输入的语料。

(4) 有把一种语言转换成另一种语言的能力,即机器翻译功能。

如图 7-35 所示为智能对话自然语言处理系统。

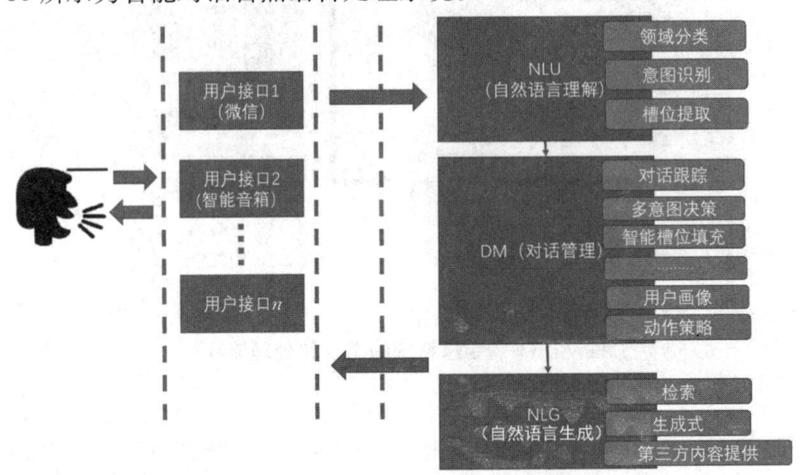

图 7-35 智能对话自然语言处理系统

6. 博弈

在经济、政治、军事和生物竞争中,一方总是力图用自己的"智力"击败对手。博弈就是研究对策和斗智的。

在人工智能中大多以下棋为例来研究博弈规律,并研制出了一些很著名的博弈程序。20 世纪 60 年代就出现了很有名的西洋跳棋和国际象棋的程序,并达到了大师级水平。进入 20 世纪 90 年代,IBM 以其雄厚的硬件基础,开发了名为"深蓝"的计算机,该计算机配置了下国际象棋的程序,并为此开发了专用的芯片,以提高搜索速度。1996 年 2 月,"深蓝"与国际象棋世界冠军卡斯帕罗夫进行了第一次比赛,经过六个回合的比赛之后,"深蓝"以 2∶4 告负。1997 年 5 月,系统经过改进以后,"深蓝"又一次与卡斯帕罗夫交锋,并最终以 3.5∶2.5 战胜了卡斯帕罗夫,如图 7-36 所示,在世界范围内引起了轰动。"深蓝"采用了新的算法,它可计算到后 15 步,但是对于利害关系很大的走法将算到 30 步以后,而国际象棋大师一般只想到 10 步或 11 步之远,在这个方面电子计算机已拥有能够向

图 7-36 卡斯帕罗夫与"深蓝"对弈

人类挑战的智力水平。博弈为人工智能提供了一个很好的试验场所，人工智能中的许多概念和方法都是从博弈中提炼出来的。

7. 人工神经网络

人工神经网络就是由简单单元组成的广泛并行互联的网络，其原理是根据人脑的生理结构和工作机理，实现计算机的智能。

人工神经网络是人工智能中最近发展较快、十分热门的交叉学科。它采用物理上可实现的器件或现有的计算机来模拟生物神经网络的某些结构与功能，并反过来用于工程或其他领域。人工神经网络的着眼点不是用物理器件去完整地复制生物体的神经细胞网络，而是抽取其主要结构特点，建立简单可行且能实现人们所期望功能的模型。如图 7-37 所示，人工神经网络由很多处理单元有机地连接起来，进行并行的工作。人工神经网络的最大特点是具有学习功能。通常的应用是先用已知数据训练人工神经网络，然后用训练好的网络完成操作。人工神经网络也许永远无法代替人脑，但它能帮助人类扩展对外部世界的认识和智能控制。例如，数据群处理方法(group method of data handling，GMDH)网络本来是伊瓦赫内科(Ivakhnenko)于 1971 年为预报海洋河流中的鱼群提出的模型，但后来又成功地应用于超声速飞机的控制系统和电力系统的负荷预测。人的大脑神经系统十分复杂，可实现的学习、推理功能是人造计算机所不可比拟的。但是，人的大脑在记忆大量数据和高速、复杂的运算方面却远远比不上计算机。以模仿大脑为宗旨的人工神经网络模型，配以高速电子计算机，把人和机器的优势结合起来，将有着非常广泛的应用前景。

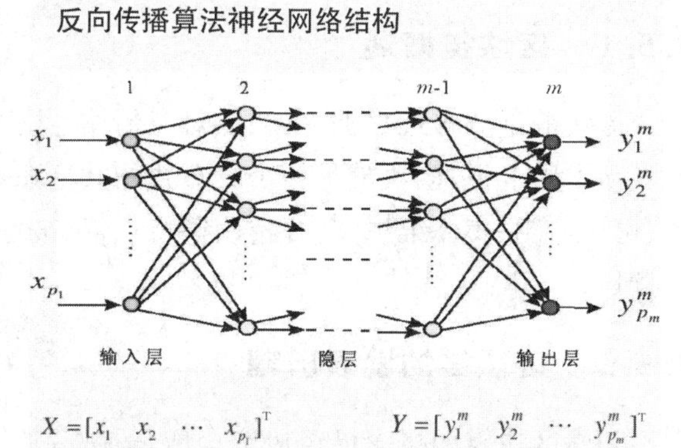

图 7-37　经典的人工神经网络算法

8. 问题求解

问题求解是指通过搜索的方法寻找问题求解操作的一个合适序列，以满足问题的要求。这里的问题，主要指那些没有算法解，或虽有算法解但在现有机器上无法实施或无法完成的困难问题，如路径规划、运输调度、电力调度、地质分析、测量数据解释、天气预报、市场预测、股市分析、疾病诊断、故障诊断、军事指挥、机器人行动规划、机器博弈等。

9. 机器学习

机器学习就是机器自己获取知识。如果一个系统能够通过执行某种过程而改变它的性能，那么这个系统就具有学习的能力。机器学习是研究怎样使用计算机模拟或实现人类学习活动的一门科学。具体来讲，机器学习主要有下列三层意思：

(1) 对人类已有知识的获取(这类似于人类的书本知识学习)。

(2) 对客观规律的发现(这类似于人类的科学发现)。

(3) 对自身行为的修正(这类似于人类的技能训练和对环境的适应)。

另外，还有基于 Agent 的人工智能。这是一种基于感知行为模型的研究途径和方法，通常称其为行为模拟法。这种方法通过模拟人在控制过程中的智能活动和行为特性，如自寻优、自适应、自学习、自组织等，来研究和实现人工智能。

图 7－38　机器虫

基于这一方法研究人工智能的典型代表人物是麻省理工学院的罗德尼·布鲁克斯(Rodney Brooks)教授，他研制的六足行走机器人(也称人造昆虫或机器虫)曾引起人工智能界的轰动。如图 7－38 所示，这个机器虫可以看作新一代的“控制论动物”，它具有一定的适应能力，是运用行为模拟即控制进化方法研究人工智能的代表作。

7.5　区块链技术及其应用

7.5.1　区块链概述

区块链是分布式数据存储、点对点传输、共识机制、加密算法等计算机技术的新型应用模式。从本质上说，区块链是一个分布式的共享账本和数据库，具有去中心化、不可篡改、全程留痕、可以追溯、集体维护、公开透明等特点，已被逐步应用于金融、供应链、公共服务、数字版权等领域。

7.5.2　区块链的发展历程

虽然区块链的概念已经风靡全球，但是区块链作为一个独立技术方向出现的历史并不长，所以相当数量的受众对区块链的理解还停留在比较初步的阶段。如果随机问一个路人，喜欢什么颜色的区块链？有一定概率会得到红、橙、黄、绿、青、蓝、紫这样的答案。言归正传，无论使用哪一种技术流派作为区块链的实现手段，区块链的技术本质毫无疑问是一种新型的记账手段，帮助商业网络中的各参与方提升互信，从而提升执行效率、降低交易成本。

商业是一个具有悠久历史的行业。在人类社会的早期，几千年前物物交易的时代，就构建出了商业的雏形。经历数千年的科技发展与社会演变，今天人们已经成功构建起了一个全球范围相互连通的庞大商业网络，但是这个进化千年的商业网络依然面临一个千年之前就已经存在的困扰：商业往来中的每个参与方都维护了一套自己专有的账本，在双方或者多方交易发生时，各参与方分别将交易记录记入自己专有的账本，为了协同各参与方的账本保持一致，不得不带来大量额外的工作并伴随出现中间方而增加了交易的附加成本，也影响了整体业务流程的效率。

在这样的情况下，区块链技术被提出来以解决上述问题。区块链技术，也称为分布式账本技术(distributed ledger technology)，该技术允许商业活动中的多个参与方通过计算机网络(可以是公开的国际互联网，也可以是私有专用网络，这取决于业务需要)共享同一个加密账本。虽然每个参与方都获得了分布式账本的一份完整拷贝，但是只能解密获得授权查看的账页，分布式记账工作也需要各参与方达成共识后进行。通过区块链技术，可以实现分布式账本的一致性、不可篡改性，从而进一步保证了账本的权威性。基于这样一个具有公信力的账本构建的商业网络，具有较低的信任成本，从而获得较低的交易成本，提升交易达成的效率。区块链技术是支持信息互联网向价值互联网(internet of value)转变的重要基石，以密码学为基础，通过基于数学的“共识”机制，是可以完整、不可篡改地记录交易(也就是价值转移)的全过程。区块链涉及的底层技术包括密码学、共识算法、点对点通信等，是多种已有技术的融合创新。

7.5.3　区块链的架构

从架构设计上来说，区块链可以简单地分为三个层次：协议层、扩展层和应用层，如图 7－39 所示，其中协议层又可以分为存储层和网络层，它们相互独立但又不可分割。

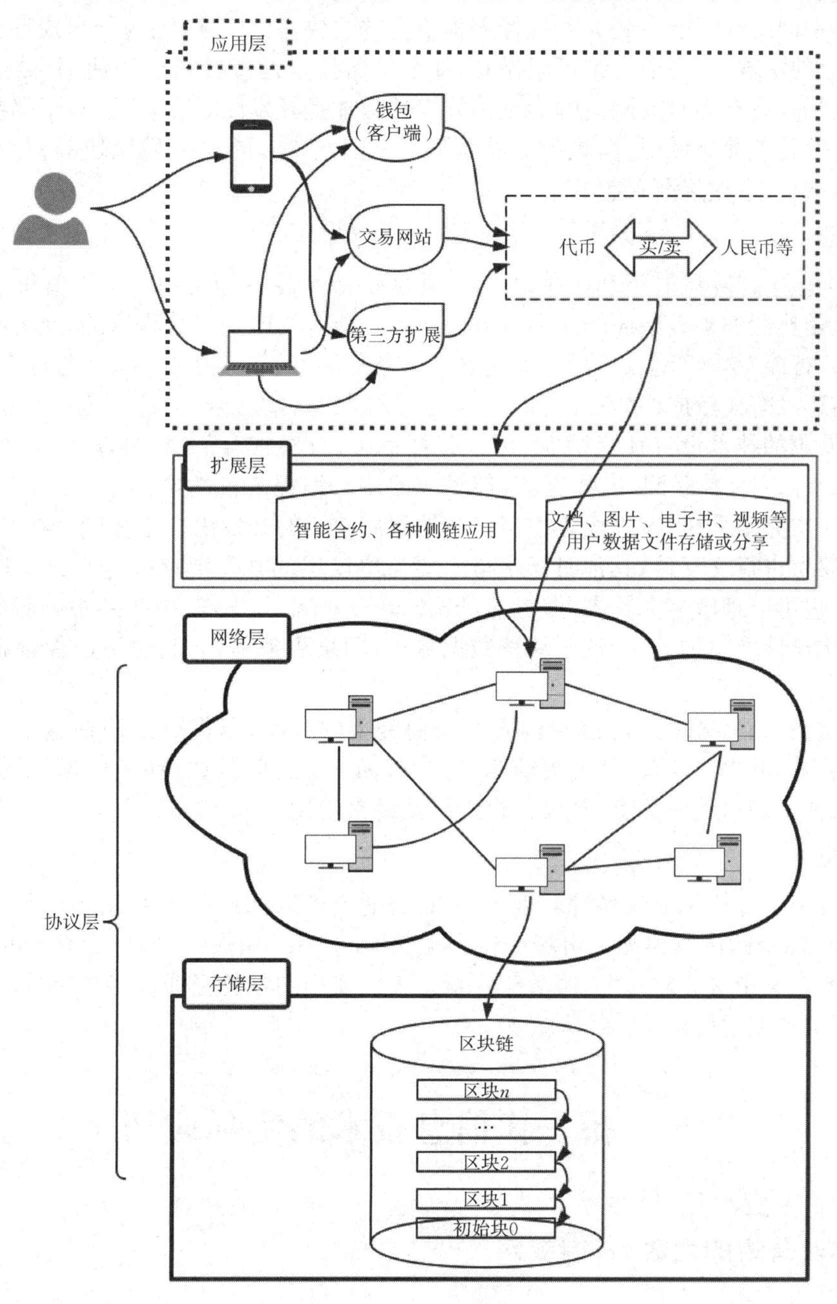

图 7－39　区块链架构

1. 协议层

所谓协议层，是指最底层的技术。这个层次通常是一个完整的区块链产品，类似于计算机的操作系统，它维护着网络节点，仅提供应用程序接口（application program interface，API）供调用。通常官方会提供简单的客户端（通称为“钱包”），这个客户端钱包功能也很简单，只能建立地址、验证签名、转账支付、查看余额等。

从运用到的技术来说，协议层主要包括网络编程、分布式算法、加密签名、数据存储技术等四个方面，其中网络编程能力是大家选择编程语言的主要考虑因素，因为分布式算法基本上属于业务逻辑上的实现，什么语言都可以做到，加密签名技术是直接简单的使用，数据库技术也主要在使用层面，只有点对点网络的实现和并发处理才是开发的难点，所以对于那些网络编程能力强，对并发处理简单的语言，人们就特别偏爱。因此，Node. js 开发区块链应用，逐渐变得更加流行，Go 语言也在逐渐兴起。

2. 扩展层

扩展层类似于计算机的驱动程序，是为了让区块链产品更加实用。特别值得一提的就是智能合约，这是典型的扩展层面的应用开发。所谓智能合约就是可编程合约，或者叫作合约智能化，其中的“智能”是执行上的智能，即达到某个条件，合约自动执行，如自动转移证券、自动付款等，目前还没有比较成型的产品，但不可否认，这将是区块链技术重要的发展方向。

扩展层使用的技术没有什么限制，可以包括很多，分布式存储、机器学习、虚拟现实技术（virtual reality，VR）、物联网、大数据等，都可以使用。编程语言的选择上，可以更加自由，因为可以与协议层完全分离，编程语言也可以与协议层使用的开发语言不相同。在开发上，除在交易时与协议层进行交互外，其他时候尽量不要与协议层的开发混在一起。这个层面与应用层更加接近，也可以理解为浏览器/服务器（browser/server，B/S）架构产品中的服务器端。这样不仅在架构设计上更加科学，让区块链数据更小，网络更独立，同时也可以保证扩展层开发不受约束。

从这个层面来看，区块链可以架构开发任何类型的产品，不仅仅是用在金融行业。在未来，随着底层协议的更加完善，任何需要第三方支付的产品都可以方便地使用区块链技术；任何需要确权、征信和追溯的信息，都可以借助区块链来实现。

3. 应用层

应用层类似于计算机中的各种软件程序，是普通人可以真正直接使用的产品，也可以理解为 B/S 架构产品中的浏览器端。市场亟待出现这样的应用，引爆市场，形成真正的扩张之势，让区块链技术快速走进寻常百姓，服务于大众。人们使用的各类轻钱包（客户端），应该算作应用层最简单、最典型的应用。

7.6 新一代信息技术的实际应用

7.6.1 体验身边的大数据：淘宝网

1. 任务概述

淘宝网从零开始飞速发展，走过了十几个年头，支撑淘宝业务野蛮式生长背后是一套不断完善的技术平台。淘宝大数据平台，就是其中非常重要的一个组成部分，承担了数据采集、加工处理、数据应用的职责。接下来将通过淘宝网购物体验来感受大数据是如何采集消费者的购物个人喜好信息，通过信息加工来猜测消费者喜欢的商品并呈现。

注册淘宝用户并登录，在淘宝网中搜索三件你感兴趣的商品，并在每个商品的搜索结果中浏览三个以上的商家，然后返回淘宝首页，刷新，拉到网页下方的猜你喜欢，观察大数据推送的商品。

2. 任务操作

操作 1：使用 IE 浏览器，输入网址“https://www.taobao.com/”，进入淘宝网首页，已经有账号的选择登录，没有账号的先选择“免费注册”，如图 7－40 所示。

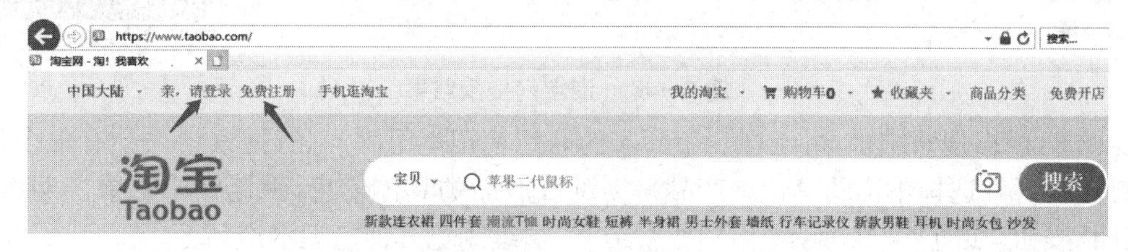

图 7－40　登录淘宝网

注意：只需手机号就可以免费注册淘宝账号，如图 7－41 所示，输入手机号，然后选择“获取验证码”，等待手机短信发来的验证码，然后输入“验证码”一栏，最后勾选同意协议，并单击“注册”按钮。根据中文提示，完成全部的注册信息填写就可以使用淘宝网购物了。

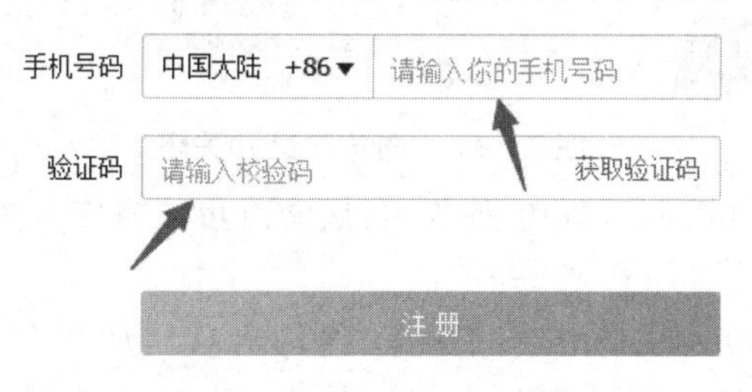

图 7－41　淘宝用户注册

完成注册并登录后，淘宝网首页右侧会显示当前用户的相关信息，如图 7－42 所示。

图 7－42　完成淘宝用户登录

操作 2：在淘宝网首页搜索栏中输入想要查找的商品，如“联想笔记本电脑”，然后单击“搜索”按钮，结果如图 7－43 所示。

图 7-43　淘宝网搜索结果

操作 3:根据搜索结果,可选择三个商家的联想笔记本电脑产品(搜索结果会有很多,可以根据自己的喜好选择不同的笔记本产品),浏览该产品的具体信息,浏览完毕后单击网页上方的"关闭"按钮,如图 7-44 所示,回到搜索结果,继续浏览其他笔记本产品。

图 7-44　浏览产品并关闭

操作 4:输入自己喜欢的商品(如电脑桌,电脑椅),重复操作 2、操作 3 的步骤两次,根据搜索结果,浏览对应的商品三件以上。

操作 5:返回淘宝网首页,往下滑动网页至"猜你喜欢",如图 7-45 所示。可以看到淘宝系统根据用户刚才购物的信息和习惯生成的大数据推荐商品,其中包含刚才浏览过的类似产品(笔记本电脑、电脑桌、电脑椅)。

图 7-45　淘宝用户购物大数据生成的推荐商品

7.6.2　体验身边的物联网：滴滴出行

1. 任务概述

滴滴出行是全球卓越的移动出行平台，是国内最早的物联网应用之一，为超过 4.5 亿用户提供出租车、专车、快车、顺风车、豪华车、公交、小巴、代驾、租车、企业级、共享单车等全面的出行服务。

下面介绍在手机微信的“支付”中选择“交通出行”区中的“滴滴出行”，体验一次手机打车带来的出行便利和物联网的物物相联的内涵。

2. 任务操作

操作 1：打开手机微信，选择右下角的“我”，然后选择“支付”，在“交通出行”区中选择“滴滴出行”，如图 7－46 所示。进入新页面，新用户选择“微信用户一键登录”，如图 7－47 所示。

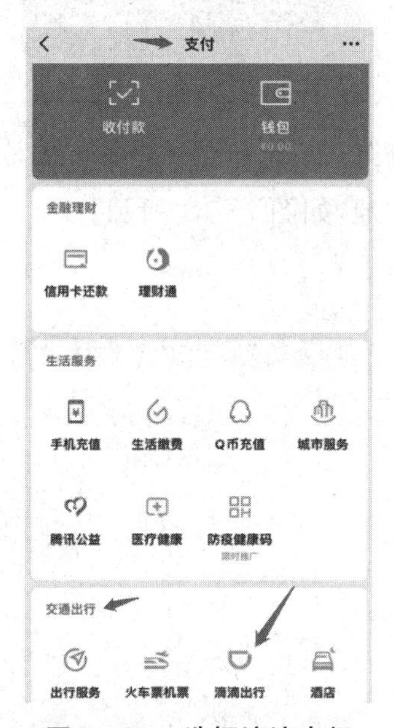

图 7－46　选择滴滴出行

图 7－47　使用微信登录

操作 2：新用户选择绑定手机号，如图 7－48 所示。进入滴滴出行主界面，一般会有广告弹出，对于新用户建议关闭广告，因为单击广告会切换至其他页面，容易引起操作混乱，如图 7－49 所示。

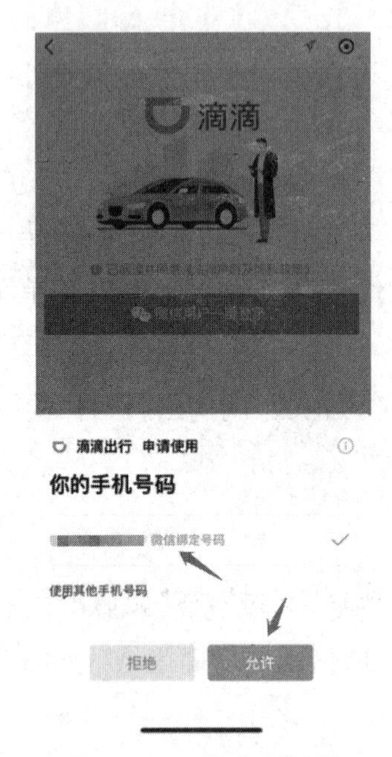

图 7-48　绑定手机号

图 7-49　滴滴出行主界面

操作 3:滴滴出行一般会自动定位用户的当前位置,如图 7-50 所示。确认无误后,单击"输入您的目的地",然后在弹出的对话框里输入目的地,如图 7-51 所示。

图 7-50　自动定位当前位置

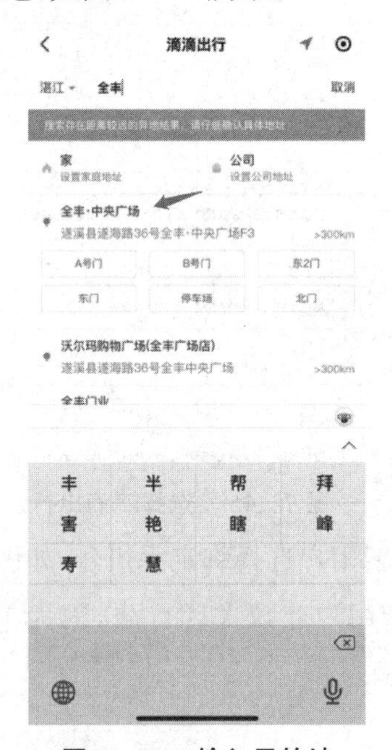

图 7-51　输入目的地

操作 4:选择好目的地后,如图 7-52 所示,会出现当前位置和目的地的地图,接着选择出行的方式,允许多选,这样可以让更多类型的司机接单,减少等待的时间。此处选择"极速拼车",最后单击"确认呼叫 极速拼车"按钮(选择出行方式不同,此按钮也会不同),如果是新用户,会弹出"微信支付用户服务协议及隐私政策",如图 7-53 所示,单击"同意"。

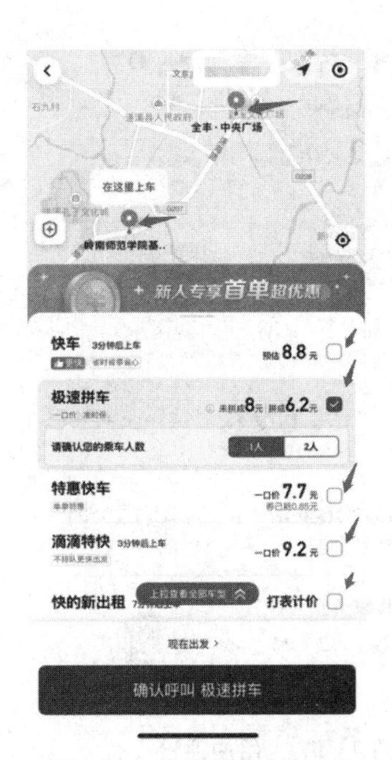

图 7-52 选择出行方式

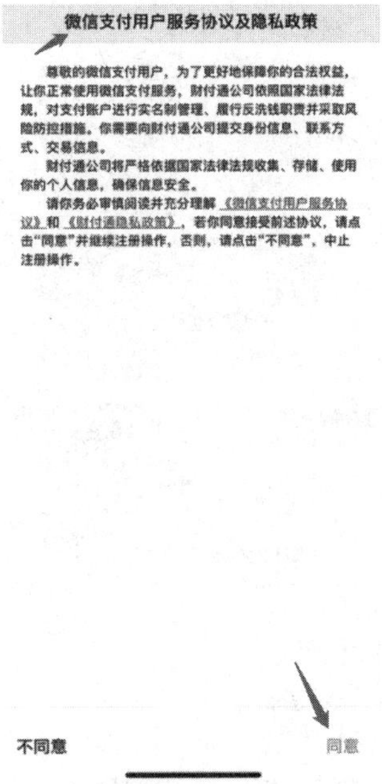

微信支付用户服务协议及隐私政策

尊敬的微信支付用户，为了更好地保障你的合法权益，让你正常使用微信支付服务，财付通公司依照国家法律法规，对支付账户进行实名制管理、履行反洗钱职责并采取风险防控措施。你需要向财付通公司提交身份信息、联系方式、交易信息。

财付通公司将严格依据国家法律法规收集、存储、使用你的个人信息，确保信息安全。

请你务必审慎阅读并充分理解《微信支付用户服务协议》和《财付通隐私政策》，若你同意接受前述协议，请点击“同意”并继续注册操作，否则，请点击“不同意”，中止注册操作。

不同意　　同意

图 7-53 微信支付用户服务协议及隐私政策

操作 5:新用户还需要添加银行卡,如图 7-54 所示。根据操作提示即可绑定好银行卡,一般 1 至 10 min 后便会有司机接单,如图 7-55 所示,会显示司机距离用户多远,预计多长时间到达,如果是拼车,还会显示当前司机接其他乘客的进度,在等待过程中,还可以通过“发消息”和“打电话”来联系司机。

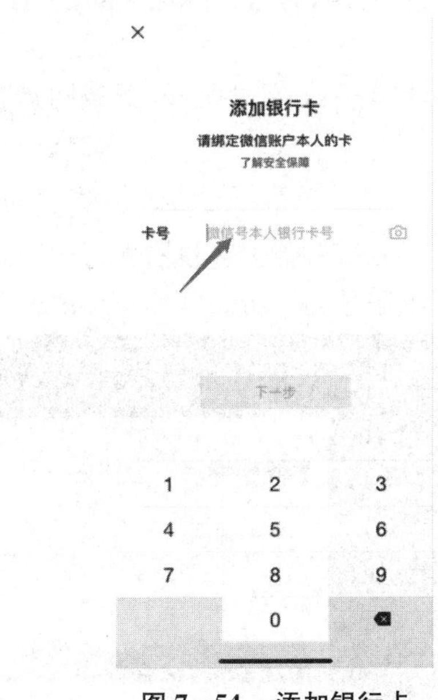

图 7-54 添加银行卡

图 7-55 等车界面

操作 6:司机接到用户后,会单击“乘客已上车”,切换行驶界面,如图 7-56 所示。到达目的地后,用户可以对本次行程进行评价,如图 7-57 所示。

图 7-56　行驶过程

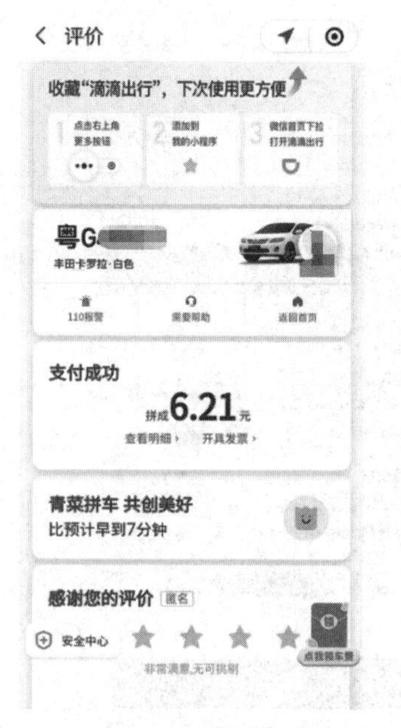

图 7-57　用户评价

7.6.3　体验身边的云计算:百度网盘

1. 任务概述

百度网盘(原名为百度云)是百度推出的一项云存储服务,已覆盖主流 PC 和手机操作系统,包含 Windows 版、Android 版、iPhone 版、iPad 版、Mac 版和 Linux 版。

用户可以轻松将自己的文件上传到网盘上,比 U 盘更实用,容量达到惊人的 2 TB,能随时随地跨平台使用和分享。

登录百度网盘官方网站:https://pan.baidu.com/,申请一个网盘账号,下载网盘客户端,并上传照片等文件,和好友分享你的照片。

2. 任务操作

操作 1:登录百度网盘官方网站"https://pan.baidu.com/",如果还没有账号,可以立即注册一个账号,如图 7-58 所示,根据网站的提示,完成整个账号的注册。

图 7-58　申请百度网盘账号

操作 2:进入百度网盘的下载链接,如图 7 - 59 所示,百度网盘是多平台的客户端,在 Windows 操作系统的计算机上下载要选择 Windows 版本。

图 7 - 59　百度网盘下载

操作 3:双击下载完成的百度网盘客户端文件“BaiduNetdisk_3. 1. 10. exe”,弹出软件安装界面如图 7 - 60 所示,取消两个勾选内容,然后选择“极速安装”,等待安装完成。完成后,双击桌面的百度网盘图标,弹出网盘的登录界面,如图 7 - 61 所示,输入账号和密码即可登录个人百度网盘。

图 7 - 60　百度网盘安装

图 7 - 61　百度网盘登录

操作 4:在百度网盘主界面选择左上方的“上传”或把照片直接拖到网盘的浮动小窗“拖拽上传”,如图 7-62 所示,完成照片的上传。

图 7-62　百度网盘主界面

操作 5:选择“好友”图标添加好友,如图 7-63 所示。

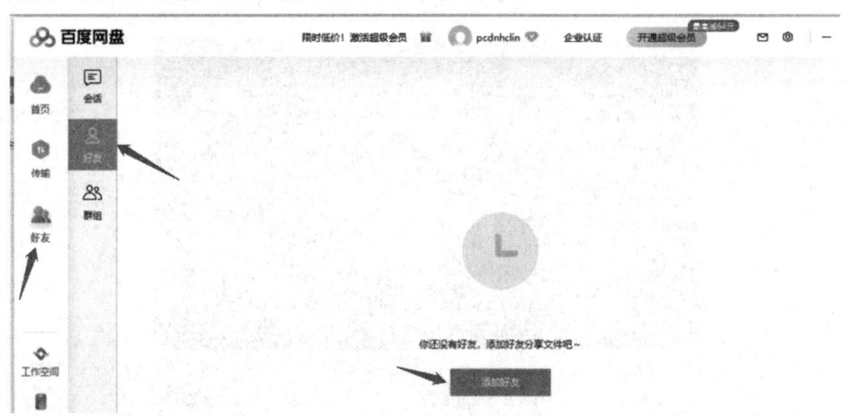

图 7-63　添加好友

操作 6:输入好友的账号,然后单击“加为好友”,如图 7-64 所示。在弹出的对话框中输入验证信息并发送,如图 7-65 所示,等待好友的验证通过。

图 7-64　加为好友

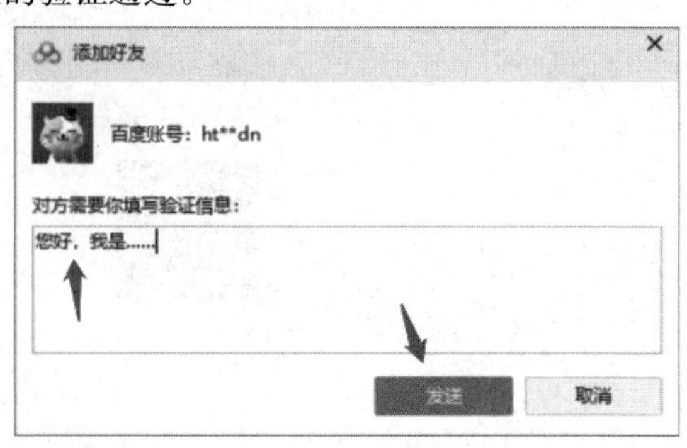

图 7-65　输入验证信息

操作 7:好友通过验证后,选择好友名字,然后选择“分享文件”,如图 7－66 所示。

图 7－66　选择好友分享文件

操作 8:在分享界面可以和好友聊天,选择“分享文件”,找到想要分享的照片发送给你的好友,如图 7－67 所示。

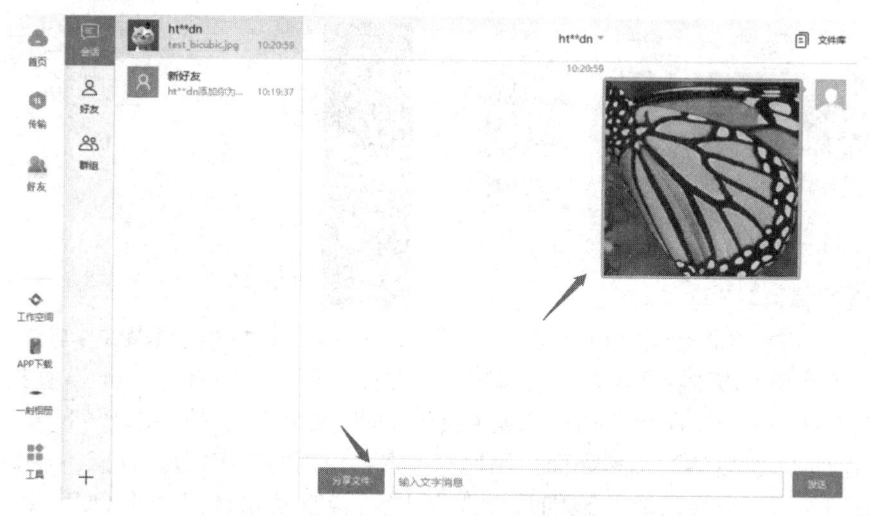

图 7－67　与好友聊天和分享文件

7.6.4　体验身边的人工智能:捷速 OCR 文字识别

1. 任务概述

在日常查找文献资料时常会碰到一些网页是无法复制文字的,主要原因是文字内容是以图片的形式展示,或者需要付费才可以复制。用户可以通过安装 OCR 文字识别软件来将这些内容识别成可复制的文本文字。

捷速软件提供了 OCR 文字识别、图片文字识别、扫描文字识别、PDF 文字识别等文字识别服务。其特点是识别正确率高,速度快且可以批量转换。它是一款专业的图像文字识别软件。

在捷速官网下载并安装捷速 OCR 文字识别软件,到百度文库找一篇文章进行文字识别。

2. 任务操作

操作 1：打开 IE 浏览器，进入捷速官方网站"http://www.jsocr.com/"，找到捷速 OCR 文字识别软件的链接进行下载。下载后，双击安装文件进行软件安装，如图 7－68 所示。根据安装提示，选择下一步直至安装完成，如图 7－69 所示。

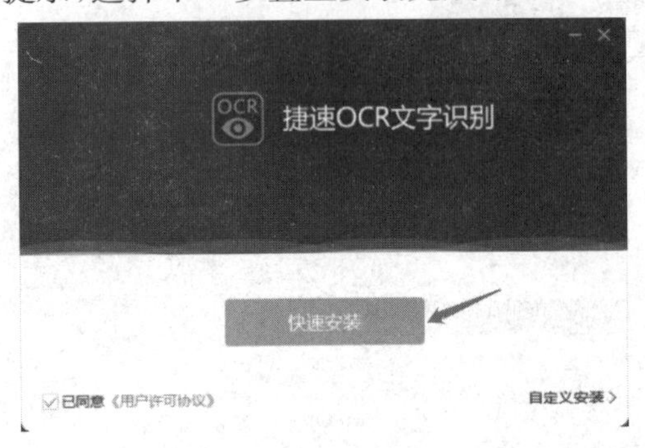

捷速OCR文字识别
快速安装
已同意《用户许可协议》
自定义安装 >

图 7－68　软件安装

安装完成
立即体验
捷速OCR文字识别

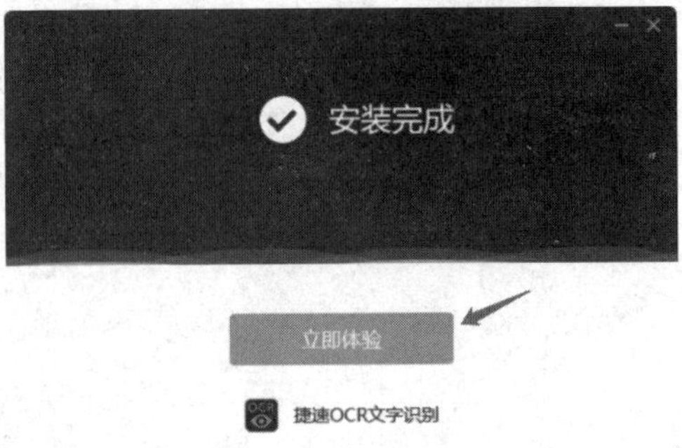

图 7－69　安装完成

操作 2：安装完成后，选择立即体验，进入捷速 OCR 文字识别主界面，如图 7－70 所示。选择"截图识别"，进入截图识字界面，如图 7－71 所示。

OCR文字识别
批量识别
单张快速识别
图片转Excel
PDF文档识别
多国语言识别
截图识别 (Alt+F)
高级识别

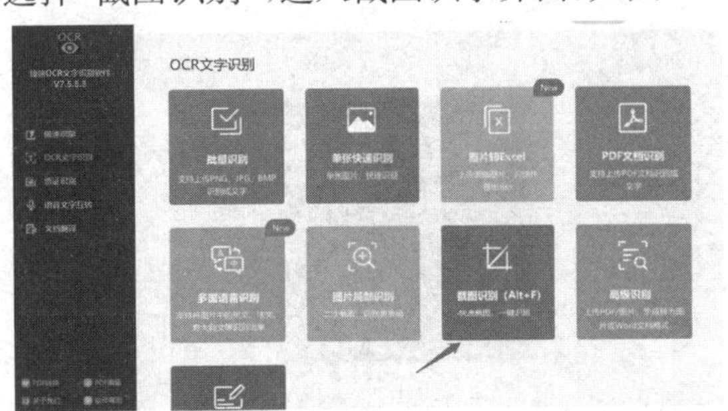

图 7－70　捷速 OCR 文字识别主界面

ALT+F

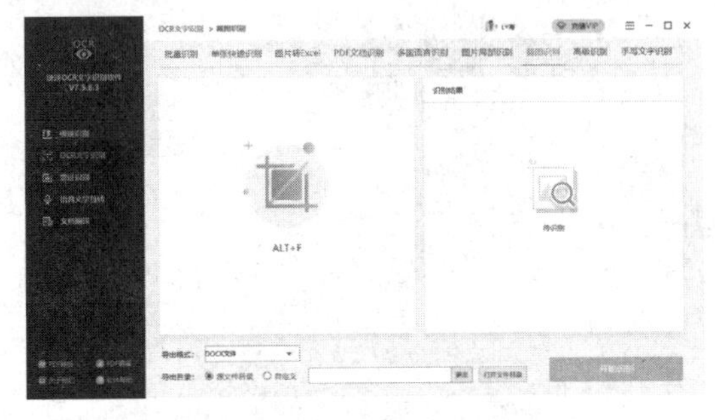

图 7－71　截图识字界面

操作 3：打开 IE 浏览器，进入百度文库网址"https://wenku.baidu.com/"，查找一篇自己感兴趣的文献，如图 7－72 所示。然后切换回捷速 OCR 文字识别，按[ALT＋F]组合键，这时窗口会自动返回 IE 浏览器的文献界面。用鼠标拖选要识别的文字区域（注意不需要的文字或图片不要拖选进去，可分多次进行识别），拖选完成后，会自动切换回捷速 OCR 文字识别，刚才拖选的文字内容就在识别区内了，如图 7－73 所示。

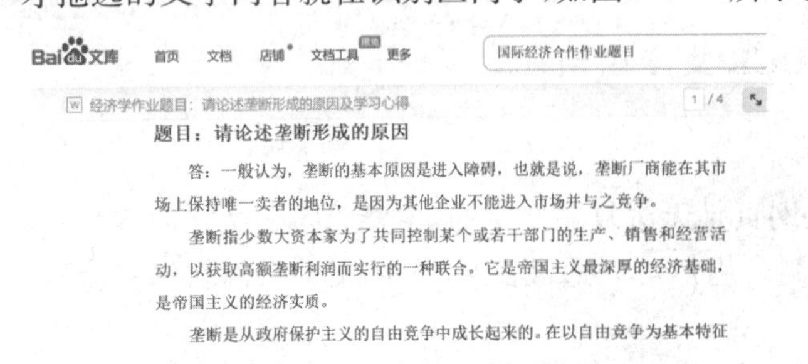

文库
首页
文档
店铺
文档工具
更多
国际经济合作作业题目
经济学作业题目：请论述垄断形成的原因及学习心得
1 / 4
题目：请论述垄断形成的原因
答：一般认为，垄断的基本原因是进入障碍，也就是说，垄断厂商能在其市场上保持唯一卖者的地位，是因为其他企业不能进入市场并与之竞争。
垄断指少数大资本家为了共同控制某个或若干部门的生产、销售和经营活动，以获取高额垄断利润而实行的一种联合。它是帝国主义最深厚的经济基础，是帝国主义的经济实质。
垄断是从政府保护主义的自由竞争中成长起来的。在以自由竞争为基本特征

图 7－72　百度文库里的文献资料

题目：请论述垄断形成的原因
开始识别

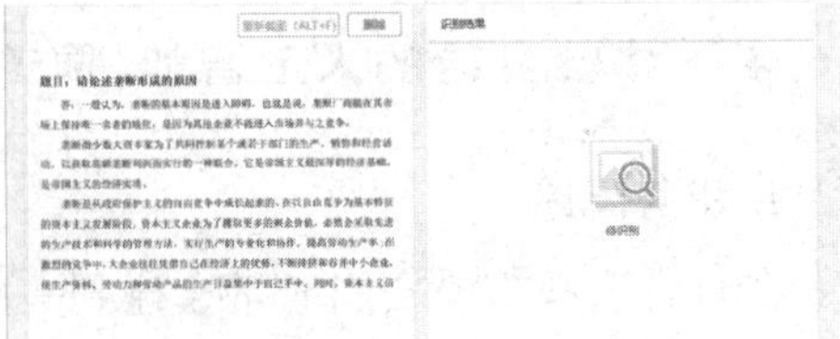

图 7－73　拖选的文字内容

操作 4：选择"开始识别"（如果还没登录的，选择微信登录，登录完成后，再次识别），等待几秒后，经过人工智能识别技术可以将图片中的文字识别成文本格式，如图 7－74 所示，右边窗口的文字可以拖选复制或直接导出。

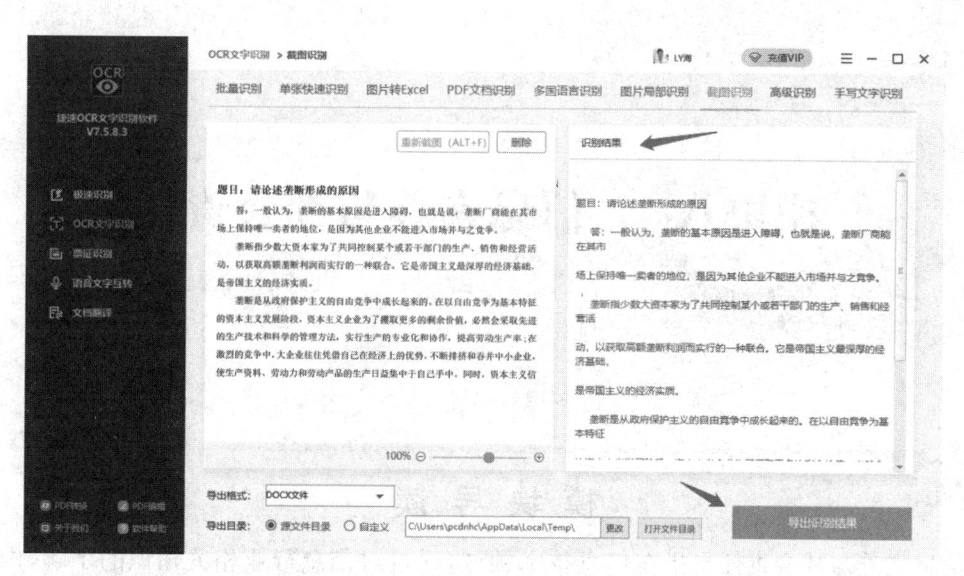

图 7-74　捷速 OCR 文字识别结果

模块八　信息素养与社会责任

模 块 导 读

信息素养与社会责任是指在信息技术领域，通过对信息行业相关知识的了解，内化形成的职业素养和行为自律能力。信息素养与社会责任对个人在各自行业内的发展起着重要作用。

任务简报

(1) 了解信息素养及其主要内容。
(2) 了解信息技术发展史及对企业变革的影响。
(3) 了解信息安全及自主可控的能力。
(4) 掌握信息伦理知识并能有效辨别虚假信息，了解相关法律法规。

8.1　信息素养及其主要内容

在现代网络环境与经济全球化背景下，信息资源作为生产要素、无形资产和社会财富，是企业继技术、资金、人才之后的第四个成功要素。是否具有良好的信息素养，能够有效地获取、利用所需信息，已经成为当代大学生自主学习能力、创新能力、创业能力的重要衡量标准之一。

8.1.1　信息素养概述

信息素养的本质是全球信息化需要人们具备的一种基本能力。

1974 年，美国信息产业协会主席保罗·泽考斯基(Paul Zurkowski)率先提出了“信息素养”这一全新概念，并解释为利用大量的信息工具及主要信息源使问题得到解答的技能。“信息素养”一经提出，便得到广泛传播和使用。世界各国的研究机构纷纷围绕如何提高信息素养展开了广泛的探索和深入的研究，对信息素养内涵的界定和评价标准等提出了一系列新的见解。

1987 年，信息学家帕特丽夏·布雷维克(Patrieia Breivik)将信息素养概括为一种“了解提供信息的系统并能鉴别信息价值、选择获取信息的最佳渠道、掌握获取和存储信息的基本技能”。

1989 年，美国图书馆协会下设的信息素养总统委员会在其年度报告中对信息素养的含义进行了重新概括：“要成为一个有信息素养的人，就必须能够确定何时需要信息并且能够有效地查询（或检索）、评价和使用所需要的信息”。

1992 年，多伊尔（Doyle）在《信息素养全美论坛的终结报告》中将信息素养定义为一个具有信息素养的人，他能够认识到精确的和完整的信息是做出合理决策的基础，确定对信息的需求，形成基于信息需求的问题，确定潜在的信息源，制订成功的检索方案，从包括基于计算机和其他信息源获取信息、评价信息、组织信息于实际的应用，将新信息与原有的知识体系进行融合以及在批判性思考和问题解决的过程中使用信息。

1998 年，美国图书馆协会和美国教育传播与技术协会提出了学生信息素养的九个标准，明确了信息素养与自主学习和社会责任的关系。

2000 年，美国大学与研究图书馆协会提出了美国高等教育信息素养能力标准，将信息伦理与道德加入信息素养内涵中。

2018 年，我国教育部制定《教育信息化 2.0 行动计划》文件，信息素养能力应从技术应用能力向综合性素质拓展。

近年来，随着信息素养内涵不断被注入新的元素，信息素养教育内容也出现新的转向。

8.1.2 信息素养的主要内容

信息素养包含了技术和人文两个层面的意义。从技术层面来讲，信息素养反映的是人们利用信息的意识和能力；从人文层面来讲，信息素养反映了人们面对信息的心理状态，或者说面对信息的修养。具体而言，信息素养应包含以下五方面的内容：

(1) 热爱生活，有获取新信息的意愿，能够主动地从生活实践中不断地查找、探究新信息。

(2) 具有基本的科学和文化常识，能够较为自如地对获得的信息进行辨别和分析，正确地加以评估。

(3) 可灵活地支配信息，较好地掌握选择信息、拒绝信息的技能。

(4) 能够有效地利用信息，表达个人的思想和观念，并乐意与他人分享不同的见解或资讯。

(5) 无论面对何种情境，能够充满自信地运用各类信息解决问题，有较强的创新意识和进取精神。

8.2 信息技术发展简史

1. 第一次信息技术革命

第一次信息技术革命的标志是语言的使用。在距今 35 000—50 000 年前，语言的使用是从猿进化到人的重要标志。类人猿是一种类似于人类的猿类，经过千百万年的劳动过程，演变、进化、发展成为现代人，与此同时语言也随着劳动产生。祖国各地存在着许多语言，例如海南话与闽南话有类似，在北宋时期，福建一部分人移民到海南，经过几十代文明更替后，福建话逐渐演变成不同语言体系，如闽南话、海南话、客家话等。

2. 第二次信息技术革命

第二次信息技术革命的标志是文字的创造。大约在公元前 3 500 年出现了文字，这是信息第一次打破时间、空间的限制。陶器上的符号：记录原始社会母系氏族繁荣时期（河姆渡和半坡原始居民）的日常生活；甲骨文：记载商朝的社会生产状况和阶级关系，文字可考的历史从商朝开始；金文（也叫作铜器铭文）：常铸刻在钟或鼎上，又叫作钟鼎文。图 8－1 为“日”“月”“车”“马”的甲骨文与金文的对比。

甲骨文 金文

图 8－1　甲骨文与金文

3. 第三次信息技术革命

第三次信息技术革命的标志是印刷术的发明。大约在公元 1 040 年，我国开始使用活字印刷技术。它的发明解脱了古人手抄多遍的辛苦，同时也避免了因传抄多次而产生的各种错误。

4. 第四次信息技术革命

第四次信息技术革命的标志是电报、电话、广播和电视的发明和普及应用。19 世纪中叶以后，随着电报、电话的发明，电磁波的发现，人类通信领域产生了根本性的变革，实现了金属导线上的电脉冲来传递信息以及通过电磁波来进行无线通信。

1837 年，美国人莫尔斯（Morse）研制了世界上第一台有线电报机，如图 8－2 所示。

图 8－2　电报机

1864 年，英国著名物理学家麦克斯韦（Maxwell）发表了一篇论文《论电和磁》，预言了电磁波的存在，说明了电磁波与光具有相同的性质，都是以光速传播的。

1875 年，苏格兰青年贝尔（Bell）发明了世界上第一台电话机，如图 8－3 所示。

图 8－3　贝尔发明的电话机

1876 年 3 月 10 日，贝尔发出世界上第一条电话信息。

1878 年，在相距 300 km 的波士顿和纽约之间进行了首次长途电话实验。

1894 年，电影问世，图 8－4 为旧式电影放映机。

1895 年，俄国人波波夫（Popov）和意大利人马可尼（Marconi）分别成功地进行了无线电通信实验。

1925 年，英国首次播映电视，图 8-5 为第一台电视机。

图 8-4　旧式电影放映机

图 8-5　第一台电视机

5. 第五次信息技术革命

第五次信息技术革命的标志是电子计算机的普及应用及计算机与现代通信技术的有机结合，开始于 20 世纪 60 年代。

随着电子技术的高速发展，1946 年由美国宾夕法尼亚大学研制的第一台电子计算机诞生了。

1946—1957 年为第一代电子管计算机。

1958—1964 年为第二代晶体管计算机。

1965—1970 年为第三代中小规模集成电路计算机。

1971—2016 年为第四代大规模或超大规模集成电路计算机，如图 8-6 所示。

图 8-6　第四代大规模或超大规模集成电路计算机

6. 第六次信息技术革命

第六次信息技术革命的标志是至今正在研究的第五代智能化计算机，开始于 20 世纪 80 年代。为了解决资源共享，单一的计算机很快发展成计算机联网，实现了计算机之间的数据通信、数据共享。互联网技术最大的价值在于它不仅继承了无线电和电视技术的优点，还让信息传播变成实时双向交互。以前的信息传播，只有语言可以进行实时交互，它太受时空局限，大部分技术很难做到实时的双向交互。而互联网技术是一个多用户、实时、双向交互的平台，可以说信息交互打破了过去所有的局限，打破了时空限制、打破了信息量小承担不足的限制、打破了媒体形式单一的限制、也打破了无法交互的限制。这是人类历史上信息传播最大的解放。随着互联网技术的不断发展壮大，出现了移动互联网（见图 8-7）和物联网技术（见图 8-8）。

图 8-7　移动互联网

图 8-8　物联网技术

8.3 信息技术发展对企业变革的影响

1. 信息技术特点及应用

对比工业时代的生产与运作模式，信息时代具有如下颠覆性的特征：

(1) 信息的传播打破了物理空间上的有形界限，使传播速度更加迅速，同时对信息接收者更加便捷；

(2) 信息处理过程与信息传播方式的高度现代化，使得利用信息化系统实施企业管理日益普及；

(3) 随着企业管理水平的不断提高，复杂的决策过程更需要信息技术的辅助。

随着现代信息技术的发展，信息技术对经济社会的重要作用逐步为企业界所认可，综合近年来信息技术对企业发展做出的卓越贡献，可将信息技术的具体应用归纳为四个方面：

(1) 生产系统全面自动化的普及为劳动生产率的提高做出贡献，同时提高了产品市场化的更新速度；

(2) 业务处理系统的大规模普及与应用，使得基层业务的工作人员无须重复大量且烦琐的数据处理等工作，大大提高了工作效率和工作质量；

(3) 管理信息系统将企业看作一个整体，通过进行全面的信息管理业务实施，进而加强对整个系统的统计、分析和报告，满足了中低层管理者的需求；

(4) 管理信息系统和决策与集体决策支持系统的应用，在大幅度提高高层管理者的决策水平和工作效率的同时，亦使信息技术渗透并影响着现代化企业的方方面面。

2. 信息化环境中的企业优势

在飞速发展的信息时代，只有站在潮头浪尖并掌握健全的信息技术的企业，才能在竞争中立足于不败之地。20 世纪 80 年代以来发生在企业管理实践中的种种变革，正不断改变着企业竞争的内容和形式，同时要求企业在面对信息化环境的压力下，做出力求生存和完善发展的自我调整新战略。

现代管理实践的不断发展与企业信息化有着密不可分的关系。信息技术是促使企业组织结构变革的催化剂，同时，以经济结构调整为主线的企业业务重组工作更加需要信息技术的支持。随着经济时代的到来，企业对市场反应能力和各部门协同合作的要求不断提高，组织结构的变革已成为趋势，而信息技术则是在新型组织中的沟通和协调中都扮演着重要角色，同时为企业变革提供新的可能。

伴随着知识经济时代的应运而生，生产率和产品产量在竞争中已逐渐失去其优势地位，供应链管理的价值作用在整个过程中越来越凸显，它能够跨越企业边界，建立一种跨企业协作模式，以追求和分享市场机会。企业开始集成自身内部的资源，企业的运营模式也在不断优化，而这种优化和转变，覆盖了从供应商到客户的全过程，所以其中涉及的全部资源与环节均使供应链的管理变得越来越复杂，这时信息技术的先进性便提供了其有效运作的重要条件。

3. 信息技术在企业管理中的应用

新产品、新技术、新工艺和新材料等的研究与开发是当今企业竞争的主旋律，而产品、技术、工艺等的研究与开发，需要以不断完善信息处理技术和信息管理手段为支撑。针对企业不断发展而做出的战略研究和部署工作涉及社会、经济等各个方面，所以其在具体产业或企业中具有不可估量的价值和深远的影响。企业创造竞争优势就要充分合理的利用信息技术优势，在选择和占据可靠信息的同时，做到更加充分地存储和处理信息资源，并通过研究与分析企业经济活动中存在的各种矛盾关系，从而做出前瞻性、预判性、准确性共存的高效决策方案。

先进且强有力的信息技术正在扮演着提高企业管理水平的重要角色，这其中包括对一些高逻辑性、强分析性的数学管理方法的应用，从而使得各种以支持企业日常运营与决策活动的信息系统不断发展，在使用各类信息系统完善企业业务流程的同时，更是为企业信息化做出了突出贡献。同时，通信水平的提高也使决策行为越来越重视获得企业内部及外部的相关信息，决策变得更加民主、合理、公开，并且通过有效的沟通产生了建立在情感与理智共识基础上的“最优”决策。然而企业的竞争优势并不全部来源于信息技术，而是取决于如何应用信息技术实现商业模式的创新。在这方面，管理信息系统（management information system，MIS）和企业资源计划（enterprise resource planning，ERP）的出现更好地推动了产品和服务模式的创新，为企业提供了发展的新动力。

信息技术的发展为企业管理带来了巨大的商业优势，并在以下四个重要领域中获得重要发展：

（1）策略资讯系统通过信息技术加快企业战略性转型升级；

（2）物料管理和产品操作流程的生产自动化实现产品质量体系的完善与升级；

（3）办公自动化通过提高办公效率以实现企业管理水平的升级；

（4）人工智能系统则以计算机为基础，开发相关信息系统，如决策支持系统（decision support system，DSS）、群体决策支持系统（group decision support system，GDSS）、经理支持系统（executive support system，ESS）等。

在推行企业信息化过程中，信息技术不仅要与企业当前的管理模式、管理过程相结合，而且需要与企业变革和创新相结合。同样，企业的变革和创新需要有效地运用信息技术。能否将两者有机地结合起来，是企业信息技术在变革和创新中应用成败的关键，也是企业变革和创新成败的关键。针对信息技术应用于企业变革问题的讨论，在分析企业管理和信息化的基础上，更需要着重探讨信息技术对企业管理的巨大影响和作用，重点研究信息技术的内涵和功能，信息技术的层次结构，信息技术的应用，企业组织变革、信息技术与企业管理等内容，从而全面推进现代化信息技术蓬勃发展条件下的企业发展与管理变革。

4. 信息技术应用与企业发展的关系

企业信息化是为了提高企业整体经营水平而将信息技术与先进的管理思想方法综合运用的过程，是现代企业在信息经济时代下提高竞争力的主要方法。企业信息化不仅是一种技术工具的应用，更是一场组织变革。信息技术的应用从根本上改变了组织的目标、结构、形态和习惯，所以信息技术已经成为影响企业组织结构转型与升级的重要因素。

当前的信息技术是第三次信息技术革命后企业管理与发展的主要推动力，同时不可忽视的是企业发展对现代信息技术的逆向推动力。针对两者的发展潜力，更需要关注的是如何运用双方优势实现市场共赢，两者在相互促进的同时，达到共同成长的目标。我国高新技术人才外流现象严重，这是未来现代信息技术发展的关键所在，在此过程中，只有不断加强对高新技术人才的培养，才是信息技术可持续发展的重点问题。在源源不断的人才支持下，我国未来的信息技术发展前途会更加可观，企业管理领域亦会出现前所未有的突破和进步。

8.4 信息安全简介

计算机和计算机网络是20世纪人类最伟大的发明之一。在当今信息化社会里,计算机和计算机网络已经深入人们的工作、学习和生活的各个方面,它们能拉近人与人之间的距离,便于交流、提高效率、丰富生活。人们在享受计算机技术魅力和网络通信便捷的同时,也受到了频频报道的信息安全事件的困扰,如网游、网银账号被盗事件等,计算机信息安全问题已然是一个非常复杂的问题。信息安全已不再局限在单台计算机范围,而是扩展到由计算机网络连接的全球范围。因此,为保护信息资源免受各种类型的威胁、干扰和破坏,掌握基本信息安全常识是保障个人信息安全的"第一课"。

8.4.1 信息安全概述

信息安全是一门涉及计算机科学、网络技术、通信技术、密码技术、信息安全技术、应用数学、数论、信息论等多种学科的综合性学科。通俗地说,信息安全主要是指保护信息系统,使其没有危险、不受威胁、不出事故地运行。

概括来说,信息安全主要包括两大方面:

(1) 系统安全:包括操作系统管理的安全、数据存储的安全、对数据访问的安全等。

(2) 网络安全:涉及信息传输的安全、网络访问的安全认证和授权、身份认证、网络设备的安全等。

8.4.2 信息安全的隐患

随着计算机的网络化和全球化,人们日常生活进入了高速信息化时代。然而信息的高速发展在提供人们方便的同时,也带来了安全方面的问题。随着计算机网络应用层次的不断深入,网络的应用领域逐渐向大型化和关键领域发展。由于网络具有开放性、国际性和自由性等特性,这就使网络在增加人们自由度的同时,也使网络存在着更多的安全隐患。

信息安全威胁来自哪里?总结归纳起来,主要有五大来源。

1. 计算机病毒的侵袭

计算机病毒(computer virus)在《中华人民共和国计算机信息系统安全保护条例》中有明确定义,是指编制者在计算机程序中插入的破坏计算机功能或者破坏数据,影响计算机使用,并能自我复制的一组计算机指令或者程序代码。为方便认识,也可以这样理解:计算机病毒是利用计算机软件与硬件的缺陷,由被感染机内部发出的破坏计算机数据并影响计算机正常工作的一组指令集或程序代码。作为一种人造产物,计算机病毒有其自身独特的特性,主要表现为寄生性、感染性、潜伏性、隐蔽性、破坏性和可触发性。

计算机病毒是一类攻击性程序,有着不可估量的破坏性和威胁性。

根据业界多年对计算机病毒的研究,按照科学的、系统的、严密的方法,计算机病毒可按如下标准进行分类,如表8-1所示。

表 8-1　计算机病毒分类

分类标准	分类结果
病毒存在的媒体	网络病毒:通过计算机网络传播感染网络中的可执行文件
	文件病毒:感染计算机中的文件
	引导型病毒:感染启动扇区(Boot)和硬盘的系统引导扇区(MBR)
	此外,还有这三种情况的混合型病毒,如多型病毒(文件和引导型)感染文件和引导扇区两种目标
病毒传染的方法	驻留型病毒:感染计算机后,把自身驻留部分放在内存中,这一部分程序挂接系统调用并合并到操作系统中,处于激活状态,一直到关机或重新启动
	非驻留型病毒:在得到机会激活时并不感染计算机内存,一些病毒在内存中留有小部分,但是并不通过这一部分进行传染
病毒破坏的能力	无害型:除传染时减少磁盘的可用空间外,对系统没有其他影响
	无危险型:这类病毒仅仅是减少内存、显示图像、发出声音
	危险型:这类病毒在计算机系统操作中造成严重的错误
	非常危险型:这类病毒删除程序、破坏数据、清除系统内存区和操作系统中的重要信息
病毒的算法	伴随型病毒:这一类病毒并不改变文件本身,它们根据算法产生 EXE 文件的伴随体,具有同样的名字和不同的扩展名(COM),例如 XCOPY. EXE 伴随体是 XCOPY. COM,病毒把自身写入 COM 文件并不改变 EXE 文件,当 DOS 加载文件时,伴随体优先被执行到,再由伴随体加载执行原来的 EXE 文件
	"蠕虫"型病毒:通过计算机网络传播,不改变文件和资料信息,利用网络从一台机器的内存传播到其他机器的内存,一般除内存外不占用其他资源
	寄生型病毒:依附在系统的引导扇区或文件中,通过系统的功能进行传播
	诡秘型病毒:一般不直接修改 DOS 中断和扇区数据,而是通过设备技术和文件缓冲区等 DOS 内部修改,不易看到资源,使用比较高级的技术
	变型病毒(又称幽灵病毒):这一类病毒使用一个复杂的算法,使自己每传播一份都具有不同的内容和长度。它们一般由一段混有无关指令的解码算法和被变化过的病毒体组成

2. 计算机网络的非法入侵

黑客(hacker)源于英语动词 hack,是指计算机系统的非法入侵者。现今的黑客分为两类:一类是骇客,这类黑客的目的只是为了引人注目,证明自己的能力,在进入网络系统之后,不会去破坏系统,或者仅仅会做一些无伤大雅的恶作剧,他们追求的是从侵入行为本身获得巨大的成功满足感;另一类是窃客,这类黑客的行为带有很强烈的目的性,早期的这些黑客主要是窃取国家情报、科研情报,而现在的这些黑客的目的大部分瞄准了银行的资金和电子商务的整个交易过程。

非法入侵的攻击方式多种多样,例如以各种方式有选择地破坏信息的有效性和完整性,导致数据的丢失和泄密,系统资源的非法占有等;又如在不影响网络的正常工作的情况下截取、窃取、破译以获取重要信息等。从某种意义上说,黑客攻击对信息安全的危害甚至比一般的计算机病毒更为严重。

3. 系统和软件自身的漏洞

任何系统和软件都有漏洞，这是客观事实。这些漏洞往往是非法用户窃取用户信息和破坏信息的主要途径，针对固有的安全漏洞进行攻击，主要攻击手段有 IP 地址轰击、协议漏洞、缓冲区溢出和口令攻击等。

4. 信息安全意识不强

一方面，用户缺乏对计算机软硬件的足够了解以及对网络的认识，加之不少人信息安全意识不强，将自己的生日或工号作为系统口令，或将登入账号随意转借他人使用，从而造成信息的丢失或篡改。另一方面，大多数人只侧重于各类工具操作上面，以期望方便、快捷、高效地使用网络，最大限度地获取有效的信息资源，而很少考虑实际的风险和低效率，很少学习密码保管、密码设置、信息密码的必备知识以及安全软件使用和优化等相关技术。

5. 信息安全法律法规的滞后

目前关于信息犯罪的法律还不健全。互联网毕竟是新生事物，它对传统的法律提出了挑战。例如，盗窃、删改他人系统信息是否构成犯罪；仅是观看，既不进行破坏，也不牟取私利是否构成犯罪；黑客在 BBS 上讨论软件漏洞、攻击手段等，这既可以说是技术研究，也可以说是提供攻击方法，那这是否构成犯罪。法律法规的不健全，对计算机犯罪的模糊定义和缺乏威慑性，从一定程度上纵容了其发展，也影响了信息安全。

8.4.3 信息安全的自主可控能力

信息安全自主可控是国家和企业信息化建设的关键环节，基于国产核心的硬件存储系统及软件操作系统具备了实现自主可控的可能。2009 年以来，国家加速启动"核高基"(核心电子器件、高端通用芯片和基础软件产品)重大科技专项，旨在集中优势资源掌握一批核心技术，拥有一批自主知识产权，造就一批具有国际竞争力的企业。

在快速推出保障国家、政府各部委及企事业单位信息系统安全可靠、自主可控的信息化装备方面，同方股份有限公司作为民族企业，推出以同方大数据产业为核心的应用系统套件，包括基于指标体系的数据采集及处理平台、数据整合加工平台、数据评价监测平台、数据综合应用平台、数据服务平台及领导信息服务平台。

随着全球经济一体化的深入发展，国与国之间的竞争越来越激烈，信息技术与应用作为促进国民经济和社会发展的重要力量，对国家综合实力具有重要的影响。在国际信息安全形势越来越严峻的今天，政府、企业、行业用户、信息安全厂商等社会各方更需要加强信息安全建设，增强信息安全自主控制权，大力推行基于国产化的安全可靠平台。正如中国工程院院士倪光南所说的："政府要提倡信息安全是对的，你的信息给别人掌握了，还有什么主权?"

8.5 信息伦理

随着互联网的急速发展，在虚拟空间，人们的社会角色和道德责任都与在现实空间中有很大不同。人们可以摆脱现实生活中的社会角色和制约，揭掉"面具"，充分表达自己的真实想法。这意味着，在传统社会中形成的道德及其运行机制在信息社会并不完全适用，如利用网络散布影响社会稳定的谣言、宣传色情淫秽内容、盗取他人账号、窃取科技或商业情报、进行网络攻击影响他人正常上网、侵犯他人的个人隐私、发送垃圾邮件和剽窃他人知识成果等，信息领域伦理问题日渐严重。

8.5.1　信息伦理概述

同世界上许多事物一样，网络自由也是一把双刃剑，网民在享受了宽松的自由的同时，也要承受他人过度自由侵蚀带来的损害。一些道德素质低下的网民，利用网络方便条件，制造信息垃圾，进行信息污染，传播有害信息，利用网络实施犯罪活动等，使网络大众利益受到侵害。在这样的情况下，信息伦理便应运而生。

所谓信息伦理，是指涉及信息开发、信息传播、信息的管理和利用等方面的伦理要求、伦理准则、伦理规约，以及在此基础上形成的新型的伦理关系。信息伦理又称信息道德，它是调整人们之间以及个人和社会之间信息关系的行为规范的总和。无孔不入的数字化信息，有力地推动着经济、政治、文化的全球化进程，在越来越频繁的全球性信息交往活动中，信息伦理应当成为基本的道德共识。尽管各国依托其特殊的文化背景所建立的信息伦理体系具有相应的特殊性，但通过各个不同的信息伦理体系的整合，最终会倾向于形成一种作为全球性信息秩序的“底线伦理”，可以为全球性的信息活动提供有价值的伦理指南。

20世纪70年代，美国教授曼纳(Mana)首先发明并使用了“计算机伦理学”这个术语。他认为，应该在计算机应用领域引进伦理学，解决在生产、传递和使用计算机过程中所出现的伦理问题。1985年，美国学者穆尔(Moore)在《元哲学》上发表论文《什么是计算机伦理学》，对计算机技术运用中发生的一些“专业性的伦理学问题”进行了探讨。同年，德国的信息科学家拉菲尔·卡普罗(Rafael Capurro)教授发表题为《信息科学的道德问题》的论文，提出了“信息科学伦理学”“交流伦理学”等概念，从宏观和微观两个角度探讨了信息伦理学的问题，包括信息研究、信息科学教育、信息工作领域中的伦理问题。他将信息伦理学的研究放在科学、技术、经济和社会知识等背景下进行。1986年，美国管理信息科学专家梅森(Mason)提出信息时代有四个主要伦理议题：信息隐私权(privacy)、信息准确性(accuracy)、信息产权(property)、信息资源存取权(accessibility)，通常被称为PAPA议题。

20世纪90年代，“信息伦理学”术语出现。1996年，英国学者西蒙(Simon)和美国学者特立尔(Trier)共同发表《信息伦理学：第二代》的论文，认为计算机伦理学是第一代信息伦理学，其所研究的范围有限，研究的深度不够，只是对计算机现象的解释，缺乏全面的伦理学理论，对于信息技术和信息系统有关伦理问题和社会问题，以及解决这些问题的方法缺乏深层次的研究和认识。1996年2月，日本电子网络集团推出《网络服务伦理通用指南》，以此来促进网络服务的健康发展，从而避免毁誉、诽谤及与公共秩序、伦理道德有关的问题的发生。1999年，拉菲尔·卡普罗教授发表论文《数字图书馆的伦理学方面》，对信息时代发生巨大变化的图书馆方面产生的伦理问题加以分析和论述。随后，他又发表题为《21世纪信息社会的伦理学挑战》的论文，专门论述信息社会的伦理问题，特别讨论了网络环境提出的信息伦理问题。

1999—2008年，伦理与信息技术领域文献的热点关键词主要集中在以下几个方面：信息隐私(informational privacy)、监视(surveillance)、信任(trust)、自由(freedom)、数字鸿沟(digital divide)、社区(community)等；2009—2019年，随着大数据、人工智能、社交网络等的发展出现了一些新的热点，包括价值敏感设计(value sensitive design)、机器人伦理学(robot ethics)、机器伦理学(machine ethics)、德行伦理学(virtue ethics)、应用伦理学(applied ethics)、道德心理学(moral psychology)、现象学(phenomenology)、透明(transparency)、权利(rights)等。

此外，一些信息组织主动制定信息道德准则，从实践上推动了信息伦理的建立。美国计算机伦理协会推出10条戒律，要求成员：

(1) 不应用计算机去伤害别人；

(2) 不应干扰别人的计算机工作；

(3) 不应窥探别人的文件；

(4) 不应用计算机进行偷窃；

(5) 不应用计算机做伪证；

(6) 不应使用或拷贝没有付钱的软件；

(7) 不应未经许可使用别人的计算机资源；

(8) 不应盗用别人的智力成果；

(9) 应该考虑你所编写的程序的社会后果；

(10) 应该以深思熟虑的方式来使用计算机。

我国的信息化起步较晚，但这几年来发展很快。随着上网用户不断增多，信息伦理问题凸显，这已经引起国家有关部门和社会各界的广泛注意，除国家出台信息法律法规外，社会上也在积极进行建立信息伦理的努力。事实证明，信息法律和信息伦理同样担负着调节信息行为的重任，而且在某种条件下，信息伦理的作用更大些。信息伦理除和信息法律一样具有普遍性外，还具有开放性、自律性的特点，如果网民都能把信息伦理重视起来，信息问题就会逐步减少乃至杜绝。

8.5.2 信息伦理的现状

信息伦理主要探讨人与网络之间的关系，以及在网络社会(虚拟社会)中人与人之间的关系。电子信息网络实现的是人类信息交流方式的全球化和全面化。信息的全球化在给人们带来很大便利性的同时，也给社会带来了许多的伦理道德问题，具体表现在以下几个方面：

(1) 发布或传播虚假信息。这既包括虚假承诺，也包括在网站上的以讹传讹。

(2) 剽窃他人的劳动成果。这主要指以名利(含商业利益)为目的，未经允许便采用他人制作的网页背景图案、图片、外观设计、程序代码和转载其他媒体(包括书籍)上的信息资料等，侵犯他人的知识产权。

(3) 违背他人意愿，强行发布商业信息。这类行为最典型的事例是发布垃圾邮件(spam junk mail，SPAM)，主要包括不请自来的商业邮件(unsolicited commercial email，UCE)和不请自来的群发邮件(unsolicited bulk email，UBE)。

(4) 不分对象地发布或传播受限制的信息。这主要指涉及暴利、色情、迷信和违反通常道德法则的信息。

(5) 滥用跟踪和信息记录技术。现在网站广泛采用的客户跟踪和信息记录技术(如Cookies)使访问者的隐私受到了威胁。

(6) 出卖、转让或泄漏他人个人资料。这些资料主要包括通信地址、电子邮箱地址、电话号码等私人信息。

(7) 通过恶意编码违背他人意愿在他人的计算机上安装程序或篡改他人计算机上的设置等黑客行为，造成影响或实施网络犯罪。这既包括有意或无意地向他人传播计算机病毒，也包括强行更改用户浏览器的起始页面和盗用他人财物、隐私等。

8.5.3　信息伦理的策略

为规范快速发展的信息社会，也为缓解信息道德问题，信息伦理建设可从以下方面努力。

1. 加强相关法律的建设

由于传统的传播法规已不适应网络时代的发展，世界上信息技术发达的国家都在对旧的传播法规进行修订或制定新的法规条例，以保障网络信息传播者的权利。同样，我国也需要在新技术条件下如何明确规定传播权的范围主体以及对哪些传播行为违法与不违法等进行详细的界定。我国在法律法规建设方面取得了较大的成就，现已经颁布的相关法律法规涉及知识产权、隐私权和网络隐私权及互联网管理的方方面面。虽然如此，但我国需要做的工作还有很多，主要集中在培养立法、司法、执法部门的专门人才和加强网络传播准则、规范全民教育等方面进行大量的研究与实际工作。

2. 加强网络安全的建设

网络安全问题是当今世界面临的最大安全挑战。伴随着互联网的发展，网络犯罪率也呈现出持续上升的趋势，计算机病毒的危害、“黑客”的攻击等安全隐患日趋严重。为了保障信息传播的安全性，必须采取一系列网络安全技术对网络上的信息进行保护和控制，如防火墙技术、网络反病毒技术等。在一些发达国家已加大了对网络安全技术研究力度，将信息安全技术列为国防、科研的重点，并形成了相当规模的信息安全产业。而我国在这方面的研究还比较薄弱，没有形成信息安全保障体系。面对当前网络技术整体发展水平不高的现状，我国应加强信息安全技术特别是核心技术的研发工作，以防止其他国家利用先进的技术对我国信息主权的侵犯。

3. 加强伦理意识的培养

由于互联网络的特殊性，仅仅依靠法律或技术途径进行网络信息管理效果不会很明显，根本解决之道在于提高全民的信息伦理道德素养。要建立一个有序的、安全的、净化的互联网，不仅需要法律和技术上的不断完善，更需要网络中每个人的自律与自重。因此，在网络传播活动中强化用户的伦理意识尤为重要，通过这种意识的培养，不仅可以使用户在上网时能够自觉地遵守网络传播道德和法律，也更能抵御住来自各方面不利因素的影响和诱惑。

概括来说，信息伦理建设是随着网络技术的出现和发展而产生的新的伦理道德建设问题。网络本身的虚拟性和网络交往范围的跨越时空性决定了信息伦理建设是一项复杂而困难的工作，是一项长期艰巨的社会系统工程。它有赖于网络社会每一个人的积极参与，又有赖于全社会的共同努力。唯有如此，方能建立适应网络发展的信息伦理，促进网络健康有序运行，造福人类。